Matthias Bollhöfer
Volker Mehrmann

Numerische Mathematik

vieweg studium
Grundkurs Mathematik

Berater:
Martin Aigner, Peter Gritzmann, Volker Mehrmann
und Gisbert Wüstholz

Lineare Algebra
von Gerd Fischer

Übungsbuch zur Linearen Algebra
von Hannes Stoppel und Birgit Griese

Analytische Geometrie
von Gerd Fischer

Analysis 1
von Otto Forster

Übungsbuch zur Analysis 1
von Otto Forster und Rüdiger Wessoly

Analysis 2
von Otto Forster

Übungsbuch zur Analysis 2
von Otto Forster und Thomas Szymczak

Numerische Mathematik für Anfänger
von Gerhard Opfer

Numerische Mathematik
von Matthias Bollhöfer und Volker Mehrmann

vieweg

Matthias Bollhöfer
Volker Mehrmann

Numerische Mathematik

Eine projektorientierte Einführung für Ingenieure,
Mathematiker und Naturwissenschaftler

Bibliografische Information Der Deutschen Bibliothek
Die Deutsche Bibliothek verzeichnet diese Publikation in der Deutschen Nationalbibliografie;
detaillierte bibliografische Daten sind im Internet über <http://dnb.ddb.de> abrufbar.

Dr. Matthias Bollhöfer
Prof. Dr. Volker Mehrmann
Technische Universität Berlin
Institut für Mathematik
Straße des 17. Juni 136
10623 Berlin

E-Mail: bolle@math.tu-berlin.de
          mehrmann@math.tu-berlin.de

1. Auflage November 2004

Lektorat: Ulrike Schmickler-Hirzebruch / Petra Rußkamp

Der Vieweg Verlag ist ein Unternehmen von Springer Science+Business Media.
www.vieweg.de

Umschlaggestaltung: Ulrike Weigel, www.CorporateDesignGroup.de

Gedruckt auf säurefreiem und chlorfrei gebleichtem Papier.

ISBN-13: 978-3-528-03220-3   e-ISBN-13: 978-3-322-80242-2
DOI: 10.1007/978-3-322-80242-2

Vorwort

Dieses Lehrbuch enthält eine Einführung in die Numerische Mathematik (Numerik). Vielfach wird von Studierenden (teilweise zu recht) kritisiert, dass die Numerische Mathematik nur aus einer zusammenhanglosen Ansammlung von Kochrezepten besteht. Das neuartige Konzept dieses Buches ist daher, die Einführung von numerischen Methoden anhand praktischer Modellbeispiele zu motivieren und die numerischen Methoden daran zu demonstrieren. Neben vielen anderen Beispielen aus den Natur- und Ingenieurwissenschaften ziehen sich daher wie ein roter Faden zwei Modellprojekte durch alle Kapitel. Dies sind Modellierungen eines Fahrzeugs und einer Kühlrippe.

Anhand dieser Modellbeispiele wird verdeutlicht, wo und wie numerische Methoden zum praktischen Einsatz kommen, welche Defizite sie aufweisen, und wie die Methoden verbessert werden können. Dieses Konzept simuliert die Vorgehensweise des Praktikers in Wissenschaft und Industrie und zeigt, wie sich die Numerische Mathematik und damit die entsprechenden Verfahren zielgerichtet auf die Lösung praktischer Probleme hin entwickeln.

Die gewählten Beispiele eignen sich ganz besonders für Studierende ingenieur- und naturwissenschaftlicher Fächer. Die modulare Gestaltung des Buches erlaubt es, dieses Buch für 2-4-stündige Vorlesungen mit oder ohne Übungen einzusetzen. Obwohl die meisten Beweise angegeben sind, ermöglicht es das Konzept, die numerischen Methoden bei Bedarf auch ohne Beweise darzustellen. Zu diesem Zweck sind zahlreiche motivierende Erklärungen und Merksätze eingebaut. Für Studierende insbesondere aus den mathematischen Studiengängen ist die Integration der Beweise jedoch angeraten.

Eine weitere wichtige Komponente des Buches ist die Bereitstellung von Begleitmaterialien im Internet, siehe

`http://www.math.tu-berlin.de/buecher.html`

So gibt es als Dozentenversion ein menügesteuertes MATLAB-Programm, welches einen Großteil der im Buch verwendeten Beispiele visualisiert und sich sehr gut zur Präsentation der Verfahren in der Vorlesung eignet.

Desweiteren werden zu jedem Kapitel zusätzliche Übungsaufgaben angeboten, für die der Lösungsweg zwecks Selbstkontrolle angegeben ist. Neben den eher theoretisch orientierten Aufgaben sind außerdem zahlreiche Programmieraufgaben aufgeführt. Die Programmieraufgaben sind nach dem Baukastenprinzip gestellt. Es werden Modelle sowie Programmiermodule zur Verfügung gestellt, die den Programmieraufwand minimieren, so dass die Studierenden nur den Kern der numerischen Methoden implementieren müssen.

Dieses Buch orientiert sich an den Vorlesungsskripten, wie sie für Vorlesungen an der TU Berlin für Mathematiker, Naturwissenschaftler und Ingenieure verwendet werden. Wie viele Vorlesungs- und Buchmanuskripte ist auch dieses in langen Jahren entstanden, und von zahlreichen Kolleginnen und Kollegen in der Lehre gestaltet und modifiziert worden. Ein herzlicher Dank gilt daher allen Kolleg(inn)en, die bei der Gestaltung des Buches bzw. der Vorlesungen oder früherer Versionen dieses Manuskripts mitgewirkt haben, insbesondere Gerd Banse, Peter Benner, Angelika Bunse-Gerstner, Heike Faßbender und Christian Mehl. Besonderer Dank gilt weiterhin Andreas Steinbrecher für die Modellierung des Lastwagenmodells und seine Ideen, numerische Methoden daran zu demonstrieren. Ebenfalls bedanken möchten wir uns bei Andrea Dziubek für die präzise Formulierung des Modells der Kühlrippe. Außerdem danken wir Falk Ebert für die Beispiele zum Thema Biegelinien und Biegemomente sowie Simone Bächle für das Beispiel zum Gleichrichterschaltkreis.

Berlin, 28. Oktober 2004

Matthias Bollhöfer, Volker Mehrmann

Inhaltsverzeichnis

Vorwort   v

Inhaltsverzeichnis   vii

1 Einführung   **1**

2 Zentrale Modellprojekte   **5**

2.1   Modellprojekt 1 — Die Fahrerkabine 5

     2.1.1   Modellierung 6

2.2   Modellprojekt 2 — Die Kühlrippe 10

     2.2.1   Modellierung 11

3 Anfangswertaufgaben   **16**

3.1   Anwendungsbeispiele 16

3.2   Mathematische Probleme bei Anfangswertaufgaben 18

3.3   Numerische Behandlung gewöhnlicher Differenzialgleichungen 20

3.4   Das explizite Euler–Verfahren 20

3.5   Allgemeine Einschrittverfahren 21

3.6   Fehlerbetrachtung 22

3.7   Abschätzung des globalen Fehlers 24

3.8   Diskussion der Ergebnisse 26

3.9   Anmerkungen und Beweise 28

     3.9.1   Beweis von Satz 3.10 29

4 Fehleranalyse   **31**

4.1   Rechnerarithmetik 31

4.2   Rundungsfehler 33

4.3   Fehlerfortpflanzung und numerische Verfahrensfehler 36

4.4   Fehleranalyse 39

4.5   Fehleranalyse bei Einschrittverfahren 43

	4.6	Diskussion der Ergebnisse.	45
	4.7	Anmerkungen	46

5 Randwertaufgaben   **47**

	5.1	Anwendungsbeispiele	47
	5.2	Eindimensionale Randwertaufgaben	48
	5.2.1	Randbedingungen	50
	5.2.2	Lineares Gleichungssystem	51
	5.3	Zweidimensionale Randwertprobleme	53
	5.4	Approximationseigenschaften Finiter Differenzen	58
	5.5	Anmerkungen und Beweise	60
	5.5.1	Beweis von Satz 5.6	61

6 Interpolation   **65**

	6.1	Einführung	65
	6.2	Polynominterpolation	65
	6.2.1	Das Verfahren von Neville und Aitken	67
	6.2.2	Interpolation nach Newton	68
	6.3	Spline–Interpolation	75
	6.4	Anmerkungen und Beweise	82
	6.4.1	Beweis von Satz 6.2	83
	6.4.2	Beweis zu Lemma 6.3	83
	6.4.3	Beweis zu Satz 6.9	84
	6.4.4	Beweis zu Satz 6.15	85
	6.4.5	Beweis zu Satz 6.21	85
	6.4.6	Beweis von Satz 6.25	86
	6.4.7	Beweis zu Satz 6.23	87

7 Numerische Integration   **90**

	7.1	Newton–Cotes–Formeln	90
	7.2	Summierte Regeln	92
		Die summierte Trapezregel	92
		Die summierte Simpson–Regel	93
		Weitere Quadraturformeln	94

7.3   Extrapolation 95

7.4   Anwendung auf Modellprojekt der Fahrerkabine 97

7.5   Anmerkungen und Beweise 100

     7.5.1   Beweis zu Satz 7.1 100

     7.5.2   Beweis zu Satz 7.3 104

8   Diskrete Fourier–Transformation   105

8.1   Anmerkungen und Beweise 112

     8.1.1   Beweis von Satz 8.3 112

     8.1.2   Beweis von Satz 8.5 112

9   Lineare Gleichungssysteme   113

9.1   Anwendungsbeispiele 113

9.2   Normen und andere Grundlagen 115

9.3   Kondition eines linearen Gleichungssystems 117

9.4   Die LR–Zerlegung 118

9.5   Lösen von Dreieckssystemen 122

9.6   Fehleranalyse der LR–Zerlegung 124

9.7   Partielle Pivotisierung 125

9.8   Abschätzung der Genauigkeit 128

9.9   Verbesserung der Genauigkeit 129

     Konstruktion einer kleineren Konditionszahl 129

     Iterative Verbesserung der berechneten Lösung 131

9.10   Die Cholesky–Zerlegung 132

9.11   Anmerkungen und Beweise 134

     9.11.1   Beweis von Satz 9.10 134

     9.11.2   Beweis von Satz 9.18 135

     9.11.3   Beweis von Satz 9.24 135

10   Nichtlineare Gleichungssysteme   136

10.1   Ein Anwendungsproblem 136

10.2   Fixpunktverfahren 137

10.3   Das Newton–Verfahren 141

     10.3.1   Das modifizierte Newton–Verfahren 145

10.3.2 Praktische Realisierung des Newton–Verfahrens 146

10.4   Anwendungsbeispiele 146

10.5   Anmerkungen und Beweise 148

10.5.1 Beweis von Satz 10.3 149

10.5.2 Beweis von Satz 10.5 150

11 Verfahren höherer Ordnung für Anfangswertprobleme   151

11.1   Ein Anwendungsbeispiel 151

11.2   Einfache Verfahren höherer Ordnung 152

11.3   Runge–Kutta–Verfahren 154

11.4   Implizite Runge–Kutta–Formeln 159

11.5   Schrittweitensteuerung 162

11.6   Anmerkungen und Beweise 168

11.6.1 Beweis zu Satz 11.9 168

12 Stabilität von Verfahren zur Lösung von Differenzialgleichungen   170

12.1   Steife Differenzialgleichungen 174

12.2   Steifheit bei partiellen Differenzialgleichungen 178

12.3   Anmerkungen und Beweise 180

13 Unter– und überbestimmte Gleichungssysteme   182

13.1   Anwendungsbeispiele 182

13.2   Die QR–Zerlegung 186

13.2.1 Householder–Transformationen 187

13.2.2 QR–Zerlegung mittels Householder–Transformationen 190

13.3   Die QR–Zerlegung für Ausgleichsprobleme 192

13.4   Die QR–Zerlegung angewendet auf das Modellproblem 193

13.5   Anmerkungen und Beweise 196

13.5.1 Beweis von Satz 13.3 197

13.5.2 Beweis von Satz 13.10 197

13.5.3 Beweis zu Satz 13.11 197

14 Eigenwertprobleme   198

14.1   Anwendungsprobleme 198

14.2   Einige Grundlagen 201

14.3   Der QR–Algorithmus für allgemeine Matrizen 202

   14.3.1 Reduktion auf Hessenberg–Form 202

   14.3.2 Die QR–Iteration 203

14.4   Berechnung von Eigenvektoren 207

14.5   Die Singulärwertzerlegung 211

14.6   Anmerkungen und Beweise 213

   14.6.1 Beweis von Satz 14.4 214

   14.6.2 Beweis von Satz 14.5 214

   14.6.3 Beweis von Satz 14.8 215

   14.6.4 Beweis von Satz 14.14 215

   14.6.5 Beweis von Satz 14.15 216

A Ausgewählte Kapitel der Numerischen Mathematik   **217**

   A.1   Finite Elemente 217

      A.1.1 Die schwache Formulierung einer Differenzialgleichung 219

      A.1.2 Galerkin–Diskretisierung 221

         Ansatzfunktionen und nodale Basis 221

         Diskretisierung der schwachen Formulierung 223

         Berechnung der einzelnen Matrizen 224

      A.1.3 Bemerkungen zur FEM im zweidimensionalen Fall 228

      A.1.4 Zusammenfassung der Methode der Finiten Elemente 230

      A.1.5 Theoretische Eigenschaften 230

      A.1.6 FEM für das Modellprojekt der Kühlrippe 233

      A.1.7 Anmerkungen 237

   A.2   Lösungsmethoden für große, schwach besetzte Gleichungssysteme . . 238

      A.2.1 Bandsysteme 238

      A.2.2 LR–Zerlegung für schwach besetzte Systeme 240

         Umnummerierung mittels Reverse Cuthill–McKee 242

         Umordnung durch Minimum Degree 243

      A.2.3 Iterative Lösungsmethoden für große Gleichungssysteme 244

         Einfache Iterationsverfahren 244

         Das Verfahren der Konjugierten Gradienten 245

A.2.4   Anmerkungen und Beweise 250

A.2.5   Beweis von Satz A.10 250

A.2.6   Beweis zu Satz A.18 251

A.2.7   Beweis zu Satz A.24 251

B   Frei erhältliche Software   **253**

C   Übungsaufgaben   **254**

C.1   Übungen zu Kapitel 2 254

C.2   Übungen zu Kapitel 3 254

C.3   Übungen zu Kapitel 4 256

C.4   Übungen zu Kapitel 5 258

C.5   Übungen zu Kapitel 6 260

C.6   Übungen zu Kapitel 7 263

C.7   Übungen zu Kapitel 8 263

C.8   Übungen zu Kapitel 9 264

C.9   Übungen zu Kapitel 10 266

C.10   Übungen zu Kapitel 11 268

C.11   Übungen zu Kapitel 12 269

C.12   Übungen zu Kapitel 13 270

C.13   Übungen zu Kapitel 14 271

C.14   Übungen zu Kapitel A.2 272

D   Empfohlener Syllabus   **273**

E   Notation   **275**

Literaturverzeichnis   **277**

Index   **281**

1 Einführung

Was ist überhaupt: Numerische Mathematik ?

Um eine grobe Vorstellung von diesem Teilgebiet der Mathematik zu erhalten, stellen wir uns vor, wir wollen ein neues Kühlaggregat für eine Maschine konstruieren und zu diesem Zweck erst mal verstehen, wie die Wärmeausbreitung in einer Kühlrippe abläuft.

Wie gehen wir vor ?

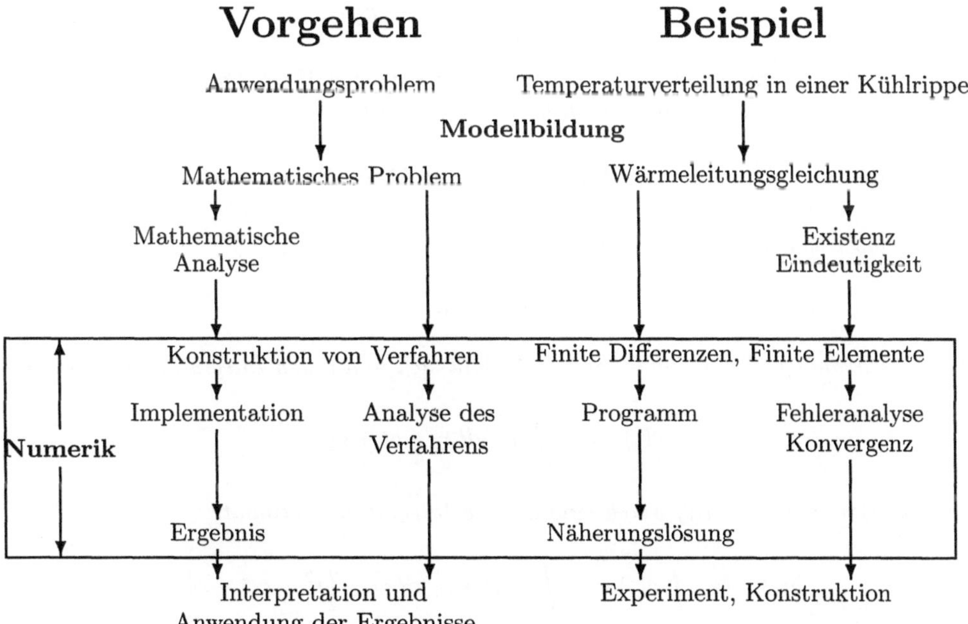

Als Illustration wollen wir ein ganz einfaches Beispiel betrachten.

Beispiel 1.1 *Freier Fall*

Wir betrachten das von Galileo Galilei durchgeführte Experiment zum freien Fall. Ein Stein wird aus dem Turm von Pisa (die gemessene Höhe ist ca. $h_0 = 44.12$ m) fallen gelassen. **Wann schlägt der Stein auf?**

Modellbildung:

Als erste Vereinfachung vernachlässigen wir die Reibung und nehmen an, dass der Stein eine Punktmasse darstellt.

Hier machen wir einen kleinen Modell(ierungs)fehler.

Mathematisch wird die Fallbewegung als eine Funktion des zurückgelegten Weges zur Zeit t beschrieben. Sei $h(t)$ die Höhe zum Zeitpunkt t, dann ist die Geschwindigkeit des Steines gegeben durch die erste Ableitung von h nach der Zeit:

$$v(t) = \frac{dh}{dt} = \dot{h}(t).$$

Die Beschleunigung a des Steines ist definiert als die Ableitung der Geschwindigkeit v nach der Zeit, also gilt:

$$a(t) \quad = \quad \dot{v}(t) = \frac{dv}{dt} = \frac{d^2 h}{dt^2}.$$

Für die Erdbeschleunigung g nehmen wir den konstanten Wert $9.81\ \frac{m}{s^2}$, dies ist eine Vereinfachung, denn eigentlich hängt g von der Höhe ab.

Hier machen wir Fehler in den Daten und Modellierungsfehler.

Damit haben wir, dass für $a(t)$ gilt:

$$a(t) = -g.$$

Die Geschwindigkeit des Steines zur Zeit t läßt sich nun durch Integration bestimmen:

$$v(t) \quad = \quad \int a(t)dt = -gt + c_1.$$

Analog dazu wird nun $h(t)$ durch eine weitere Integration bestimmt:

$$h(t) \quad = \quad \int v(t)dt = \int (-gt + c_1)dt = -\frac{g}{2}t^2 + c_1 t + c_2.$$

Wir erhalten also als allgemeine Lösung unseres Problems, dass der Stein nach

$$
\begin{aligned}
t \quad &= \quad \frac{c_1 \pm \sqrt{c_1^2 + 4c_2\frac{g}{2}}}{2\frac{g}{2}} \\[2mm]
&= \quad \frac{c_1 \pm \sqrt{c_1^2 + 2c_2 g}}{g}
\end{aligned}
$$

Sekunden aufschlägt.

Um dies explizit zu machen, brauchen wir die Integrationskonstanten c_1, c_2. Den Wert von c_1 können wir sofort berechnen, da bekannt ist, dass sich der Stein zum Zeitpunkt $t = 0$ im Zustand der Ruhe befindet. Es muß nur noch $v(0) = 0\frac{m}{s}$ gelöst werden:

$$v(0) = -g \cdot 0 + c_1 = 0 \ \frac{m}{s},$$

also $c_1 = 0$.

Die Konstante c_2 wird analog ermittelt. Mit $h(0) = h_0 = 44.12\ m$ erhalten wir

$$h(0) = -\frac{g}{2} \cdot 0 + c_1 \cdot 0 + c_2 = 44.12\ m,$$

also $c_2 = 44.12\ m$.

Wir können nun diese Werte und g einsetzen und erhalten als Lösung die Fallzeit:

$$t = \pm \frac{\sqrt{44.12 * 19.62}}{9.81}.$$

Nun müssen wir den Rechner bemühen, um einen Zahlenwert zu bestimmen, und wir erhalten die numerische Lösung (auf 3 Stellen genau):

$$t = 3.00\ s.$$

Hier machen wir Fehler beim Wurzelziehen und beim Runden.

Ein Zusammenwirken all dieser Fehler kann bei komplexeren Problemen zu Katastrophen führen !

Was können wir tun um sicherzustellen, dass das Ergebnis annähernd korrekt ist ?

Wir könnten z.B. nach Pisa fahren und ein Experiment durchführen oder wir könnten unser Modell verbessern, indem wir z.B. Reibungsterme hinzufügen. Wir können aber auch unseren Lösungsalgorithmus analysieren und wenn notwendig verbessern.

Insgesamt stellt sich das gesamte Verfahren von der Modellbildung bis zur Lösung wie folgt dar:

Anwendungsproblem	Beispiel: Freier Fall	Fehler
Modellbildung Mathematisches Problem	Differenzialgleichung $\ddot{h} = -9.81$	**Modellfehler** **Datenfehler**
Analysis des Modells Numerische Methode Rechnerlösung Fehleranalyse	Lösbarkeit, Stabilität Numerische Lösung $t = 3.00$ Fehlerschätzung	**Verfahrensfehler** **Rundungsfehler**
Näherungslösung		**Gesamtfehler**

2 Zentrale Modellprojekte

Neben anderen zahlreichen Beispielen werden wir im Laufe der Vorlesung immer wieder auf zwei zentrale Modellprojekte zurückkommen, anhand derer wir die Wirkungsweise unserer numerischen Algorithmen vorführen wollen. Wir wollen diesen beiden Projekte nun vorstellen.

2.1 Modellprojekt 1 — Die Fahrerkabine

Wir betrachten einen Lastwagen, der über eine (holprige) Straße fährt (Abbildung 2.1).

Abbildung 2.1. Fahrerkabine

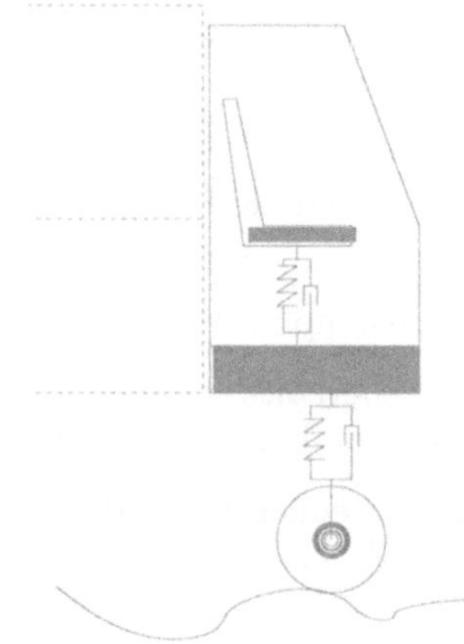

Ziel ist es, die Wirkungsweise von Federn und Stoßdämpfern in dem Fahrzeug bei der Bewegung über die Piste zu simulieren. Dieses Modellprojekt führt auf die Aufgabe eine nichtlineare gewöhnliche Differenzialgleichung zu lösen. Daraus abgeleitete Problemstellungen sind:

1. Der Energieverlust durch Dämpfung im Laufe der Zeit.

2. Eine Modellierung der vorgegebenen Piste.

3. Eigenschwingungen der Karosserie (Resonanz).

Wir werden dazu eine Reihe der numerischen Methoden aus den folgenden Kapiteln benötigen.

Zur numerischen Lösung gewöhnlicher Differenzialgleichungen benötigen wir Ergebnisse und Methoden aus den Kapiteln 3, 4, 6, 7, 11, 9, 10.

Zur Berechnung des Energieverlusts durch Dämpfung benötigt man die Methoden aus Kapitel 7.

Die Modellierung der Piste verwendet Techniken aus Kapitel 6.

Die Integration der mechanischen Zwangsbedingungen für die Lage der einzelnen Fahrzeugteile, sowie eine aktive Regelung des Fahrersitzes, erfordern Techniken aus Kapitel 13.

Schließlich benötigt man zur Untersuchung des Resonanzverhaltens der Karosserie die Eigenwertmethoden aus Kapitel 14.

2.1.1   Modellierung

Wir wollen hier nur die Fahrerkabine modellieren. Solche eine Modellierung ist ein Standardverfahren aus der Mehrkörperdynamik. Dazu findet man Hintergrundwissen und eine vertiefte Betrachtung zu Techniken der Modellierung von Mehrkörpersystemen in [43] und zu entsprechenden numerischen Methoden in [12], wo auch ein erweitertes Modell des Lastwagens im Detail modelliert ist.

Wir betrachten für die Modellierung der Kabine ein vereinfachtes Modell dahingehend, dass wir uns auf drei Massepunkte m_1, m_2, m_3 beschränken. Diese Massepunkte plazieren wir naheliegender Weise zwischen die Federn.

Das Rad selbst hat einen mit Luft gefüllten Reifen, federt also auch und deshalb wird der Reifen selbst durch ein Feder–Dämpfer–Modell ersetzt.

Wir haben dann drei Federn mit Federkonstanten c_1, c_2, c_3, sowie drei Dämpfer d_1, d_2, d_3. Das Modell ist schematisch in Abbildung 2.2 dargestellt.

Zur Aufstellung der Gleichung verwenden wir das Prinzip des Freischneidens (auch *Prinzip von d'Alembert* genannt). Wir brauchen drei physikalische Gesetze:

1. Federkraft $F_F = cx$ (*Hookesches Gesetz*),

2. Trägheitskraft $F_T = ma$ (*Newtonsches Gesetz*),

3. Dämpfungskraft $F_D = d(\dot{x})$.

Auf die Dämpfungskraft gehen wir später noch näher ein.

Wir beginnen mit dem obersten Teil des Modells (Abbildung 2.3). Die Auslenkung gegenüber der Ruhelage soll nach oben erfolgen. Damit wir ein Kräftegleichgewicht haben, gilt

$$0 = -F_g - F_T - F_F - F_D,$$

wobei $F_g = mg$ und $g = 9.81 \frac{m}{s^2}$ die Erdbeschleunigung ist. Damit bekommen wir

Abbildung 2.2: Vereinfachtes Modell der Kabine

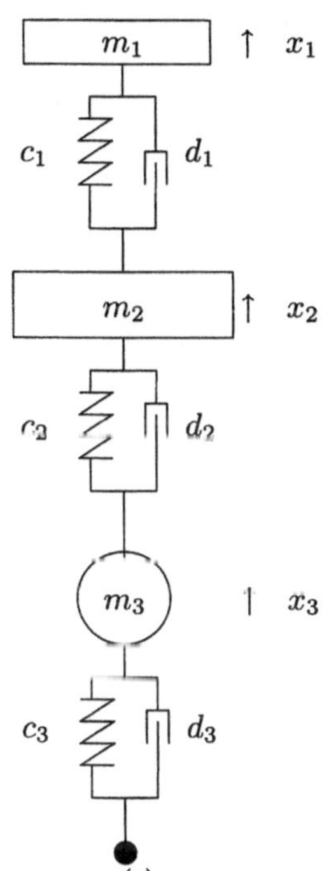

m_1	Masse des Fahrers und des Sitzes
m_2	Masse der Kabine
m_3	Masse des Reifens
c_1, c_2, c_3	Federkonstanten der Federn
d_1, d_2, d_3	Dämpfer
x_1, x_2, x_3	Auslenkung der Massenpunkte gegenüber dem ruhenden Fahrzeug
$s(t)$	Straße

Abbildung 2.3: Oberer Teil des Kabinenmodells

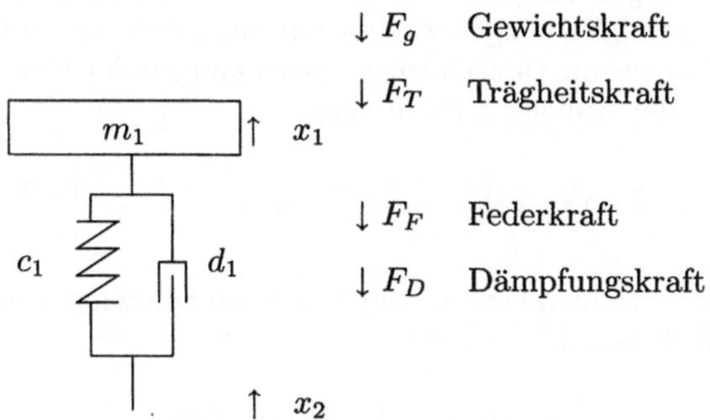

$\downarrow F_g$ Gewichtskraft

$\downarrow F_T$ Trägheitskraft

$\downarrow F_F$ Federkraft

$\downarrow F_D$ Dämpfungskraft

$$0 = -m_1 g - m_1 \ddot{x}_1 - c_1(x_1 - x_2) - d_1(\dot{x}_1 - \dot{x}_2). \tag{2.1}$$

Federkraft und Dämpfung hängen von der Differenz der Auslenkungen (bzw. Geschwindigkeiten) der verbundenen Massepunkte ab.

Wir modellieren analog den mittleren Teil des Modells (Abbildung 2.4) und erhalten

Abbildung 2.4: Mittlerer Teil des Kabinenmodells

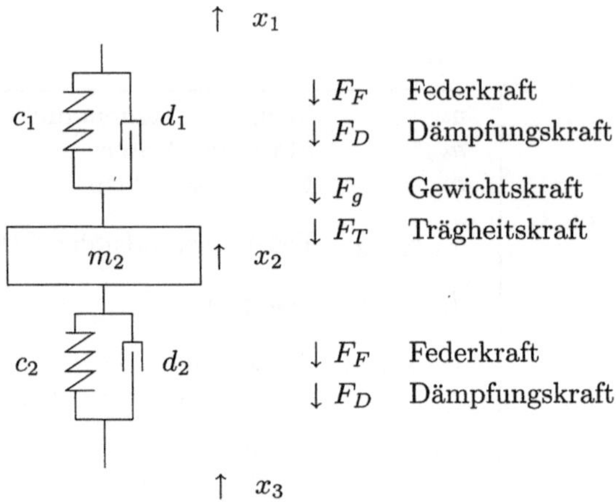

$$0 = -m_2 g - m_2 \ddot{x}_2 - c_2(x_2 - x_3) + c_1(x_1 - x_2) - d_2(\dot{x}_2 - \dot{x}_3) + d_1(\dot{x}_1 - \dot{x}_2). \tag{2.2}$$

Schließlich folgt noch der untere Teil (Abbildung 2.5). Hier kommt als kleiner Unterschied hinzu, dass sich am Ende statt eines Massepunktes nun der erzwungene Weg $s(t)$ der Straße befindet.

$$0 = -m_3 g - m_3 \ddot{x}_3 - c_3(x_3 - s(t)) + c_2(x_2 - x_3) - d_3(\dot{x}_3 - \dot{s}(t)) + d_2(\dot{x}_2 - \dot{x}_3). \tag{2.3}$$

Die Differenzialgleichungen (2.1), (2.2), (2.3) zusammen stellen ein System von drei gewöhnlichen Differenzialgleichungen zweiter Ordnung dar. Als Anfangswerte für $\vec{x} = [x_1, x_2, x_3]^\top$ verwenden wir die tatsächlichen Auslenkungen der Federn infolge der Erdanziehung gegenüber der Ruhelage. Seien dazu

$$\Delta x_1 = \frac{m_1 g}{c_1}, \ \Delta x_2 = \frac{(m_1 + m_2)g}{c_2}, \ \Delta x_3 = \frac{(m_1 + m_2 + m_3)g}{c_3}$$

die Auslenkungen der einzelnen Federn beim ruhenden Fahrzeug. Dann wird die Kabine zu Beginn aus der Ruhelage ($\vec{x} = 0$) um

$$\vec{x}(0) = \begin{bmatrix} x_1(0) \\ x_2(0) \\ x_3(0) \end{bmatrix} = \begin{bmatrix} -\Delta x_1 - \Delta x_2 - \Delta x_3 \\ -\Delta x_2 - \Delta x_3 \\ -\Delta x_3 \end{bmatrix}$$

Abbildung 2.5: Unterer Teil des Kabinenmodells

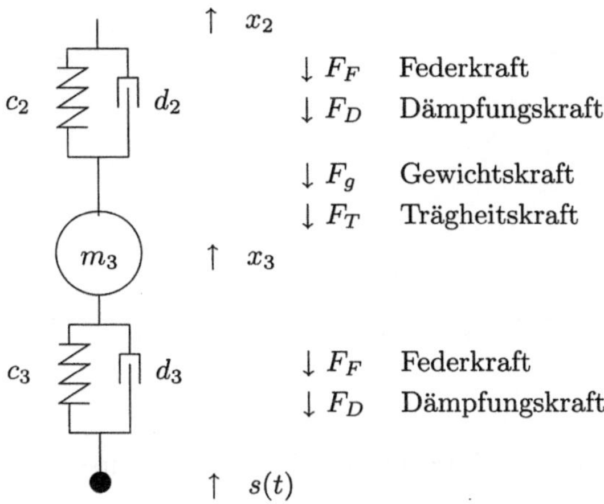

nach unten gedrückt.

Für die Geschwindigkeiten nehmen wir $\dot{x} = [\dot{x}_1, \dot{x}_2, \dot{x}_3]^\top = \vec{0}$, d.h. das Fahrzeug fährt zunächst so dass sich die Massepunkte in der Ruhelage befinden, z.B. bei einer ebenen Straße.

Zum Schluss diskutieren wir noch die Dämpfung $F = d(\dot{x})$. Die einfachste Modellierung ist linear

$$F = d \cdot \dot{x}.$$

Dies ist für sehr kleine Auslenkungen noch ein annehmbares Modell. Bei größeren Auslenkungen ist jedoch hiervon abzuraten. Das einfachste nichtlineare Modell wäre (*Coulomb–Reibung*)

$$F = d \cdot \operatorname{sgn} \dot{x}, \text{ wobei } \operatorname{sgn} \dot{x} = \left\{ \begin{array}{cc} 1 & \dot{x} > 0 \\ 0 & \dot{x} = 0 \\ -1 & \dot{x} < 0 \end{array} \right. .$$

Leider ist dieses Modell der Dämpfung unstetig, was für die mathematische Behandlung problematisch sein kann.

Ein etwas konstruiertes, aber vom Verhalten her plausibles Modell ist das folgende:

$$F = d \cdot \left(\frac{4v}{1 + 4v^2} + \frac{2 \arctan(2v)}{\pi} \right), \text{ wobei } v = \dot{x}.$$

Eine Begründung für dieses Modell ist die in Abbildung 2.6 dargestellte Kurve für F in Abhängigkeit von v ($d = 1$). Man kann sich die Kurve als "geglättete" und interpolierte sgn –Funktion vorstellen.

Insgesamt stellt sich die Bewegung der Fahrerkabine so wie in Abbildung 2.7 dar, dabei bedeuten die oberste Linie die Bewegung des obersten Massepunkts, d.h. des

Abbildung 2.6: Nichtlineares Modell eines Dämpfers

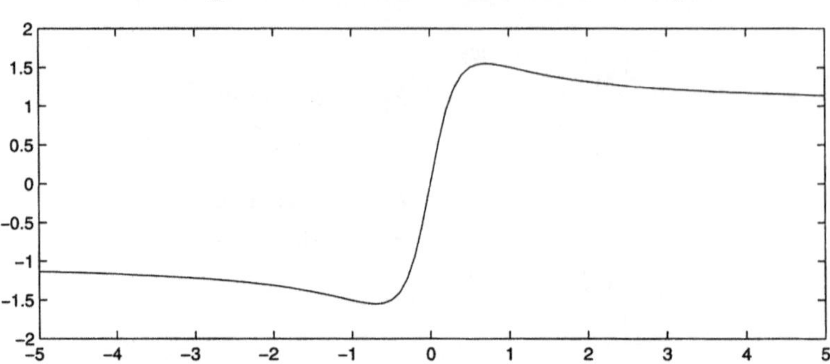

Abbildung 2.7: Bewegung der Fahrerkabine über die Piste

Fahrersitzes, die zweite Linie stellt die Bewegung des Kabinenbodens sowie die dritte Linie die Bewegung des Reifens dar. Ganz unten ist die Fahrbahn aufgetragen.

Konkret haben wir für die Simulation die folgenden Parameter benutzt.

Massen$[kg]$	$m_1 = 120,$	$m_2 = 1000,$	$m_3 = 15,$
Auslenkung$[m]$	$\Delta x_1 = 0.1,$	$\Delta x_2 = 0.15,$	$\Delta x_3 = 0.03,$
Dämpfung$[\frac{kg}{s}]$	$d_1 = 50,$	$d_2 = 1000,$	$d_3 = 200,$
Feder- konstanten$[\frac{kg}{s^2}]$	$c_1 = \frac{m_1 g}{\Delta x_1},$	$c_2 = \frac{(m_1+m_2)g}{\Delta x_2},$	$c_3 = \frac{(m_1+m_2+m_3)g}{\Delta x_3}.$

2.2   Modellprojekt 2 — Die Kühlrippe

Wir betrachten das folgende Problem. Gegeben ist eine Kühlrippe (siehe Abbildung 2.8), die von unten durch eine Wärmequelle aufgeheizt wird. Dies könnte z.B. bei einem PC der Prozessor sein. Wir interessieren uns für die Wärmeleitung in dieser Kühlrippe.

Der Einfachheit nehmen wir an, dass diese Kühlrippe lediglich aus einem Stab besteht.

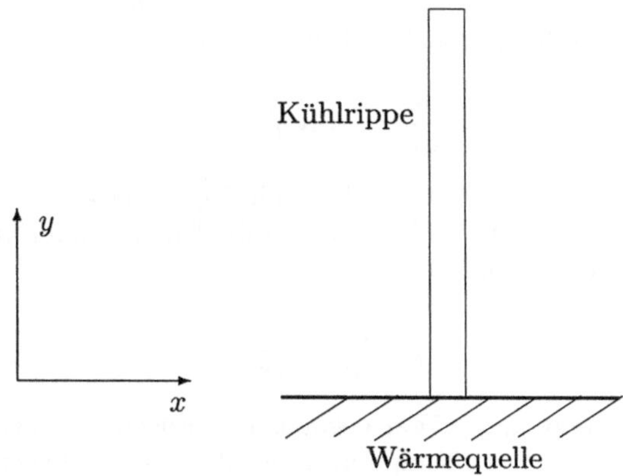

Abbildung 2.8: Wärmeleitung in einer Kühlrippe

Man kann natürlich auch mehrere Stäbe nebeneinander stellen. Eine gegenseitige Beein-flussung hat man erst dann, wenn es zum Hitzestau kommt und ein Lüfter eingeschaltet werden muss. Das vernachlässigen wir hier der Einfachheit halber.

Zur Behandlung dieses Problems werden wir Techniken aus den folgenden Kapiteln benötigen:

1. Diskretisierung des Problems mittels Finiter Differenzen aus Kapitel 5, bzw. Fi-niter Elemente, siehe Anhang A.1.

2. Numerische Lösung der zugehörigen linearen Gleichungssysteme, siehe Kapitel 9, sowie Anhänge A.2.2 und A.2.3.

3. Numerische Behandlung der Zeitintegration, Kapitel 3, 11 und 12.

2.2.1 Modellierung

Der Wärmefluss $\vec{q}$ an einer Stelle (x,y) in einem Stab wird durch das *Fouriersche Gesetz*

$$\vec{q} = -\lambda\,\operatorname{grad} T$$

beschrieben, wobei λ der Wärmeleitkoeffizient und T die Temperatur ist. Die Ener-gieänderung $\frac{\partial u}{\partial t}$ des Stabes setzt sich aus dem Wärmefluss $\vec{q}$ über die Randpunkte, sowie einer inneren Wärmequelle s zusammen. Bilanzieren wir den Energieverlust über einen Bereich B oder eine Zelle, so ergibt sich

$$\iint_B \frac{\partial u}{\partial t}\,dx\,dy = -\int_{\partial B} \vec{q}\cdot d\vec{r} + \iint_B s\,dx\,dy = -\int_{\partial B} \vec{q}\cdot\vec{\nu}\,dr + \iint_B s\,dx\,dy,$$

wobei $\vec{\nu}$ die äußere Normale bezeichnet. Mit Hilfe des Gaußschen Integralsatzes erhalten wir

$$\iint\limits_B \frac{\partial u}{\partial t}\, dx\, dy = -\iint\limits_B \operatorname{div} \vec{q}\, dx\, dy + \iint\limits_B s\, dx\, dy,$$

d.h. wir können dies ohne Integrale einfach in der Form

$$\frac{\partial u}{\partial t} = -\operatorname{div} \vec{q} + s$$

schreiben. Hier haben wir lediglich unter der Kühlrippe eine Wärmequelle und nicht in der Kühlrippe selbst, d.h. $s = 0$. Weiterhin sind die Energieänderung und die Temperaturänderung proportional, d.h.

$$\rho c_p \frac{\partial T}{\partial t} = \frac{\partial u}{\partial t}.$$

Dabei ist ρ die Dichte und c_p die Wärmekapazität. Fügen wir diese Gleichungen zusammen, so erhalten wir für die Temperaturverteilung T die folgende partielle Differenzialgleichung

$$\rho c_p \frac{\partial T}{\partial t} = \frac{\partial u}{\partial t} = -\operatorname{div} \vec{q} = \lambda \operatorname{div} \operatorname{grad} T = \lambda \underbrace{\left(\frac{\partial^2 T}{\partial x^2} + \frac{\partial^2 T}{\partial y^2} \right)}_{\equiv \Delta T}.$$

Wir setzen $w = \frac{\lambda}{\rho c_p}$, dann nennt man w die Wärmeleitfähigkeit und unsere Gleichung lautet (mit Abängigkeiten vom Ort (x,y) und Zeitpunkt t)

$$\frac{\partial T(x,y,t)}{\partial t} = w \left(\frac{\partial^2 T(x,y,t)}{\partial x^2} + \frac{\partial^2 T(x,y,t)}{\partial y^2} \right) = w \Delta T(x,y,t). \tag{2.4}$$

Am unteren Rand ($y = 0$) vernachlässigen wir die Wärmeleitung und nehmen idealer Weise an, dass wir die Temperatur kennen

$$T(x,0,t) = g(x,t). \tag{2.5}$$

An den drei anderen Rändern gehen wir davon aus, dass eine Abstrahlbedingung (*Newtonsches Abkühlungsgesetz*) der Art

$$\frac{\partial T(x,y,t)}{\partial \nu} = -\alpha(T(x,y,t) - T_U) \tag{2.6}$$

vorliegt. Dabei ist $\alpha > 0$ eine materialabhängige Konstante und T_U die Umgebungstemperatur. Die Variable ν beschreibt wieder die äußere Normale und ist mal die partielle Ableitung nach x (am rechten Rand), mal die partielle Ableitung nach y (am oberen Rand) und mal die negative partielle Ableitung nach x (am linken Rand).

Damit das Problem vollständig beschrieben ist, brauchen wir noch eine Anfangsbedingung, die die Temperatur zu Beginn der Simulation beschreibt. Naheliegender Weise ist dies die Umgebungstemperatur

$$T(x,y,0) = T_U. \tag{2.7}$$

Die so erhaltene Gleichung (2.4) mit den Randbedingungen (2.5), (2.6) und der Anfangsbedingung (2.7) ist eine *parabolische partielle Differenzialgleichung*.

Nehmen wir nun an, die Kühlrippe habe eine Breite von 1 und eine Höhe von 10. Innerhalb von 120 Minuten erwärme sich die Wärmequelle $g(x,t)$ am unteren Rand von anfangs 20° so wie in Abbildung 2.9.

Die Temperaturverteilung in der Kühlrippe sieht dann zu verschiedenen Zeitpunkten etwa so aus wie in Abbildungen 2.10, 2.11.

Als Spezialfall betrachten wir später (siehe Kapitel 5) noch den stationären Fall, d.h. dass die Wärmequelle zeitunabhängig ist und wir in der Differenzialgleichung (2.4) die Zeitableitung $\frac{\partial T(x,y,t)}{\partial t} = 0$ setzen.

In diesem Fall erhalten wir folgende Temperaturverteilung (Abbildung 2.12).

Abbildung 2.9: Aufheizen der Wärmequelle $g(x,t)$, $x \in [0,1]$, $t \in [0,120]$

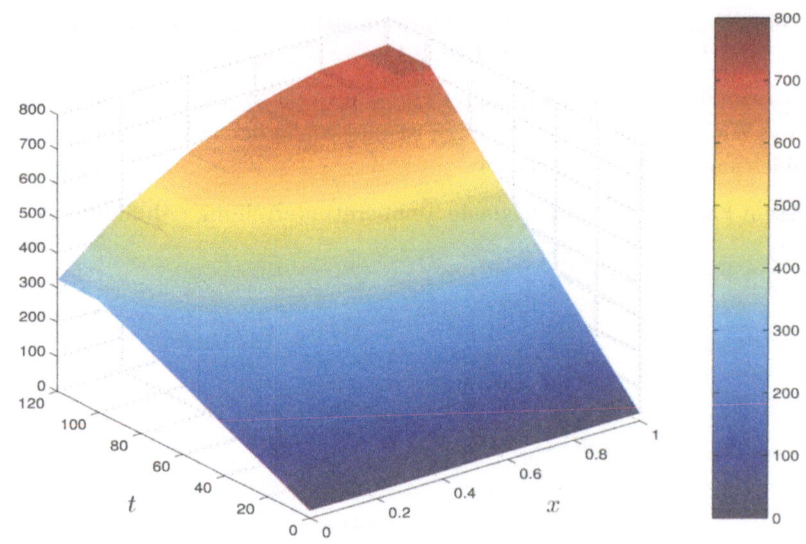

Abbildung 2.10: Temperaturverteilung $T(x,y,t)$ in der Kühlrippe, $t = 75$

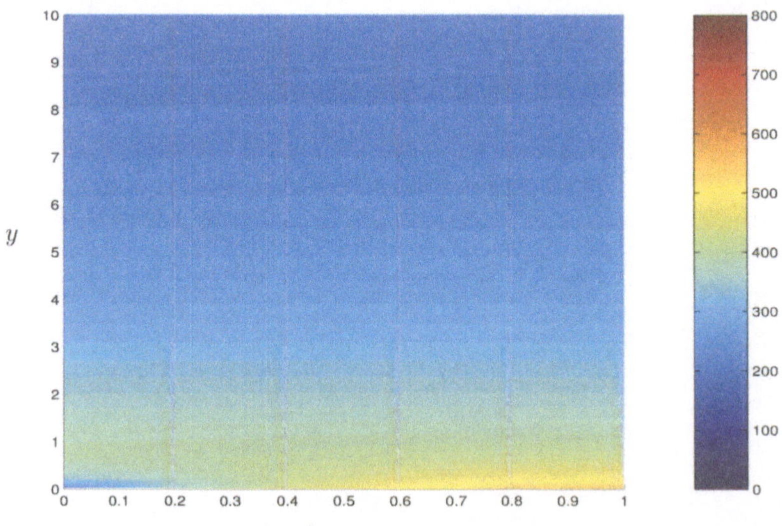

Abbildung 2.11: Temperaturverteilung $T(x,y,t)$ in der Kühlrippe, $t = 100$

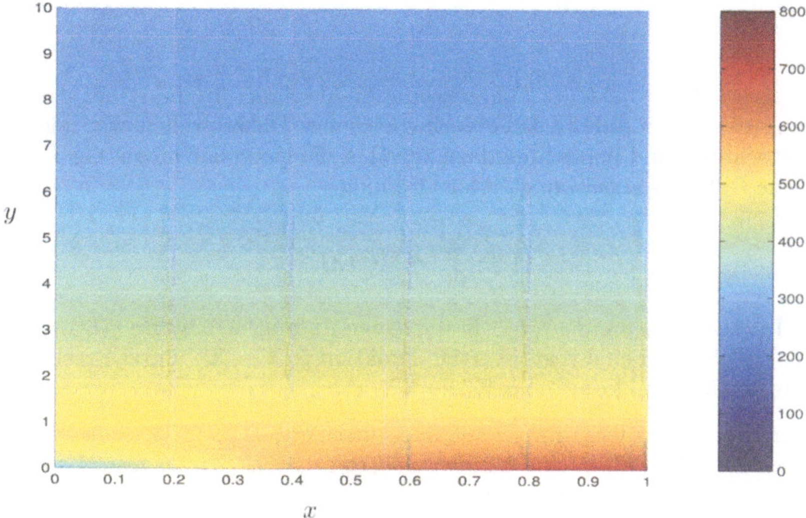

Abbildung 2.12: Stationäre Temperaturverteilung in der zweidimensionalen Kühlrippe

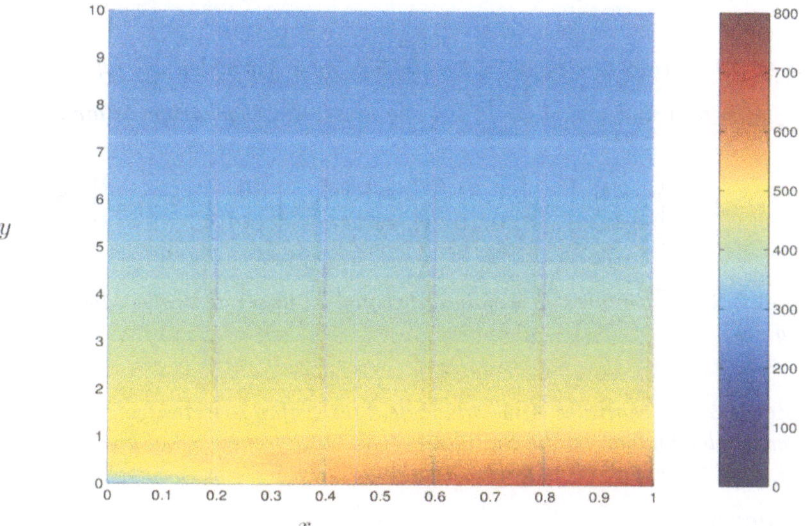

3 Anfangswertaufgaben

Das zentrale Modellprojekt der Fahrerkabine in Abschnitt 2.1 führt auf das Problem der Lösung einer gewöhnliche Differenzialgleichung. Daher wollen wir uns nun diesem Punkt widmen und betrachten dazu zuerst Anfangswertaufgaben. Gegeben sei die gewöhnliche Differenzialgleichung erster Ordnung

$$\dot{y} = \frac{dy}{dt} = f(t,y(t)), \tag{3.1}$$

in einem Intervall $\mathbb{I} = [t_0,t_0 + T] \subset \mathbb{R}$ mit einer Anfangsbedingung $y(t_0) = y_0 \in \mathbb{R}^n$. Die Lösung y ist dabei eine vektorwertige Funktion $y : \mathbb{I} \to \mathbb{R}^n$ und die rechte Seite ist eine vektorwertige Funktion $f : \mathbb{I} \times \mathbb{R}^n \to \mathbb{R}^n$.

Die Lösungskurve $y(t)$ von (3.1) nennt man auch *Trajektorie*. Ohne die Vorgabe des Anfangswertes erhalten wir eine *Schar von Trajektorien (Richtungsfeld)*. Durch den Anfangswert wird dann eine bestimmte Trajektorie festgelegt.

3.1 Anwendungsbeispiele

Zur Motivation dieser Aufgabenstellung betrachten wir noch einmal Beispiel 1.1 aus Kapitel 1, sowie das Beispiel eines elektrischen Schwingkreises.

Beispiel 3.1 *Betrachte Beispiel 1.1 und führe neue Variablen wie folgt ein. Sei $z_1(t) = h(t)$, $z_2(t) = \dot{h}(t)$ und $z(t) = \begin{bmatrix} z_1(t) \\ z_2(t) \end{bmatrix}$, so lautet die zugehörige Anfangswertaufgabe*

$$\dot{z}(t) = \begin{bmatrix} \dot{z}_1(t) \\ \dot{z}_2(t) \end{bmatrix} = \begin{bmatrix} 0 & 1 \\ 0 & 0 \end{bmatrix} \begin{bmatrix} z_1(t) \\ z_2(t) \end{bmatrix} + \begin{bmatrix} 0 \\ -g \end{bmatrix}, \; z(0) = \begin{bmatrix} h_0 \\ 0 \end{bmatrix}.$$

Beispiel 3.2 *Ein weiteres Anwendungsbeispiel ist unser zentrales Modellprojekt 1 (Abbildung 2.1).*

Beispiel 3.3 *Ein zentrales Anwendungsfeld für Anfangswertaufgaben bei gewöhnlichen Differenzialgleichungen ist die Simulation von elektrischen Schaltkreisen. Betrachte das Modell eines Schwingkreises (siehe Abbildung 3.1).*

Modellierung.

Wir brauchen folgende Gesetze aus der Physik:

Abbildung 3.1: Ein Schwingkreis

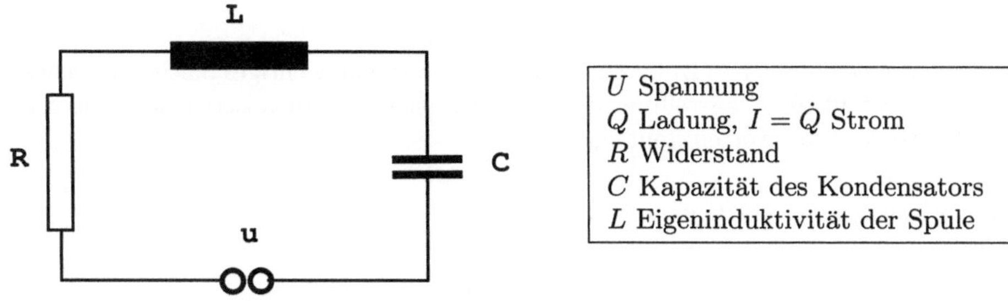

1. Ohmsches Gesetz *für den Widerstand* $U_{Wid} = RI$.

2. Faradaysches Gesetz *für den Kondensator* $Q = CU_{Kap}$.

3. *Induktionsspannung einer Spule* $U_{Sp} = L\dot{I}$.

4. Zweites Kirchhoffsches Gesetz: *Die Summe der Spannungen in einer Masche ist Null.*

Aus dem zweiten Kirchhoffschen Gesetz erhalten wir

$$U_{Sp} + U_{Wid} + U_{Kap} = U_0,$$

wobei U_0 die Versorgungsspannung ist, und wir bekommen durch Einsetzen die Gleichung

$$L\dot{I} + RI + \frac{Q}{C} = U_0.$$

Nutzen wir $\dot{Q} = I$, so bekommen wir ein System von zwei Differenzialgleichungen erster Ordnung für Q und I, gegeben durch

$$\begin{aligned} \dot{Q} &= I, \\ \dot{I} &= -\frac{R}{L}I - \frac{1}{LC}Q + \frac{U_0}{L}. \end{aligned}$$

Für die Versorgungsspannung nehmen wir das Modell

$$U_0(t) = U_{\max}\cos(\omega t)$$

für konstante Vorgaben von $U_{\max}$ (Amplitude) und ω (Frequenz). Damit haben wir sowohl den Fall einer Gleichspannung abgedeckt ($\omega = 0$) als auch den Fall einer Wechselspannung ($\omega > 0$). Als Startwerte verwenden wir $Q_0 = 0$, $I_0 = \frac{U_{\max}}{R}$.

3.2 Mathematische Probleme bei Anfangswertaufgaben

Die Analysis von gewöhnlichen Differenzialgleichungen ist ein wichtiges mathematisches Teilgebiet. Eine zentrale Fragstellung der Analysis ist dabei zu untersuchen, wie die Lösung von den Anfangswerten abhängt.

Beispiel 3.4 *Betrachte die Differenzialgleichung*

$$\dot{y} = 3y, \, y(0) = y_0.$$

Als Lösung ergibt sich $y(t) = y_0 e^{3t}$ *(siehe Abbildung 3.2).*

Abbildung 3.2: Lösungsverlauf für Startwerte $y_0 = 0.01, 0.05, 0.1, 0.5$

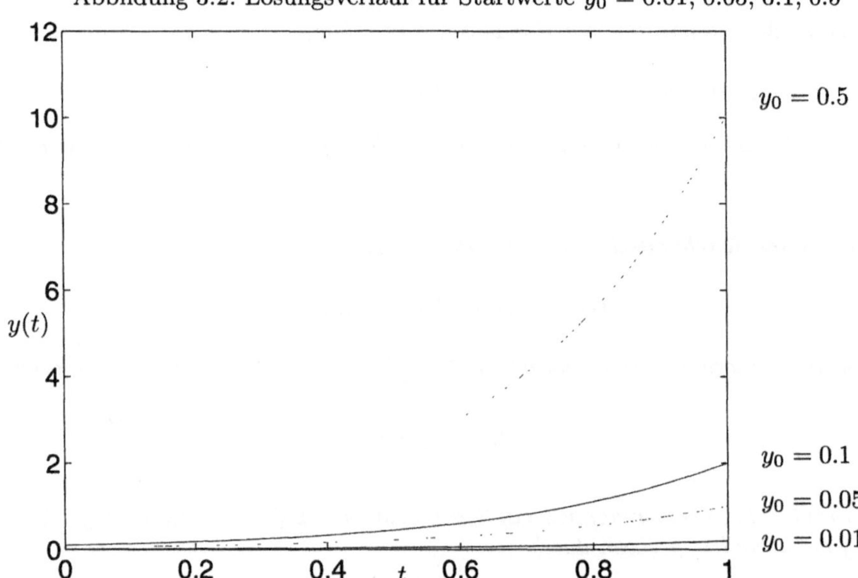

Wir erkennen an Abbildung 3.2, dass kleine Änderungen der Anfangswerte zu sehr großen Änderungen in der Lösung führen können. Dies wird *Instabilität der Differenzialgleichung* genannt.

Ein weiteres drastisches Beispiel einer instabilen Differenzialgleichung ist das folgende.

Beispiel 3.5 *Betrachte die Anfangswertaufgabe*

$$\dot{y} = 10(y - \frac{t^2}{1 + t^2}) + \frac{2t}{(1 + t^2)^2}, \, y(0) = y_0.$$

Als Lösung ergibt sich: $\quad y(t) = y_0 e^{10t} + \dfrac{t^2}{1+t^2}.$

Für $y_0 = 0$ erhalten wir die Lösung $\hat{y}(t) = \dfrac{t^2}{1+t^2}$ und für $y_0 = -\varepsilon$ ergibt sich

$$\tilde{y}(t) = -\varepsilon e^{10t} + \frac{t^2}{1+t^2}.$$

Abbildung 3.3 verdeutlicht die unterschiedlichen Lösungsverläufe. Hier treten bei minimal gestörten Anfangswerten qualitativ völlig unterschiedliche Lösungen auf.

Abbildung 3.3: Instabile Differenzialgleichung

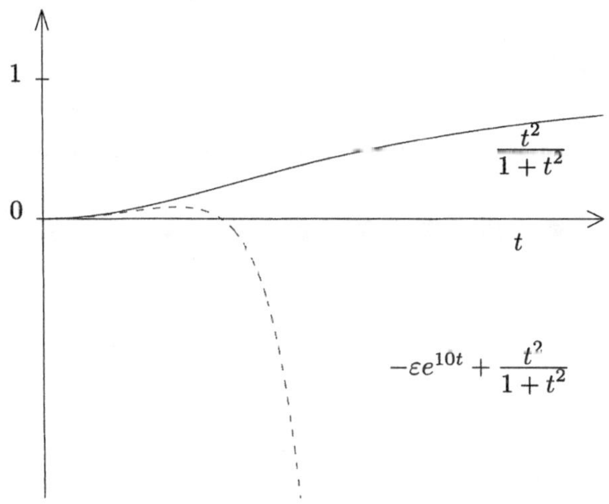

Bei komplexen Praxisproblemen sind wir im Allgemeinen nicht in der Lage, die Lösung einer Differenzialgleichung analytisch zu bestimmen und brauchen daher numerische Lösungsmethoden. Aber selbst wenn wir eine analytische Lösung bestimmen können, ist manchmal die Auswertung der Lösungsfunktion teurer und ungenauer als die numerische Lösung. Bei instabilen Differenzialgleichungen können jedoch schon kleine Änderungen der Daten, wie die Rundung des Anfangswerts, zu falschen Ergebnissen führen.

> **Instabile Differenzialgleichungen sind numerisch schwer zu lösen.**

3.3 Numerische Behandlung gewöhnlicher Differenzialgleichungen

Wir diskutieren nun, wie man gewöhnliche Differenzialgleichungen numerisch auf einem Rechner löst. Dazu wird als erstes die Differenzialgleichung *diskretisiert*, d.h. die Lösung wird in einzelnen Schritten berechnet.

Wir gehen im einfachsten Fall wie folgt vor. In unserem Intervall $\mathbb{I}$ führen wir ein *Gitter*

$$\mathbb{I}_h = \{t_0, t_1, \ldots, t_n = t_0 + T\}$$

ein, wobei wir zunächst der Einfachheit halber eine äquidistante Unterteilung mit

$$t_i = t_0 + ih, \quad i = 1, \ldots, n$$

verwenden (Abbildung 3.4).

Abbildung 3.4: Einteilung des Intervalls in Gitterpunkte

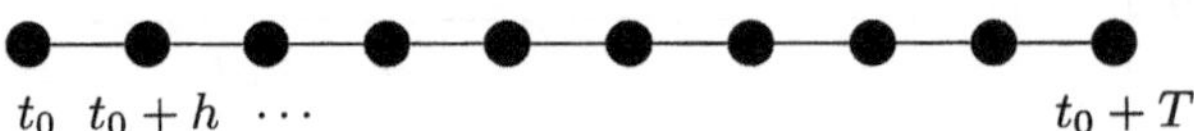

Dann suchen wir Werte

$$u_i = u_h(t_i), \quad i = 1, \ldots, n, \tag{3.2}$$

wobei $u_h : \mathbb{I}_h \to \mathbb{R}^n$ eine *Gitterfunktion* ist. Diese ist so zu wählen, dass u_i den Wert

$$y_i = y(t_i) \tag{3.3}$$

der exakten Lösung von (3.1) möglichst gut annähert (approximiert).

Mit anderen Worten, auf dem Gitter $\mathbb{I}_h$ mit der Schrittweite $h \neq 0$ sollen Näherungswerte u_i für y_i an den äquidistanten Punkten $t_i = t_0 + ih$ berechnet werden. Basierend auf dieser Diskretisierung gibt es eine Reihe von numerischen Verfahren. Wir wollen uns zunächst auf das explizite Euler–Verfahren beschränken. Später, insbesondere in Kapitel 11, werden wir dann weitere Methoden kennenlernen.

3.4 Das explizite Euler–Verfahren

Das einfachste numerische Verfahren ist das sogenannte explizite Euler–Verfahren. Für die Ableitung $\dot{y}$ gilt näherungsweise:

$$\frac{y(t + h) - y(t)}{h} \approx \dot{y}(t) = f(t, y(t)), \tag{3.4}$$

d.h.

$$y(t + h) \approx y(t) + hf(t,y(t)).$$

Man erhält damit an den Stellen t_i Näherungswerte u_i für y_i durch

$$\begin{aligned} u_0 &= y_0, \\ \frac{u_{i+1} - u_i}{h} &= f(t_i,u_i), \qquad i = 0,\ldots,n-1 \end{aligned} \tag{3.5}$$

oder umgeformt:

$$u_{i+1} = u_i + hf(t_i,u_i), \ \ i = 0,1,2,\ldots,n-1, \ \ \text{wobei } u_0 = y_0. \tag{3.6}$$

Diese Integrationsmethode benutzt in den einzelnen Näherungspunkten (t_i,u_i) die Steigung des durch die Differenzialgleichung definierten Richtungsfeldes dazu, den nächstfolgenden Näherungswert u_{i+1} zu bestimmen. Wegen der anschaulich geometrischen Konstruktion der Näherung bezeichnet man das Verfahren auch als *Polygonzugmethode*. Das explizite Euler–Verfahren ist offensichtlich sehr grob und benötigt sehr kleine Schrittweiten h um gute Näherungswerte zu liefern (siehe Abbildung 3.5).

Abbildung 3.5: graphische Darstellung des Euler–Verfahrens

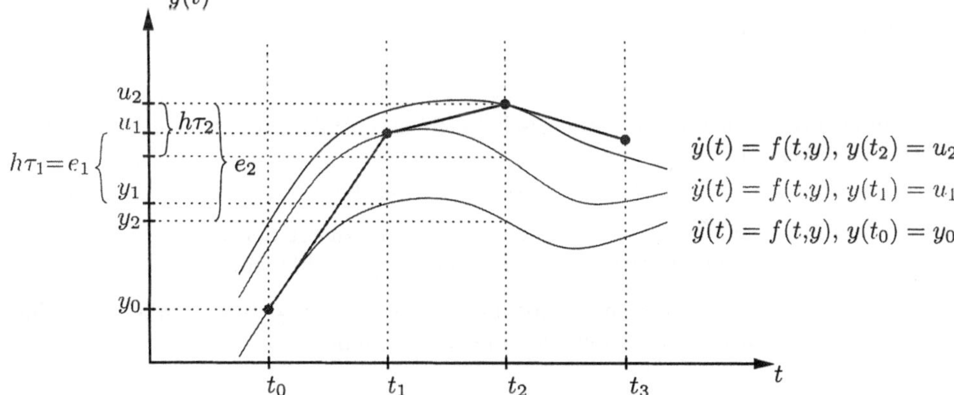

3.5 Allgemeine Einschrittverfahren

Das explizite Euler–Verfahren ist ein Spezialfall eines allgemeinen *expliziten Einschrittverfahrens* der Form

$$\begin{aligned} u_0 &= y_0, \\ u_{i+1} &= u_i + h_i\Phi(t_i,u_i,h_i), \ \ i = 0,1,2,\ldots,n-1. \end{aligned} \tag{3.7}$$

Beim Euler–Verfahren gilt also

$$\Phi(t_i,u_i,h_i) = f(t_i,u_i). \tag{3.8}$$

Dabei ist wiederum $u_i = u_h(t_i)$ eine Näherung an die Lösung $y(t_i)$. Die Funktion Φ heißt *Inkrementfunktion*. Sie beschreibt die zugrundeliegende Methode, wie aus der bekannten Information (t_i,u_i) und für die Schrittweite h_i der neue Näherungswert zu berechnen ist. Man spricht hier von einem *expliziten* Verfahren, denn man kann u_{i+1} ja sofort explizit aus u_i berechnen.

Bemerkung: Durch komponentenweise Betrachtung lassen sich explizite Einschrittverfahren direkt auf den Vektorfall übertragen:

$$\vec{u}_{i+1} = \begin{bmatrix} u_1 \\ \vdots \\ u_n \end{bmatrix}_{i+1} = \begin{bmatrix} u_1 \\ \vdots \\ u_n \end{bmatrix}_i + h_i \begin{bmatrix} \Phi_1(t_i,\vec{u}_i,h_i) \\ \vdots \\ \Phi_n(t_i,\vec{u}_i,h_i) \end{bmatrix} = \vec{u}_i + h_i\vec{\Phi}(t_i,\vec{u}_i,h_i). \tag{3.9}$$

3.6   Fehlerbetrachtung

Wie gut ist nun so ein explizites Einschrittverfahren zur Lösung von Anfangswertaufgaben ?

Gesucht ist eine Abschätzung für den *globalen Fehler* $e_h(t_i) = y(t_i) - u_h(t_i)$ zwischen der exakten Lösung y und der numerisch berechneten Gitterfunktion u_h, jeweils an derselben Stelle t_i, d.h.

$$e_i := y_i - u_i = y(t_i) - u_h(t_i). \tag{3.10}$$

Um den absoluten Fehler e_i abzuschätzen, muss man zuerst den *lokalen Fehler* (den Fehler in jedem einzelnen Schritt der Diskretisierung) abschätzen.

Betrachten wir zuerst wieder eine konstante Schrittweite $h \neq 0$. Im Falle eines Einschrittverfahrens gilt für die *numerische Lösung u_h* immer

$$\frac{u_h(t+h) - u_h(t)}{h} - \Phi(t,u_h(t),h) = 0. \tag{3.11}$$

Ersetzt man jetzt die berechnete *numerische Lösung u_h* durch die *exakte Lösung y*, dann nennt man für $h \neq 0$ die Größe

$$\tau(t,h) := \frac{y(t+h) - y(t)}{h} - \Phi(t,y(t),h) \tag{3.12}$$

den *lokalen Diskretisierungsfehler* in $(t,y(t))$.

Der lokale Diskretisierungsfehler ist der Fehler, der bei *genau einem Schritt des Einschrittverfahrens* mit exaktem Startwert entsteht. Aus diesem Grunde ist das eine *lokale* Charakterisierung, da wir in der Praxis natürlich nicht in jedem Schritt t_i wieder mit dem exakten Wert anfangen werden.

Im Fall des expliziten Euler–Verfahren ist τ konkret gegeben durch

$$\tau(t,h) = \frac{y(t+h) - y(t)}{h} - f(t,y(t)).$$

Der lokale Diskretisierungsfehler τ ist hier die Differenz zwischen dem exakten Wert der Tangente $f(t,y)$ und dem erhaltenen Näherungswert, falls man jeweils mit dem exakten Wert startet, siehe Abbildung 3.5.

Damit ein Einschrittverfahren vernünftig ist, fordert man dass der lokale Diskretisierungsfehler $\tau(t,h)$ für $h \to 0$ gegen Null konvergiert.

Definition 3.6 *Das Einschrittverfahren (3.7) zur Lösung der Differenzialgleichung $\dot{y} = f(t,y)$ heißt konsistent, wenn für alle $t \in [t_0,t_0 + T]$ bei hinreichend oft differenzierbarer Funktion f gilt, dass*

$$\lim_{\substack{h \to 0 \\ h \neq 0}} \tau(t,h) = \lim_{\substack{h \to 0 \\ h \neq 0}} \frac{y(t+h) - y(t)}{h} - \Phi(t,y(t),h) = 0. \tag{3.13}$$

Das Verfahren heißt konsistent von der Ordnung $p \in \mathbb{N}$, *falls*

$$\tau(t,h) = \mathcal{O}(h^p). \tag{3.14}$$

Bemerkung: Die Schreibweise $\mathcal{O}(h^p)$ bedeutet, dass $|\tau(t,h)| \leqslant Ch^p$ mit einer Konstanten C ist.
Man beachte, dass in zahlreichen anderen Büchern zur Numerischen Mathematik der Konsistenzfehler noch mit h multipliziert wird.

Konsistenz heißt damit insbesondere, dass

$$\dot{y}(t) = f(t,y(t)) = \lim_{\substack{h \to 0 \\ h \neq 0}} \Phi(t,y(t),h).$$

Für konsistente Verfahren konvergiert die Inkrementfunktion Φ gegen f, das heißt aber nicht, dass $\Phi = f$ bereits die "beste Wahl" ist.

Proposition 3.7 *Das explizite Euler–Verfahren ist konsistent von erster Ordnung.*

Beweis. Dies können wir sehr leicht und elementar mit Hilfe der Taylor–Entwicklung nachvollziehen. Es gilt

$$y(t+h) = y(t) + h\dot{y}(t) + \frac{h^2}{2!}\ddot{y}(\theta) = y(t) + hf(t,y) + \frac{h^2}{2!}\ddot{y}(\theta), \text{ wobei } t < \theta < t+h.$$

Eingesetzt in τ erhalten wir

$$\tau(t,h) = \frac{y(t+h) - y(t)}{h} - f(t,y) = \frac{h}{2}\ddot{y}(\theta) = \mathcal{O}(h).$$

Damit ist das Euler–Verfahren konsistent von erster Ordnung. $\qquad\square$

Bemerkung: So wie $\dot{y}(t) = f(t,y)$ gilt, erhalten wir für $\ddot{y}(t)$ eine analoge Formel

$$
\begin{aligned}
\ddot{y}(t) &= \frac{d}{dt}\left[f(t,y(t)) \right] \\
&= \frac{\partial}{\partial t} f(t,y(t)) + \left(\frac{\partial}{\partial y} f(t,y(t)) \right) \dot{y}(t) \\
&= \frac{\partial}{\partial t} f(t,y(t)) + \left(\frac{\partial}{\partial y} f(t,y(t)) \right) f(t,y(t)).
\end{aligned}
$$

Wir könnten also $\ddot{y}(t)$ mit Hilfe von f und seinen partiellen Ableitungen ausdrücken.

3.7 Abschätzung des globalen Fehlers

Bisher haben wir nur den lokalen Fehler (also den Fehler bei nur einem einzelnen Schritt mit exaktem Startwert) betrachtet. Beim *globalen Fehler* betrachten wir jetzt *alle* Schritte $t_i = t_0 + ih$, $h = \frac{T}{n}$ im Intervall $[t_0,t_0 + T]$ und lassen die Schrittweite h gegen Null gehen. Wir untersuchen dann den maximalen Fehler zwischen den exakten Werten $y(t_i)$ und den berechneten Näherungen $u_i = u_h(t_i)$ bei kleiner werdendem h im Intervall $[t_0,t_0 + T]$.

Im Gegensatz zur Konsistenz, wo man in jedem Schritt t_i den exakten Startwert $y(t_i)$ zu Grunde legt, ist der Startwert für den nächsten Schritt hier $u_h(t_i)$. Damit erhalten wir jetzt eine globale Beschreibung des Fehlers.

Definition 3.8 *Das Einschrittverfahren (3.7) zur Differenzialgleichung* $\dot{y} = f(t,y)$ *heißt konvergent, wenn für hinreichend oft differenzierbares f und alle $i = 0,\ldots,n$ gilt:*

$$
\lim_{h \to 0} |e_h(t_i)| = \lim_{h \to 0} |y(t_i) - u_h(t_i)| = 0. \tag{3.15}
$$

Das Verfahren heißt konvergent von der Ordnung $p \in \mathbb{N}$, falls für alle $i = 0,\ldots,n$ gilt, dass

$$
e_h(t_i) = \mathcal{O}(h^p). \tag{3.16}
$$

Was können wir über den globalen Fehler bei expliziten Einschrittverfahren sagen ?

Beispiel 3.9 *Wir illustrieren das Konvergenzverhalten am expliziten Euler–Verfahren für die Differenzialgleichung $y' = Ly$, mit konstantem $L \in \mathbb{R}$, $L > 0$, $y_0 = 1$, $t_0 = 0$, $t_e = 1$ und $h = \frac{1}{m}$. Wie wir in Proposition 3.7 gezeigt haben, ist das explizite Euler–Verfahren konsistent von erster Ordnung, d.h.*

$$
|\tau(t,h)| \leqslant Ch.
$$

Ist u_j bereits berechnet, dann ist der Fehler zwischen der exakten Lösung $y_{j+1} = e^{L(j+1)h}$ und der neuen Iterierten u_{j+1} gegeben durch

$$|y_{j+1} - u_{j+1}| = |[y_j + h(Ly_j + \tau(t_j,h))] - [u_j + hLu_j]| \leqslant (1 + hL)|y_j - u_j| + Ch^2.$$

Wenn wir jetzt Schritt für Schritt vorgehen, bekommen wir

$$
\begin{aligned}
|y_1 - u_1| &\leqslant (1 + hL)|y_0 - u_0| + Ch^2, \\
|y_2 - u_2| &\leqslant (1 + hL)|y_1 - u_1| + Ch^2 \\
&\leqslant (1 + hL)\left[(1 + hL)|y_0 - u_0| + Ch^2\right] + Ch^2 \\
&\leqslant (1 + hL)^2(|y_0 - u_0| + 2Ch^2).
\end{aligned}
$$

Machen wir dies nun m Schritte, so erwarten wir

$$|y_m - u_m| \leqslant \underbrace{(1 + hL)^m}_{\to\, e^L}(|y_0 - u_0| + \underbrace{mCh^2}_{=\,Ch}),$$

d.h. die Fehler akkumulieren sich so, dass eine h-Potenz eingebüßt wird und der Vorfaktor exponentiell wächst.

Die Beobachtungen aus Beispiel 3.9 lassen sich auf allgemeine Einschrittverfahren und Differenzialgleichungen verallgemeinern. Dies zeigt der folgende Satz.

Satz 3.10 (Konvergenz von Einschrittverfahren)
Betrachte ein explizites Einschrittverfahren der Form (3.7) zur Lösung der Anfangswertaufgabe (3.1). Die Inkrementfunktion $\Phi(t,y,h)$ genüge bezüglich der zweiten Komponente einer Lipschitz-Bedingung, d.h.

$$|\Phi(t,y_1,h) - \Phi(t,y_2,h)| \leqslant L|y_1 - y_2|,$$

wobei $|\,\,|$ der Betrag (im skalaren Fall) bzw. eine Norm (bei Systemen) ist. Dann gilt:

> *Ist ein Einschrittverfahren konsistent von der Ordnung p, dann ist es auch konvergent von der Ordnung p.*

Sei

$$\tau_h = \max_{t \in [t_0, t_0 + T]} |\tau(t,h)|$$

der maximale Diskretisierungsfehler. Dann gilt für den globalen Fehler die Abschätzung:

$$|e_h(t_i)| = |y(t_i) - u_h(t_i)| \leqslant (|y(t_0) - u_h(t_0)| + (t_i - t_0)\tau_h)e^{L(t_i - t_0)}. \tag{3.17}$$

Beweis. Siehe Abschnitt 3.9.1.

Bemerkung: Alle Aussagen in diesem Abschnitt gelten auch für variable Schrittweiten, dabei setzt man $h = \max_{i=1,\ldots,n-1}\{h_i\}$.

Im Falle des Euler–Verfahrens ist die Lipschitz–Bedingung gerade die übliche Lipschitz–Bedingung an die Funktion, die typischerweise für die Existenz- und Eindeutigkeit der Lösung (siehe z.B. [6, 58]) benötigt wird. Der Satz erlaubt auch, dass der Startwert u_0 nicht exakt mit $y(t_0)$ übereinstimmt. Dies kann in der Praxis natürlich durch Messfehler in den Anfangsdaten oder Rundungsfehler auftreten.

3.8   Diskussion der Ergebnisse

Was lernen wir aus den Ergebnissen?

Falls die Lipschitz–Konstante L in Satz 3.10 groß ist, so ist die Differenzialgleichung instabil (siehe Beispiel 3.5). Dann wird ein Fehler im Anfangswert, aber auch jeder lokale Diskretisierungsfehler stark verstärkt. Die Konstante L ist allerdings im Allgemeinen nicht bekannt.

Ist L groß, so ist das eine schlechte Eigenschaft des mathematischen Modells, und es ist dringend notwendig zu überprüfen, ob diese Eigenschaft im realen physikalischen Problem auch auftritt. Wenn ja, so ist dieses Anwendungsproblem mit numerischen Methoden nur sehr schlecht zugänglich. Wenn nein, so sollte die Modellierung überprüft werden.

Ein weiterer Verstärkungsfaktor für den Fehler tritt auf, wenn wir über sehr lange Zeiten rechnen, d.h. wenn $t_i - t_0$ sehr groß ist, denn dann addieren sich auch viele kleine, in jedem Schritt gemachte Fehler. Man sollte überprüfen, ob man wirklich über so lange Zeiten auf diese Weise rechnen will.

Wenn L und $t_i - t_0$ beide nicht sehr groß sind, dann sollten wir einen kleinen globalen Fehler erhalten, wenn der lokale Fehler klein ist.

Wir untersuchen nun das explizite Euler–Verfahren anhand unserer Anwendungsprobleme.

Beispiel 3.11 *Wir betrachten das zentrale Modellprojekt der Fahrerkabine $h = \Delta t = 10^{-2}$, 10^{-3} und verwenden das Intervall $[0,3\pi]$.*

Der Vergleich der Ergebnisse in Abbildung 3.6 und 3.7 zeigt, dass erst für sehr kleines $h = 10^{-3}$ eine Lösung berechnet wird, die einigermaßen mit dem tatsächlichen Verlauf übereinstimmt. Vorher ist die numerisch berechnete Lösung nicht zu gebrauchen, sie beginnt zu oszillieren und wächst exponentiell.

Beispiel 3.12 *Wir wenden das explizite Euler–Verfahren auf das Anwendungsbeispiel 3.3 eines Schwingkreises an.*

Wir haben die vektorwertige Differenzialgleichung

$$\dot{\vec{y}} = f(t,\vec{y}),$$

wobei

$$\vec{y} = \begin{bmatrix} Q \\ I \end{bmatrix}, \; f(t,\vec{y}) = \begin{bmatrix} I \\ -\frac{R}{L}I - \frac{1}{LC}Q + \frac{U_0}{L} \end{bmatrix} = \begin{bmatrix} y_2 \\ -\frac{R}{L}y_2 - \frac{1}{LC}y_1 + \frac{U_0}{L} \end{bmatrix}.$$

Als Anfangsbedingung nehmen wir

$$Q(0) = 0, \; \dot{Q}(0) = I_0 = U_{\max}/R.$$

Abbildung 3.6: Durch das explizite Euler–Verfahren berechnetes Schwingverhalten der Massepunkte der Fahrerkabine für $h = 10^{-2}$

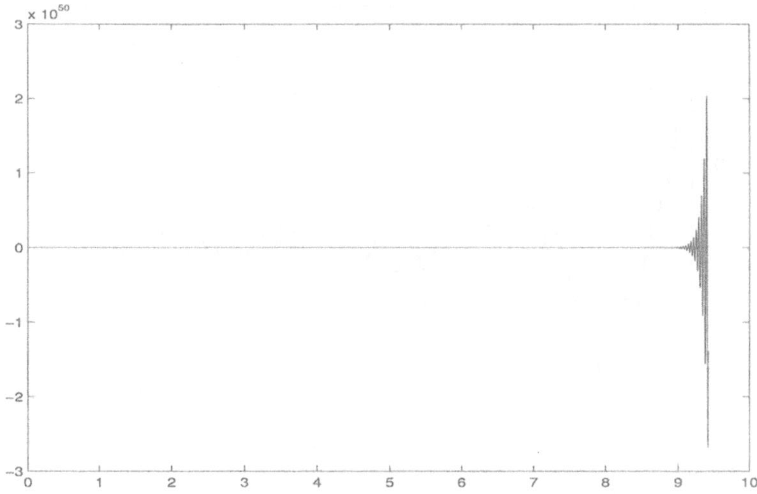

Abbildung 3.7: Durch das explizite Euler–Verfahren berechnete Schwingverhalten der Massepunkte der Fahrerkabine für $h = 10^{-3}$

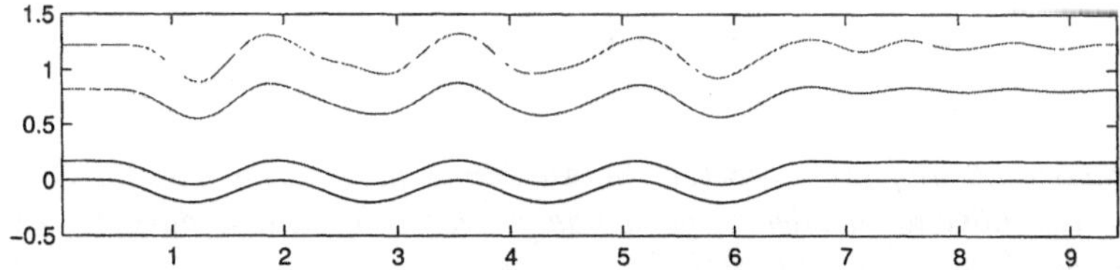

Letzteres ist der maximale Strom am Widerstand. Damit haben wir

$$\vec{y}_0 = \begin{bmatrix} 0 \\ U_{\max}/R \end{bmatrix}.$$

Wir testen für die Parameter $R = 1$, $L = 4$, $C = 1$, $\omega = \pi$, $U_{\max=1}$ die Güte des expliziten Euler–Verfahrens für $h = \Delta t = 0.5, \, 0.1$.

Wir sehen in Abbildung 3.8, dass mit kleiner werdendem $h = \Delta t$ das explizite Euler–Verfahren die tatsächlichen Werte gut approximiert.

Sind wir damit nicht eigentlich fertig ? Wir brauchen ja nur h sehr klein werden lassen, dann wird τ_h klein und damit auch der Fehler.

Schauen wir dazu einmal an, was bei einem einfachen Beispiel auf dem Rechner passiert, wenn h sehr klein wird.

Abbildung 3.8: Explizites Euler–Verfahren zur Berechnung der Spannung U_R

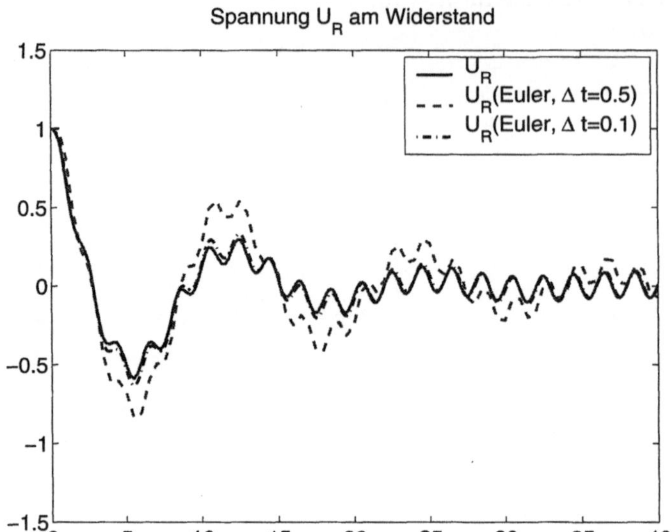

Beispiel 3.13 *Betrachte das Anfangswertproblem:*

$$\dot{y} = -\tan(t)y, \; y(0) = 1$$

mit der exakten Lösung $y(t) = \cos(t)$. In Abbildung 3.9 stellen wir die Genauigkeit der berechneten Lösung in Abhängigkeit von h dar. Wir sehen, dass bei zu kleiner Schrittweite der Fehler wieder ansteigt!

Bemerkung: *Die Ergebnisse wurden mit einfacher Genauigkeit unter FORTRAN77 berechnet.*

Um dieses Phänomen zu verstehen müssen wir erst mal anschauen, was bei der Berechnung von Ausdrücken in einem Rechner wirklich passiert. Dies werden wir im nächsten Kapitel tun.

3.9　Anmerkungen und Beweise

Wir haben hier nur einige sehr elementare Ergebnisse zur numerischen Lösung von Anfangswertsaufgaben für gewöhnliche Differenzialgleichungen dargestellt. Einige weitere Resultate und Methoden, insbesondere zu Verfahren höherer Ordnung werden wir in Kapitel 11 diskutieren. Eine umfangreichere Behandlung von Einschrittverfahren aber

Abbildung 3.9: Explizites Euler–Verfahren für $\dot{y} = -\tan(t)y$, $y(0) = 1$ bei Schrittweiten $h_1 = 3/50$, $h_2 = 3/100$, $h_3 = 3/5000000$

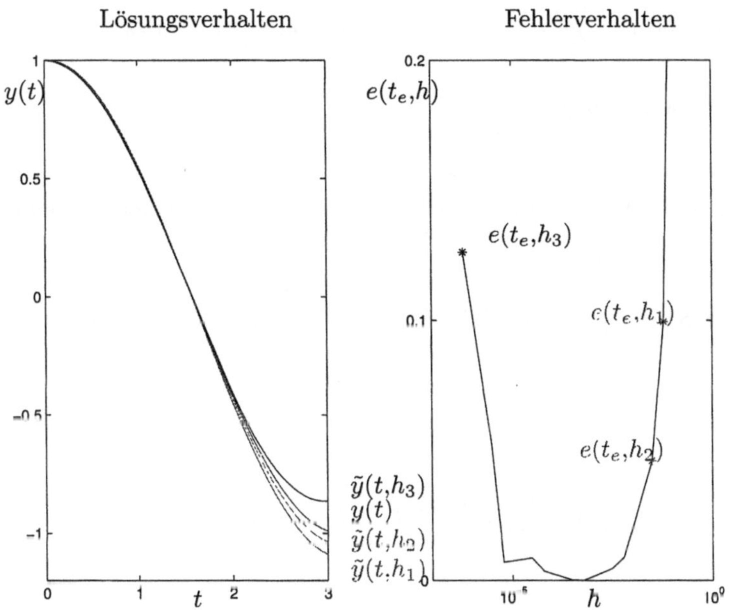

auch von Mehrschrittverfahren, die wir hier nicht behandeln, findet man z.B. in den Monographien [1, 26, 52] aber auch in anderen Lehrbüchern zur Numerischen Mathematik wie z.B. [9, 44, 51].

3.9.1 Beweis von Satz 3.10

Wir werden nun Satz 3.10 beweisen. Da dieser auch für den allgemeineren Fall variabler Schrittweiten gilt, beweisen wir gleich dieses allgemeinere Ergebnis. (Siehe auch [44], S. 364.)

Beweis. Es gilt

$$
\begin{aligned}
u_{j+1} &= u_j + h_j\Phi(t_j,u_j,h_j), \\
y(t_{j+1}) &= y(t_j) + h_j\Phi(t_j,y(t_j),h_j) + h_j\tau(t_j,h_j),
\end{aligned}
$$

und damit erhalten wir

$$
\begin{aligned}
e_{j+1} &= y(t_{j+1}) - u_{j+1} \\
&= \underbrace{y(t_j) - u_j}_{e_j} + h_j\tau(t_j,h_j) + h_j[\Phi(t_j,y(t_j),h_j) - \Phi(t_j,u_j,h_j)]
\end{aligned}
$$

Mit $\tau_h = \max_{t\in[t_0,t_0+a]} |\tau(t,h)|$ ergibt sich, dass

$$|e_{j+1}| \leqslant |e_j| + h_j\tau_h + h_j L|e_j| = (1 + h_j L)|e_j| + h_j\tau_h.$$

Mit dem nachfolgenden Lemma 3.14 erhalten wir aus der letzten Ungleichung die Beziehung

$$|e_m| \leqslant \left(|e_0| + \sum_{i=0}^{m-1} h_i\tau_h\right) e^{\sum_{i=0}^{m-1} h_i L} = (|e_0| + (t_m - t_0)\tau_h)e^{L(t_m - t_0)},$$

daraus folgt die Behauptung. $\square$

Um den Beweis von Satz 3.10 zu vervollständigen, müssen wir noch folgendes Lemma zeigen.

Lemma 3.14 *Seien $\eta_j, \rho_j \geqslant 0$. Falls für alle $j = 0, 1, \ldots, m - 1$, $z_j \geqslant 0$ ist und der Ungleichung*

$$z_{j+1} \leqslant (1 + \rho_j)z_j + \eta_j \tag{3.18}$$

genügt, so gilt

$$z_j \leqslant \left(z_0 + \sum_{i=0}^{j-1} \eta_i\right) e^{\sum_{i=0}^{j-1} \rho_i}, \ \textit{für alle } j = 0, 1, \ldots, m. \tag{3.19}$$

Beweis. Per Induktion.

$j = 0$: $\qquad z_0 \leqslant (z_0 + 0 \cdot \rho_0)e^{0 \cdot \rho_0}.$

$j \to j + 1$: Es gilt $z_{j+1} \leqslant (1 + \rho_j)z_j + \eta_j \overset{\text{I.V.}}{\leqslant} (1 + \rho_j)\left(z_0 + \sum_{i=0}^{j-1} \eta_i\right) e^{\sum_{i=0}^{j-1} \rho_i} + \eta_j.$

Nun ist aber immer $1 + \rho_j \leqslant e^{\rho_j}$ und damit

$$z_{j+1} \leqslant \left(z_0 + \sum_{i=0}^{j-1} \eta_i\right) e^{\sum_{i=0}^{j} \rho_i} + \eta_j \leqslant \left(z_0 + \sum_{i=0}^{j} \eta_i\right) e^{\sum_{i=0}^{j} \rho_i},$$

also folgt die Behauptung. $\square$

4 Fehleranalyse

Im letzten Kapitel hatten wir gesehen, dass auf dem Rechner das numerische Verfahren zur Lösung einer Differenzialgleichung sich nicht so verhält, wie die mathematische Theorie es an Hand von Satz 3.10 erwarten lässt.

Daher wollen wir uns in diesem Kapitel anschauen, was auf einem Rechner passiert, wenn wir ein numerisches Verfahren implementieren.

Dazu müssen wir uns zuerst jedoch mit der auf dem Rechner eingesetzten Arithmetik beschäftigen.

4.1 Rechnerarithmetik

Die Zahlendarstellung auf dem Rechner verwendet den folgenden Satz, siehe z.B. [13].

Satz 4.1 (p–adische Entwicklung)
Sei $p \in \{2, 3, 4, \ldots\}$ eine Basis der Zahldarstellung. Dann lässt sich jede reelle Zahl $r \in \mathbb{R}$ darstellen als

$$r = \pm \sum_{k=-\infty}^{t} z_k p^k = \pm(\underline{z_t}\, p^t + \underline{z_{t-1}}\, p^{t-1} + \underline{z_{t-2}}\, p^{t-2} + \cdots), \tag{4.1}$$

wobei die $z_k \in \{0, \ldots, p-1\}$ Ziffern heißen.
Diese Darstellung ist eindeutig wenn man verlangt, dass für $r \neq 0$ die führende Ziffer $z_t \neq 0$ ist und außerdem unendlich viele Ziffern z_k kleiner als $p-1$ sind.

Bemerkung: Die letzte Bedingung schließt Zahlen wie $3.9999\overline{9}$ aus.

Beispiel 4.2 *Betrachte $r = 18.5$ und $p = 2$. Dann haben wir als Ziffern nur 0 und 1.*

$$
\begin{aligned}
r &= \underline{1} * 2^4 + \underline{0} * 2^3 + \underline{0} * 2^2 + \underline{1} * 2^1 + \underline{0} * 2^0 + \underline{1} * 2^{-1} \\
&= 10010.1 \ \textit{Dualzahldarstellung oder Binärdarstellung} \\
p &= 16, \ \textit{Ziffern} \ (0\ 1\ 2\ 3\ 4\ 5\ 6\ 7\ 8\ 9\ \underline{A\ B\ C\ D\ E\ F}\ ). \\
& \qquad\qquad\qquad\qquad\qquad\qquad \textit{für}\ {\scriptstyle 10,11,12,13,14,15} \\
r &= \underline{1} * 16 + \underline{2} * 16^0 + \underline{8} * 16^{-1} \\
&= 12.8 \ \textit{Hexadezimaldarstellung}
\end{aligned}
$$

Die Konvertierung zwischen verschiedenen Darstellungen geschieht mittels Division durch p mit Rest für den ganzzahligen Anteil und Multiplikation mit p für den Nachpunktanteil. Nach Satz 4.1 gilt für $r \neq 0$:

$$r = \pm\underbrace{(\underline{z_t}\ p^{-1} + \underline{z_{t-1}}\ p^{-2} + \underline{z_{t-2}}\ p^{-3} + \cdots)}_{a}\,p^{t+1} \tag{4.2}$$

wobei $\frac{1}{p} \leqslant |a| < 1$, da $z_t \neq 0$.

Definition 4.3 *Die Darstellung $r = a \cdot p^b$ heißt* normalisierte Gleitpunktdarstellung *von $r \neq 0$ bezüglich der* Basis *p. a heißt* Mantisse *und b* Exponent *von r.*

$$
\begin{aligned}
a &= \pm(\underline{z_1}\ p^{-1} + \underline{z_2}\ p^{-2} + \underline{z_3}\ p^{-3} + \cdots)\ \textit{mit } z_1 \neq 0 \\
b &= \pm(\underline{\beta_1}\ p^{e-1} + \underline{\beta_2}\ p^{e-2} + \cdots + \underline{\beta_e}\ p^0).
\end{aligned}
$$

Auf einem Rechner ist für die Darstellung nur eine *feste* Anzahl von n Stellen vorhanden. Diese n Stellen werden aufgeteilt in m Stellen für die Mantisse und e Stellen für den Exponenten. Die Zahl

$$\pm(z_1 p^{-1} + z_2 p^{-2} + \cdots + z_m p^{-m})p^{\pm(\beta_1 p^{e-1} + \cdots + \beta_e p^0)} \tag{4.3}$$

mit $z_1 \neq 0$ wird durch die Angabe $\pm z_1\, z_2 \cdots z_m\ \pm \beta_1 \cdots \beta_e$ kodiert.

Beispiel 4.4 *Betrachte*

$$
\begin{aligned}
r_1 &= -1234.567890,\ r_2 = -0.01234567890, \\
p &= 10,\ m = 9,\ e = 2.
\end{aligned}
$$

Die normalisierte Gleitpunktdarstellung ist

$$
\begin{aligned}
r_1 &= -0.123456789 * 10^4 \\
&\widehat{=} -123456789 + 04, \\
r_2 &= -0.123456789 * 10^{-1} \\
&\widehat{=} -123456789 - 01.
\end{aligned}
$$

Definition 4.5 $\mathbb{M}(p,m,e)$ *bezeichnet die* Menge der in normalisierter Gleitpunktdarstellung kodierbaren (darstellbaren) Zahlen, auch Maschinenzahlen genannt, *mit Basis p, mit m Stellen für die Mantisse und mit e Stellen für den Exponenten (jeweils zur Basis p).*

Die Menge $\mathbb{M}(p,m,e)$ enthält leider nur endlich viele und eigentlich nur sehr wenige Elemente.

Beispiel 4.6 *Betrachte* $\mathbb{M}(2,3,3)$*, d.h.* $p = 2$ *und* $m = e = 3$.

verfügbare Mantissen	verfügbare Exponenten		
	$\pm000 \; \widehat{=} \; \pm0$	1,	1
$\pm100 \; \widehat{=} \; \pm\dfrac{1}{2}$	$\pm001 \; \widehat{=} \; \pm1$	2,	$\dfrac{1}{2}$
	$\pm010 \; \widehat{=} \; \pm2$	4,	$\dfrac{1}{4}$
$\pm101 \; \widehat{=} \; \pm\dfrac{5}{8}$	$\pm011 \; \widehat{=} \; \pm3$	8,	$\dfrac{1}{8}$
	$\pm100 \; \widehat{=} \; \pm4$	16,	$\dfrac{1}{16}$
$\pm110 \; \widehat{=} \; \pm\dfrac{3}{4}$	$\pm101 \; \widehat{=} \; \pm5$	32,	$\dfrac{1}{32}$
	$\pm110 \; \widehat{=} \; \pm6$	64,	$\dfrac{1}{64}$
$\pm111 \; \widehat{=} \; \pm\dfrac{7}{8}$	$\pm111 \; \widehat{=} \; \pm7$	128,	$\dfrac{1}{128}$

kleinste positive Zahl $\quad x_{\min} = \dfrac{1}{2}2^{-7} = 2^{-8}$, $\quad$ größte positive Zahl $\quad x_{\max} = \dfrac{7}{8}2^{7} = 112.$

Die Maschinenzahlen sind wie folgt angeordnet:

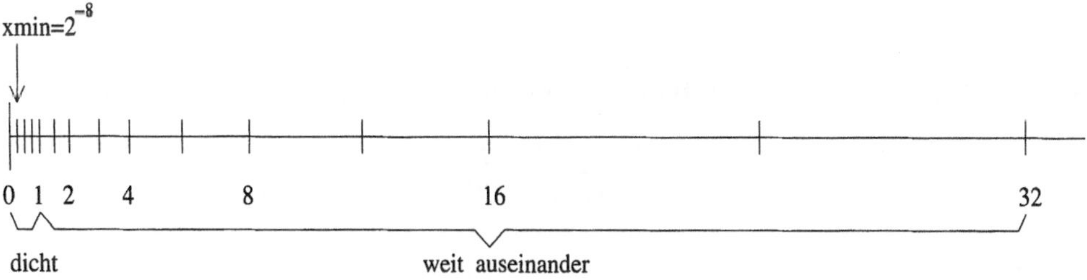

4.2 Rundungsfehler

Von nun an sei p entweder 10 oder 2^k. Um eine beliebige reelle Zahl darzustellen, wird diese durch Runden in die Menge der Maschinenzahlen abgebildet,

$$gl : \mathbb{R} \longrightarrow \mathbb{M}(p,m,e).$$

Sei $x_{\min} \leqslant |x| \leqslant x_{\max}$, $x = \pm(z_1 p^{-1} + z_2 p^{-2} + z_3 p^{-3} + \cdots)p^t$ mit $z_1 \neq 0$.

Die übliche Rundung auf m Stellen ergibt die *Gleitpunktzahl* $gl(x)$.

$$gl(x) = \pm p^t \cdot \begin{cases} (z_1 p^{-1} + z_2 p^{-2} + \cdots + z_m p^{-m}), & \text{falls } z_{m+1} < \frac{p}{2}, \\[2ex] (z_1 p^{-1} + z_2 p^{-2} + \cdots + z_m p^{-m} + p^{-m}), & \text{falls } z_{m+1} \geqslant \frac{p}{2}. \end{cases} \tag{4.4}$$

Bei Zahlen außerhalb von $\mathbb{Z}$ gibt es *rechnerabhängige* Vorgehensweisen, z.B.

$$|x| \; < \; x_{\min} \begin{cases} gl(x) &=& 0 \\[2mm] gl(x) &=& \text{sign } (x)x_{\min} \end{cases} \quad \text{'underflow'}$$

$$|x| \; > \; x_{\max} \begin{cases} gl(x) &=& \text{sign } (x)x_{\max} \\ gl(x) &=& \infty \\ \text{Warnung 'overflow'} \end{cases} \quad \text{mit Meldung 'overflow'}$$

Bemerkung: In einer Reihe von Rechnerarithmetiken (z.B. IEEE–Standard) gibt es Sondersymbole für $\pm\infty$.

Durch Aufrunden/Abrunden in der $(m+1)$-ten Mantissenstelle sieht man:

Proposition 4.7 (Absoluter Rundungsfehler) *Sei* $x_{\min} \leqslant |x| \leqslant x_{\max}$. *Dann gilt*

$$|gl(x) - x| \leqslant \frac{p^{-m}}{2} p^t. \tag{4.5}$$

Teilt man zusätzlich durch $|x|$, so fällt die Größenordnung p^t der Zahl x heraus, weil $|x| \geqslant \frac{1}{p}p^t$ ist. Dies nennt man den *relativen Rundungsfehler*.

Proposition 4.8 (Relativer Rundungsfehler) *Sei* $x_{\min} \leqslant |x| \leqslant x_{\max}$. *Dann gilt*

$$\frac{|gl(x) - x|}{|x|} \leqslant \frac{p}{2}p^{-m}.$$

Die Zahl

$$\text{eps} := \frac{p}{2}p^{-m} \tag{4.6}$$

heißt *Maschinengenauigkeit (roundoff unit u oder macheps)*.

Proposition 4.9 *Es gilt immer* $\text{eps} = \min\{\delta \in [x_{\min}, x_{\max}] : \; gl(1 + \delta) > 1\}$ *und*

$$gl(x) = x \cdot (1 + \varepsilon) \; \text{mit } |\varepsilon| \leqslant \text{eps}, \; \text{wobei } \varepsilon = \frac{gl(x) - x}{x}.$$

Beispiel 4.10 *Betrachte* 0.2 *in der üblichen Dezimaldarstellung bezüglich* $m = 6$ *und* $p = 2$. *Das ergibt* $0.\overline{0011}$ *in dualer Darstellung und normalisiert* $0.11\overline{0011} * 2^{-2}$. *Rundung auf* $m = 6$ *Stellen ergibt* $0.110011 * 2^{-2}$. *Rückkonvertiert ergibt sich* $\frac{51}{256} = 0.19921875$.

> **Bei jeder Operation: Einlesen, Speichern, Konvertieren und Rechnen entstehen Rundungsfehler.**

Man hat auf dem Rechner nur eine *Pseudoarithmetik*, denn $\mathbb{M}$ ist nicht abgeschlossen bzgl. $+,-,*,\div$.

Beispiel 4.11 *Betrachte* $\mathbb{M}(10,5,1)$ *und die Zahlen*

$$\begin{aligned}
x &= +25684+1 &\widehat{=}& \quad 2.5684, \\
y &= +32791-2 &\widehat{=}& \quad 0.0032791.
\end{aligned}$$

Dann gilt

$$\begin{aligned}
x+y &= \underbrace{2.5716}_{5}\,791 \notin \mathbb{M}, \\
x*y &= 0.00\,\underbrace{84220}_{5}\,4044 \notin \mathbb{M}, \\
x/y &= \underbrace{783.26}_{5}\,37004 \notin \mathbb{M}.
\end{aligned}$$

Die übliche Arithmetik in $\mathbb{R}$ muss daher so auf dem Rechner realisiert werden, dass das Ergebnis wieder in $\mathbb{M}$ ist.

Das Ergebnis der *Pseudooperation* $\bigtriangledown$, $\nabla \in \{+,-,*,\div\}$ ist im Allgemeinen festgelegt durch

$$x\,\bigtriangledown\,y = gl(x\nabla y), \text{ für } x,y \in \mathbb{M}. \tag{4.7}$$

Eine solche Operation bezeichnet man als flop *(Gleitpunktoperation, "floating point operation")*. Sie dient auch als Kosteneinheit bei Komplexitätsanalysen. Hardwaremäßig wird üblicherweise mit längerer Mantisse gearbeitet als im Ergebnis, dies normalisiert und dann gerundet.

> **Nicht auf allen Rechnern ist das berechnete Ergebnis die Rundung des exakten Ergebnisses.**

Proposition 4.12 *Es gelte (4.7). Falls* $x_{\min} \leqslant |x\nabla y| \leqslant x_{\max}$, *so gilt für den relativen Fehler*

$$\left|\frac{x\,\bigtriangledown\,y - x\nabla y}{x\nabla y}\right| = \left|\frac{gl(x\nabla y) - x\nabla y}{x\nabla y}\right| < \text{eps}. \tag{4.8}$$

In $\mathbb{R}$ gelten Assoziativ–, Kommutativ– und Distributivgesetz, in der Rechnerarithmetik in $\mathbb{M}$ gilt im Allgemeinen *nur* die Kommutativität für Addition und Multiplikation.

Beispiel 4.13 *Betrachte* $\mathbb{M}(10,5,1)$ *und untersuche die bekannten Gesetze.*

Assoziativität

$$\begin{aligned}
0.98765 + 0.012424 - 0.0065432 &= 0.\underline{9935308}, \\
0.98765 \oplus (0.012424 \ominus 0.0065432) &= \\
0.98765 \oplus 0.00588(08) &= 0.\underline{99353}(08), \\
(0.98765 \oplus 0.012424) \ominus 0.0065432 &= \\
\underbrace{1.000074}_{1.0001} \ominus 0.0065432 &= 0.\underline{99356}.
\end{aligned}$$

Distributivität

$$
\begin{aligned}
(4.2832 - 4.2821) * 5.7632 &= 0.006\underline{33952}, \\
(4.2832 \ominus 4.2821) \otimes 5.7632 &= \\
0.0011 \otimes 5.7632 &= 0.0063395(2), \\
(4.2832 \otimes 5.7632) \ominus (4.2821 \otimes 5.7632) &= \\
\underbrace{24.684(93824) \ominus 24.678(59872)}_{24.685 \ominus 24.679} &= 0.006\underline{0000}
\end{aligned}
$$

Mathematisch äquivalente Algorithmen können auf dem Rechner zu wesentlich verschiedenen Ergebnissen führen.

Nichtrationale Operationen wie $\sqrt{}$, sin, exp sind softwaremäßig realisiert. Auch hierfür gilt im Allgemeinen, *aber nicht auf allen Rechnern*: Das Maschinenergebnis ist Rundung des exakten Ergebnisses.

Auf einigen Maschinen ist selbst $\div$ nicht fest realisiert oder man hat die Wahl zwischen "billig und schlecht" oder "teuer und gut".

4.3 Fehlerfortpflanzung und numerische Verfahrensfehler

Unglücklicherweise pflanzen sich einmal gemachte Fehler (z.B. bei Rundung) auch noch fort. Seien x,y mit Fehlern $\triangle x$, $\triangle y$ behaftet $\left(\left| \frac{\triangle x}{x} \right|, \left| \frac{\triangle y}{y} \right| \ll 1 \right)$.

Was passiert bei exakter Durchführung einer elementaren Operation mit diesen Fehlern ?

Betrachten wir die Fortpflanzung des relativen Fehlers und sei für $\nabla \in \{+, -, *, \div\}$ das Ergebnis $x \nabla y \in \mathbb{M}$. Dann erhalten wir

$$
(x + \triangle x)\nabla(y + \triangle y) = x\nabla y + \underbrace{\triangle(x\nabla y).}_{\text{absoluter Fehler des Ergebnisses}}
$$

Bei Addition und Subtraktion $\pm$ ergibt sich $x \pm y + \triangle x \pm \triangle y$ und für den Fehler gilt

$$
\frac{\triangle(x \pm y)}{x \pm y} = \frac{\triangle x \pm \triangle y}{x \pm y} = \underset{\uparrow}{\frac{x}{x \pm y}} \cdot \overset{\downarrow}{\frac{\triangle x}{x}} \pm \underset{\uparrow}{\frac{y}{x \pm y}} \cdot \overset{\downarrow}{\frac{\triangle y}{y}}. \tag{4.9}
$$

relative Eingangsfehler (Pfeile ↓) — Verstärkungsfaktoren (Pfeile ↑)

Bemerkung: Ist $|x \pm y|$ sehr klein gegenüber $|x|$ oder $|y|$, so kann der relative Fehler außerordentlich verstärkt werden. Man nennt diesen Effekt *Auslöschung*. Man muss bei der Aufstellung der Algorithmen darauf achten, dass dies soweit wie möglich vermieden wird.

> **Subtrahiert man zwei annähernd gleich große Zahlen, so bekommt man eine Auslöschung!**

Beispiel 4.14 $a = \frac{1}{101}$, $b = \frac{1}{102}$. *Rundung auf vier Stellen Mantisse* ($\mathbb{M}(10,4,1)$) *liefert*

$$\tilde{a} = a + \Delta a = 9.901e - 3, \tilde{b} = b + \Delta b = 9.804e - 3.$$

Hier haben wir relative Fehler in der Größenordnung von maximal $8 \cdot 10^{-6}$. Statt des exakten Ergebnisses $c = a - b = \frac{1}{10302} \approx 9.70685 \cdot 10^{-5}$ erhalten wir

$$\tilde{c} = \tilde{a} - \tilde{b} = 9.700e - 5.$$

Damit haben wir einen relativen Fehler von $(c - \tilde{c})/c \approx 7.1 \cdot 10^{-4}$. Der relative Fehler ist also um einen Faktor von knapp 90 angewachsen!

Bei Multiplikation und Division tritt keine wesentliche Verstärkung des Fehlers auf. Speziell bei der Multiplikation haben wir

$$* : xy + \underbrace{x\Delta y + y\Delta x + \Delta y\Delta x}_{\Delta(x*y)}.$$

Dort erhalten wir für den relativen Fehler

$$\frac{\Delta(x * y)}{x * y} = \frac{\Delta y}{y} + \frac{\Delta x}{x} + \frac{\Delta y\Delta x}{xy} \approx \frac{\Delta y}{y} + \frac{\Delta x}{x}. \tag{4.10}$$

Im Wesentlichen addieren sich also die relativen Fehler. Ähnlich sieht es bei der Division aus, wo sich die relativen Fehler hauptsächlich subtrahieren. Mit

$$\div : \frac{x + \Delta x}{y + \Delta y} = \frac{x}{y} + \frac{y\Delta x - x\Delta y}{y(y + \Delta y)}$$

erhalten wir

$$\begin{aligned}
\frac{\Delta(x \div y)}{x \div y} &= \frac{1}{x \div y}\left(\frac{y\Delta x - x\Delta y}{y(y + \Delta y)}\right) \\
&= \frac{y\Delta x - x\Delta y}{x(y + \Delta y)} = \frac{\Delta x}{x}\frac{y}{y + \Delta y} - \frac{\Delta y}{y + \Delta y} \\
&\approx \frac{\Delta x}{x} - \frac{\Delta y}{y}.
\end{aligned}$$

Bei $*$, $\div$ tritt also keine wesentliche Verstärkung des Fehlers ein.

Wie beurteilt und vergleicht man numerische Verfahren ?

Wesentliche Gesichtspunkte sind die *Genauigkeit und Verlässlichkeit* des Ergebnisses und die *Effizienz*, d.h. der Rechenzeitbedarf, der Speicherbedarf, die Programmlänge, die Kosten und heutzutage die Vektorisierbarkeit oder Parallelisierbarkeit.

Die Effizienz eines Verfahrens hängt stark von der Rechnerarchitektur ab, bzw. von der Systemumgebung, im Allgemeinen kann man dieses gut abschätzen oder testen.

Die Verlässlichkeit gibt an, wie ein Versagen eines Teilprogramms den Gesamtprozess beeinflusst.

Bei der Genauigkeit hat man *alle möglichen auftretenden* Fehler und ihren Einfluss auf das Ergebnis zu berücksichtigen.

Fehler sind hier *nicht* Programmier– oder Hardwarefehler, sondern die Abweichung eines nach richtig angewendeter Vorschrift erzeugten Resultats, vom gewünschten Ergebnis.

Es gibt verschiedene Fehlerarten, die wir betrachten müssen, wie *Rundungsfehler, Datenfehler und Verfahrensfehler*. Die Rundungsfehler haben wir schon ausgiebig betrachtet.

Üblicherweise sind die Eingangsdaten ungenau, z.B. Messdaten mit Messfehlern. Das Lösen eines Problems entspricht dem Auswerten einer Funktion $F : D \longrightarrow W$ für Datenwerte $x \in D$. Anstelle von x hat man nun einen gestörten Wert $\tilde{x}$. Der *Datenfehler* ist dann $F(\tilde{x}) - F(x)$.

Wie sehr schwankt das Ergebnis $F(x)$ bei Variation der Eingangsdaten ?

Nehmen wir im einfachsten Falle an, unsere gestörten Daten seien

$$\tilde{x}_1 = x_1 + \Delta x_1, \ \ldots, \ \tilde{x}_n = x_1 + \Delta x_n,$$

und wir wollen $F(\tilde{x}) - F(x)$ bestimmen. Ist F differenzierbar, so erhalten wir mit Hilfe der Taylor–Entwicklung

$$F(\tilde{x}_1,\ldots,\tilde{x}_n) \ = \ F(x_1,\ldots,x_n) + \frac{\partial F(x_1,\ldots,x_n)}{\partial x_1}\Delta x_1 + \cdots + \frac{\partial F(x_1,\ldots,x_n)}{\partial x_n}\Delta x_n$$
$$+\text{Terme höherer Ordnung.}$$

Damit hängt der Datenfehler $F(\tilde{x}_1,\ldots,\tilde{x}_n) - F(x_1,\ldots,x_n)$ von der Größe der partiellen Ableitungen ab.

Gilt etwa

$$\max_i \left| \frac{\partial F(x_1,\ldots,x_n)}{\partial x_i} \right| \leqslant C|F(x_1,\ldots,x_n)| \ \text{für alle } x_1,\ldots,x_n,$$

so folgt

$$|F(\tilde{x}_1,\ldots,\tilde{x}_n) - F(x_1,\ldots,x_n)| \lessapprox C|\sum_i \Delta x_i| \cdot |F(x_1,\ldots,x_n)|.$$

Folgerung: Sind die partiellen Ableitungen durch eine (moderate) Konstante C gegenüber der Ausgangsfunktion beschränkt, so erhalten wir kleine relative Fehler.

Definition 4.15 *Die Empfindlichkeit der Lösung des Problems (Auswertung von F), gegenüber kleinen Änderungen in den Daten (in x) heißt* Kondition des Problems.

Ist F differenzierbar und die Ableitung(en) klein gegenüber $|F|$, so ist das Problem ist gut konditioniert.

> **Die Kondition ist eine Eigenschaft des Problems und *nicht* des Verfahrens.**

Beispiel 4.16 *Betrachte die Differenzialgleichung*

$$\dot{y} = f(t,y),\ y(t_0) = y_0.$$

Ziel ist die Lösung $y(t)$. Dann wird die Kondition des Problems durch $f(t,y)$ beschrieben. Für ein gestörtes $\tilde{y} = y + \Delta y$ folgt

$$f(t,y + \Delta y) - f(t,y) = \frac{\partial f(t,y)}{\partial y}\,\Delta y + \mathcal{O}(|\Delta y|^2).$$

Die Lipschitzkonstante in Satz 3.10 ist eine gute Näherung an eine Schranke für $\left|\frac{\partial f(t,y)}{\partial y}\right|$. Ist also $\left|\frac{\partial f(t,y)}{\partial y}\right| \leqslant L$ klein, so ist das Problem gut konditioniert. Ist L groß oder existiert nicht, so ist die Differenzialgleichung instabil, oder besser gesagt schlecht konditioniert.

> **Eine instabile Differenzialgleichung ist schlecht konditioniert.**

Betrachten wir nun als letztes die Verfahrensfehler. Exakte Verfahren enden nach endlich vielen Operationen (bei exakter Rechnung) mit dem exakten Ergebnis $z = F(x)$. Näherungsverfahren (z.B. das explizite Euler–Verfahren) enden mit einer Näherung $\tilde{z}$ für die Lösung z. Den Fehler $\tilde{z} - z$ bezeichnet man als *Verfahrensfehler*.

4.4 Fehleranalyse

Um herauszufinden was in einem Algorithmus, also bei der Auswertung einer Funktion F mit Daten x passiert, machen wir eine *Fehleranalyse*.

Gegeben sei eine Funktion $F(x_1,\dots,x_n)$ und eine durch Fehler in der Berechnung gestörte Funktion $\tilde{F}(x_1,\dots,x_n)$. Eine *Fehleranalyse* ist die Verfolgung der Auswirkung aller Fehler, die in den einzelnen Schritten bei der Berechnung von F auftreten können. Es gibt zwei wesentliche Konzepte.

Abbildung 4.1: Schematische Darstellung der auftretenden Fehler vom Anwendungsproblem angefangen bis hin zum Programm

<table>
<tr><td>Anwendungs-
problem</td><td>$\longrightarrow$</td><td>Mathem.
Problem</td><td>$\longrightarrow$</td><td>Numer.
Alg.</td><td>$\longrightarrow$</td><td>Programm</td></tr>
<tr><td>Daten
x</td><td></td><td>Unsich.
Daten
$\tilde{x}$</td><td></td><td>Daten
$\tilde{x}$</td><td></td><td>Gerund.
Daten
$gl(\tilde{x})$</td></tr>
<tr><td>$\downarrow$</td><td></td><td>$\downarrow$</td><td></td><td>$\downarrow$</td><td></td><td>$\downarrow$</td></tr>
<tr><td>Lösung
des Probl.
z</td><td>$\longrightarrow$

$\uparrow$</td><td>exaktes
Ergebn.
z^*</td><td>$\longrightarrow$

$\uparrow$</td><td>Ergebn.
des Alg.
$\hat{z}$</td><td>$\longrightarrow$

$\uparrow$</td><td>Maschinen-
Ergebn.
$\tilde{z}$</td></tr>
<tr><td></td><td>Daten-
fehler</td><td></td><td>Verfahrens-
fehler</td><td></td><td>Rundungs-
fehler</td><td></td></tr>
</table>

1. Bei der *Vorwärtsanalyse* verfolgen wir den Fehler von Schritt zu Schritt und
   schätzen für jedes Teilergebnis den akkumulierten Fehler ab, d.h. wir verfolgen
   den Fehler, so dass das Ergebnis die Form $\tilde{F}(x_1,\dots,x_n) = F(x_1,\dots,x_n) + \delta$ hat,
   wobei δ der akkumulierte Fehler ist.

2. Bei der *Rückwärtsanalyse* geschieht die Verfolgung des Fehlers so, dass jedes Zwi-
   schenergebnis als *exakt berechnetes Ergebnis für gestörte Daten* interpretiert wird,
   d.h. der akkumulierte Fehler im Teilergebnis wird als *Datenfehlereffekt* interpre-
   tiert. Also: $\tilde{F}(x_1,\dots,x_n) = F(\tilde{x}_1,\dots,\tilde{x}_n)$ mit gestörten Daten $\tilde{x}_1, \dots, \tilde{x}_n$.
   Über den Fehler im Endergebnis erhält man so zunächst nur die Aussage, dass er
   einem Datenfehler bestimmter Größe entspricht, dem *äquivalenten Datenfehler*.
   Die Größe der äquivalenten Datenfehler dient dann zur Beurteilung der Algorithmen.

Beispiel 4.17 *Betrachte*

$$F(x_1,x_2) = x_1 + x_2, \ \tilde{F}(x_1,x_2) = x_1 \oplus x_2.$$

Vorwärtsanalyse

$$x_1 \oplus x_2 \quad = \quad \underbrace{x_1 + x_2}_{F(x_1,x_2)} + \underbrace{\varepsilon(x_1 + x_2)}_{\delta} \quad |\varepsilon| \leqslant \text{eps},$$

$$|\delta| \leqslant \text{eps}\,(|x_1| + |x_2|).$$

Rückwärtsanalyse

$$x_1 \oplus x_2 \quad = \quad \underbrace{x_1(1 + \varepsilon) + x_2(1 + \varepsilon)}_{F(\tilde{x}_1,\tilde{x}_2)} \quad |\varepsilon| \leqslant \text{eps}\,.$$

Eine Vorwärtsanalyse ist im Allgemeinen nur sehr schwer durchführbar. Für viele Verfahren ist, wenn überhaupt, nur eine Rückwärtsanalyse bekannt.

Ein guter Algorithmus im Sinne der Rückwärtsanalyse hat einen äquivalenten Datenfehler von der Größenordnung der Rundungsfehler oder Eingangsfehler. Aussagen über den Gesamtfehler erhält man dann über *Störungssätze*.

Der Vorteil dieser Vorgehensweise ist, dass die Auswirkungen der Arithmetik und des Verfahrens getrennt werden von der Kondition des Problems.

Ist F differenzierbar und liefert die Rückwärtsanalyse kleine Schwankungen in den äquivalenten Datenfehlern $|\tilde{x}_i - x_i| \leqslant \varepsilon$, so erhalten wir bei einem gut konditionierten F die Abschätzung

$$
\begin{aligned}
\left| \tilde{F}(x_1,\ldots,x_n) - F(x_1,\ldots,x_n) \right| &= |F(\tilde{x}_1,\ldots,\tilde{x}_n) - F(x_1,\ldots,x_n)| \\[2mm]
&\approx \left| \sum_{i=1}^{n} \frac{\partial F(x_1,\ldots,x_n)}{\partial x_i} \cdot (\tilde{x}_i - x_i) \right| \\[2mm]
&\leqslant \sum_{i=1}^{n} \underbrace{\left| \frac{\partial F(x_1,\ldots,x_n)}{\partial x_i} \right|}_{\leqslant C|F|\,(\text{gute Kondition})} \cdot \underbrace{|\tilde{x}_i - x_i|}_{\leqslant \varepsilon\,(\text{ Rückwärtsanalyse})} \\[2mm]
&\leqslant \varepsilon n C \left| F(x_1,\ldots,x_n) \right|.
\end{aligned}
$$

Hier sehen wir das Zusammenspiel von Kondition und Rückwärtsanalyse.

Beispiel 4.18 *Betrachte die quadratische Gleichung $z^2 - 2x_1 z + x_2 = 0$, wobei $0 < x_2 \ll 1 < x_1$.*

Wenn wir die kleinere der beiden Lösungen

$$
z^* = F(x_1,x_2) = x_1 - \sqrt{x_1^2 - x_2}
$$

berechnen wollen, so untersuchen wir zuerst die Kondition des Problems:

Setze $x = (x_1,x_2)$ und betrachte die Taylor–Entwicklung von

$$
F(x + \triangle x) = \tilde{z}^*,
$$

$$
\begin{aligned}
F(x + \triangle x) &= F(x) + \tfrac{\partial F}{\partial x_1}(x)\,\triangle x_1 + \tfrac{\partial F}{\partial x_2}(x)\,\triangle x_2 \\
&\quad + \text{Terme höherer Ordnung in } \triangle x_1, \triangle x_2.
\end{aligned}
\tag{4.11}
$$

$$
\frac{\tilde{z}^* - z^*}{z^*} = \underbrace{\frac{\partial F(x)}{\partial x_1}\frac{x_1}{z^*}}\frac{\triangle x_1}{x_1} + \underbrace{\frac{\partial F(x)}{\partial x_2}\frac{x_2}{z^*}}\frac{\triangle x_2}{x_2} + \ T.h.O.
$$

Verstärkungsfaktoren für

relativen Fehler in den Daten.

$$
\frac{\partial F}{\partial x_1}(x) = 1 - \frac{1}{2}\frac{2x_1}{\sqrt{x_1^2 - x_2}} = \frac{\sqrt{x_1^2 - x_2} - x_1}{\sqrt{x_1^2 - x_2}} = \frac{-z^*}{\sqrt{x_1^2 - x_2}},
$$

$$\frac{\partial F}{\partial x_2}(x) = \frac{1}{2}\frac{1}{\sqrt{x_1^2 - x_2}},$$

$$\frac{\partial F}{\partial x_1}(x)\frac{x_1}{z^*} = \frac{-z^*}{\sqrt{x_1^2 - x_2}}\frac{x_1}{z^*} \approx -1, \quad \text{da } x_2 \ll 1 < x_1,$$

$$\frac{\partial F}{\partial x_2}(x)\frac{x_2}{z^*} = \frac{x_2}{2\sqrt{x_1^2 - x_2}z^*} = \frac{x_2}{\frac{2x_2}{\frac{x_1}{\sqrt{x_1^2 - x_2}}+1}} \approx 1.$$

Also ist das Problem gut konditioniert. Erwarten würden wir bei einem guten Algorithmus einen relativen Fehler von c · eps , mit kleiner Konstante c. Betrachten wir nun einen klassischen Algorithmus.

Algorithmus:	$\mathbb{M}(10,5,1)$, $x_1 = 6.002$, $x_2 = 0.01$
$z_1 := x_1 * x_1$	$z_1 = 36.024$
$z_2 := z_1 - x_2$	$z_2 = 36.014$
$z_3 := \sqrt{z_2}$	$z_3 = 6.0012$
$z := z_4 = x_1 - z_3$	$\tilde{x} = z_4 = 0.00080000$

Die exakte Lösung ist 0.00083311 und damit folgt $\frac{\Delta z}{z} = 0.039747$. *Eine Rückwärtsanalyse liefert*

$$\left[x_1 - \sqrt{(x_1^2(1 + \varepsilon_1) - x_2)(1 + \varepsilon_2)(1 + \varepsilon_3)}\right](1 + \varepsilon_4), \ |\varepsilon_i| < \text{eps}$$

$$= x_1(1 + \varepsilon_4) - \sqrt{x_1^2(1 + \varepsilon_4)^2 \underbrace{(1 + \varepsilon_1)(1 + \varepsilon_2)(1 + \varepsilon_3)^2}_{\substack{1 + \varepsilon_5 \\ |\varepsilon_5| < 4\,\text{eps}.}} - x_2 \underbrace{(1 + \varepsilon_2)(1 + \varepsilon_3)^2(1 + \varepsilon_4)^2}_{\substack{1 + \varepsilon_6 \\ |\varepsilon_6| < 5\,\text{eps}.}}}$$

$$= x_1(1 + \varepsilon_4) - \sqrt{(x_1(1 + \varepsilon_4))^2 - x_2\underbrace{((1 + \varepsilon_6) - \frac{x_1^2(1 + \varepsilon_4)^2\varepsilon_5}{x_2})}_{\substack{1 + \varepsilon_7 \\ |\varepsilon_7| < \text{eps}\,(5 + 4\frac{x_1^2}{|x_2|})}}}.$$

Der Rechner liefert die exakte Lösung von $x^2 - 2x_1(1 + \varepsilon_4)x + x_2(1 + \varepsilon_7) = 0$ *mit* $|\varepsilon_4| < \text{eps}$ *und* $|\varepsilon_7| < \text{eps}\,(5 + 4\underbrace{\frac{x_1^2}{|x_2|}}_{groß}))$, *d.h. der Algorithmus ist* nicht geeignet.

Definition 4.19 *Liefert die Rückwärtsanalyse für einen Algorithmus, dass das berechnete Ergebnis gleich dem exakten Ergebnis mit gestörten Eingangsdaten der Größenordnung c · eps ist, so heißt der Algorithmus numerisch rückwärts stabil. Ein Algorithmus für den die Vorwärtsanalyse liefert, dass das berechnete Resultat einen relativen Fehler der Größenordnung c · eps hat, heißt numerisch vorwärts stabil. Ansonsten ist der Algorithmus numerisch instabil.*

Faustregeln:

> **Gut konditioniertes Problem *und* stabiler Algorithmus.
> Wir erwarten gute Ergebnisse.**

> **Schlecht konditioniertes Problem *oder* instabiler Algorithmus ergibt unsichere Ergebnisse.**

4.5 Fehleranalyse bei Einschrittverfahren

Wir wollen nun mit diesen Erkenntnissen die Fehleranalyse bei expliziten Einschrittverfahren durchführen. Wir haben schon gesehen, dass die Lipschitzkonstante L angibt, ob das Problem gut konditioniert ist oder nicht. Leider kennen wir L im Allgemeinen nicht, aber nehmen wir einmal an, wir haben ein gut konditioniertes Problem, d.h. eine stabile Differenzialgleichung.

Wir haben schon im Beispiel gesehen, dass der Fehler wächst, wenn wir h zu klein machen.

Woran liegt das? Was passiert bei der Implementierung des Verfahrens?

Wir berechnen

$$u_{i+1} = u_i + h_i \Phi(t_i, u_i, h_i), \ u_0 = y_0.$$

Dabei machen wir einen Verfahrensfehler durch die Approximation von y_i durch u_i, aber auch Rundungsfehler bei der Auswertung von Φ und bei der Addition und Multiplikation.

Auf dem Rechner erhalten wir durch Rundungsfehler bestenfalls

$$
\begin{aligned}
\tilde{u}_0 &= u_0 + \varepsilon_0, \\
\tilde{u}_{i+1} &= \tilde{u}_i + h_i \left(\Phi(t_i, \tilde{u}_i, h_i) + \frac{\varepsilon_{i+1}}{h_i} \right),
\end{aligned}
$$

wobei ε_i die Rundungsfehler beinhaltet. Wir stellen fest, dass zwischen der tatsächlich berechneten Lösung $\tilde{u}_{i+1}$ und der exakt berechneten approximativen Lösung u_{i+1} eine analoge Beziehung gilt wie zwischen der exakten Lösung $y(t_{i+1})$ und u_{i+1}, denn

$$y(t_{i+1}) = y(t_i) + h_i \left(\Phi(t_i, y(t_i), h_i) + \tau(t_i, h_i) \right).$$

Der Unterschied besteht darin, dass neben $\tau(t_i, h_i)$ jetzt zusätzlich $\frac{\varepsilon_{i+1}}{h_i}$ auftaucht. Folglich gilt für den Fehler zwischen $y(t_{i+1})$ und $\tilde{u}_{i+1}$ ein zu Satz 3.10 analoges Resultat, wobei jetzt

$$\tilde{\tau}_i \equiv \tau(t_i, h_i) + \frac{\varepsilon_{i+1}}{h_i} \tag{4.12}$$

der Fehlerterm ist.

Damit können wir nun den *Gesamtfehler von Einschrittverfahren* charakterisieren, d.h. Verfahrensfehler und Rundungsfehler zusammen. Für den Gesamtfehler $E(t_i) := \tilde{u}_i - y(t_i)$, an einer Stelle $t_i = t_0 + ih$ schauen wir uns an was bei kleiner werdendem h (d.h. steigender Anzahl Schritte n) passiert. Hierbei werden dann auch die Fehler berücksichtigt, die durch Rechnung in endlicher Arithmetik mit eingeschleppt werden. Mit Hilfe von Satz 3.10 mit τ ersetzt durch $\tilde{\tau}_i$ aus (4.12) bekommen wir unmittelbar folgenden Satz.

Satz 4.20 (Gesamtfehler bei Einschrittverfahren) *Mit den Bezeichnungen und Voraussetzungen von Satz 3.10 und*

$$\varepsilon_h = \max_i |\varepsilon_i|$$

gilt für den Gesamtfehler:

$$|E(t_i)| = |\tilde{u}(t_i) - y(t_i)| \leqslant \left(|\tilde{u}(t_0) - y(t_0)| + (t_i - t_0)(\tau_h + \frac{\varepsilon_h}{h}) \right) e^{L(t_i - t_0)}.$$

Im Vergleich zu Satz 3.10 sehen wir, dass jetzt für die tatsächlich berechnete Lösung neben τ_h noch die Größe $\frac{\varepsilon_h}{h}$ mit eingeht.

Für die einzelnen Fehler ε_i machen wir nun eine Fehleranalyse um ε_h abzuschätzen. Auf dem Rechner erhalten wir

$$\begin{aligned}
\tilde{u}_0 &= gl(y_0) = y_0 + \varepsilon_0, \ |\varepsilon_0| \leqslant \text{eps} \cdot |y_0|, \\
\tilde{u}_{i+1} &= gl\left(\tilde{u}_i + gl\left(\tilde{h}_i * gl\left(\Phi(\tilde{t}_i, \tilde{u}_i, \tilde{h}_i) \right) \right) \right) \\
&= \tilde{u}_i + h_i\Phi(t_i, \tilde{u}_i, h_i) + \varepsilon_{i+1}, \quad\quad\quad (4.13)
\end{aligned}$$

und damit einen Fehler ε_{i+1}, für den gilt:

$$\varepsilon_{i+1} = h_i\Phi(t_i, \tilde{u}_i, h_i)(\alpha_{i+1} + \mu_{i+1}) + \tilde{u}_{i+1}\sigma_{i+1} + \mathcal{O}(\text{eps}^2). \quad\quad (4.14)$$

Dabei ist α_{i+1} der Fehler bei der Berechnung von Φ, μ_{i+1} der Fehler bei der Berechnung von $\tilde{h}_i\tilde{\Phi}$ und σ_{i+1} der Fehler bei der Berechnung von $\tilde{u}_i + \tilde{h}_i\tilde{\Phi}$.

Wenn h_i klein ist, können wir annehmen, dass

$$h(\alpha_{i+1} + \mu_{i+1}) \ll \tilde{u}_{i+1}\sigma_{i+1}.$$

Damit haben wir, grob gesprochen, dass $\varepsilon_{i+1} \approx \sigma_{i+1}\tilde{u}_{i+1}$, wobei $|\sigma_{i+1}| \leqslant c\,\text{eps}$ und wir erhalten das folgende Resultat.

Korollar 4.21 (Rundungsfehlereinfluss bei expliziten Einschrittverfahren)
Für ein Einschrittverfahren, das konsistent von der Ordnung p ist, gilt unter den Voraussetzungen von Satz 4.20 die folgende Abschätzung:

$$|\tau_h + \frac{\varepsilon_h}{h}| \leqslant c_1 h^p + \frac{c_2 \, \text{eps} \, y_{max}}{h},$$

wobei $y_{max} = \max_{t \in [t_0, t_0 + a]} |y|$ ist. (Hier ist wieder $|y|$ der Absolutbetrag oder eine Norm bei Systemen). Für den Gesamtfehler $|E(t_i)|$ erhalten wir:

$$|E(t_i)| = |\tilde{u}(t_i) - y(t_i)| \leqslant \left(|\tilde{u}(t_i) - y(t_i)| + (t_i - t_0)(c_1 h^p + \frac{c_2 \, \text{eps} \, y_{max}}{h})\right) e^{L(t_i - t_0)}.$$

4.6 Diskussion der Ergebnisse.

Was lernen wir aus der Fehleranalyse für Einschrittverfahren?

Wie wir bereits gesehen haben, sind instabile Differenzialgleichungen schlecht konditioniert, und damit mit numerischen Verfahren nur sehr schwer zu lösen. Die Rundungsfehleranalyse ergibt jedoch auch für stabile Differenzialgleichungen ein Dilemma zwischen Genauigkeit und Kosten des Verfahrens.

Im Allgemeinen ist bei komplexen Praxisproblemen die Auswertung der Inkrementfunktion Φ *der wesentliche Kostenfaktor* pro Schritt des Verfahrens.

Falls wir eine große Schrittweite h verwenden, so haben wir nur sehr wenig Auswertungen der Funktion Φ, jedoch ist τ_h groß und $\frac{\text{eps}}{h}$ klein. Wir haben ungenaue Ergebnisse als Folge von Verfahrensfehlern.

Falls wir eine kleine Schrittweite h verwenden, so haben wir sehr viele Funktionsauswertungen, dafür ist τ_h klein, aber wiederum $\frac{\text{eps}}{h}$ groß. Wiederum haben wir ungenaue Ergebnisse, diesmal aber aufgrund von Rundungsfehlern.

Folgerung: Wir müssen h klein wählen, damit τ_h klein ist, wir dürfen es aber nicht zu klein wählen, weil sonst der Anteil des Fehlers, der von den Rundungsfehlern herrührt den Gesamtfehler dominiert und weil das Verfahren dann auch sehr teuer ist.

Einen ersten Ausweg aus diesem Dilemma bieten Verfahren höherer Ordnung, d.h. Verfahren bei denen $\tau_h = \mathcal{O}(h^{p+1})$ ist, mit möglichst großem p, und bei denen die Auswertung der Inkrementfunktion Φ preiswert ist. Denn dann können wir den Gesamtfehler schon mit relativ großem h reduzieren. Um Verfahren höherer Ordnung zu entwickeln müssen wir uns zuerst einmal mit den Grundlagen der Interpolation von Funktionen und der numerischen Integration beschäftigen. Dies werden wir in Kapiteln 6 und 7 tun und auf dieser Basis in Kapitel 11 dann Runge–Kutta–Verfahren höherer Ordnung konstruieren.

Ein weiterer wichtiger Schritt für die Entwicklung effizienter und genauer Verfahren ist es, die Schrittweite an den Lösungsverlauf anzupassen und das Stabilitätsverhalten der numerischen Methoden zu verbessern. Diese Ansätze werden wir in Kapitel 11 diskutieren.

4.7 Anmerkungen

Die Untersuchung der Kondition von mathematischen Problemen, sowie die Fehleranalyse von numerischen Methoden ist ein extrem wichtiges, aber auch sehr technisches und daher unbeliebtes Teilgebiet der Numerischen Mathematik. Ohne eine genaue Fehleranalyse und eine Abschätzung der Kondition des Problems können wir allerdings den numerischen Ergebnissen nicht trauen. Wir werden daher zu diesem Thema in späteren Kapiteln immer wieder zurückkehren. Standardmonographien, die dieses Thema für allgemeine numerische Verfahren ausführlich behandeln, sind [30, 60].

5   Randwertaufgaben

Eine weitere wichtige Aufgabenklasse in der Praxis sind *Randwertaufgaben*. Hierbei handelt es sich um Differenzialgleichungen auf einem Gebiet oder im einfachsten Fall auf einem Intervall, bei denen das Verhalten der Funktion in den Randpunkten gegeben ist.

5.1   Anwendungsbeispiele

Beispiel 5.1 *Wir betrachten das zentrale Modellprojekt 2 der Kühlrippe aus Abschnitt 2.2 (siehe Abbildung 5.1).*

Abbildung 5.1: Wärmeleitung in einer Kühlrippe

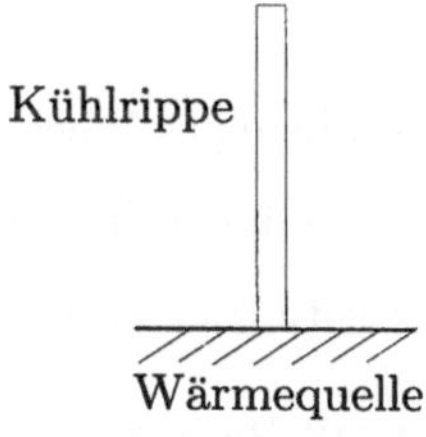

Wir vereinfachen das Problem allerdings erst mal ein wenig, indem wir uns zunächst nur für eine stationäre Temperaturverteilung interessieren, d.h. wir nehmen an dass in der Differenzialgleichung (2.4) die Zeitableitung $\frac{\partial T(x,y,t)}{\partial t} = 0$ ist. Dazu muss natürlich die Wärmequelle auch zeitunabhängig sein. Damit vereinfachen sich die Gleichungen (2.4), (2.5) und (2.6) zu

$$0 = w\left(\frac{\partial^2 T(x,y)}{\partial x^2} + \frac{\partial^2 T(x,y)}{\partial y^2}\right) = w\Delta T(x,y), \tag{5.1}$$

$$T(x,0) = g(x), \text{ für } 0 \leqslant x \leqslant 1, \tag{5.2}$$

$$\frac{\partial T(x,y)}{\partial \nu} = -\alpha(T(x,y) - T_U), \text{ wobei } x \in \{0,1\} \text{ und } 0 \leqslant y \leqslant l. \tag{5.3}$$

In dieser Form ist die Differenzialgleichung ein Randwertproblem, da die Bedingungen (5.2) und (5.3) auf dem Rand des Gebietes $\Omega = [0,1] \times [0,l]$ festgelegt sind.

Wir gehen noch einen Schritt weiter und vernachlässigen die Abkühlung zu den beiden Seiten und beschränken uns nur auf die Wärmeleitung in vertikaler Richtung. Vereinfacht soll deshalb die Temperaturvorgabe am unteren Rand konstant sein. Damit fällt die Variable x auch weg und es entsteht der einfachste Fall einer eindimensionalen, stationären Wärmeleitungsgleichung

$$0 = w\,T''(y),$$

mit Randbedingungen

$$T(0) = g,\ T'(l) = -\alpha(T(l) - T_U).$$

Dieses stark vereinfachte Problem ist ein Randwertproblem in einer Dimension, da nur noch eine Variable (hier y) auftaucht.

5.2   Eindimensionale Randwertaufgaben

Das eindimensionale stationäre Wärmeleitungsproblem aus Beispiel 5.1 ist ein Spezialfall einer linearen Differenzialgleichung 2. Ordnung. Diese haben die allgemeine Form

$$-y'' + p(x)y' + q(x)y = s(x), \qquad x \in [a,b]. \tag{5.4}$$

An den beiden Intervallrändern $r \in \{a,b\}$ ist typischer Weise jeweils eine der folgenden drei Randbedingungen gegeben.

$$
\begin{aligned}
y(r) &= g_D(r) && \text{Vorgabe eines Wertes, Dirichlet–Randbedingung,}\\
y'(r) &= g_N(r) && \text{Vorgabe der Ableitung, Neumann–Randbedingung,}\\
y'(r) + \alpha y(r) &= g_C(r) && \text{Gemischte Randbedingung, Cauchy–Randbedingung.}
\end{aligned}
$$

Im folgenden werden wir uns zuerst mit Randwertproblemen der Form (5.4) beschäftigen.

Ein klassischer Ansatz zur Diskretisierung solcher Randwertaufgaben ist die Verwendung von *Differenzenverfahren (Finite Differenzen)*. Diese kann man in ähnlicher Form einführen wie das Euler–Verfahren in Abschnitt 3.4.

Zu diesem Zweck ersetzen wir alle Ableitungen durch Differenzenquotienten. Für die Approximation von y' haben wir verschiedene Alternativen, z.B.

$$
\begin{aligned}
y'(x) &= \frac{y(x+h) - y(x)}{h} + \mathcal{O}(h) && \text{(Vorwärtsdifferenz),}\\[1mm]
y'(x) &= \frac{y(x) - y(x-h)}{h} + \mathcal{O}(h) && \text{(Rückwärtsdifferenz),}\\[1mm]
y'(x) &= \frac{y(x+h) - y(x-h)}{2h} + \mathcal{O}(h^2) && \text{(zentrale Differenz).}
\end{aligned}
$$

Die Größenordnung des Fehlerterms kann man mit Hilfe der Taylor-Entwicklung von $y(x \pm h)$ nach h um $h = 0$ leicht nachrechnen, denn es gilt:

$$y(x \pm h) = y(x) \pm hy'(x) + \frac{h^2}{2}y''(x) \pm \frac{h^3}{6}y'''(x) + \mathcal{O}(h^4).$$

Bilden wir nun die Differenzenquotienten, so erhalten wir

$$\begin{aligned}
\frac{y(x+h) - y(x)}{h} &= y'(x) + \frac{h}{2}y''(x) + \frac{h^2}{6}y'''(x) + \mathcal{O}(h^3), \\
\frac{y(x) - y(x-h)}{h} &= y'(x) - \frac{h}{2}y''(x) + \frac{h^2}{6}y'''(x) + \mathcal{O}(h^3), \\
\frac{y(x+h) - y(x-h)}{2h} &= y'(x) + \frac{h^2}{6}y'''(x) + \mathcal{O}(h^3).
\end{aligned}$$

Für y'' können wir mit Hilfe der Taylor–Reihe analog eine Formel für die zweite Ableitung gewinnen. Die Taylor–Entwicklungen für $y(x \pm h)$ nutzen uns zunächst nicht allzu viel, es stehen ja neben Termen in $y(x \pm h)$ noch Ableitungen erster und dritter Ordnung in der Formel. Diese verschwinden aber, wenn wir die Summe bilden:

$$y(x - h) + y(x + h) = 2y(x) + h^2 y''(x) + \mathcal{O}(h^4).$$

Stellen wir die Formel nach $y''(x)$ um, erhalten wir den *zentralen Differenzenquotienten* für die zweite Ableitung:

$$\frac{y(x - h) - 2y(x) + y(x + h)}{h^2} = y''(x) + \mathcal{O}(h^2).$$

Wir bekommen hier sogar einen Fehlerterm $\mathcal{O}(h^2)$, der beschreibt, in welcher Größenordnung der Fehler bzgl. h liegt.

In der Differenzialgleichung

$$-y'' + p(x)y' + q(x)y(x) = s(x)$$

ersetzen wir jetzt die Ableitungen durch Differenzenquotienten (die Restglieder der Form $\mathcal{O}(h^p)$ lassen wir natürlich weg). Dadurch erhalten wir anstelle der exakten Lösung $y(x)$ eine Näherungslösung, die wir wieder mit $u_h(x)$ bezeichnen.

$$\begin{array}{ccc}
y & \longrightarrow & u_h \\
\text{exakte} & & \text{Näherungs-} \\
\text{Lösung} & \text{Diskretisierung} & \text{lösung}
\end{array}$$

Die diskretisierte Gleichung lautet dann

$$\frac{-u_h(x - h) + 2u_h(x) - u_h(x + h)}{h^2} + p(x)\frac{u_h(x + h) - u_h(x - h)}{2h} + q(x)u_h(x) = s(x).$$

Von den Hilfspunkten $x \pm h$ lösen wir uns jetzt, indem wir uns damit begnügen, die Werte von $y(x)$ nur auf einem Gitter, d.h. an diskreten Punkten $x_0, \ldots, x_n$ im Intervall zu approximieren. Um die Differenzenquotienten sinnvoll miteinander zu verzahnen, wählen wir einen *Diskretisierungsparameter* $n \in \mathbb{N}$ aus, setzen $h = \frac{b-a}{n}$ und erhalten für das Intervall $[a, b]$ ein äquidistantes Gitter mit den Gitterpunkten $x_0 = a$, $x_1 = a + h$, $x_2 = a + 2h$, …, $x_n = a + nh = b$.

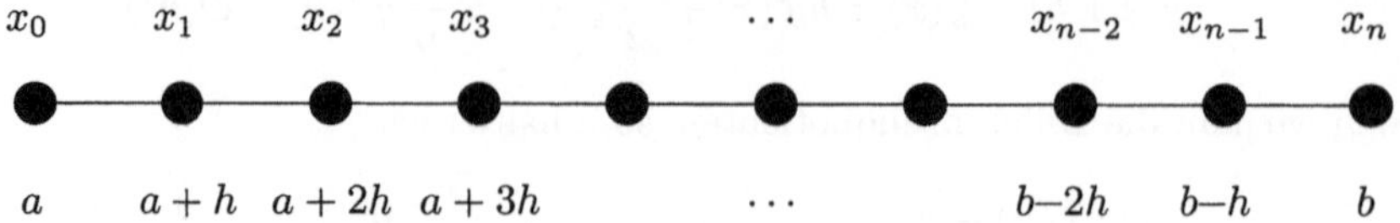

Durch die Wahl der Gitterpunkte im Intervall $[a, b]$ überlappen sich die Differenzenquotienten.

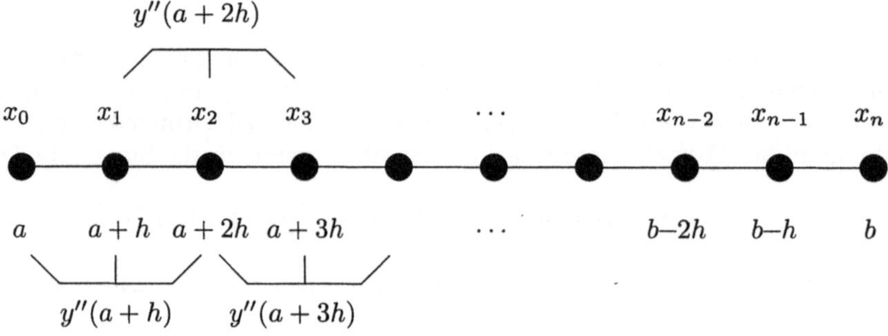

Analog vor wie beim Euler–Verfahren setzen wir $u_i = u_h(x_i)$ für eine Gitterfunktion
$u_h(x)$. Wir erhalten dann das folgende lineare Gleichungssystem für die Werte u_i an
den Gitterpunkten

$$\frac{-u_{i-1} + 2u_i - u_{i+1}}{h^2} + p(x_i)\frac{u_{i+1} - u_{i-1}}{2h} + q(x_i)u_i = s(x_i), \ i = 0,\ldots,n. \qquad (5.5)$$

Im Moment haben wir hier noch zwei überhängende Hilfspunkte $u_{-1} = u_h(a - h)$ und
$u_{n+1} = u_h(b + h)$, denen wir uns noch bei Behandlung des Randes widmen werden.

Wir vereinfachen nun diese Gleichung durch Einführung neuer Koeffizienten. Seien
dazu

$$\lambda_i = -\frac{p(x_i)}{2h} - \frac{1}{h^2}, \ \sigma_i = q(x_i) + \frac{2}{h^2}, \ \mu_i = \frac{p(x_i)}{2h} - \frac{1}{h^2}.$$

Dieses sind alles bekannte, gegebene Größen. Dann lässt sich (5.5) kürzer schreiben als

$$\lambda_i u_{i-1} + \sigma_i u_i + \mu_i u_{i+1} = s(x_i), \ i = 0,\ldots,n. \qquad (5.6)$$

Wir sehen, dass wir für $i = 0,\ldots,n$ jeweils eine lineare Gleichung mit drei aufeinan-
derfolgenden Unbekannten haben.

5.2.1 Randbedingungen

An den Rändern haben wir noch die Randbedingungen zu beachten.

Sei $r \in \{a,b\}$ einer der Randpunkte. Die erste der drei typischen Randbedingungen,
die Dirichlet-Randbedingung

$$y(r) = g_D(r),$$

lässt sich einfach dadurch realisieren, dass wir den Wert von y bzw. von u_h im Randpunkt r durch g_D ersetzten. In diesem Falle brauchen wir *keinen* Differenzenquotienten mehr, d.h. bei (5.6) nehmen wir nur die Gleichungen für $i = 1, \dots, n$. Ist etwa (der Einfachheit halber) $r = x_0$, so brauchen wir keine Differenzenquotienten in x_0, ersetzen aber in (5.6) für $i = 1$ den Wert u_0 durch $g_D(x_0)$, d.h. in der Gleichung

$$\lambda_1 u_0 + \sigma_1 u_1 + \mu_1 u_2 = s(x_1)$$

erhalten wir

$$\sigma_1 u_1 + \mu_1 u_2 = s(x_1) - \lambda_1 g_D(x_0). \tag{5.7}$$

Die beiden anderen Typen von Randbedingungen können wir durch Hinzunahme eines weiteren Hilfspunktes diskretisieren. Aus der Neumann-Randbedingung

$$y'(r) = g_N(r)$$

wird so am rechten Rand

$$\frac{u_h(r+h) - u_h(r-h)}{2h} = g_N(r).$$

Da am rechten Rand $x_n = r$ ist, so können wir die Randbedingung

$$\frac{u_{n+1} - u_{n-1}}{2h} = g_N(x_n)$$

in den Differenzenquotienten an der Stelle x_n einsetzen, um so den überhängenden Knoten x_{n+1} loszuwerden. Aus

$$\lambda_n u_{n-1} + \sigma_n u_n + \mu_n u_{n+1} = s(x_n)$$

wird

$$(\lambda_n + \mu_n)u_{n-1} + \sigma_n u_n = s(x_n) - 2h\mu_n g_N(x_n). \tag{5.8}$$

Die Cauchy–Randbedingung können wir genauso behandeln. Wir diskretisieren

$$y'(r) + \alpha y(r) = g_C(r)$$

mittels der Einführung von Hilfspunkten durch

$$\frac{u_h(r+h) - u_h(r-h)}{2h} + \alpha u_h(r) = g_C(r).$$

Das Einsetzen erfolgt in Analogie zur Neumann–Randbedingung.

5.2.2 Lineares Gleichungssystem

Setzen wir die Randbedingungen in die verbleibenden Gleichungen ein, erhalten wir je nach Randbedingungen ein lineares Gleichungssystem mit $n - 1$ bis $n + 1$ Gleichungen und genau so vielen Unbekannten.

Nehmen wir beispielsweise an, dass wir am linken Rand eine Dirichlet–Randbedingung und am rechten Rand eine Neumann–Randbedingung vorliegen haben. Dann lautet das Gleichungssystem

$$
\begin{bmatrix}
\sigma_1 u_1 + \mu_1 u_2 \\
\lambda_2 u_1 + \sigma_2 u_2 + \mu_2 u_3 \\
\vdots \\
\lambda_{n-1} u_{n-2} + \sigma_{n-1} u_{n-1} + \mu_{n-1} u_n \\
(\lambda_n + \mu_n) u_{n-1} + \sigma_n u_n
\end{bmatrix}
=
\begin{bmatrix}
s(x_1) - \lambda_1 g_D(x_0) \\
s(x_2) \\
\vdots \\
s(x_{n-1}) \\
s(x_n) - 2h\mu_n g_n(x_n)
\end{bmatrix} .
$$

In diesem Fall haben wir ein lineares Gleichungssystem mit n Gleichungen und Unbekannten. Wir können das Gleichungssystem auch in Matrix–Vektor Notation schreiben. Sei dazu

$$
\vec{u} =
\begin{bmatrix}
u_1 \\
u_2 \\
\vdots \\
u_{n-1} \\
u_n
\end{bmatrix} ,\;
\vec{b} =
\begin{bmatrix}
s(x_1) - \lambda_1 g_D(x_0) \\
s(x_2) \\
\vdots \\
s(x_{n-1}) \\
s(x_n) - 2h\mu_n g_n(x_n)
\end{bmatrix} ,
$$

$$
A =
\begin{bmatrix}
\sigma_1 & \mu_1 & & & 0 \\
\lambda_2 & \sigma_2 & \mu_2 & & \\
 & \ddots & \ddots & \ddots & \\
 & & \lambda_{n-1} & \sigma_{n-1} & \mu_{n-1} \\
0 & & & \lambda_n + \mu_n & \sigma_n
\end{bmatrix} ,
$$

so erhalten wir

$$
A\vec{u} = \vec{b}.
$$

Zur numerischen Lösung dieses Gleichungssystems verwenden wir Methoden, die wir in Kapitel 9 vorstellen werden.

Beispiel 5.2 *Wir diskretisieren die vereinfachte stationäre eindimensionale Variante des zentralen Modellprojektes 2 (Kühlrippe) aus Abschnitt 2.2. Anstelle der exakten Temperatur T erhalten wir eine diskrete Näherung u_h in den Gitterpunkten $y_0, \ldots, y_n$, wobei $h = \frac{l}{n}$, $y_i = ih$ und l die Höhe der Kühlrippe ist. Wir erhalten*

$$
\frac{w}{h^2}\left(-u_{i-1} + 2u_i - u_{i+1}\right) = 0, \; i = 0, \ldots, n.
$$

Die untere Randbedingung $T(0) = g$ ergibt $u_0 = g$ und durch Einsetzen

$$
\frac{w}{h^2}\left(2u_1 - u_2\right) = \frac{w}{h^2} g.
$$

Am oberen Rand ersetzen wir $T'(l) = \alpha(T(l) - T_U)$ analog durch

$$
\frac{T(l+h) - T(l-h)}{2h} = \alpha(T(l) - T_U).
$$

Hier bedienen wir uns eines Hilfspunktes $y_{n+1} = l + h$. Setzen wir auch diese Randbedingung ein, so bekommen wir für $i = n$:

$$\frac{w}{h^2}\left(-2u_{n-1} + 2(1 - h\alpha)u_n\right) = -\frac{2w\alpha}{h}T_U.$$

Für dieses extrem vereinfachte Problem bekommt man eine relativ einfache Temperaturverteilung (Siehe Abbildung 5.2 für die Länge $l = 10$).

Abbildung 5.2: Stationäre Temperaturverteilung in einer eindimensionalen Kühlrippe (Temperatur über Länge aufgetragen)

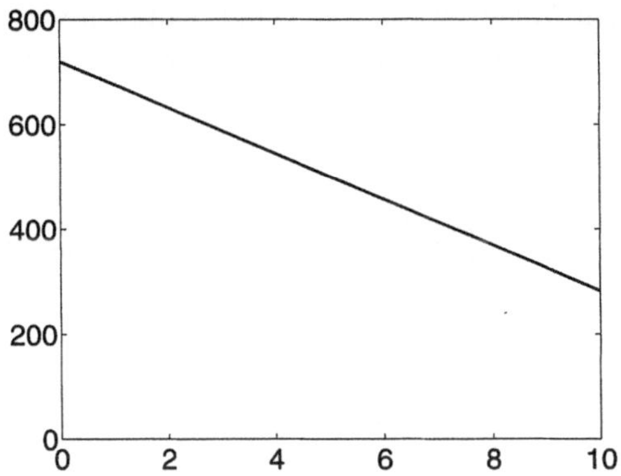

5.3 Zweidimensionale Randwertprobleme

Wir haben in Beispiel 5.1 gesehen, dass die stationäre Temperaturverteilung in der Kühlrippe auf die zweidimensionale Differenzialgleichung

$$0 = w\left(\frac{\partial^2 T(x,y)}{\partial x^2} + \frac{\partial^2 T(x,y)}{\partial y^2}\right) = a\Delta T(x,y),$$

mit Randbedingungen

$$T(x,0) = g(x), \quad \frac{\partial T(x,y)}{\partial \nu} = \alpha(T(x,y) - T_U)$$

führt.

Allgemeiner befassen wir uns jetzt mit dem zweidimensionalen Randwertproblem

$$-\Delta T + \vec{p}(x,y) \cdot \operatorname{grad} T + q(x,y)T \;=\; s(x,y), \qquad (x,y) \in [a,b] \times [c,d]. \qquad (5.9)$$

Bezeichnen wir den Rand des Gebietes $[a,b] \times [c,d]$ mit $\partial([a,b] \times [c,d])$ so haben wir für $(x,y) \in \partial([a,b] \times [c,d])$ typischer Weise wieder jeweils eine der folgenden drei Randbedingungen

$$T(x,y) \quad = \quad g_D(x,y), \qquad \text{Vorgabe eines Wertes, Dirichlet–Randb.,}$$

$$\frac{\partial T(x,y)}{\partial \nu} \quad = \quad g_N(x,y), \qquad \text{Vorgabe der Normalenableitung, Neumann–Randb.,}$$

$$\frac{\partial T(x,y)}{\partial \nu} + \alpha T(x,y) \quad = \quad g_C(x,y), \qquad \text{Gemischte Randbedingung, Cauchy–Randb.}$$

Die Diskretisierung mit Finiten Differenzen läßt sich nun in Analogie zum eindimensionalen Fall durchführen.

Für die zweiten partiellen Ableitungen nach x und y können wir sofort die Ergebnisse aus dem eindimensionalen Fall übernehmen, denn wir können jeweils eine Komponente festhalten. Es gilt

$$\frac{T(x+h,y) - T(x-h,y)}{2h} \quad = \quad \frac{\partial T(x,y)}{\partial x} + \mathcal{O}(h^2),$$

$$\frac{T(x,y+h) - T(x,y-h)}{2h} \quad = \quad \frac{\partial T(x,y)}{\partial y} + \mathcal{O}(h^2),$$

und

$$\frac{T(x-h,y) - 2T(x,y) + T(x+h,y)}{h^2} \quad = \quad \frac{\partial^2 T(x,y)}{\partial x^2} + \mathcal{O}(h^2),$$

$$\frac{T(x,y-h) - 2T(x,y) + T(x,y+h)}{h^2} \quad = \quad \frac{\partial^2 T(x,y)}{\partial y^2} + \mathcal{O}(h^2).$$

In der Differenzialgleichung (5.9) können wir somit wieder alle Ableitungen durch Differenzen ersetzen.

Damit werden im Punkt (x,y) lediglich die Werte oberhalb und unterhalb, sowie links und rechts von diesem Punkt benötigt.

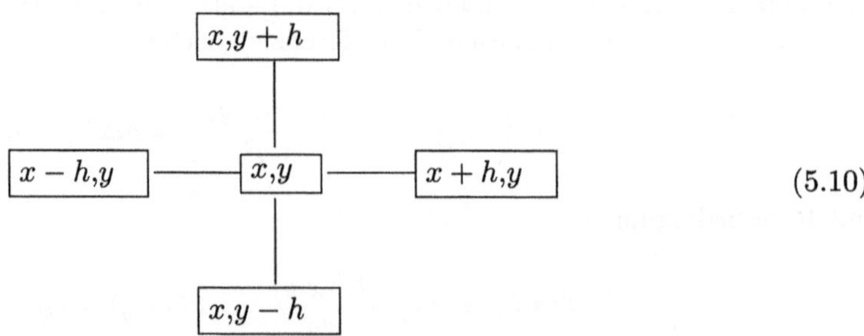

$$(5.10)$$

Wir bezeichnen die so diskretisierte Gleichung an einem Punkt (x,y) als einen *Differenzenstern*.

Auch im zweidimensionalen Fall lösen wir uns von dem Gebiet und führen dazu ein zweidimensionales Gitter ein (Abbildung 5.3).

Mit Hilfe dieses Gitters wird in jedem (inneren) Punkt die Gleichung mit Hilfe eines Differenzensterns diskretisiert (Abbildung 5.4). Nehmen wir dazu an, dass wir in x–Richtung eine Gitterweite $h_x = \frac{b-a}{n}$ und in y–Richtung eine Gitterweite $h_y = \frac{d-c}{m}$ haben. Dann bekommen wir als Gitter

Abbildung 5.3: Zweidimensionales Gitter $[a,b] \times [c,d] = [0,1] \times [0,1]$

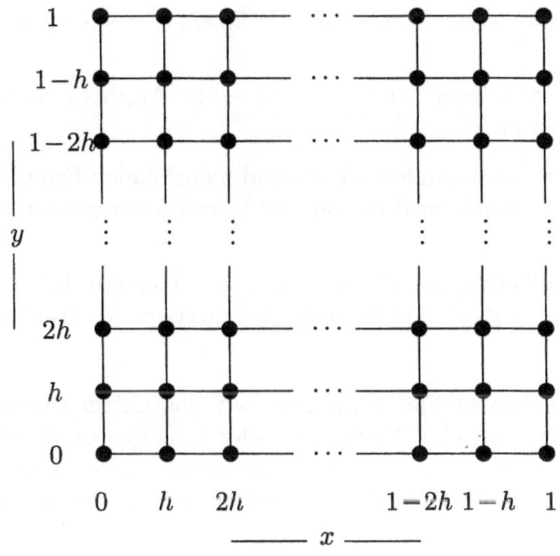

Abbildung 5.4: Einsetzen des Differenzensternes im Gitter

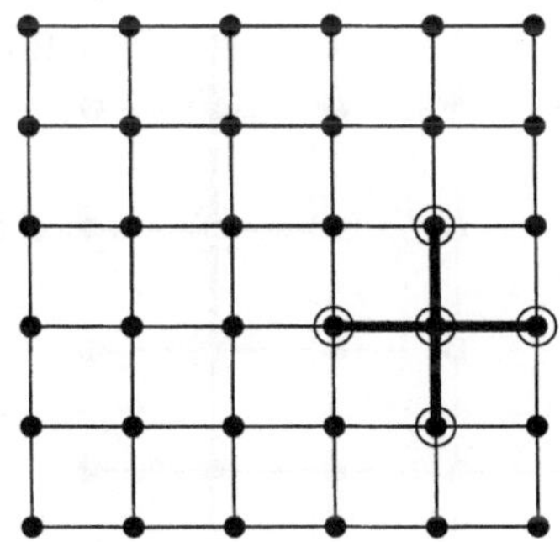

$$\{(x_i,y_j) = (a + ih_x, c + jh_y)| \; i = 0,\ldots,n, \; j = 0,\ldots,m\}.$$

Wir führen in Analogie zum eindimensionalen Fall neue Koeffizienten ein:

$$\lambda_{i,j} \;=\; -\frac{p_1(x_i,y_j)}{2h_x} - \frac{1}{h_x^2}, \qquad \mu_{i,j} \;=\; \frac{p_1(x_i,y_j)}{2h_x} - \frac{1}{h_x^2},$$

$$\alpha_{i,j} \;=\; -\frac{p_2(x_i,y_j)}{2h_y} - \frac{1}{h_y^2}, \qquad \beta_{i,j} \;=\; \frac{p_2(x_i,y_j)}{2h_y} - \frac{1}{h_y^2},$$

$$\sigma_{i,j} \;=\; q(x_i,y_j) + \frac{2}{h_x^2} + \frac{2}{h_y^2}.$$

Dann ist die diskretisierte Version der zweidimensionalen Differenzialgleichung (5.9)
durch

$$\lambda_{i,j}u_{i-1,j} + \mu_{i,j}u_{i+1,j} + \sigma_{i,j}u_{i,j} + \alpha_{i,j}u_{i,j-1} + \beta_{i,j}u_{i,j+1} = s(x_i,y_j), \quad \begin{array}{l} i = 0,\ldots,n, \\ j = 0,\ldots,m, \end{array}$$

$$(5.11)$$

gegeben. Dabei ist $u_{i,j} \approx T(x_i,y_j)$ die zu berechnende Approximation an die Temperatur in den Gitterpunkten.

Die Randbedingungen werden ähnlich wie im eindimensionalen Fall diskretisiert, sofern
die Normalenrichtungen jeweils in Richtung der Koordinatenachsen zeigen.

1. Die Dirichlet–Randbedingung $T(x,y) = g_D(x,y)$ an einem Randpunkt, d.h. $x = a$,
   $x = b$, $y = c$ oder $y = d$, wird einfach durch Einsetzen des Wertes am Gitterpunkt
   eingebaut.

2. Wie im eindimensionalen Fall verlängern wir das Gitter durch eine Reihe von
   Hilfspunkten, sofern wir eine Neumann– oder Cauchy–Randbedingung vorliegen
   haben. Siehe Abbildung 5.5 für den Fall, dass rechts eine Neumann– oder Cauchy–
   Randbedingung vorliegt. Zusätzlich benötigen wir als diskretisierte Randbedin-

Abbildung 5.5: Neumann–/Cauchy–Randbedingung am rechten Rand

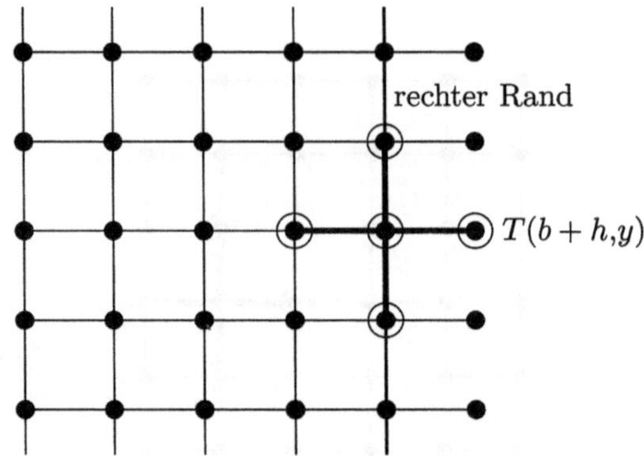

gungen wie im eindimensionalen Fall eine Bedingung der Form (etwa am rechten
Rand)

$$\frac{T(b + h,y) - T(b - h,y)}{2h} \approx g_N(b,y) \quad \text{(Neumann, rechter Rand)}.$$

$$\frac{T(x,d + h) - T(x,d - h)}{2h} + \alpha T(x,d) \approx g_C(x,d) \quad \text{(Cauchy, oberer Rand)}.$$

Mit Hilfe dieser diskretisierten Randbedingungen kann man die Hilfspunkte außerhalb der Gitters wieder eliminieren.

Die Diskretisierung des Problems führt wieder auf ein lineares Gleichungssystem. Da jetzt aber das Gitter in x– und y–Richtung verläuft, ist die resultierende Matrix im Allgemeinen sehr viel größer!

Nehmen wir der Einfachheit an, wir haben nur eine Dirichlet–Randbedingung $T(x,y) = 0$ vorliegen und $[a,b] \times [c,d]$ sei ein Quadrat. Setze $h = \frac{1}{n}$ und wähle ein gleiches Gitter in x– und y–Richtung. Dann haben wir diskrete Punkte $(x_i,y_j) = (a+ih, c+jh)$ und statt der exakten Lösung $T(x_i,y_j)$ eine Näherung $u_{i,j}$. Wir nummerieren nun beispielsweise die $(n-1)^2$ Koeffizienten der inneren Punkte (i,j), $i = 1,\ldots,n-1$, $j = 1,\ldots,n-1$ zeilenweise durch (Abbildung 5.6).

Abbildung 5.6: Lexikographische Anordnung der inneren Punkte

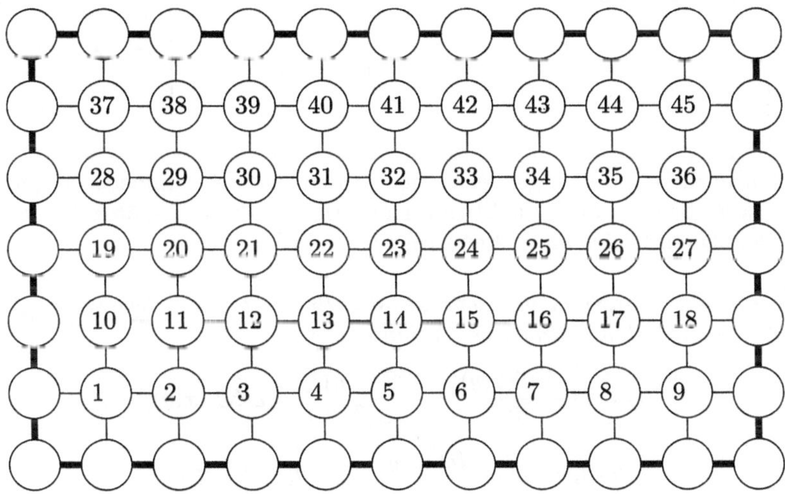

Dazu setzt man

$$U_{i+(j-1)(n-1)} = u_{i,j}, \; S_{i+(j-1)(n-1)} = s(x_i,x_j), \; i,j = 1,\ldots,n-1.$$

Damit ergibt sich mit

$$\vec{U} = \begin{bmatrix} U_1 \\ \vdots \\ U_{(n-1)^2} \end{bmatrix}, \vec{S} = \begin{bmatrix} S_1 \\ \vdots \\ S_{(n-1)^2} \end{bmatrix}$$

ein Gleichungssystem der Form $A\vec{U} = \vec{S}$. Im Spezialfall, dass die Koeffizientenfunktionen $p_1 = p_2 = q \equiv 0$ erfüllen, erhalten wir

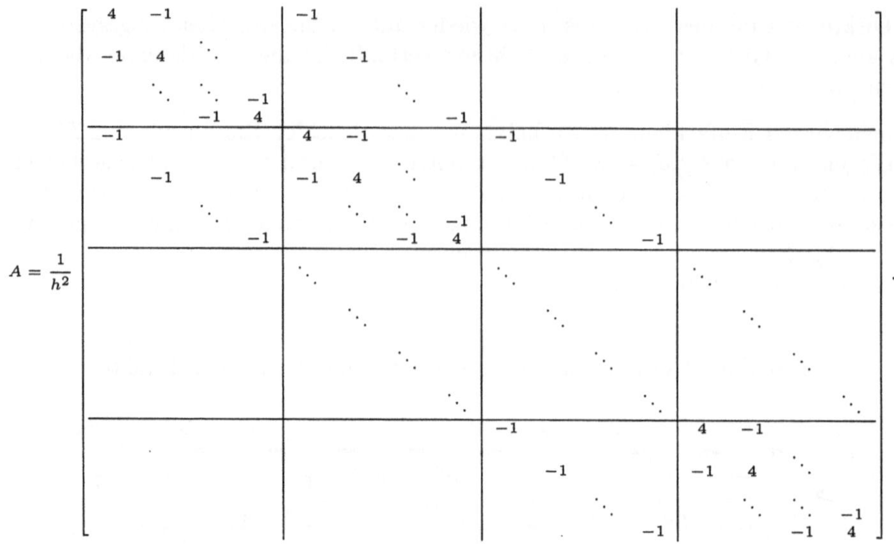

Wir können in diesem Fall sogar leicht überprüfen, dass A symmetrisch und positiv definit ist. Man beachte auch die Struktur der Matrix, die uns später die numerische Lösung des linearen Gleichungssystems sehr vereinfacht.

Beispiel 5.3 *Wir betrachten das zentrale Modellprojekt 2 der Kühlrippe (Abbildung 5.1) in der vereinfachten stationären Variante*

$$0 = w \left(\frac{\partial^2 T(x,y)}{\partial x^2} + \frac{\partial^2 T(x,y)}{\partial y^2} \right) = w\Delta T(x,y),$$

$$T(x,0) = g(x), \quad \frac{\partial T(x,y)}{\partial \nu} = \alpha(T(x,y) - T_U).$$

Verwenden wir eine Kühlrippe der Länge $l = 10$ und Breite $m = 1$ so haben wir bei $h = \frac{1}{10}$ bereits 1100 Gleichungen mit genauso vielen Unbekannten. Im eindimensionalen Fall wären es mit demselben h lediglich ca. 100. Die Matrix selbst hat ein Belegungsmuster, wie in Abbildung 5.7 mit insgesamt 5278 von Null verschiedenen Einträgen. Auch diese Eigenschaft, dass die Anzahl der Nicht-Null-Elemente gering ist, werden wir bei der numerischen Lösung des linearen Gleichungssystems ausnutzen können.

Wie man in Abbildung 2.12 sieht, sind die durch die zweidimensionale Modellierung gewonnenen Informationen über die Wärmeverteilung aufschlussreicher als im eindimensionalen Fall.

5.4   Approximationseigenschaften Finiter Differenzen

Wir haben bei der Einführung der Methode der Finiten Differenzen gesehen, dass mit Hilfe der Taylor–Entwicklung die Lösung der Differenzialgleichung bis auf einen Fehler

Abbildung 5.7: Belegungsmuster einer Matrix im 2D–Fall

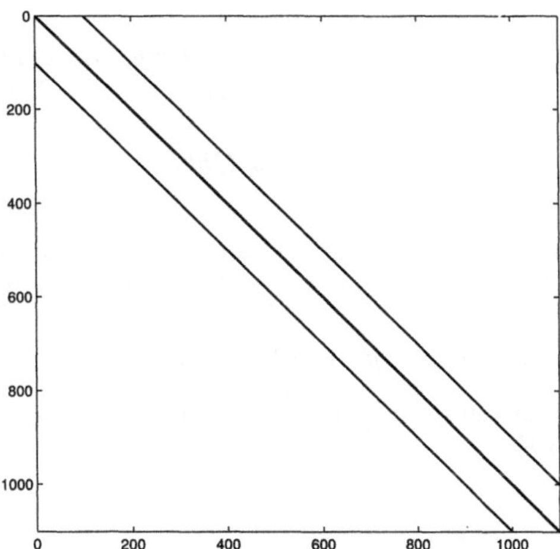

$\mathcal{O}(h^2)$ auch die Differenzengleichung erfüllt. Diese Eigenschaft bezeichnen wir analog zum Fall gewöhnlicher Differenzialgleichungen als *Konsistenz* der Diskretisierung.

Definition 5.4 *Gegeben sei eine lineare Differenzialgleichung zweiter Ordnung der Form*

$$-y'' + py' + qy = s \ \text{ in } [a,b] \subset \mathbb{R}$$

sowie ein Gitter $\Omega_h = \{x_j = a + jh : \ j = 0,\dots,n\}$, *wobei* $h = \frac{b-a}{n}$. *Zu festem l heißt ein Differenzenquotient der Form*

$$\sum_{j=-l}^{l} \alpha_l^{(k)} u_{k+j} = s(x_k), \tag{5.12}$$

mit festen $\alpha_{-l}^{(k)},\dots,\alpha_l^{(k)}$ *konsistent von der Ordnung p, falls für hinreichend glattes y und alle* $k = 1,\dots,n-1$ *gilt, dass:*

$$\sum_{j=-l}^{l} \alpha_l^{(k)} y(x_{k+j}) = s(x_k) + \mathcal{O}(h^p). \tag{5.13}$$

Im Allgemeinen kann man nicht wie etwa bei Einschrittverfahren für Anfangswertaufgaben aus der Konsistenz sofort auf die Konvergenz schließen.

Definition 5.5 *Gegeben sei eine lineare Differenzialgleichung zweiter Ordnung der Form*

$$-y'' + py' + qy = s \ \text{ in } [a,b] \subset \mathbb{R}$$

mit Dirichlet–Randbedingungen $y(a) = g_a$, $y(b) = g_b$, *einem Gitter* $\Omega_h = \{x_j = a + jh : j = 0,\dots,n\}$ *und einer Differenzengleichung*

$$\sum_{j=-l}^{l} \alpha_j^{(k)} u_{k+j} = s(x_k)$$

für alle inneren Punkte $k = 1,\ldots,n-1$. Dann heißt die Finite–Differenzen–Näherung $(u_k)_{k=0,\ldots,n}$ konvergent von der Ordnung p, falls für hinreichend glattes y und alle $k = 1,\ldots,n-1$ gilt:

$$|y(x_k) - u_k| \leqslant Ch^p.$$

Im Gegensatz zu Anfangswertproblemen gibt es nur für wenige Typen von Randwertproblemen eine ausgereifte Theorie. Ein sehr gut verstandener Spezialfall ist der, wo $p \equiv 0$ ist, d.h.

$$-w(x)y'' + q(x)y = s(x), \tag{5.14}$$

wobei $w(x)$ und $q(x)$ beschränkte, in $[a,b]$ nicht-negative Funktionen sind und $w(x) \geqslant w_0 > 0$ ist für alle $x \in [a,b]$.

Satz 5.6 *Gegeben sei das elliptische Randwertproblem (5.14) mit Randbedingung $y(a) = g_a$, $y(b) = g_b$, nicht-negativem stetigem $q(x)$ und stetig differenzierbarem $w(x) \geqslant w_0 > 0$. Ist $\sum_{j=-l}^{l} \alpha_j^{(k)} u_{k+j} = s(x_k)$ ein Differenzenquotient mit Koeffizienten $\alpha_j^{(k)}$, die die Eigenschaften*

$$\alpha_0^{(k)} > 0, \ \alpha_j^{(k)} \leqslant 0, \ \text{für alle } j \neq 0, \ \sum_{j=-l}^{l} \alpha_j^{(k)} = q(x_k),$$

für alle $k = 0,\ldots,n$ erfüllen, dann gilt:

> *Ist das Verfahren konsistent von der Ordnung p, dann ist es auch konvergent von der Ordnung p.*

Beweis. $\rightarrow$ Abschnitt 5.5.1.

Die Aussage von Satz 5.6 bezieht sich auf den eindimensionalen Fall, lässt sich aber in naheliegender Weise auf den zweidimensionalen Fall übertragen. Dort gilt ein vergleichbarer Satz.

Wir haben in diesem Kapitel gesehen, dass die Diskretisierung von Randwertaufgaben auf zu lösende lineare Gleichungssysteme führt. Mit dieser Aufgabenstellung werden wir uns in Kapitel 9 beschäftigen.

5.5   Anmerkungen und Beweise

Die numerische Behandlung von Randwertaufgaben mit Finiten Differenzen ist ein relativ einfacher und in vielen Fällen sehr effektiver Zugang. Er ist in der Literatur ausführlich behandelt [17, 44, 51, 57].

Leider ist es bei komplexen Problemen oft schwierig für Differenzenverfahren entsprechende Konvergenzaussagen zu beweisen. Die Methode ist außerdem nicht sehr flexibel bei komplizierten Geometrien. Daher wird in vielen Fällen aus mathematischer Sicht die *Finite Elemente Methode* bevorzugt, weil hier mit Hilfe funktional-analytischer Methoden eine ausgereiftere Theorie existiert. Wir werden auf die Finite Elemente Methode in Anhang A.1 eingehen.

5.5.1   Beweis von Satz 5.6

Wir werden uns zuerst auf den vereinfachten Fall $q(x) \equiv 0$ konzentrieren, d.h. wir setzen bei den Koeffizienten des Differenzenverfahrens die Eigenschaft

$$\alpha_0^{(k)} > 0,\ \alpha_j^{(k)} \leqslant 0,\ \text{für alle } j \neq 0,\ \sum_{j=-l}^{l} \alpha_j^{(k)} = 0 \tag{5.15}$$

voraus. Den allgemeinen Fall $q(x) \geqslant 0$ werden wir am Schluss des Kapitels kurz diskutieren.

Wir beginnen mit einem Lemma, das man als *diskretes Maximumprinzip* verstehen kann.

Lemma 5.7 *Gegeben sei ein Gitter $\Omega_h = \{a + jh\ ;\ j = 0,\dots,n\}$ sowie Werte an den Gitterpunkten $(u_k)_{k=0,\dots,n}$. Dann folgt aus $\sum_{|j|\leqslant l} \alpha_l^{(k)} u_{j+k} \leqslant 0$, dass $\max_{k=0,\dots,n} u_k \leqslant \max\{u_0, u_n\}$ und aus $\sum_{|j|\leqslant l} \alpha_l^{(k)} u_{j+k} \geqslant 0$, dass $\min_{k=0,\dots,n} u_k \geqslant \min\{u_0, u_n\}$.*

Beweis. Wir zeigen nur die erste Aussage, die zweite folgt durch Ersetzen von u_k durch $-u_k$.

Falls u_k maximal ist und $k \neq 0,n$, so haben wir

$$u_k \leqslant \sum_{\substack{|j|\leqslant l \\ j\neq 0}} \left(-\frac{\alpha_j^{(k)}}{\alpha_l^{(k)}} \right) u_{j+k}$$

Die rechte Seite stellt wegen (5.15) eine Konvexkombination dar. Da u_k bereits maximal ist, müssen alle u_{j+k} auch maximal sein.

Auf diese Weise können wir uns von k nach $k+1$ und $k-1$ usw. bis zu den Randpunkten u_0, u_n vorarbeiten. $\qquad\square$

Mit Hilfe dieses Lemmas können wir nun Satz 5.6 beweisen.

Ohne Beschränkung der Allgemeinheit nehmen wir an, unser Intervall sei $[a,b] = [0,1]$. Setze $z(x) = x(1 - x)$. Dann ist $z''(x) = -2$ und damit (da $q \equiv 0$)

$$-w(x)z''(x) + q(x)z(x) = 2w(x) \geqslant 2w_0.$$

z ist damit Lösung der Differenzialgleichung $-w(x)z''(x) = 2w(x)$ Also ist, da $z(x) \geqslant 0$ in $[0,1]$

$$\sum_{|j|\leqslant l} \alpha_j^{(k)} z(x_{j+k}) = 2w(x_k) + \mathcal{O}(h^p) \geqslant 2w_0 + \mathcal{O}(h^p) \geqslant c = const. > 0$$

für alle hinreichend kleinen h.

Setze nun

$$v(x) = \frac{z(x)}{c}\mu, \text{ wobei } \mu = \max_{k=1,\ldots,n-1} \left| \sum_{|j|\leqslant l} \alpha_j^{(k)}(u_{j+k} - y(x_{j+k})) \right|.$$

Dann ist für alle $k = 1,\ldots,n-1$

$$\sum_{|j|\leqslant l} \alpha_j^{(k)} v(x_k) \geqslant \mu \geqslant \pm \sum_{|j|\leqslant l} \alpha_j^{(k)}(u_{j+k} - y(x_{j+k})).$$

Nach Lemma 5.7 ist dann aber bereits

$$\max_{k=1,\ldots,n-1} \pm(u_k - y(x_k)) - v(x_k) \leqslant \max\{\pm(u_0 - y(x_0)) - v(x_0), \pm(u_n - y(x_n)) - v(x_n)\} = 0.$$

Also erhalten wir

$$\max_{k=1,\ldots,n-1} |u_k - y(x_k)| \leqslant \max_{k=1,\ldots,n-1} v(x_k).$$

Als Abschätzung für $v(x)$ erhalten wir (da $z(x) \leqslant \frac{1}{4}$ in $[0,1]$), dass

$$\begin{aligned}
v(x) &\leqslant \frac{1}{4c}\mu = \frac{1}{4c} \max_{k=1,\ldots,n-1} \left| \sum_{|j|\leqslant l} \alpha_j^{(k)}(u_{j+k} - y(x_{j+k})) \right| \\
&= \frac{1}{4c} \max_{k=1,\ldots,n-1} |s(x_k) - (s(x_k) + \mathcal{O}(h^p))| \leqslant Ch^p.
\end{aligned}$$

$\square$

Wir gehen zum Schluss noch auf den Fall ein, dass $q(x)$ nicht identisch 0 ist, d.h. es gilt:

$$\sum_{j=-l}^{l} \alpha_j^{(k)} = q(x_k) \geqslant 0.$$

Die Gleichung (5.15) für $k = 1,\ldots,n-1$ ist eine lineare Gleichung. Mit

$$\vec{U} := \begin{bmatrix} u_0 \\ \vdots \\ u_n \end{bmatrix}, \ \vec{S} := \begin{bmatrix} s(x_0) \\ \vdots \\ s(x_n) \end{bmatrix}, \ \vec{Y} := \begin{bmatrix} y(x_0) \\ \vdots \\ y(x_n) \end{bmatrix}$$

erhalten wir ein Gleichungssystem der Form

$$A\vec{U} = \vec{S}, \tag{5.16}$$

wobei für $k = 1, \ldots, n - 1$ die k-te Zeile von A aus den Koeffizienten $\alpha_j^{(k)}$ besteht. Die Gleichung (5.13) ergibt dann

$$A\vec{Y} = \vec{S} + \mathcal{O}(h^p).$$

Damit haben wir eine andere Interpretation von Satz 5.6, nämlich, dass $\|\vec{Y} - \vec{U}\|_\infty \leqslant Ch^p$ ist, mit einer Konstante C. Da dies für alle $\vec{S}$ gilt, erhalten wir als unmittelbare Konsequenz folgende Aussage.

Korollar 5.8 *Unter den Voraussetzungen von Satz 5.6 gilt für die Matrix A aus (5.16) mit der Einführung der Norm $\|A\|_\infty$ (siehe Kapitel 9) durch*

$$\|A\|_\infty = \sup_{v,\ \|v\|=1} \|Av\|_\infty = \max_{1 \leqslant i \leqslant m} \sum_{j=1}^{n} |a_{i,j}|,$$

dass

$$\|A^{-1}\|_\infty \leqslant C.$$

Beweis. Wie wir gerade gesehen haben, folgt aus $A\vec{U} = \vec{S}$, und $A\vec{Y} = \vec{S} + \underbrace{\mathcal{O}(h^p)}_{e}$ dass

$\|\vec{Y} - \vec{U}\|_\infty \leqslant Ch^p$. Andererseits ist

$$\|\vec{Y} - \vec{U}\|_\infty = \|A^{-1}(\vec{S} + \underbrace{\mathcal{O}(h^p)}_{e} - \vec{S})\|_\infty = \|A^{-1}e\|_\infty$$

für alle $\vec{S}$. Das geht aber nur falls $\|A^{-1}\|_\infty$ durch eine Konstante beschränkt ist. $\qquad\square$

Für die Verallgemeinerung von $q(x) \equiv 0$ auf $q(x) \geqslant 0$ sei A die Matrix aus (5.16) (mit $q \equiv 0$). Wir können A zerlegen als

$$A = D - E,$$

wobei D die Diagonale und $-E$ der Außendiagonalanteil von A ist. Mit Hilfe von (5.15) kann man zeigen, dass sich die Inverse von A sich in eine konvergente geometrische Reihe (eine sogenannte Neumannsche Reihe) der Form

$$A^{-1} = \sum_{l=0}^{\infty} (D^{-1}E)^l D^{-1}$$

entwickeln lässt. Für die Matrix $\tilde{A}$, die durch Hinzunahme von $q \geqslant 0$ entsteht, bekommt man eine Zerlegung

$$\tilde{A} = \tilde{D} - E,$$

wobei $\tilde{D}$ aus D durch Addition der Einträge von $q(x_k)$ entsteht. Diese Matrix lässt sich dann genauso wie A^{-1} in eine Neumannsche Reihe entwickeln. Da die Einträge von $\tilde{D}^{-1}$ nicht größer als die von D^{-1} sind und E lauter nicht-negative Einträge hat, folgt dann, dass alle Einträge von $A^{-1} - \tilde{A}^{-1}$ nicht-negativ sind, und damit

$$\|\tilde{A}^{-1}\|_\infty \leqslant \|A^{-1}\|_\infty \leqslant C.$$

Damit gilt dann aber Satz 5.6 auch für den Fall $q \geqslant 0$.

6 Interpolation

6.1 Einführung

Wir haben in Abschnitt 4.5 gesehen, dass für die numerische Lösung von Anfangswertaufgaben bei gewöhnlichen Differenzialgleichungen Verfahren höherer Ordnung sinnvoll wären. Um solche Verfahren zu erhalten, müssen wir uns mit Interpolationsmethoden beschäftigen. Daneben gibt es viele weitere Praxisprobleme, bei denen Interpolation benötigt wird, wie z.B. die Approximation von Funktionen oder die Darstellung der Lösung von Differenzialgleichungen, die nur an Gitterpunkten berechnet wurden als Kurve. Ganze wissenschaftliche Fachgebiete, wie CAD (Computer Aided Design) oder CAGD (Computer Aided Graphic Design) beruhen auf Interpolations- bzw. Approximationsmethoden und kaum ein Science-Fiction Film oder Computerspiel kommt heute ohne Interpolationsmethoden aus.

Es gibt dabei viele verschiedene Ansätze für Interpolationsfunktionen, wie Polynome oder stückweise Polynome (Splines), rationale Funktionen, trigonometrische Polynome oder Wavelets. Wir betrachten in diesem Kapitel nur die Interpolation durch Polynome oder stückweise Polynome. Interpolation durch trigonometrische Polynomen behandeln wir separat in Kapitel 8.

Eine *Interpolationsaufgabe* hat dann die folgende Form:

Gegeben Werte (x_i, f_i) für $i = 0,1,\ldots,n$, (diese heißen *Stützstellen* oder *Knoten*), bestimme eine Interpolationsfunktion P, so dass

$$P(x_i) = f_i, \qquad i = 0,\ldots,n \tag{6.1}$$

gilt.

Beispiel 6.1 *Gegeben seien die Werte (t_i, u_i), $i = 0,\ldots,n$, die das Euler–Verfahren für $y' = f(t,y)$, mit Anfangswert $y(t_0) = y_0$ berechnet hat. Bestimme eine stückweise lineare Funktion (Polygonzug), die diese Punkte verbindet.*

Als Beispiel betrachten wir das Schwingkreisbeispiel 3.3 und interpolieren die numerischen Werte, welche das Euler–Verfahren für die Spannung U_C am Kondensator berechnet hat (Abbildung 6.1).

6.2 Polynominterpolation

Eine der wichtigsten Interpolationsaufgaben, die vielen anderen Aufgaben zu Grunde liegt, ist die Polynominterpolation.

Abbildung 6.1: Funktionswerte des Euler–Verfahrens, linear interpoliert

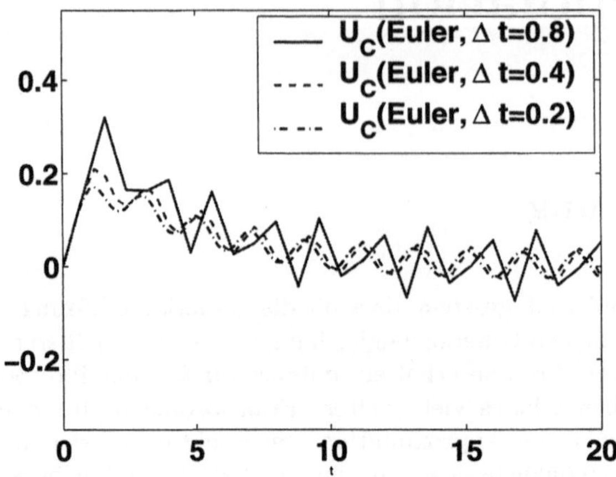

Mit der Bezeichnung

$$\Pi_n := \{\text{Polynome vom Grad} \leqslant n\}$$

für den Vektorraum der Polynome vom Grade $\leqslant n$ mit reellen Koeffizienten erhalten wir folgenden Satz:

Satz 6.2 (Lagrange–Interpolation) *Seien $n + 1$ Stützstellen (x_i, f_i), $i = 0, \ldots, n$, mit $x_i \neq x_j$ für $i \neq j$ gegeben. Dann gibt es ein eindeutig bestimmtes Polynom $P \in \Pi_n$, welches die Interpolationsbedingung (6.1) erfüllt.*

Beweis. $\rightarrow$ Abschnitt 6.4.1.

Für dieses eindeutige Interpolationspolynom gibt es eine explizite Formel. Sei dazu

$$L_i(x) := \prod_{\substack{j=0 \\ j \neq i}}^{n} \frac{x - x_j}{x_i - x_j}.$$

Dann gilt für die L_i an den Werten x_k:

$$L_i(x_k) = \begin{cases} 1 & \text{für } i = k \\ 0 & \text{für } i \neq k \end{cases}.$$

Das Interpolationspolynom P bekommen wir damit durch

$$P(x) = \sum_{i=0}^{n} f_i \, L_i(x) = \sum_{i=0}^{n} f_i \left(\prod_{\substack{j=0 \\ j \neq i}}^{n} \frac{x - x_j}{x_i - x_j} \right). \qquad (6.2)$$

Die $L_i(x)$ heißen *Lagrange–Interpolationspolynome*. Sie bilden eine Basis für Π_n. Eine andere Basis ist $1, x, x^2, \ldots, x^n$. Beide Basen sind jedoch für die praktische Berechnung nicht geeignet, wir verwenden hier zwei andere Ansätze.

6.2.1 Das Verfahren von Neville und Aitken

Das *Verfahren von Neville und Aitken* geht davon aus, dass man das Interpolationspolynom nicht in seiner Gesamtheit braucht, sondern nur an einer oder einigen wenigen ausgewählten Stellen auswerten will.

Im linearen Fall, d.h. man hat zwei Stützstellen, ist das Neville–Aitken–Schema identisch mit der Zwei–Punkte–Formel der Geradengleichung. Sind (x_0, f_0) und (x_1, f_1) gegeben, so lautet P:

$$P(x) = \frac{(x - x_0)f_1 - (x - x_1)f_0}{x_1 - x_0}.$$

Dieses Schema lässt sich wie folgt verallgemeinern. Gegeben seien die Stützstellen (x_i, f_i), $i = 0, \ldots, n$. Zu der Teilmenge von Stützstellen $\{(x_k, f_k), (x_{k+1}, f_{k+1}), \ldots, (x_l, f_l)\}$ sei $P_{k,\ldots,l}(x) \in \Pi_{l-k}$ das zugehörige Interpolationspolynom. Es ist beispielsweise $P_0(x) = f_0$, $P_1(x) = f_1$ und

$$P_{0,1} = \frac{(x - x_0)f_1 - (x - x_1)f_0}{x_1 - x_0} = \frac{(x - x_0)P_1(x) - (x - x_1)P_0(x)}{x_1 - x_0}.$$

Mit Hilfe dieser Teilpolynome kann man eine Rekursionsformel für die Auswertung des Interpolationspolynoms angeben.

Lemma 6.3 *Sei $\hat{x}$ eine Stelle an der das Interpolationspolynom $P(x)$, welches die Stützstellen (x_i, f_i), $i = 0, \ldots, n$ interpoliert, ausgewertet werden soll. Dann gilt für alle $0 \leqslant k \leqslant l \leqslant n$:*

$$P_k(\hat{x}) \;\equiv\; f_k, \text{ falls } k = l, \tag{6.3}$$

$$P_{k,\ldots,l}(\hat{x}) \;=\; \frac{(\hat{x} - x_k)P_{k+1,\ldots,l}(\hat{x}) - (\hat{x} - x_l)P_{k,\ldots,l-1}(\hat{x})}{x_l - x_k}, \text{ falls } k < l. \tag{6.4}$$

Beweis. $\rightarrow$ Abschnitt 6.3.

Diese Rekursionsformel wird praktisch von unten nach oben aufgebaut, d.h. man fängt mit den konstanten Werten $P_0, \ldots, P_n$ an, berechnet als nächstes $P_{0,1}, P_{1,2}, \ldots, P_{n-1,n}$ und erhöht nach und nach den Polynomgrad, bis schließlich zum Schluss $P_{0,\ldots,n}(\hat{x}) = P(\hat{x})$ ist.

Beispiel 6.4 *Gegeben seien die Stützstellen $(0,1)$, $(1,3)$, $(3,2)$. Die Auswertung erfolgt an der Stelle $\hat{x} = 2$.*

$$
\begin{array}{l|l}
0 & 1 = P_0(2) \\
 & \qquad\qquad P_{0,1}(2) = \dfrac{(2-0)3 - (2-1)1}{1-0} = 5 \\
1 & 3 = P_1(2) \qquad\qquad\qquad\qquad\qquad P_{0,1,2}(2) = \dfrac{(2-0)\frac{5}{2} - (2-3)5}{3-0} = \dfrac{10}{3} \\
 & \qquad\qquad P_{1,2}(2) = \dfrac{(2-1)2 - (2-3)3}{3-1} = \dfrac{5}{2} \\
3 & 2 = P_2(2)
\end{array}
$$

Algorithmus 6.5 (Schema von Neville–Aitken)
Berechnet für eine Stelle $\hat{x}$ an der das Interpolationspolynom $P(x)$, welches die Stützstellen (x_i, f_i), $i = 0, \ldots, n$ interpoliert, ausgewertet werden soll, mit Hilfe der Rekursionsformel (6.3), (6.4) den Wert $P_{0,\ldots,n}(\hat{x}) = P(\hat{x})$.

$$
\begin{array}{c|c}
x_0 & f_0 = P_0(\hat{x}) \\
 & \qquad\qquad P_{0,1}(\hat{x}) = \dfrac{(\hat{x} - x_0)P_1(\hat{x}) - (\hat{x} - x_1)P_0(\hat{x})}{x_1 - x_0} \\
x_1 & f_1 = P_1(\hat{x}) \\
 & \qquad\qquad P_{1,2}(\hat{x}) = \dfrac{(\hat{x} - x_1)P_2(\hat{x}) - (\hat{x} - x_2)P_1(\hat{x})}{x_2 - x_1} \\
x_2 & f_2 = P_2(\hat{x}) \qquad\qquad\qquad\qquad\qquad\qquad P_{0,\ldots,n}(\hat{x}) \\
\vdots & \vdots \\
 & P_{n-1,n}(\hat{x}) = \dfrac{(\hat{x} - x_{n-1})P_n(\hat{x}) - (\hat{x} - x_n)P_{n-1}(\hat{x})}{x_n - x_{n-1}} \\
x_n & f_n = P_n(\hat{x})
\end{array}
$$

Der Algorithmus von Neville–Aitken ist gut geeignet, um das Interpolationspolynom an einer oder wenigen Stellen auszuwerten, aber nicht um viele Auswertungen zu machen, wie man sie zum Beispiel für einen Plot braucht. Dazu verwendet man besser die Interpolation nach Newton im nächsten Abschnitt.

6.2.2 Interpolation nach Newton

Eine Alternative zum Neville–Aitken Algorithmus stellt die *Newton-Interpolation* mit Hilfe Dividierter Differenzen dar.

Wir betrachten wieder den Spezialfall zweier Stützstellen (x_0, f_0) und (x_1, f_1). Diesmal verwenden wir die Punkt–Steigungsformel für die Verbindungsgerade

$$
P(x) = f_0 + (x - x_0) \cdot \frac{f_1 - f_0}{x_1 - x_0}.
$$

Die Koeffizienten $a_0 = f_0$ und $a_1 = \frac{f_1 - f_0}{x_1 - x_0}$ bezeichnen wir als 0. *und* 1. *Dividierte Differenz*. Diese Darstellung lässt sich ebenfalls auf den Fall von mehr als zwei Stützstellen verallgemeinern. Dabei berechnen wir explizit die Koeffizienten $a_0, \ldots, a_n$ des Interpolationspolynoms vom Grad n aber nicht bezogen auf die gewöhnliche Polynomdarstellung, sondern auf die Newton–Basis $N_0(x), \ldots, N_n(x)$, so dass das Interpolationspolynom selbst die Darstellung

$$
P(x) = a_0 N_0(x) + \cdots + a_n N_n(x)
$$

hat.

Bei der Punkt–Steigungsformel ist gerade $P(x) = a_0 \cdot 1 + a_1(x - x_0)$, d.h. $N_0(x) = 1$, $N_1(x) = x - x_0$.

Definition 6.6 *Seien Stützstellen (x_i, f_i), $i = 0, \ldots, n$ gegeben. Der Ausdruck $f[x_k, \ldots, x_l]$, definiert durch die Rekursion*

$$f[x_k] \quad := \quad f_k, \qquad \text{\textit{falls} } k = l \tag{6.5}$$

$$f[x_k,\ldots,x_l] \quad := \quad \frac{f[x_{k+1},\ldots,x_l] - f[x_k,\ldots,x_{l-1}]}{x_l - x_k}, \textit{ falls } k < l \tag{6.6}$$

heißt $(l-k)$-te Dividierte Differenz *von* (x_k,f_k), $\ldots$, (x_l,f_l).

Die Dividierten Differenzen sind Formeln, die nur von den Stützstellen abhängen. Im Gegensatz zum Schema von Neville–Aitken geht die Stelle $\hat{x}$, an der das Polynom ausgewertet werden soll, in die Formeln *nicht* mit ein! Für die Berechnung der Dividierten Differenzen haben wir wieder ein entsprechendes Schema.

Beispiel 6.7 *Betrachte wieder die Stützstellen* $(0,1)$, $(1,3)$ *und* $(3,2)$. *Wir erhalten das Dividierte Differenzen Schema:*

$$
\begin{array}{l|l}
x_0 = 0 & f[x_0] = 1 \\[1.5em]
x_1 = 1 & f[x_1] = 3 \\[1.5em]
x_2 = 3 & f[x_2] = 2
\end{array}
\qquad
\begin{array}{c}
f[x_0,x_1] = 2 \\[1.5em]
f[x_1,x_2] = \tfrac{1}{2}
\end{array}
\qquad
f[x_0,x_1,x_2] = -\tfrac{5}{6}
$$

Algorithmus 6.8 (Schema der Dividierten Differenzen)
Berechnet für Stützstellen (x_i,f_i), $i = 0,\ldots,n$ *mit Hilfe der Rekursionsformel* (6.5), (6.6) *das folgende Tableau:*

$$
\begin{array}{c|cccc}
 & k = 0 & k = 1 & k = 2 & k = 3 \\
\hline
x_0 & f_0 = f[x_0] & & & \\
 & & f[x_0,x_1] = \dfrac{f[x_1] - f[x_0]}{x_1 - x_0} & & \\
x_1 & f_1 = f[x_1] & & f[x_0,x_1,x_2] & \\
 & & f[x_1,x_2] = \dfrac{f[x_2] - f[x_1]}{x_2 - x_1} & & f[x_0,\ldots,x_3] \\
x_2 & f_2 = f[x_2] & & f[x_1,x_2,x_3] & \\
 & & f[x_2,x_3] = \dfrac{f[x_3] - f[x_2]}{x_3 - x_2} & \vdots & \\
x_3 & f_3 = f[x_3] & \vdots & & \\
x_4 & \vdots & & & \\
\vdots & & & &
\end{array}
$$

Als Basis von Π_n verwenden wir jetzt die Newton–Basis

$$
\begin{aligned}
N_0(x) &= 1, \\
N_i(x) &= (x - x_0)(x - x_1)\ldots(x - x_{i-1}), \ i = 1,\ldots,n \tag{6.7}
\end{aligned}
$$

und als Koeffizienten $a_0,\ldots,a_n$ erhalten wir die obere Schrägzeile des Schemas der Dividierten Differenzen (6.8), d.h. wir haben

$$a_i = f[x_0,\ldots,x_i],\ i = 0,\ldots,n. \tag{6.8}$$

Das Interpolationspolynom wird dann durch folgenden Satz beschrieben.

Satz 6.9 *Seien Stützstellen* (x_i, f_i), $i = 0,\ldots,n$ *gegeben. Dann ist das eindeutige Interpolationspolynom n-ten Grades, welches diese Stützstellen interpoliert, gegeben durch*

$$P(x) = a_0 N_0(x) + \cdots + a_n N_n(x), \tag{6.9}$$

mit der Newton–Basis (6.7) und den Koeffizienten(6.8).

Beweis. → Abschnitt 6.4.3.

Bemerkung: Mit Hilfe entsprechender anderer Schrägzeilen $f[x_k],\ldots,f[x_k,\ldots,x_l]$ aus dem Schema der Dividierten Differenzen kann man auch analoge Formeln für Interpolationspolynome $P_{k,\ldots,l}(x)$ zu den Stützstellen $x_k,\ldots,x_l$ bekommen.

Beispiel 6.10 *Betrachte wieder die Stützstellen* (0,1), (1,3) *und* (3,2). *Wir nehmen aus der oberen Schrägzeile des Schemas der Dividierten Differenzen unsere gesuchten Koeffizienten.*

$$a_0 = f[x_0] = 1,\ a_1 = f[x_0,x_1] = 2,\ a_2 = f[x_0,x_1] = -\frac{5}{6}$$

und erhalten damit

$$P(x) = P_{0,1,2}(x) = 1 + 2(x - 0) - \frac{5}{6}(x - 0)(x - 1).$$

Was haben wir jetzt gegenüber dem Schema von Neville–Aitken gewonnen?

Zunächst einmal haben wir eine explizite Darstellung des Interpolationspolynoms. Die Berechnung der Dividierten Differenzen ist im Wesentlichen genauso teuer wie das Neville–Aitken–Schema. Der eigentliche Zeitgewinn liegt jedoch in der geschickten Auswertung des Interpolationspolynoms (6.9).

Zur Auswertung von Polynomen verwendet man am besten das *Horner–Schema.*

Beispiel 6.11 *Bestimme für* $\hat{x} = -1$ *den Wert von* $P(x) = x^3 + 3x^2 - 2$. *In die erste Zeile schreibt man die Koeffizienten. Nach unten* ↓ *addiert man, diagonal nach oben* ↗ *multipliziert man mit* $\hat{x}$.

	1	3	0	−2
↓ +	0	−1	−2	2
	↓ ↗	↓ ↗	↓ ↗	↓
↗ *(x̂ = −1)*	1	2	−2	0

Damit ist $p(-1) = 0$.

Für Polynome in der Standardbasis ist das Horner–Schema zur Auswertung von $P(x) = a_n x^n + a_{n-1} x^{n-1} + \cdots + a_0 x^0$ an der Stelle $\hat{x}$ durch die folgende Rekursion gegeben.

$$y = a_n$$
$$\textbf{for} \quad k = n - 1 : -1 : 0$$
$$y = y \cdot \hat{x} + a_k;$$
$$\textbf{end}$$
$$P(\hat{x}) = y.$$

Insgesamt entspricht das Schema dem geschickten Ausklammern von $P(x)$, wie in

$$P(x) = (\cdots (a_n x + a_{n-1})x + a_{n-2})x + \cdots + a_0.$$

Der Vorteil des Horner–Schemas ist, dass die Auswertung nur n Multiplikationen und n Additionen benötigt, also nur $2n$ flops kostet im Gegensatz zu $\frac{n^2}{2}$ bei normaler Auswertung.

Für die Newton–Basis erhalten wir ein analoges Schema, wir müssen lediglich die Multiplikation mit x durch die Multiplikation mit $x - x_{n-i}$, $i = 1, \ldots, n$ ersetzen.

Beispiel 6.12 *Betrachte wieder die Stützstellen* (0,1), (1,3), (3,2). *Das Interpolationspolynom lautet*

$$P(x) = P_{0,1,2}(x) - -\frac{5}{6}(x - 0)(x - 1) + 2(x - 0) + 1.$$

Wir wollen $P(x)$ für $\hat{x} = 2$ berechnen und haben die folgenden Horner–Auswertung.

	$-\frac{5}{6}$	2	1
$\downarrow +$	0	$-\frac{5}{6}(2 - 1)$	$\frac{7}{6}(2 - 0)$
	$\downarrow \quad \nearrow$	$\downarrow \quad \nearrow$	$\downarrow$
$\nearrow *(2 - x_{n-i})$	$-\frac{5}{6}$	$\frac{7}{6}$	$\frac{10}{3}$

Also ist $P(2) = \frac{10}{3}$.

Wir haben den folgenden Algorithmus.

Algorithmus 6.13 (Horner–Schema für Newton–Basis)
Berechnet den Wert $P(\hat{x}) = a_n N_n(\hat{x}) + a_{n-1} N_{n-1}(\hat{x}) + \cdots + a_0 N_0(\hat{x})$ des Interpolationspolynoms in der Newton–Darstellung mit den Dividierten Differenzen (6.8) als Koeffizienten an der Stelle $\hat{x}$.

$$y = a_n$$
$$\textit{\textbf{for}} \quad k = n - 1 : -1 : 0$$
$$y = y * (\hat{x} - x_k) + a_k;$$
$$\textit{\textbf{end}}$$
$$P(\hat{x}) = y.$$

In diesem Fall werden zur Auswertung des Polynoms n Multiplikationen und $2n$ Additionen benötigt, die Kosten betragen also $3n$ flops.

Bemerkung: Die Newton–Interpolation in Verbindung mit dem Horner–Schema bietet bei der Bestimmung eines Interpolationspolynoms eine Reihe von Vorteilen. Dies sind

- Einfache Berechnung des gesamten Interpolationspolynoms mit Dividierten Differenzen;

- leichte Auswertung mit dem Horner–Schema;

- einfaches Hinzufügen weiterer Stützstellen;

- $f[x_0,\ldots,x_n]$ ist symmetrisch in den x_i, d.h. die Reihenfolge ist egal;

- der Rundungsfehlereinfluss ist durch Umordnung der Stützstellen reduzierbar.

Beispiel 6.14 *Betrachte wieder die Stützstellen* $(0,1)$, $(1,3)$, $(3,2)$ *und nehme zusätzlich die Stützstelle* $(2,3)$ *hinzu. Im Tableau brauchen wir lediglich eine Schrägzeile hinzufügen*

$$
\begin{array}{c|ccccc}
x_i & f_i & f[x_i,x_{i+1}] & f[x_i,x_{i+1},x_{i+2}] & f[x_0,\ldots,x_3] \\
0 & 1 \\
 & & 2 \\
1 & 3 & & -\frac{5}{6} \\
 & & -\frac{1}{2} & & & \frac{1}{6} \\
3 & 2 & & -\frac{1}{2} \\
 & & -1 \\
2 & 3
\end{array}
$$

Damit ist unser neues Polynom

$$
P(x) \equiv P_{0,1,2,3}(x) = P_{0,1,2}(x) + \frac{1}{6}x(x-1)(x-3).
$$

Dividierte Differenzen lassen sich auf zusammenfallende Stützstellen $x_i = x_j$ erweitern, falls $f(x_j) = f(x_i)$.

$$
f[x_k,x_k] \; := \; \lim_{h \to 0} \frac{f[x_k+h] - f[x_k]}{x_k + h - x_k} = f'(x_k),
$$

$$
f[x_k,x_k,x_k] \; := \; \lim_{h \to 0} \frac{f[x_k+h,x_k+2h] - f[x_k,x_k+h]}{x_k - 2h - x_k}
$$

$$
= \; \lim_{h \to 0} \frac{f[x_k+2h] - 2f[x_k+h] + f[x_k]}{2h^2}
$$

$$
= \; \frac{1}{2}f''(x_k),
$$

$$
f[\underbrace{x_k,\ldots,x_k}_{m+1 \text{ mal}}] \; := \; \frac{1}{m!}f^{(m)}(x_k).
$$

Damit kann man dann die *Hermite-Interpolation* durchführen, bei der für mehrfache Stützstellen jeweils die entsprechenden Ableitungen mit interpoliert werden. Dazu geben wir bei mehrfachen Stützstellen x_k neben den Funktionswerten f_k auch noch Ableitungen $f_k', f_k'', \ldots$ als Daten vor. Eine wichtige Anwendung, wo wir das verwenden werden, sind kubische Splines (siehe Abschnitt 6.3). Dort werden wir doppelte Nullstellen x_k, sowie neben den Funktionswerten f_k die ersten Ableitungen s_k vorgeben (siehe Beispiel 6.20).

Wir werden die Interpolation durch Polynome außerdem verwenden, um Verfahren höherer Ordnung für die Lösung von Differenzialgleichungen zu konstruieren. Dazu müssen wir die folgende Frage klären:

Gegeben eine Funktion f, Auswertungsstellen $x_0, \ldots, x_n$ und Werte $f_i = f(x_i)$ für $i = 0, \ldots, n$.

Wie gut approximiert das entsprechende Interpolationspolynom $P_{0,\ldots,n}(x)$ die Funktion f ?

Die Antwort auf diese Frage gibt der folgende Satz.

Satz 6.15 *Die Funktion f sei $n + 1$-mal differenzierbar, $x \in \mathbb{R}$ und $\mathbb{I}$ sei das kleinste Intervall, das x und alle Stützstellen $x_0, \ldots, x_n$ enthält. Sei $w(x) := (x - x_0) \cdots (x - x_n)$, dann gilt:*

$$f(x) - P(x) = w(x) f[x_0, \ldots, x_n, x] - w(x) \cdot \frac{f^{(n+1)}(\xi)}{(n+1)!}, \text{ für ein } \xi \subset \mathbb{I}. \qquad (6.10)$$

Beweis. $\rightarrow$ Abschnitt 6.4.4

Der Term mit der $(n+1)$-ten Ableitung hängt vom jeweiligen f ab, aber das Polynom w nur von der Wahl der Stützstellen!

Wie sieht die Funktion $w(x)$ aus?

Die Antwort gibt Abbildung 6.2.

Die Funktion $w(x)$ wächst außerhalb des Intervalls $\mathbb{I}$ stark an und oszilliert außerdem sehr stark. Man sollte daher das Interpolationspolynom außerhalb des Intervalls $\mathbb{I}$ nicht verwenden. Damit der Fehler nicht zu groß wird, sollte man außerdem nicht zu viele Stützstellen haben, d.h. der Polynomgrad sollte klein sein.

Beispiel 6.16 *Wir betrachten das zentrale Modellprojekt der Fahrerkabine. Anstelle irgendwelcher akademisch gewählten Fahrbahnen gehen wir jetzt davon aus, dass zunächst ein Messfahrzeug über die Strecke fährt und auf einer Strecke von 100 Metern alle zwei Meter die Höhe der Fahrbahn misst (Abbildung 6.3). Nun sollen diese Messpunkte interpoliert werden, so dass in der Simulation der Fahrerkabine eine sinnvolle Piste vorliegt. Die Polynominterpolation liefert hier katastrophale Ergebnisse (Abbildung 6.4).*

Abbildung 6.2: Funktion $w(x)$ für 10 gleichverteilte Stützstellen

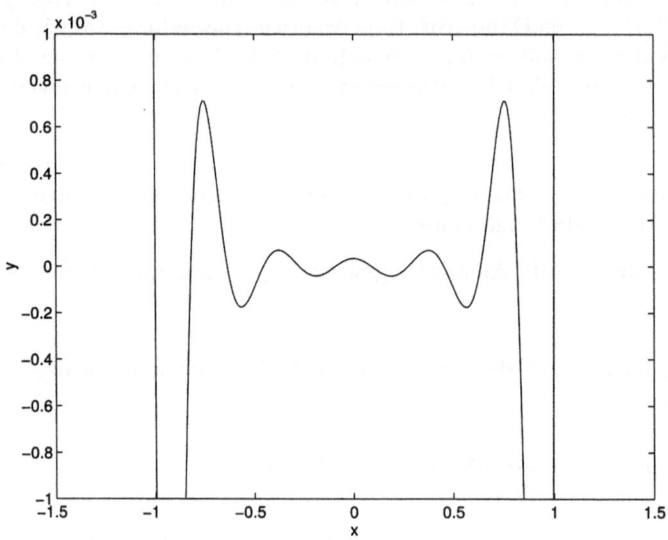

Abbildung 6.3: Messpunkte auf einer Länge von 100 Metern

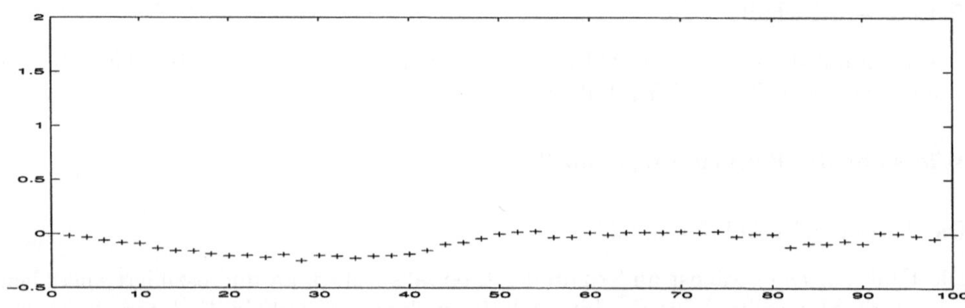

Sei nun $f : [a,b] \to \mathbb{R}$ gegeben, f genügend glatt. Dann kann man nach dem Satz von Weierstraß f beliebig genau durch Polynome interpolieren. Man könnte nun vermuten, dass die Interpolationspolynome gleichmäßig gegen f konvergieren, falls man die Intervallunterteilung feiner und feiner macht. Dies ist aber im Allgemeinen *falsch*!

Es gibt zu jeder Verteilung von Stützstellen immer eine stetige Funktion, so dass die Interpolationspolynome nicht gleichmäßig gegen diese Funktion konvergieren (Satz von Faber, siehe [50]).

Wir können uns daher merken:

Abbildung 6.4: Interpolation der Messwerte durch ein Polynom vom Grade 50

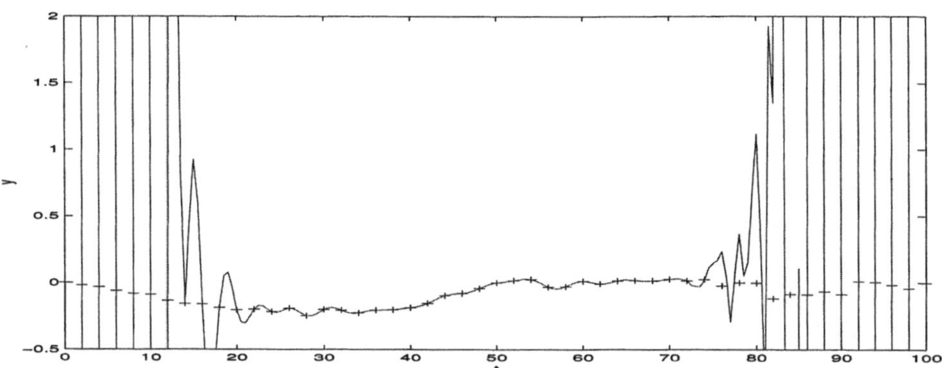

> **Das $P_n(x)$ die Funktion $f(x)$ interpoliert heißt nicht, dass $P_n(x)$ auch $f(x)$ gut approximiert.**

Trotz der hier dargestellten schlechten Ergebnisse hat die Polynominterpolation (insbesondere für kleinere Polynomgrade) weiterhin eine große Bedeutung z.B. bei der Spline–Interpolation (Abschnitt 6.3), bei der Herleitung von Quadraturformeln für Integrale (Kapitel 7) und bei speziellen Extrapolationsmethoden zur Quadratur (Abschnitt 7.3).

6.3   Spline–Interpolation

Wir haben gesehen, dass die Polynominterpolation nicht unbedingt gute Ergebnisse liefert, insbesondere dass der Approximationsfehler stark oszillieren kann. Als Alternative zur Approximation durch Polynome verwendet man die Approximation durch stückweise Polynome *(Splines)*. Heute sind Splines die wichtigsten Werkzeuge bei der Lösung von Randwertproblemen für gewöhnliche und partielle Differenzialgleichungen, bei der Computergraphik und vielen anderen Anwendungen, weil sie sehr schön "glatte", d.h. wenig oszillierende Kurven liefern.

Beispiel 6.17 *Ein klassisches Anwendungsbeispiel für Splines sind Biegelinien aus dem Maschinenbau. Nehmen wir an wir haben einen Balken, der durch gewisse Lager festgehalten wird (Abbildung 6.5).*

Da die Kräfte punktweise (in den Lagern) angreifen ist der Momentenverlauf (2. Ableitung) stückweise linear. Für den Balken u gilt folgendes Gesetz.

$$u''(x) = -\frac{M(x)}{E\,I},$$

Abbildung 6.5: Durch Lager festgehaltener Balken mit Momentenverlauf

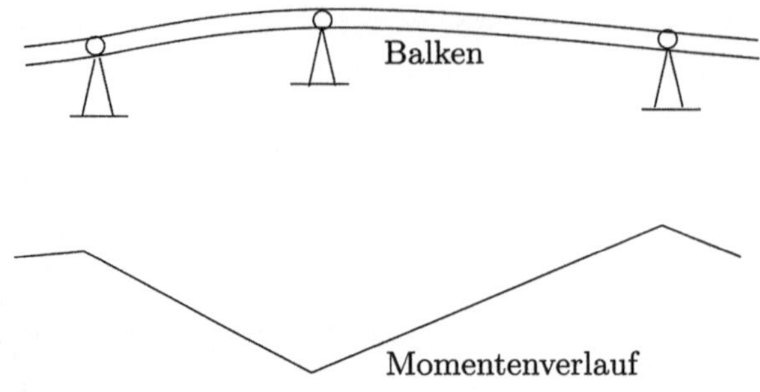

wobei $M(x)$ der Momentenverlauf ist, E der Elastizitätsmodul und I das Flächen-trägheitsmoment. Da M stückweise linear ist, muss der Balken u selbst stückweise ein kubisches Polynom sein. Insgesamt ist u zweimal stetig differenzierbar (der Momen-tenverlauf ist stetig).

Der Begriff *Spline* stammt ursprünglich aus dem Schiffbau, wo dünne biegsame Holzlatten an einzelnen Punkten festgemacht wurden. Die Latten biegen sich so, dass die Krümmung mini-mal ist.

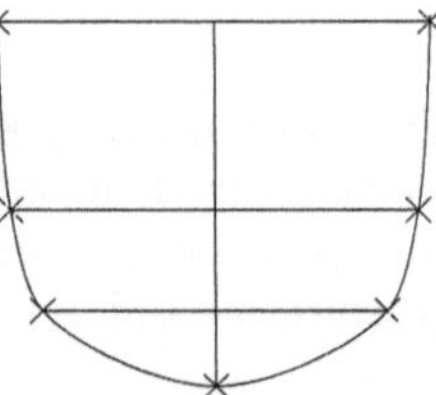

Wir nehmen nun an, dass auf einem Intervall $[a,b]$ ein Gitter der Form $\triangle := \{a = x_0 < x_1 \cdots < x_n = b\}$ gegeben ist (dies sind z.B. die Lagerpunkte bei Biegelinien).

Definition 6.18 *Unter einem zu $\triangle$ gehörigen Spline k–ten Grades versteht man eine Funktion $S_\triangle$, die*

- *auf jedem Teilintervall $[x_i, x_{i+1}]$ ein Polynom höchstens k–ten Grades ist;*

- *und insgesamt mindestens $(k-1)$-mal stetig differenzierbar ist.*

Ein Polygonzug wie etwa der Momentenverlauf in Beispiel 6.17 ist ein Spline 1. Grades oder linearer Spline.

Wir betrachten im folgenden $k = 3$, das sind *kubische Splines*. Fast alle Ergebnisse die wir vorstellen lassen sich auf allgemeine k übertragen.

Beispiel 6.19 *Wir betrachten wieder die Biegelinie eines Balkens. Die Biegelinie u des Balkens in Beispiel 6.17 ist offensichtlich ein kubischer Spline. Um eine Biegelinie vollständig beschreiben zu können, müssen wir noch die Befestigung des Balkens an den Rändern diskutieren. Ist an einem oder beiden Rändern ebenfalls ein Lager angebracht so ist dort der Momentenverlauf $M(x) = 0$, d.h. $u''(x) = 0$ (Abbildung 6.6). Wir bezeichnen dies als* natürliche Randbedingung.

Abbildung 6.6: Balken mit freien Rändern (Lagern) und Momentenverlauf

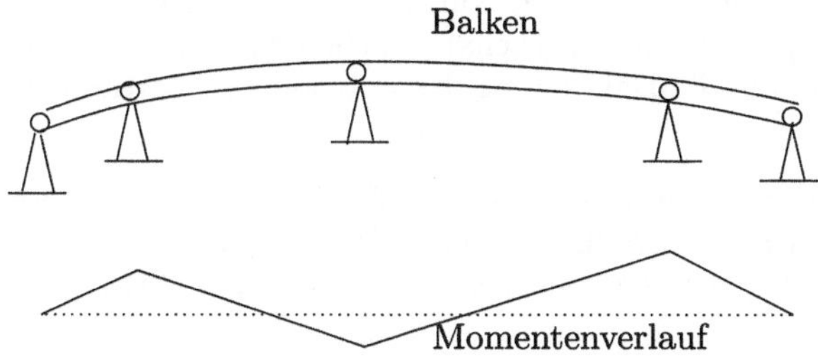

Ist jedoch an den Enden der Balken fest eingespannt, so bedeutet dies, dass $u'(x)$ vor-gegeben ist (Abbildung 6.7). Dies nennt man vollständige Randbedingung.

Abbildung 6.7: Balken mit fest eingespannten Rändern

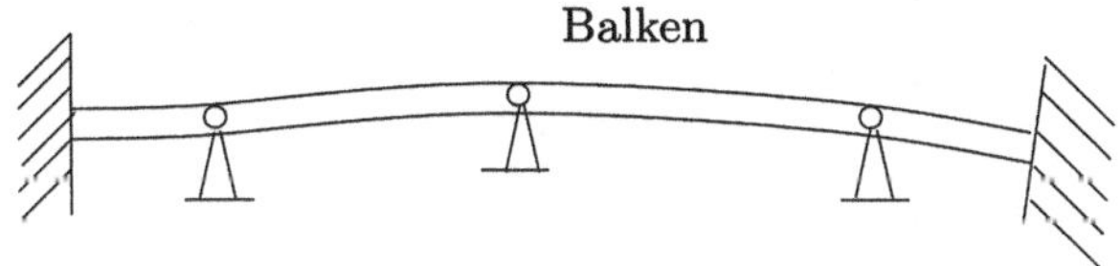

Zu gegebenen Stützstellen (x_0, f_0), $\ldots$, (x_n, f_n) kann man immer einen kubischen Spli-ne S_Δ finden, der diese Werte interpoliert, d.h.

$$S_\Delta(x_i) = f_i, \; i = 0, \ldots, n.$$

Ein kubischer Spline S_Δ der diese Werte interpoliert ist allerdings noch nicht eindeutig festgelegt. Dies unterscheidet die Spline–Interpolation von der Polynom–Interpolation. Wir nehmen daher noch eine der folgenden drei Bedingungen a), b), c) hinzu, bei c) nehmen wir zusätzlich an, dass die Funktion periodisch ist, d.h. $f(a) = f(b)$ und $f'(a) = f'(b)$.

$$
\begin{aligned}
&a) \quad f'(a) && = \; S'_\Delta(a), \; f'(b) = S'_\Delta(b) && \text{(vollständige Spline–Interpolation)}, \\
&b) \quad S''_\Delta(a) && = \; S''_\Delta(b) = 0 && \text{(natürliche Spline–Interpolation)}, \\
&c) \quad S'_\Delta(a) && = \; S'_\Delta(b), \; S''_\Delta(a) = S''_\Delta(b) && \text{(periodische Spline–Interpolation)}.
\end{aligned}
$$

$$(6.11)$$

Zur expliziten Berechnung der Splines tun wir zunächst so, als würden wir die Ab-leitungen an den Intervallrändern kennen. Nehmen wir dazu zuerst einmal an, dass wir neben den Stützstellen (x_0, f_0), $\ldots$, (x_n, f_n) noch die Werte der Ableitungen (x_0, s_0), $\ldots$, (x_n, s_n) kennen. Zu den Stützstellen (x_{i-1}, f_{i-1}), (x_{i-1}, s_{i-1}), (x_i, f_i), (x_i, s_i) gibt es dann genau ein Polynom dritten Grades P_i, so dass

$$P_i(x_{i-1}) = f_{i-1}, \; P'_i(x_{i-1}) = s_{i-1}, \; P_i(x_i) = f_i, \; P'_i(x_i) = s_i$$

erfüllt. Da der Spline stückweise ein Polynom dritten Grades ist, können wir dieses mit Hilfe der Dividierten Differenzen bestimmen. Wir erinnern uns dazu an die Tatsache, dass im Grenzfall einer doppelten Nullstelle $f[x_{i-1},x_{i-1}] = f'(x_{i-1}) = s_{i-1}$ und $f[x_i,x_i] = f'(x_i) = s_i$ ist. Diese Eigenschaft machen wir uns jetzt bei den Dividierten Differenzen zu nutze, um die Darstellung des Polynoms zu bestimmen.

Beispiel 6.20 *Sei $n = 2$ und Stützstellen (x_i,f_i) durch (0,0), (1,1) und (2,0) gegeben. Nehmen wir mal an, wir würden die Werte der Ableitungen $s_0 = \frac{3}{2}$, $s_1 = 0$ und $s_2 = -\frac{3}{2}$ kennen. Damit könnten wir das kubische Polynom in den Intervallen [0,1] und [1,2] aufstellen.*

x_i	f_i	s_i			
0	$\boxed{0}$	$\searrow$			
			$\boxed{\dfrac{3}{2}}$	$\searrow$	
0	0	$<$			$\boxed{-\dfrac{1}{2}}$ $\searrow$
			1	$<$	
1	1	$<$		-1 $\nearrow$	$\boxed{-\dfrac{1}{2}}$
			0	$\nearrow$	
1	1	$\nearrow$			

Damit ergibt sich

$$S_{[0,1]}(x) = 0 + \frac{3}{2}x - \frac{1}{2}x^2 - \frac{1}{2}x^2(x-1),$$

und genauso berechnet man

$$S_{[1,2]}(x) = 1 + 0 \cdot (x-1) - (x-1)^2 + \frac{1}{2}(x-1)^2(x-2).$$

Das Ergebnis sieht man in Abbildung 6.8.

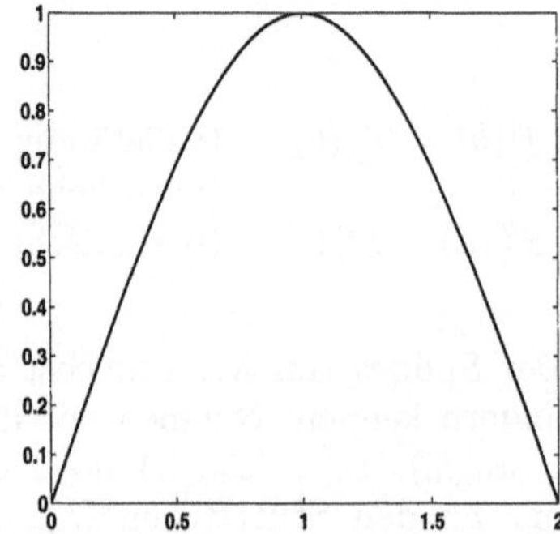

Abbildung 6.8: Interpolierender Spline

Im allgemeinen Fall sei $h_i = x_i - x_{i-1}$. Dann lautet das Schema der Dividierten Differenzen:

$$
\begin{array}{l}
x_{i-1} \quad\Big|\quad f_{i-1} \searrow \\[2ex]
\qquad\qquad\qquad\quad s_{i-1} \searrow \\[2ex]
x_{i-1} \quad\Big|\quad f_{i-1} \Big\langle \qquad\qquad \dfrac{f[x_{i-1},x_i] - s_{i-1}}{h_i} \searrow \\[3ex]
\qquad\qquad\qquad f[x_{i-1},x_i] \Big\langle \qquad\qquad\qquad\qquad \dfrac{s_i + s_{i-1} - 2f[x_{i-1},x_i]}{h_i^2} \\[3ex]
x_i \quad\Big|\quad f_i \Big\langle \qquad\qquad \dfrac{s_i - f[x_{i-1},x_i]}{h_i} \nearrow \\[3ex]
\qquad\qquad\qquad\quad s_i \nearrow \\[2ex]
x_i \quad\Big|\quad f_i \nearrow
\end{array}
$$

Wir setzen

$$
m_i = f[x_{i-1},x_i] = \frac{f_i - f_{i-1}}{h_i}.
$$

Wir wissen nun, dass wenn die Werte s_{i-1} und s_i bekannt sind, wir mit Hilfe der ersten Schrägzeile die Newton–Darstellung des Polynoms P_i erhalten:

$$
\begin{aligned}
P_i(x) \;=\; & f_{i-1} + s_{i-1}(x - x_{i-1}) + \frac{m_i - s_{i-1}}{h_i}(x - x_{i-1})^2 \\[2ex]
& + \frac{s_i + s_{i-1} - 2m_i}{h_i^2}(x - x_{i-1})^2(x - x_i).
\end{aligned}
$$

Alles, was wir jetzt noch tun müssen, ist Gleichungen für $s_0,\dots,s_n$ aufzustellen. Dazu erinnern wir uns, dass der Spline ja insgesamt zweimal stetig differenzierbar sein soll. Aufgrund der Vorgabe an den Stützstellen sind der Spline und seine erste Ableitung schon automatisch stetig. Wir müssen noch die zweite Ableitung zusammenstückeln. Dies liefert die Bedingungen an $s_0,\dots,s_n$. Dazu müssen an den Übergangsstellen P_i und P_{i+1} übereinstimmen. Die Gleichung $P_i''(x_i) = P_{i+1}''(x_i)$ liefert nach zweimaligem Ableiten von P_i und P_{i+1} und Einsetzen von x_i die Gleichung

$$
\frac{2(2s_i + s_{i-1} - 3m_i)}{h_i} = \frac{2(-2s_i - s_{i+1} + 3m_{i+1})}{h_{i+1}}.
$$

Dies kann man etwas eleganter umschreiben. Dazu setzen wir

$$
\lambda_i = \frac{h_{i+1}}{h_i + h_{i+1}},\ \mu_i = \frac{h_i}{h_i + h_{i+1}} = 1 - \lambda_i,\ b_i = 3\left(\lambda_i m_i + \mu_i m_{i+1}\right),\ i = 1,\dots,n-1.
$$

Dann erhalten wir für alle inneren Stützstellen (nur hier müssen die Übergänge zweimal stetig differenzierbar sein):

$$
\lambda_i s_{i-1} + 2s_i + \mu_i s_{i+1} = b_i,\ i = 1,\dots,n-1. \tag{6.12}
$$

Jetzt haben wir insgesamt $n - 1$ lineare Gleichungen für $n + 1$ Unbekannte $s_0,\dots,s_n$. Offensichtlich fehlen uns noch zwei Gleichungen. Diese bekommen wir durch die drei Fälle a), b), c) von Randbedingungen in (6.11).

a) Bei der vollständigen Spline–Interpolation sind die Werte von s_0, s_n bekannt, d.h.

$$s_0 = f_0', \, s_n = f_n'.$$

Wir können dies alles in Matrix–Vektor–Schreibweise formulieren und erhalten das Gleichungssystem

$$\begin{bmatrix} 1 & 0 & & & & 0 \\ \lambda_1 & 2 & \mu_1 & & & \\ & \ddots & \ddots & \ddots & & \\ & & \lambda_{n-1} & 2 & \mu_{n-1} \\ 0 & & & 0 & 1 \end{bmatrix} \begin{bmatrix} s_0 \\ s_1 \\ \vdots \\ s_{n-1} \\ s_n \end{bmatrix} = \begin{bmatrix} f_0' \\ b_1 \\ \vdots \\ b_{n-1} \\ f_n' \end{bmatrix}. \tag{6.13}$$

b) Im Fall b) der natürlichen Spline–Interpolation liefern die Gleichungen $P_1''(x_0) = 0$ und $P_n''(x_n) = 0$ die Bedingungen

$$2s_0 + s_1 = 3m_1, \, s_{n-1} + 2s_n = 3m_n.$$

und es entsteht das Gleichungssystem

$$\begin{bmatrix} 2 & 1 & & & & 0 \\ \lambda_1 & 2 & \mu_1 & & & \\ & \ddots & \ddots & \ddots & & \\ & & \lambda_{n-1} & 2 & \mu_{n-1} \\ 0 & & & 1 & 2 \end{bmatrix} \begin{bmatrix} s_0 \\ s_1 \\ \vdots \\ s_{n-1} \\ s_n \end{bmatrix} = \begin{bmatrix} 3m_1 \\ b_1 \\ \vdots \\ b_{n-1} \\ 3m_n \end{bmatrix}. \tag{6.14}$$

c) Die periodische Spline–Interpolation liefert die Bedingungen $s_0 = s_n$ und $P_1''(x_0) = P_n''(x_n)$. Eliminiert man s_0, so wird die Gleichung für $i = 1$ in (6.12) überflüssig und stattdessen hat man zusätzlich die beiden Gleichungen

$$2s_1 + \mu_1 s_2 + \lambda_1 s_n = b_1, \, \mu_n s_1 + \lambda_n s_{n-1} + 2s_n = b_n,$$

wobei $\lambda_n = \frac{h_1}{h_n + h_1}$, $\mu_n = \frac{h_n}{h_n + h_1}$, $b_n = 3(\lambda_n m_n + \mu_n m_1)$. Dies ergibt das Gleichungssystem

$$\begin{bmatrix} 2 & \mu_1 & & \lambda_1 \\ \lambda_2 & 2 & \ddots & \\ & \ddots & \ddots & \mu_{n-1} \\ \mu_n & & \lambda_n & 2 \end{bmatrix} \begin{bmatrix} s_1 \\ s_2 \\ \vdots \\ s_n \end{bmatrix} = \begin{bmatrix} b_1 \\ b_2 \\ \vdots \\ b_n \end{bmatrix}. \tag{6.15}$$

Für alle drei Gleichungssysteme gilt offensichtlich $\lambda_i \geqslant 0$, $\mu_i \geqslant 0$, $\lambda_i + \mu_i \leqslant 1$.

Satz 6.21 *Die Gleichungssysteme (6.13)–(6.15) in den drei Fällen a), b), c) der kubischen Spline-Interpolation sind für jedes Gitter Δ in [a,b] eindeutig lösbar.*

Beweis. → Abschnitt 6.4.5

Beispiel 6.22 *Im Falle der natürlichen Spline-Interpolation bekommen wir in Beispiel 6.20 das Gleichungssystem*

$$\begin{bmatrix} 2 & 1 & 0 \\ \frac{1}{2} & 2 & \frac{1}{2} \\ 0 & 1 & 2 \end{bmatrix} \begin{bmatrix} s_0 \\ s_1 \\ s_2 \end{bmatrix} = \begin{bmatrix} 3 \\ 0 \\ -3 \end{bmatrix}$$

und damit ergeben sich die Werte

$$\begin{bmatrix} s_0 \\ s_1 \\ s_2 \end{bmatrix} = \begin{bmatrix} \frac{3}{2} \\ 0 \\ -\frac{3}{2} \end{bmatrix}$$

für die s_i. Dies sind genau die Werte, die wir schon benutzt hatten.

Ähnlich wie bei der Polynominterpolation stellt sich nun die Frage:

Wie gut approximiert so eine Spline-Funktion eine gegebene Funktion ?

Satz 6.23 (Konvergenzeigenschaft) *Sei $f : [a,b] \to \mathbb{R}$ viermal stetig differenzierbar und $h = \max_{i=0,\dots,n} h_i$. Falls $f''(a) = f''(b) = 0$ im Falle der Randbedingung (6.11) b) gilt, bzw. $f(a) = f(b)$, $f'(a) = f'(b)$ im Falle von Randbedingung c), dann gilt für die Spline-Interpolierende S_Δ zu f die folgende Abschätzung*

$$\sqrt{\int_a^b (f^{(i)}(x) - S_\Delta^{(i)}(x))^2 \, dx} \leqslant \frac{\sqrt{b-a}\,|f^{(4)}(\xi)|}{2\sqrt{30}} \cdot h^{4-i}, \ i = 0,1,2$$

für ein $\xi \in [a,b]$.

Beweis. $\to$ Abschnitt 6.4.7.

Beispiel 6.24 *Wir betrachten das zentrale Modellprojekt der Fahrerkabine. Wir wollen nun unsere Messpunkte (Abbildung 6.3) mit Hilfe von Splines interpolieren (Abbildung 6.9). Die Ergebnisse sind bei dieser Aufgabe sehr zufriedenstellend.*

Wir haben bereits gesehen, dass Biegelinien auf kubische Splines führen. Aus physikalischen Gründen ist klar, dass die Biegelinie $S(x)$ eine *minimale Krümmung (minimales Moment)*

$$\kappa(x) := \frac{S''(x)}{\sqrt{(1 + S'(x)^2)^3}}$$

haben muss. Wenn die Stützwerte nicht zu stark oszillieren, so ist die Ableitung $S'(x)$ (d.h. die Steigung der approximierten Funktion) vernachlässigbar, und damit kann man vereinfacht davon ausgehen, dass die Krümmung im Wesentlichen durch $S''(x)$ beschrieben ist.

Dann wäre ein Maß für die Krümmung im quadratischen Mittel durch

Abbildung 6.9: Kubische Spline–Interpolation der Messwerte

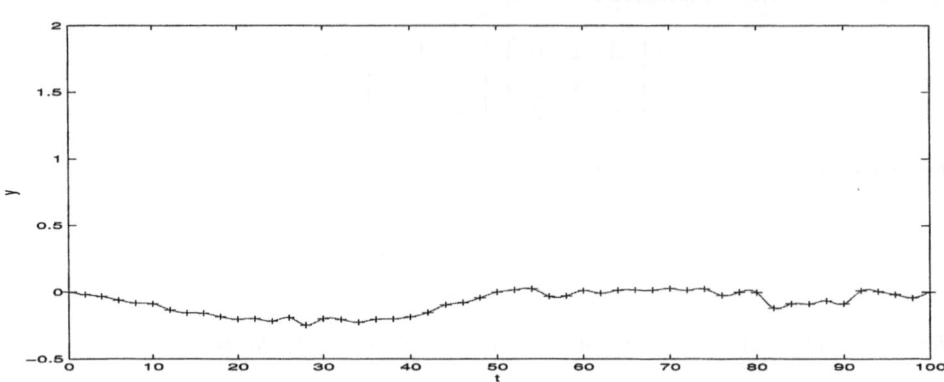

$$\frac{1}{b-a} \int_a^b S''(x)^2 \, dx$$

beschrieben. Der folgende Satz bestätigt, dass der interpolierende kubische Spline genau die Art von Interpolation ist, die die minimale Krümmung liefert, d.h. genau das sind Biegelinien.

Satz 6.25 (Minimale Krümmung) *Betrachte eine Funktion $g : [a,b] \to \mathbb{R}$, die zweimal stetig differenzierbar ist und ebenfalls die Interpolationsbedingungen einer der drei Varianten der Splineinterpolation erfüllt. Dann gilt für g und den interpolierenden kubischen Spline S*

$$\int_a^b g''(x)^2 \, dx \geqslant \int_a^b S''(x)^2 \, dx.$$

Beweis. → Abschnitt 6.4.6.

Bemerkung: Es stellt sich nun vielleicht die Frage, wann man überhaupt Polynominterpolation verwenden sollte. Dazu gibt es eigentlich nur einen Grund, nämlich wenn man unendlich-oft differenzierbare Interpolationsfunktionen haben will. Der Sinn der Polynominterpolation liegt sonst eher in der Lösung von Teilproblemen bei anderen Aufgaben.

6.4   Anmerkungen und Beweise

Zum Thema Interpolation (auch zu dem hier nicht behandelten Thema der rationalen Interpolation) findet man ausführliche Beschreibungen in fast allen Lehrbüchern zur Numerischen Mathematik, z.B. in [2, 8, 38, 40, 44, 50]. Der Klassiker zum Thema Spline-Interpolation ist [7]. Dort wird eine umfangreiche Einführung zum Thema Splines gegeben und unter anderem auch das hier nicht behandelte wichtige Thema der

B–Splines diskutiert. Das hochaktuelle Thema der Wavelets wird in [36] ausführlich eingeführt.

6.4.1 Beweis von Satz 6.2

Zuerst zeigen wir die Eindeutigkeit des Interpolationspolynoms: Angenommen, es existieren zwei Polynome $P_1,P_2 \in \Pi_n$ mit

$$P_1(x_i) = P_2(x_i) = f_i, \qquad i = 0,\ldots,n.$$

Dann definiere $P := P_1(x) - P_2(x)$. Es gilt: Grad $P \leqslant n$ und

$$P(x_i) = P_1(x_i) - P_2(x_i) = 0, \qquad i = 0,\ldots,n$$

P hat $n+1$ Nullstellen. Mit dem Hauptsatz der Algebra folgt:

$$P(x) \equiv 0$$

und damit

$$P_1 = P_2.$$

Nun zeigen wir die Existenz, indem wir das Interpolationspolynom explizit konstruieren. Seien

$$L_i(x) = \prod_{\substack{j=0 \\ j \neq i}}^{n} \frac{x - x_j}{x_i - x_j} \quad i = 0,\ldots,n \tag{6.16}$$

die Lagrange-Polynome. An den Stützstellen x_k gilt:

$$L_i(x_k) = \begin{cases} 1 & \text{für } i = k \\ 0 & \text{für } i \neq k \end{cases}. \tag{6.17}$$

Daraus folgt, dass

$$
\begin{aligned}
P(x) &= \sum_{i=0}^{n} f_i L_i(x) \\
&= \sum_{i=0}^{n} f_i \left(\prod_{\substack{j=0 \\ j \neq i}}^{n} \frac{x - x_j}{x_i - x_j} \right)
\end{aligned}
\tag{6.18}
$$

die Interpolationsaufgabe löst. $\hfill \square$

6.4.2 Beweis zu Lemma 6.3

Die Formel (6.3) ist klar. Zum Beweis von (6.4) sei $q(x)$ die rechte Seite von (6.4). Der Grad von $q(x)$ ist nicht größer als k, daher gilt

$$
\begin{aligned}
q(x_{i_0}) &= \frac{0 - (x_{i_0} - x_{i_k})P_{i_0,\ldots,i_{k-1}}(x_{i_0})}{x_{i_k} - x_{i_0}} \\
&= P_{i_0,\ldots,i_{k-1}}(x_{i_0}) \\
&= f_{i_0}, \\
q(x_{i_k}) &= \frac{(x_{i_k} - x_{i_0})P_{i_1,\ldots,i_k}(x_{i_k}) - 0}{x_{i_k} - x_{i_0}} \\
&= P_{i_1,\ldots,i_k}(x_{i_k}) \\
&= f_{i_k}.
\end{aligned}
$$

Weiterhin gilt für $j = 1,\ldots,k-1$, dass

$$
\begin{aligned}
q(x_{i_j}) &= \frac{(x_{i_j} - x_{i_0})P_{i_1,\ldots,i_k}(x_{i_j}) - (x_{i_j} - x_{i_k})P_{i_0,\ldots,i_{k-1}}(x_{i_j})}{x_{i_k} - x_{i_0}} \\
&= \frac{(x_{i_j} - x_{i_0})f_{i_j} - (x_{i_j} - x_{i_k})f_{i_j}}{x_{i_k} - x_{i_0}} \\
&= f_{i_j}.
\end{aligned}
$$

Die Behauptung folgt dann aus der Eindeutigkeit des Interpolationspolynoms. $\square$

6.4.3 Beweis zu Satz 6.9

Wir verwenden Induktion über k.

Für $k = 0$ ist die Behauptung offensichtlich.

Die Behauptung gelte für $k - 1 \geqslant 0$. Dann gilt:

$$
P_{i,\ldots,i+k}(x) = P_{i,\ldots,i+k-1}(x) + \gamma(x - x_i)\ldots(x - x_{i+k-1}),
$$

wobei γ gerade der Koeffizient von x^k ist.

Wenn wir zeigen, dass $\gamma = f[x_i,\ldots,x_{i+k}]$ ist, so gilt die Behauptung auch für k. Nach (6.4) ist

$$
P_{i,i+1,\ldots,i+k}(x) = \frac{(x - x_i)P_{i+1,\ldots,i+k}(x) - (x - x_{i+k})P_{i,\ldots,i+k-1}(x)}{x_{i+k} - x_i}
$$

und nach Induktionsvoraussetzung ist $f[x_{i+1},\ldots,x_{i+k}]$ der Koeffizient zu x^{k-1} von $P_{i+1,\ldots,i+k}(x)$ und $f[x_i,\ldots,x_{i+k-1}]$ der Koeffizient zu x^{k-1} von $P_{i,\ldots,i+k-1}(x)$. Also ist

$$
\frac{f[x_{i+1},\ldots,x_{i+k}] - f[x_i,\ldots,x_{i+k-1}]}{x_{i+k} - x_i} = f[x_i,\ldots,x_{i+k}]
$$

der Koeffizient zu x^k von $P_{i,\ldots,i+k}(x)$, d.h. γ. $\square$

6.4.4 Beweis zu Satz 6.15

Einerseits haben wir aufgrund der Newton–Darstellung

$$f(x) - P_{0,1,\ldots,n}(x) = w(x)f[x_0,\ldots,x_n,x],$$

indem wir $x_{n+1} = x$ als $n+1$–te Stützstelle hinzunehmen und $f(x)$ durch $P_{0,1,\ldots,n+1}(x)$ ersetzen.

Sei andererseits für $\hat{x} \neq x_i$

$$F(\hat{x}) := f(\hat{x}) - P_{0,1,\ldots,n}(\hat{x}) - Kw(\hat{x}).$$

Bestimme nun den Koeffizient K derart, dass $F(\hat{x}) = 0$. Im Intervall $\mathbb{I}$ hat $F(x)$ dann $n+2$ Nullstellen $x_0,\ldots,x_n,\hat{x}$. Nach dem Satz von Rolle hat dann $F'(x)$ mindestens $n+1$ Nullstellen, $F''(x)$ mindestens n Nullstellen, $\ldots$, $F^{(n+1)}(x)$ mindestens eine Nullstelle $\xi \in \mathbb{I}$. Damit folgt aus $P_{0,1,\ldots,n}^{(n+1)}(x) \equiv 0$, dass

$$F^{(n+1)}(\xi) = f^{(n+1)}(\xi) - K(n+1)! = 0$$

und damit

$$K = \frac{f^{(n+1)}(\xi)}{(n+1)!}.$$

$\square$

6.4.5 Beweis zu Satz 6.21

Wir diskutieren zuerst die Randbedingung (6.11) a). Betrachte die Matrix

$$A = \begin{bmatrix} 2 & \lambda_0 & & \\ \mu_1 & \ddots & \ddots & \\ & \ddots & \ddots & \lambda_{n-1} \\ & & \mu_n & 2 \end{bmatrix}$$

aus (6.13) mit $\lambda_n = \mu_0 = 0$. Wir zeigen zuerst, dass A die folgende Eigenschaft hat: Seien $x,y \in \mathbb{R}^{n+1}$ so dass $Ax = y$, dann gilt

$$\max_i |x_i| \leqslant \max_i |y_i|.$$

Man nennt Matrizen mit dieser Eigenschaft *monotone Matrizen*.

Um die Monotonie von A zu zeigen, sei r der Index für den $\max_i |x_i|$ angenommen wird. Dann folgt aus

$$\mu_r x_{r-1} + 2x_r + \lambda_r x_{r+1} = y_r,$$

dass

$$\max_i |y_i| \geq |y_r| \;\geq\; 2|x_r| - \mu_r|x_{r-1}| - \lambda_r|x_{r+1}|$$
$$\geq\; 2|x_r| - (\mu_r + \lambda_r)|x_r|$$
$$\geq\; |x_r| = \max_i |x_i|.$$

Um nun die Aussage des Satzes zu zeigen nehmen wir an, A wäre singulär, d.h. es gäbe $x \neq 0$ mit $Ax = 0$. Die Monotonie von A ergibt dann sofort einen Widerspruch.

Der Beweis für die Gleichungssysteme (6.14) und (6.15) geht analog. $\qquad\qquad\square$

6.4.6 Beweis von Satz 6.25

Wir werden die Gleichung

$$\int_a^b g''(x)^2 \, dx = \int_a^b S''(x)^2 \, dx + \int_a^b (g''(x) - S''(x))^2 \, dx \tag{6.19}$$

zeigen, aus der dann sofort die Behauptung folgt.

Dazu schreiben wir g'' als $g'' = S'' + (g'' - S'')$. Damit bekommen wir für das Integral

$$\int_a^b g''(x)^2 \, dx = \int_a^b S''(x)^2 \, dx + \int_a^b (g''(x) - S''(x))^2 \, dx + 2\int_a^b S''(x)(g''(x) - S''(x)) \, dx.$$

Damit die Gleichung (6.19) erfüllt ist, muss

$$\int_a^b S''(x)(g''(x) - S''(x)) \, dx = 0$$

gelten.

Um dies zu zeigen, integrieren wir den Term $\int_a^b S''(x)(g''(x) - S''(x)) \, dx$ über die einzelnen Teilintervalle und verwenden partielle Integration. Man beachte dabei, dass der Spline auf dem gesamten Intervall $[a,b]$ lediglich zweimal stetig differenzierbar ist aber $S'''(x)$ stückweise konstant und damit noch stückweise stetig.

Wir erhalten damit

$$\int_a^b S''(x)(g''(x) - S''(x)) \, dx$$
$$= \sum_{i=0}^{n-1} \left\{ (S''(x)(g'(x) - S'(x)))|_{x_i}^{x_{i+1}} - \int_{x_i}^{x_{i+1}} S'''(x)(g'(x) - S'(x)) \, dx \right\}$$
$$= \sum_{i=0}^{n-1} \left\{ (S''(x)(g'(x) - S'(x)))|_{x_i}^{x_{i+1}} - \underbrace{(S'''(x)(g(x) - S(x)))|_{x_i}^{x_{i+1}}}_{=0 \; wg. \; Interpolationsbed.} \right\}.$$

Hier haben wir ausgenutzt, dass wir $S'''(x)$ als stückweise konstante Funktion auf jedem Interval vor das Integral ziehen können.

Da der kubische Spline zweimal stetig differenzierbar ist, stimmen die Werte von $S''(x)(g'(x) - S'(x))$ an den Stützpunkten $x_1, \ldots, x_{n-1}$ überein und es fallen in

$$\sum_{i=0}^{n-1} (S''(x)(g'(x) - S'(x)))|_{x_i}^{x_{i+1}}$$

alle Summanden heraus, mit Ausnahme derjenigen bei $x_0 = a$ und $x_n = b$. Damit ergibt sich

$$\int_a^b S''(x)(g''(x) - S''(x)) \, dx = S''(b)(g'(b) - S'(b)) - S''(a)(g'(a) - S'(a))$$

Die rechte Seite verschwindet jedoch für jede Wahl der Randwerte a), b), c) in (6.11). $\square$

6.4.7 Beweis zu Satz 6.23

Um diesen Satz zu zeigen, benutzen wir eine sehr hilfreiche Eigenschaft der kubischen Splines, nämlich, dass ihre zweite Ableitung im quadratischen Mittel bereits die beste stückweise lineare Approximation an die zweite Ableitung der gegebenen Funktion ist. Dies ist der Inhalt des folgende Lemmas.

Lemma 6.26 *Betrachte eine Funktion g, die zweimal stetig differenzierbar ist und ebenfalls die Interpolationsbedingungen einer der Randbedingungen (6.11) a)–c) erfüllt. Dann gilt für g und den interpolierenden kubischen Spline S, dass*

$$\int_a^b (g''(x) - S''(x))^2 \, dx \leqslant \int_a^b (g''(x) - l(x))^2 \, dx$$

für jede stetige, auf $\{x_0, \ldots, x_n\}$ stückweise lineare Funktion l, die im Falle der natürlichen Randbedingung (6.11) b) zusätzlich die Bedingung $l(a) = l(b) = 0$ erfüllt.

Beweis.

Sei $L(x)$ eine Stammfunktion zu $l(x)$ nach zweimaliger Integration, dies ist dann automatisch ein stückweise kubisches Polynom und damit eine kubische Splinefunktion.

Wir nutzen nun die Identität (6.19) für die Funktion $w(x) = g(x) - L(x)$ und erhalten mit

$$\int_a^b (g''(x) - l(x))^2 \, dx = \int_a^b w''(x)^2 \, dx = \underbrace{\int_a^b S_w''(x)^2 \, dx}_{\geqslant 0} + \int_a^b (w''(x) - S_w''(x))^2 \, dx$$

$$\geqslant \int_a^b (w''(x) - S_w''(x))^2 \, dx,$$

wobei $S_w(x) = S(x) - S_L(x)$ die $w(x)$ an den Gitterpunkten $x_0, \ldots, x_n$ interpolierende kubische Spline-Funktion ist, bezüglich einer der drei Randbedingungen a),b),c).

Nun können wir $L(x)$ so konstruieren, dass $L''(x) \equiv l(x) = S_L''(x)$ wieder die zweite Ableitung des kubischen Splines S_L zu L ist. Dies ist immer richtig im Falle der vollständigen Splineinterpolation (6.11) a). Wegen $l(a) = l(b) = 0$ ist es auch richtig im Fall b), und bei periodischer Splineinterpolation können wir die beiden Integrationskonstanten in L so wählen, dass $L'(a) = L'(b)$ und $L(a) = L(b)$ ist.

Damit bekommen wir schließlich

$$\int_a^b (g''(x) - l(x))^2 \, dx \;\geqslant\; \int_a^b \left((g(x) - L(x))'' - (S''(x) - S_L''(x))\right)^2 \, dx$$

$$\geqslant\; \int_a^b (g''(x) - S''(x))^2 \, dx.$$

$\square$

Die Tatsache, dass die zweite Ableitung eines kubischen Splines die beste stückweise lineare Approximation an die zweite Ableitung einer gegebenen Funtkion ist, liefert uns sofort eine Fehlerabschätzung durch Vergleich mit dem Interpolationsfehler.

Korollar 6.27 *Gegeben sei eine viermal stetig differenzierbare Funktion f, sowie der zugehörige kubische Spline S, der f an den Gitterpunkten interpoliert und einer der drei Randbedingungen (6.11) a)–c) genügt. Dabei sei vorausgesetzt, dass $f''(a) = f''(b) = 0$ im Falle der Randbedingung (6.11) b) ist. Dann gilt:*

$$\int_a^b (f''(x) - S''(x))^2 \, dx \leqslant \frac{(b-a)f''''(\xi)^2}{120} \cdot h^4 \;\; \text{für ein } \xi \in [a,b],$$

wobei $h = \max_i (x_{i+1} - x_i)$.

Beweis. Wir wählen als $l(x)$ die zu $f''(x)$ gehörende stückweise lineare Interpolierende. Sei $l_i(x)$ die Einschränkung von $l(x)$ auf das Teilintervall $[x_i, x_{i+1}]$. Dann ist $l_i(x)$ dort die Lagrange–Interpolierende zu f''. Nach Satz 6.15 können wir den Fehler zwischen $f''(x)$ und $l_i(x)$ im Intervall $[x_i, x_{i+1}]$ darstellen als

$$f''(x) - l_i(x) = (x - x_i)(x - x_{i+1}) \frac{f''''(\xi_i)}{2!}, \text{ für ein } \xi_i \in [x_i, x_{i+1}].$$

Quadrieren und Integration liefert

$$\int_{x_i}^{x_{i+1}} (f''(x) - l_i(x))^2 \, dx = \frac{f''''(\xi_i)^2}{120} (x_{i+1} - x_i)^5.$$

Durch Summation über alle Teilintervalle folgt daraus

$$\int_a^b (f''(x) - l(x))^2 \, dx = \sum_{i=0}^{n-1} \frac{f''''(\xi_i)^2}{120} (x_{i+1} - x_i)^5 \leqslant \frac{h^4}{120} \sum_{i=0}^{n-1} f''''(\xi_i)^2 (x_{i+1} - x_i).$$

Da $f''''(x)^2$ noch stetig ist und

$$\sum_{i=0}^{n-1} f''''(\xi_i)^2 \frac{x_{i+1} - x_i}{b - a}$$

als ein Mittelwert zwischen den Extremwerten von $f''''(x)^2$ liegt, gibt es nach dem Zwischenwertsatz ein $\xi \in [a,b]$ mit

$$\int_a^b (f''(x) - l(x))^2 \, dx \leqslant \frac{h^4}{120}(b - a)f''''(\xi)^2.$$

Nach Lemma 6.26 approximiert die zweite Ableitung des Splines nicht schlechter. Damit ist der Beweis komplett. $\qquad\square$

Wir kommen nun endlich zum Beweis von Satz 6.23.

Beweis. Im Falle der zweiten Ableitungen ist nichts mehr zu zeigen, dies ist Korollar 6.27.

Sei $e(x) = f(x) - S_\Delta(x)$. Dann gilt in allen Punkten $x_0,\ldots,x_n$, dass $e(x_i) = 0$. Nach dem Satz von Rolle existieren Stellen $t_1,\ldots,t_n$ zwischen $x_0,\ldots,x_n$, so dass $e'(t_i) = 0$ ist. Das nutzen wir und erhalten für $x \in [x_i,x_{i+1}]$:

$$f'(x) - S_\Delta'(x) = e'(x) = \underbrace{e'(t_i)}_{=0} + \int_{t_i}^x e''(t) \, dt = \int_{t_i}^x f''(t) - S_\Delta''(t) \, dt.$$

Quadrieren und Anwendung der *Cauchy–Schwarz–Ungleichung* liefert

$$(f'(x) - S_\Delta'(x))^2 \;=\; \left(\int_{t_i}^x 1 \cdot (f''(t) - S_\Delta''(t)) \, dt\right)^2 \leqslant h \int_{x_i}^{x_{i+1}} (f''(t) - S_\Delta''(t))^2 \, dt.$$

Nochmalige Integration nach x und Summation über die Teilintervalle ergibt

$$\begin{aligned}
\int_a^b (f'(x) - S_\Delta'(x))^2 \, dx &= \sum_{i=0}^{n-1} \int_{x_i}^{x_{i+1}} (f'(x) - S_\Delta'(x))^2 \, dx \\
&\leqslant \sum_{i=0}^{n-1} \int_{x_i}^{x_{i+1}} \left(h \int_{x_i}^{x_{i+1}} (f''(t) - S_\Delta''(t))^2 \, dt\right) dx \\
&\leqslant h^2 \int_a^b (f''(t) - S_\Delta''(t))^2 \, dt.
\end{aligned}$$

Dabei entsteht der zusätzliche Faktor h auf der rechten Seite, weil der Integrand nicht von x abhängt. Einsetzen der Abschätzung aus Korollar 6.27 liefert die Fehlerabschätzung für die erste Ableitung.

Um schließlich die Fehlerabschätzung für die Funktionswerte zu bekommen, gehen wir ähnlich vor wie bei der ersten Ableitung. Allerdings können wir jetzt den Fehler $e(x)$ gleich von x_i ab integrieren, da nach Interpolationsbedingung $e(x_i) = 0$ ist.

Wie im Falle der ersten Ableitung erhalten wir durch dieselbe Vorgehensweise

$$\int_a^b (f(x) - \breve{S}_\Delta(x))^2 \, dx \;\leqslant\; h^2 \int_a^b (f'(t) - S_\Delta'(t))^2 \, dt. \qquad\square$$

7 Numerische Integration

Die Interpolationsmethoden aus Kapitel 6 lassen sich in vielfacher Weise nutzen, um komplexe Probleme, wie z.B. die Lösung von Differenzialgleichungen zu vereinfachen. Ein weites Anwendungsfeld ist insbesondere die Integration von Funktionen. Wenn bei der Berechnung eines Integrals der Form

$$\int_a^b f(x)\ dx$$

keine analytische Stammfunktion bekannt ist oder diese zu komplex ist, so verwenden wir numerische Methoden zur Approximation dieses Integrals (Beispiel 3.13).

Auch für die Entwicklung von Verfahren höherer Ordnung zur Lösung von Anfangs– oder Randwertaufgaben verwenden wir *numerische Integrationsmethoden*, oft auch *Quadraturmethoden* genannt. Die Idee dabei ist es, durch Integration das Anfangswertproblem

$$y' = f(t,y),\ y(t_0) = y_0$$

in die Integralgleichung

$$y(t) = y_0 + \int_{t_0}^t f(s,y(s))\ ds$$

umzuformen, und dann das Integral über den unbekannten Integranden (f hängt von der unbekannten Funktion y ab) duch numerische Integationsmethoden zu approximieren.

Ein weiteres Anwendungsfeld für numerische Integrationsmethoden ist die Behandlung von Randwertproblemen mit Finite–Element–Methoden, siehe Kapitel A.1.

Aufgabe der numerischen Integration (Quadratur) ist die Berechnung von

$$\int_a^b f(x)\ dx,\quad a,\, b < \infty.$$

Die Idee ist dabei die Funktion $f(x)$ durch Funktionen zu approximieren, die einfach zu integrieren sind. Dies können etwa Polynome, trigonometrische Polynome, Splines, oder Ähnliches sein. Man verwendet das Integral der approximierenden Funktion als Näherung an das gesuchte Integral.

7.1 Newton–Cotes–Formeln

Die einfachste Idee ist natürlich $f(x)$ durch ein Polynom zu interpolieren und dieses zu integrieren. Dies führt auf die Newton–Cotes Formeln. '

Bemerkung: Um Verwirrung in der Notation im Rest des Kapitels zu vermeiden, verwenden wir die Ergebnisse zur Polynominterpolation aus dem letzten Kapitel in leicht geänderter Notation.

Wir führen dazu ein äquidistantes Gitter in $[a,b]$ ein, durch $\hat{x}_i = a + iH$, $i = 0, \ldots, N$, mit $H = \frac{b-a}{N}$, $N \in \mathbb{N}$, und bilden das Interpolationspolynom $P_{0,\ldots,N} \in \Pi_N$, das

$$P_{0,\ldots,N}(\hat{x}_i) = f(\hat{x}_i) \quad i = 0, \cdots, N \tag{7.1}$$

erfüllt. Aus Satz 6.2 folgt, dass

$$P_{0,\ldots,N}(x) = \sum_{i=0}^{N} f_i L_i(x). \tag{7.2}$$

Damit ergibt sich

$$
\begin{aligned}
\int_a^b P_{0,\ldots,N}(x)dx &= \sum_{i=0}^{N} f_i \int_a^b L_i(x)dx \\
&= \sum_{i=0}^{N} f_i \int_a^b \prod_{\substack{j=0 \\ j \neq i}}^{N} \frac{x - \hat{x}_j}{\hat{x}_i - \hat{x}_j} dx \quad \text{mit } x = a + Hs \tag{7.3} \\
&= H \sum_{i=0}^{N} f_i \int_0^N \prod_{\substack{k=0 \\ k \neq i}}^{N} \frac{s - k}{i - k} ds \\
&= H \sum_{i=0}^{N} f_i \omega_i = \frac{b-a}{n_o} \sum_{i=0}^{N} \sigma_i f_i \quad \text{mit } n_s, \sigma_i \in \mathbb{Z}. \tag{7.4}
\end{aligned}
$$

Die Gewichte ω_i sind unabhängig von f_i, a und b, jedoch abhängig von N und liegen tabelliert (siehe Tabelle 7.1) in Form von Brüchen $\frac{\sigma_i}{n_s}$ vor. Da man erwarten sollte, dass die Integration exakt für konstante Funktionen ist, fordert man $n_s = \sum_i \sigma_i$. Diese Formeln heißen *Newton–Cotes–Formeln*.

Mit Hilfe von Satz 6.15 kann man folgende Aussage gewinnen:

Satz 7.1 *Für den Approximationsfehler bei der numerischen Integration mit Hilfe von Newton–Cotes–Formeln gilt:*

$$\int_a^b (P_{0,\ldots,N}(x) - f(x))\, dx = \begin{cases} H^{N+3} \cdot \kappa f^{(N+2)}(\xi), & N \text{ gerade,} \\ H^{N+2} \cdot \kappa f^{(N+1)}(\xi), & N \text{ ungerade,} \end{cases} \quad \xi \in (a,b). \tag{7.5}$$

Beweis. → Abschnitt 7.5.1.

Es macht nicht viel Sinn höhere Polynomgrade als 6 zu verwenden, weil dann negative Gewichte in den Formeln auftreten und damit die Gefahr der Auslöschung besteht. Aber das ist auch nicht notwendig, denn um die in Kapitel 6 beschriebenen schlechten globalen Approximationseigenschaften von Polynomen zu vermeiden, werden die Newton–Cotes–Formeln stückweise auf Teilintervalle angewendet und dann aufsummiert. Diese nennt man dann *summierte Regeln*.

Tabelle 7.1: Newton–Cotes–Formeln

N	σ_i	n_s	Fehler	Name
1	1 1	2	$H^3 \cdot \frac{1}{12} f^{(2)}(\xi)$	Trapezregel
2	1 4 1	6	$H^5 \cdot \frac{1}{90} f^{(4)}(\xi)$	Simpson–Regel
3	1 3 3 1	8	$H^5 \cdot \frac{3}{80} f^{(4)}(\xi)$	3/8 Regel
4	7 32 12 32 7	90	$H^7 \cdot \frac{178}{945} f^{(6)}(\xi)$	Milne–Regel
5	19 75 50 50 75 19	288	$H^7 \cdot \frac{275}{12096} f^{(6)}(\xi)$	—
6	41 216 27 272 27 216 41	840	$H^9 \cdot \frac{9}{1400} f^{(8)}(\xi)$	Weddle–Regel

Bemerkung: Für die Integration von stückweisen Polynomen ist es dabei nicht notwendig Splines zu konstruieren, die stetig an den Gitterpunkten sind. Wir können die Integration natürlich genauso mit Hilfe von stückweisen Polynomen durchführen, die unstetig an den Gitterpunkten sind.

7.2 Summierte Regeln

Wir werden exemplarisch zwei Beispiele für summierte Regeln diskutieren, nämlich die *summierte Trapezregel* und die *summierte Simpson–Regel*. Allen summierten Regeln ist gemeinsam, dass man zuerst das Integrationsintervall $[a,b]$ in n gleich große Teilintervalle $[x_i,x_{i+1}]$, $i = 0,\ldots,n-1$ zerlegt, wobei $x_i = a + ih$, $h = \frac{b-a}{n}$.

Die summierte Trapezregel

Bei der summierten Trapezregel interpoliert man die Funktion f auf $[x_i,x_{i+1}]$ linear durch die Werte an den Intervallrändern. Geometrisch entspricht dies bei der Integration einem Trapez (siehe Abbildung 7.1). Es ergibt sich

$$\int_{x_i}^{x_{i+1}} f(x) \; dx \approx h \cdot \frac{f(x_i) + f(x_{i+1})}{2}.$$

Dann ist die summierte Trapezregel gegeben durch

$$\begin{aligned}
T(h) &:= \sum_{i=0}^{n-1} \frac{h}{2} \left[f(x_i) + f(x_{i+1}) \right] \\
&= h \left[\frac{f(a)}{2} + f(a+h) + \cdots + f(b-h) + \frac{f(b)}{2} \right].
\end{aligned} \tag{7.6}$$

Abbildung 7.1: Summierte Trapezregel: stückweise lineare Interpolation

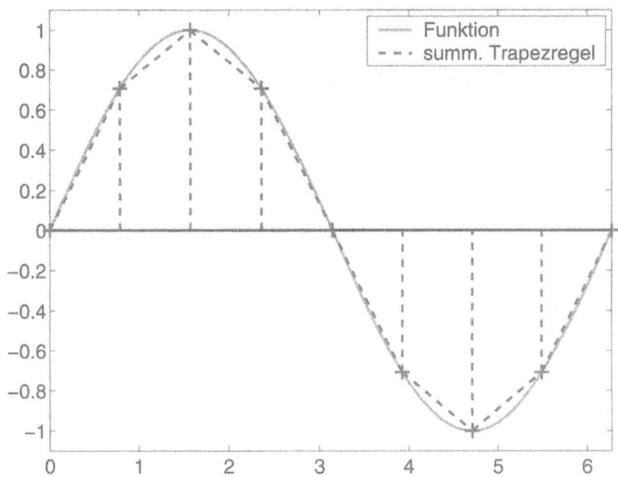

Für jedes Teilintervall ist der Fehler laut Tabelle 7.1 mit $N = 1$ und $H = \frac{x_{i+1}-x_i}{1} = h$

$$\frac{h}{2}\left[f(x_i) + f(x_{i+1})\right] - \int_{x_i}^{x_{i+1}} f(x)dx = \frac{h^3}{12}f^{(2)}(\xi_i) \text{ für } \xi_i \in (x_i, x_{i+1}). \tag{7.7}$$

Insgesamt ergibt sich also

$$\left| T(h) - \int_a^b f(x)dx \right| = \left| \sum_{i=0}^{n-1} \frac{h^3}{12}f^{(2)}(\xi_i) \right| \tag{7.8}$$

$$\leq \frac{h^3}{12}n \cdot \underbrace{\sup_{\xi \in [a,b]} f''(\xi)}_{=M} = \frac{b-a}{12}h^2 M = \mathcal{O}(h^2).$$

Damit geht der Fehler mit h^2 gegen 0. Man nennt dies ein *Verfahren 2. Ordnung*.

Die summierte Simpson–Regel

Anstelle einer linearen Funktion kann man natürlich auch den Integranden f durch ein Polynom höheren Grades ersetzen, etwa ein quadratisches Polynom. Dies liefert die Simpson–Regel (Tabelle 7.1).

Bei der summierten Simpson–Regel nehmen wir ein gerades n und verwenden die Simpson–Regel selbst auf den Intervallen $[x_{2i}, x_{2i+2}]$, $i = 0, \ldots, \frac{n}{2} - 1$ (siehe Abbildung 7.2). Der Näherungswert auf jedem der Teilintervalle ist

$$\int_{x_i}^{x_{i+2}} f(x)\,dx \approx \frac{2h}{6}\left[f(x_{2i}) + 4f(x_{2i+1}) + f(x_{2i+2})\right].$$

Abbildung 7.2: Summierte Simpson–Regel

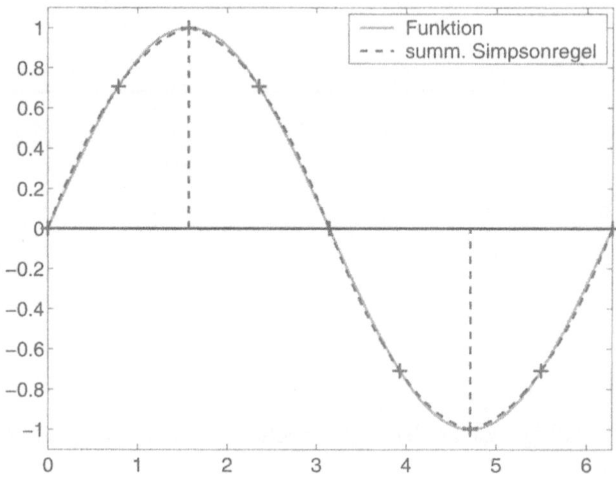

Summation ergibt

$$S(h) \;=\; \frac{h}{3}\left[(f(a) + 4f(a+h) + 2f(a+2h) + 4f(a+3h)+\right.$$
$$\left. +2f(b-2h) + 4f(b-h) + f(b)\right] \tag{7.9}$$

und als Fehlerabschätzung erhalten wir mit $N = 2$ und $H = \frac{x_{2i+1}-x_{2i}}{2} = h$

$$\left| S(h) - \int_a^b f(x)dx \right| \;\leqslant\; \frac{h^5}{90}\cdot\frac{n}{2}\cdot \underbrace{\sup_{\xi\in[a,b]} f^{(4)}(\xi)}_{=M} \tag{7.10}$$
$$= \frac{b-a}{180}h^4\cdot M = \mathcal{O}(h^4).$$

Damit ist die summierte Simpson–Regel ein *Verfahren 4. Ordnung.*

Weitere Quadraturformeln

Es gibt eine Unzahl von Möglichkeiten weitere Quadraturformeln zu entwickeln indem
man andere Approximationsfunktionen an $f(x)$ verwendet.

Bei der Polynominterpolation hat man z.B. gegenüber den Newton–Cotes–Formeln die Alternative eine andere Wahl von Interpolationspunkten zu verwenden, d.h. die Punkte $\hat{x}_0, \ldots, \hat{x}_n$ möglichst geschickt zu legen.

Bei der *Gauss-Quadratur* wählt man die Interpolationspunkte so, dass man eine Quadraturformel

$$\int\limits_a^b f(x)dx \approx \sum_{i=1}^n \omega_i f(\hat{x}_i)$$

erhält, die für Polynome möglichst hohen Grades exakt ist.

Beispiel 7.2 *Sei $n = 1$. Wählt man den Interpolationspunkt $\hat{x}_0 = \frac{a+b}{2}$ genau in der Intervallmitte, so erhält man die* Mittelpunktsregel

$$\int_a^b f(x)\ dx \approx (b-a)f(\hat{x}_0).$$

Diese Quadraturformel ist für lineare Funktionen noch exakt und lässt sich natürlich auch wieder in summierter Form verwenden (Abbildung 7.3).

Abbildung 7.3: Summierte Mittelpunktregel

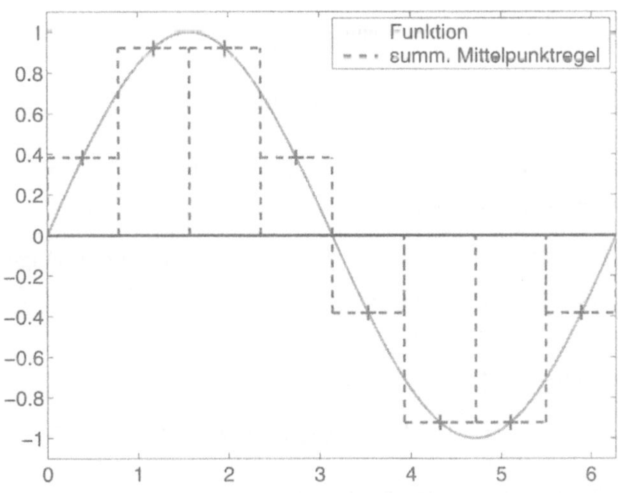

7.3 Extrapolation

Eine weitere wichtige Technik bei der numerischen Integration, die man auch für die Entwicklung Verfahren höherer Ordnung zur Lösung von Differenzialgleichungen verwenden kann, ist die *Extrapolation*. Die Idee dabei ist es, eine absteigende Folge von verschiedenen Schrittweiten $h_0 > h_1 > \cdots > h_m$ zu verwenden und mit diesen Schrittweiten verschiedene Approximationen $Q_0,\ldots,Q_m$ an das Integral auszurechnen. Anschließend interpoliert man die Werte $(h_0,Q_0),\ldots,(h_m,Q_m)$ durch ein Polynom und wertet dieses Polynom bei $h = 0$ aus, (denn $h = 0$ wäre ja die "optimale Schrittweite").

Da $h = 0$ außerhalb des Intervalls $[h_m,h_0]$ liegt, spricht man nicht von Interpolation sondern von *Extrapolation*. Besonders gut funktioniert dies bei der Trapezsumme, denn hier kann man zeigen, dass der Approximationsfehler (7.7) in eine Reihe in h^2 entwickelt werden kann.

Satz 7.3 *Sei f eine in $[a,b]$ $(2m + 2)$-mal stetig differenzierbare Funktion. Dann hat die Trapezsumme $T(h)$ die Entwicklung*

$$T(h) = \tau_0 + \tau_1 h^2 + \tau_2 h^4 + \cdots + \tau_m h^{2m} + \alpha_{m+1}(h)h^{2m+2}, \qquad (7.11)$$

wobei $\tau_0 = \int_a^b f(x)\, dx$. Die Koeffizienten τ_i sind von h unabhängige Konstanten und das Restglied erfüllt $|\alpha_{m+1}(h)| \leqslant M$ für alle $h = \frac{b-a}{n}$, $n \in \mathbb{N}$.

Beweis. → Abschnitt 7.5.2. $\qquad\qquad\qquad\qquad\qquad\qquad\qquad\qquad\qquad\qquad$ □

Wenn man das Restglied $\alpha_{m+1}(h)h^{2m+2}$ vernachlässigt, dann ist $T(h)$ *ein Polynom in* h^2, das für $h = 0$ den Wert $\tau_0 = \int_a^b f(x)\, dx$ liefert.

Wie gehen wir bei der Extrapolation praktisch vor ?

1. Wähle Schrittweiten $h_0 = b - a$, $h_1 = \frac{h_0}{n_1}, \cdots, h_m = \frac{h_0}{n_m}$, $n_i \in \mathbb{N}$,

   Gängige Werte sind beispielsweise

   a) $h_0 = b - a$, $h_1 = \frac{h_0}{2}$, $h_2 = \frac{h_1}{2}$, $h_3 = \frac{h_2}{2}$, $\cdots$ (Romberg–Folge)

   b) $h_0 = b - a$, $h_1 = \frac{h_0}{2}$, $h_2 = \frac{h_0}{3}$, $h_3 = \frac{h_1}{2}$, $h_4 = \frac{h_2}{2}$, $h_5 = \frac{h_3}{2}$, $\cdots$ (Bulirsch–Folge).

2. Bilde die zugehörige Trapezsumme

$$f_i := T(h_i), \; i = 0,\ldots,m. \qquad (7.12)$$

3. Berechne das Interpolationspolynom in h^2

$$P_{0,\ldots,m}(h^2) = \tau_0 + \tau_1 h^2 + \cdots + \tau_m h^{2m}, \qquad (7.13)$$

   das die Interpolationsbedingungen

$$P_{0,\ldots,m}(h_i^2) = T(h_i), \; i = 0,\ldots,m \qquad (7.14)$$

   erfüllt. Dazu wende das Neville–Aitken Schema (Algorithmus 6.5 aus Kapitel 6) auf die Daten

$$(x_i,f_i) = (h_i^2,T(h_i)), \; i = 0,\ldots,m$$

an und werte es bei $h^2 = 0$ aus.

 Beachte, dass man $h_0,\ldots,h_m$ quadrieren muss!

Das Neville–Aitken Schema liefert einen Wert $P_{0,\ldots,m}(0)$, der im Allgemeinen eine sehr gute Näherung für das Integral ist.

Kann man das genauer sagen ? Wie gut ist die Extrapolation ?

Für den Fehler der Extrapolation gilt folgender Satz.

Satz 7.4 *Sei f in $[a,b]$ $2m+2$-mal differenzierbar und seien $h_0,\ldots,h_m$ vorgegebene Extrapolationsschrittweiten.*

Dann genügt der Fehler zwischen dem extrapolierten Wert $P_{0,\ldots,m}$ und dem exakten Integral der Gleichung

$$P_{0,\ldots,m}(0) - \int_a^b f(x)dx = (b-a)h_0^2\cdots h_m^2 \frac{\beta_{m+1}}{(2m+1)!}f^{(2m+2)}(\xi) = \mathcal{O}(h_0^2\cdots h_m^2), \quad (7.15)$$

für eine von m abhängige Konstante β_{m+1} und ein geeignet gewähltes $\xi \in [a,b]$.

Beweis. Der Beweis dieses Satzes gilt in viel allgemeinerem Rahmen und kann prinzipiell für jede Extrapolation angewandt werden, wo eine h^γ–Entwicklung wie etwa in Satz 7.3 für $\gamma = 2$ vorliegt, siehe z.B. [50]. $\qquad\square$

Man sollte beachten, dass die Trapezsumme $T(h_m)$ im Vergleich zur Extrapolation nur eine Fehlerordnung von $\mathcal{O}(h_m^2)$ hat!

Beispiel 7.5 *Wir betrachten*

$$\int_0^{\pi/2} \sin x \, dx = 1$$

und vergleichen zur Romberg–Folge $\frac{\pi}{2},\frac{\pi}{4},\frac{\pi}{8},\frac{\pi}{16},\frac{\pi}{32}$ die Werte der summierten Trapezregel mit denen der zugehörigen Extrapolation. Das zugehörige Interpolationspolynom $P_{0,\ldots,m}(x)$, sowie die Wirkung der Extrapolation bei $h^2 = 0$ ist in Abbildung 7.4 veranschaulicht.

7.4 Anwendung auf Modellprojekt der Fahrerkabine

Wir haben hergeleitet, wie man numerische Approximationen von Integralen berechnet, etwa mittels Trapezsummen oder sogar zusätzlich noch mit Extrapolation. Wir werden diese Ergebnisse jetzt anwenden.

Abbildung 7.4: Extrapolation zur summierten Trapezregel

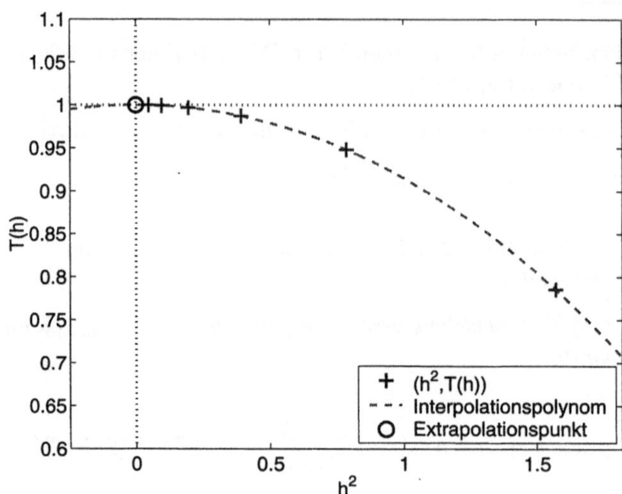

Beispiel 7.6 *Wir betrachten das zentrale Modellprojekt der Fahrerkabine. Wenn das Fahrzeug über eine Strecke fährt, so erfahren die Dämpfer einen gewissen Energieverlust.*

In diesem Fall ist dies durch ein Arbeitsintegral charakterisiert. Sei $\vec{x} = [x_1, x_2, x_3]^\top$. Dann wird der Energieverlust $E(t_e)$ zum Zeitpunkt t_e beschrieben durch

$$E(t_e) = \int_{\vec{x}_0}^{\vec{x}_e} \vec{F}_D \cdot d\vec{x} = \int_{t_0}^{t_e} \vec{F}_D \cdot \dot{\vec{x}}(t) \; dt.$$

Im Falle der Fahrerkabine ist die Dämpfungskraft

$$\vec{F}_D \equiv \vec{F}_D(\dot{\vec{x}}) = \begin{bmatrix} d_1(\dot{x}_1 - \dot{x}_2) \\ d_2(\dot{x}_2 - \dot{x}_3) - d_1(\dot{x}_1 - \dot{x}_2) \\ d_3(\dot{x}_3 - \dot{s}(t)) - d_2(\dot{x}_2 - \dot{x}_3) \end{bmatrix}.$$

Durch ein numerisches Verfahren zur Lösung der gewöhnlichen Differenzialgleichung (wie z.B. dem expliziten Euler–Verfahren) bekommen wir an Stelle des Lösungsvektors $\vec{x}(t)$ mit den drei Referenzpunkten der Fahrerkabine und seiner Ableitung $\dot{\vec{x}}(t)$ nur diskrete Approximationen

$$\left(t_0, \begin{bmatrix} \vec{x}_0 \\ \dot{\vec{x}}_0 \end{bmatrix} \right), \ldots, \left(t_n, \begin{bmatrix} \vec{x}_n \\ \dot{\vec{x}}_n \end{bmatrix} \right).$$

Aus diesen Werten können wir die Kraft $\vec{F}_i = \vec{F}_D(\dot{\vec{x}}_i)$ berechnen und dann die Skalarprodukte $f_i = \vec{F}_i \cdot \dot{\vec{x}}_i$. Für die numerische Integration hat man damit Stützstellen

$$(t_0, f_0), \ldots, (t_n, f_n)$$

vorliegen. Damit werden die Quadraturformeln gebildet.

Sinnvoller Weise kann man eigentlich nur eine der summierten Regeln verwenden. Man muss dabei beachten, dass das numerische Verfahren zur Lösung der Differenzialgleichung nur eine gewisse Genauigkeit hat, d.h. die Werte der Quadraturformeln haben bereits Störungen in der Größenordnung des Konsistenzfehlers.

Verwenden wir etwa das explizite oder implizite Euler–Verfahren (siehe Kapitel 3, 11 oder 12) mit konstanter Schrittweite h, so ist jedes $\vec{x}$ und $\dot{\vec{x}}$ mit einem Fehler in der Größenordnung h behaftet. Dies ist dann im günstigsten Fall bei den f_i auch so. Damit haben wir neben dem Fehler bei der Quadratur noch den Fehler

$$\int_{t_0}^{t_e} F_D \cdot \dot{x}(t) - \tilde{F}_D \cdot \dot{\tilde{x}}(t) \; dt = \mathcal{O}(h).$$

Damit ist der Fehler durch das Euler–Verfahren bereits größer als bei der summierten Trapezregel.

Betrachten wir als Teststrecke eine einfache Wellenlinie, so erhalten wir für verschiedene Schrittweiten h folgende Werte für den Energieverlust $E(t)$, abhängig vom Zeitpunkt $t \in [t_0, t_e]$ (Abbildung 7.5). Hier vergleichen wir die Werte der summierten Trapezregel ermittelt mit Hilfe von explizitem und implizitem Euler–Verfahren, mit einem in MATLAB vorhandenen Verfahren (ode45, dies entspricht dem Verfahren RKF 4(5) in Kapitel 11), welches mit variabler Schrittweite arbeitet.

Abbildung 7.5: Energieverlust $E(t)$ zum Zeitpunkt t

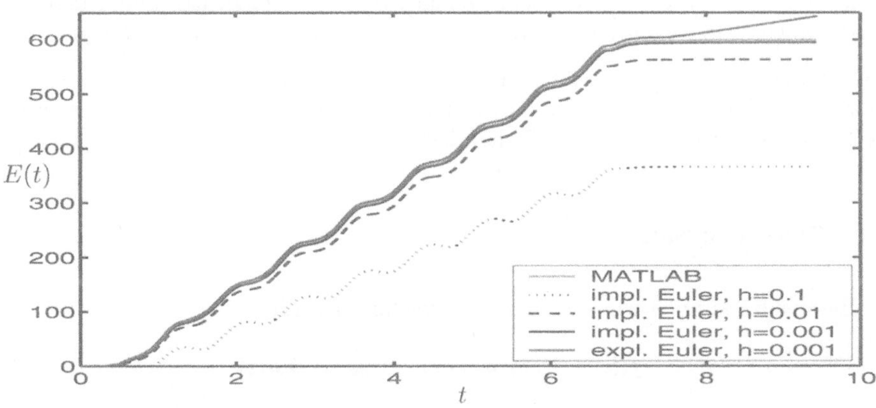

Speziell am rechten Randpunkt $t = t_e$ erhalten wir folgende Vergleichswerte.

Verfahren	h	E
MATLAB	—	$5.99 \cdot 10^2$
	0.1	$3.66 \cdot 10^2$
impl. Euler	0.01	$5.63 \cdot 10^2$
	0.001	$5.95 \cdot 10^2$
	0.1	—
expl. Euler	0.01	—
	0.001	$6.43 \cdot 10^2$

Unter günstigen Umständen (keine fehlerbehafteten Daten) sollte die Extrapolation deutlich genauere Werte als die Trapezsumme liefern. An diesem Beispiel erkennen wir erneut, dass Verfahren höherer Ordnung mit Schrittweitensteuerung wünschenswert sind.

7.5 Anmerkungen und Beweise

In [50] findet man eine ausführliche Behandlung des Themas Numerische Integration und insbesondere auch einen eigenen Abschnitt zum Thema Extrapolation, unabhängig davon, ob diese bei der numerischen Integration angewendet wird oder in einem anderen Bereich.

Die hier nur kurz erwähnte aber nicht behandelte Gauß–Quadratur findet man z.B. in [50] oder auch in [8] beschrieben. Weiteres zum Thema Integration findet man in [29].

Die Grundidee Differenzialgleichungen zu integrieren lässt sich auch bei partiellen Differenzialgleichungen anwenden. In diesem Fall erhält man Integralgleichungsmethoden. Dies Thema ist ausführlich in [25] behandelt.

7.5.1 Beweis zu Satz 7.1

Eine Beweisidee können wir aus Satz 6.15 ersehen. Es gilt

$$f(x) - P(x) = w(x) \cdot f[\hat{x}_0, \dots, \hat{x}_N, x].$$

Daraus folgt

$$\int_a^b (f(x) - P(x))\ dx = \int_a^b w(x) f[\hat{x}_0, \dots, \hat{x}_N, x]\ dx.$$

Nun würden wir gerne mit Hilfe des Mittelwertsatzes der Integralrechnung $f[\hat{x}_0, \dots, \hat{x}_N, x]$ vor das Integral ziehen, mit einem neuen η anstelle von x. Dafür müsste $w(x)$ aber nicht–negativ oder nicht–positiv sein. Das ist für w leider falsch, denn w hat einfache Nullstellen. Ist N jedoch gerade, dann kann man zeigen, dass die Stammfunktion $W(z) = \int_a^z w(x)\ dx$ von w nur oberhalb der x–Achse verläuft.

Wir können zum Beweis also folgendermaßen vorgehen.

1. Zeige für gerades N, dass $W(z) \geqslant 0$ für alle $z \in [a,b]$.

2. Integriere den Ausdruck $\int_a^b w(x)f[\hat{x}_0,\ldots,\hat{x}_N,x]\, dx$ partiell und wende den Mittelwertsatz an.

3. Drücke das Integral $\int_a^b w(x)\, dx$ durch Potenzen von H aus.

Den Fall, wo N ungerade ist, führt man auf den Fall $N - 1$ zurück.

Lemma 7.7 *Sei N gerade, $H = \frac{b-a}{N}$, sowie $\hat{x}_i = a + iH$, $i = 0,\ldots,N$. Setze $w(x) = (x - \hat{x}_1)\cdots(x - \hat{x}_N)$ und $W(z) = \int_a^z w(x)\, dx$. Dann gilt: $W(a) = W(b) = 0$, sowie $W(z) > 0$ für alle $z \in (a,b)$.*

Beweis. Sei N gerade und $m = \frac{N}{2}$. Dann ist $W(a) = 0$ klar und da w symmetrisch zur Intervallmitte $\frac{a+b}{2}$ ist, folgt $W(b) = 0$.

Es ist $w(x) \geqslant 0$ in $[\hat{x}_0,\hat{x}_1]$. Weil w einfache Nullstellen hat, ist w in den Intervallen $(\hat{x}_i,\hat{x}_{i+1})$ abwechselnd nur oberhalb oder nur unterhalb der x-Achse. Damit ist $W(x)$ abwechselnd in jedem Teilintervall monoton steigend und dann wieder monoton fallend. Es reicht somit zu zeigen, dass alle lokalen Extrema $W(\hat{x}_i) \geqslant 0$ sind. Aus Symmetriegründen reicht wieder $i \leqslant m$.

$$W(\hat{x}_i) = \int_a^{\hat{x}_i} w(x)\, dx - \sum_{j=0}^{i-1} \int_{\hat{x}_j}^{\hat{x}_{j+1}} w(x)\, dx = \sum_{j=0}^{i-1} (-1)^j \underbrace{\int_{\hat{x}_j}^{\hat{x}_{j+1}} |w(x)|\, dx}_{:=I_j}.$$

Wir zeigen, dass für alle $j = 0,\ldots,m-1$ die Ungleichung $I_j > I_{j+1}$ gilt. Sei $\hat{x}_{-1} = \hat{x}_0 - h$. Dann erhalten wir

$$\begin{aligned}
I_j - I_{j+1} &= \int_{\hat{x}_j}^{\hat{x}_{j+1}} |w(x)| - |w(x+h)|\, dx \\
&= \int_{\hat{x}_j}^{\hat{x}_{j+1}} |w(x+h)| \left(\frac{|w(x)|}{|w(x+h)|} - 1 \right) dx \\
&= \int_{\hat{x}_j}^{\hat{x}_{j+1}} |w(x+h)| \left(\frac{|x - \hat{x}_0|\cdots|x - \hat{x}_{n-1}||x - \hat{x}_n|}{|x - \hat{x}_{-1}||x - \hat{x}_0|\cdots|x - \hat{x}_{n-1}|} - 1 \right) dx \\
&= \int_{\hat{x}_j}^{\hat{x}_{j+1}} |w(x+h)| \underbrace{\left(\frac{|x - \hat{x}_n|}{|x - \hat{x}_{-1}|} - 1 \right)}_{>0} dx > 0,
\end{aligned}$$

sofern $j < m$ ist, d.h. $\hat{x}_{j+1}$ maximal auf der Intervallmitte liegt.

Damit sind alle lokalen Extrema von W oberhalb der x–Achse, also $W(z) \geqslant 0$. $\qquad\square$

Mit Hilfe von Lemma 7.7 können wir nun Satz 7.1 beweisen.

Beweis. Für gerades N erhalten wir sofort

$$\int_a^b \left(f(x) - P(x)\right)\, dx \;=\; \int_a^b w(x)f[\hat{x}_0,\ldots,\hat{x}_N,x]\, dx$$

$$= \;\underbrace{\left(W(x)f[\hat{x}_0,\ldots,\hat{x}_N,x]\right)\Big|_a^b}_{=0} - \int_a^b W(x)\frac{d}{dx}f[\hat{x}_0,\ldots,\hat{x}_N,x]\, dx.$$

$$= \;-\frac{d}{dx}f[\hat{x}_0,\ldots,\hat{x}_N,\eta]\int_a^b W(x)\, dx$$

$$= \;-\frac{d}{dx}f[\hat{x}_0,\ldots,\hat{x}_N,\eta]\left(\underbrace{(xW(x))\Big|_a^b}_{=0} - \int_a^b xw(x)\, dx\right)$$

$$= \;\frac{d}{dx}f[\hat{x}_0,\ldots,\hat{x}_N,\eta]H^{n+3}\underbrace{\int_0^N s\cdot s(s-1)\cdots(s-N)\, ds}_{=:-\kappa_N\cdot(N+2)!\leqslant 0},$$

wobei $\kappa_N \geqslant 0$ wegen $\int_a^b W(x)\, dx \geqslant 0$ ist. Wiederum nach Satz 6.15 haben wir

$$f[\hat{x}_0,\ldots,\hat{x}_N,\eta] = \frac{f^{(N+1)}(\hat{\xi})}{(N+1)!}$$

und dies impliziert

$$\frac{d}{dx}f[\hat{x}_0,\ldots,\hat{x}_N,\eta] = \frac{f^{(N+2)}(\xi)}{(N+2)!},\ \text{für ein } \xi \in (a,b).$$

Damit ist Satz 7.1 für gerades N bewiesen. Die Konstante

$$\kappa_N = -\frac{1}{(N+2)!}\int_0^N s\cdot s(s-1)\cdots(s-N)\, ds \qquad (7.16)$$

kann man für jedes konkrete gerade N ausrechnen, z.B. für $N = 2$ ist $\kappa_2 = \frac{1}{90}$. Für weitere gerades N findet man die Koeffizienten κ_N in den Fehlerschranken von Tabelle 7.1.

Im Falle eines ungeraden N seien $\bar{P}(x)$ das Interpolationspolynom zu den Interpolationspunkten $\hat{x}_0,\ldots,\hat{x}_{N-1}$ sowie $\bar{w}(x) = (x - \hat{x}_0)\cdots(x - \hat{x}_{N-1})$.

Wir betrachten die Teilintegrale $\int_a^{\hat{x}_{N-1}}(f(x) - P(x))\, dx$ und $\int_{\hat{x}_{N-1}}^b(f(x) - P(x))\, dx$ einzeln.

Mit Hilfe von Satz 6.15 bekommen wir zunächst mal

$$\int_a^{\hat{x}_{N-1}}\left(f(x) - P(x)\right)\, dx \;=\; \int_a^{\hat{x}_{N-1}}\left(f(x) - \bar{P}(x) + \bar{P}(x) - P(x)\right)\, dx$$

$$= \;\int_a^{\hat{x}_{N-1}}\bar{w}(x)f[\hat{x}_0,\ldots,\hat{x}_{N-1},x]\, dx$$

$$-f[\hat{x}_0,\ldots,\hat{x}_{N-1},\hat{x}_N]\int_a^{\hat{x}_{N-1}}\bar{w}(x)\, dx.$$

Auf diese beiden Integrale können wir die Aussagen für gerades $N - 1$ auf dem Intervall $[a,\hat{x}_{N-1}]$ anwenden. Nach Lemma 7.7 ist das zweite Integral $\int_a^{\hat{x}_{N-1}}\bar{w}(x)\, dx = \bar{W}(\hat{x}_{N+1}) - \bar{W}(a) = 0$ und wir bekommen für das erste Integral

$$\int_a^{\hat{x}_{N-1}} (f(x) - P(x))\ dx = -H^{N+2}\kappa_{N-1}f^{(N+1)}(\bar{\xi}), \text{ für ein } \bar{\xi} \in (a, \hat{x}_{N-1}). \qquad (7.17)$$

Für das Teilintegral auf dem Intervall $[\hat{x}_{N-1}, b]$ verwenden wir wiederum Satz 6.15 und nutzen dabei aus, dass $w(x) \leqslant 0$ ist in $[\hat{x}_{N-1}, b]$.

Dann erhalten wir mit Hilfe von Satz 6.15

$$\begin{aligned}
\int_{\hat{x}_{N-1}}^b (f(x) - P(x))\ dx &= \int_{\hat{x}_{N-1}}^b w(x) f[\hat{x}_0, \dots, \hat{x}_N, x]\ dx \\[2mm]
&= f[\hat{x}_0, \dots, \hat{x}_N, \eta] \int_{\hat{x}_{N-1}}^b w(x)\ dx, \text{ für ein } \eta \in (\hat{x}_{N-1}, b) \\[2mm]
&= \frac{f^{(N+1)}(\hat{\xi})}{(N+1)!} \int_{\hat{x}_{N-1}}^b w(x)\ dx, \text{ für ein } \hat{\xi} \in (\hat{x}_{N-1}, b).
\end{aligned}$$

Mit Hilfe der Subsitutionsregel bekommen wir

$$\int_{\hat{x}_{N-1}}^b (f(x) - P(x))\ dx = -H^{N+2}\hat{\kappa}_{N-1}f^{(N+1)}(\hat{\xi}), \qquad (7.18)$$

wobei wegen $w(x) \leqslant 0$

$$\hat{\kappa}_{N-1} = -\frac{1}{(N+1)!} \int_{N-1}^N s(s-1)\cdots(s-N)\ ds > 0 \qquad (7.19)$$

ist.

Fassen wir die Teilintegrale (7.17) und (7.18) zusammen, so bekommen wir

$$\int_a^b (f(x) - P(x))\ dx = -H^{N+2}\left(\kappa_{N-1}f^{(N+1)}(\bar{\xi}) + \hat{\kappa}_{N-1}f^{(N+1)}(\hat{\xi})\right).$$

Nach dem Zwischenwertsatz können wir ein ξ finden, so dass

$$f^{(N+1)}(\bar{\xi})\frac{\kappa_{N-1}}{\kappa_{N-1} + \hat{\kappa}_{N-1}} + f^{(N+1)}(\hat{\xi})\frac{\hat{\kappa}_{N-1}}{\kappa_{N-1} + \hat{\kappa}_{N-1}} = f^{(N+1)}(\xi)$$

ist. Damit erhalten wir schließlich

$$\int_a^b (f(x) - P(x))\ dx = -H^{N+2}(\kappa_{N-1} + \hat{\kappa}_{N-1})f^{(N+1)}(\xi).$$

Die Konstante κ_{N-1} haben wir schon besprochen, analog berechnet man $\hat{\kappa}_{N-1}$. Die Werte von $\kappa_{N-1} + \hat{\kappa}_{N-1}$ können wir wieder aus den Fehlerschranken in Tabelle 7.1 für ungerades N entnehmen. $\qquad\qquad\square$

7.5.2   Beweis zu Satz 7.3

Der Beweis dieses Resultats verwendet einerseits Eigenschaften der *Bernoulli–Polynome* B_k, wobei $B_0 \equiv 1$ und für alle $k \geqslant 1$ ist $B_k(x)$ definiert durch

$$B_k'(x) = kB_{k-1}(x), \quad \int_0^1 B_k(x)\, dx = 0.$$

Andererseits benötigt man die *Euler–Maclaurinsche Summenformel*

$$\int_0^1 g(x)\, dx \;=\; \frac{g(0)}{2} + \frac{g(1)}{2} + \sum_{k=1}^{m} \frac{B_{2k}(0)}{(2k)!}\left(g^{(2k-1)}(0) - g^{(2k-1)}(1)\right)$$

$$-\frac{B_{2m+2}(0)}{(2m+2)!} g^{(2m+2)}(\theta), \quad \text{für ein } \theta \in (0{,}1).$$

Wir verzichten hier auf den Beweis dieser Formel, da er technisch sehr aufwendig ist, und verweisen auf [50].

Mit Hilfe dieser Formel und $g_i(s) := f(a + ih + sh)$ kann man das Ergebnis von Satz 7.3 sehr leicht durch Anwendung auf $\int_0^1 g_i(s)\, ds$ zeigen.

$$
\begin{aligned}
\tau_0 \;=\;& \int_a^b f(x)\, dx = \sum_{i=0}^{n-1} \int_{x_i}^{x_{i+1}} f(x)\, dx = h\sum_{i=0}^{n-1} \int_0^1 g_i(s)\, ds \\[2ex]
=\;& h\sum_{i=0}^{n-1}\left(\frac{g_i(0)}{2} + \frac{g_i(1)}{2} + \sum_{k=1}^{m} \frac{B_{2k}(0)}{(2k)!}\left(g_i^{(2k-1)}(0) - g_i^{(2k-1)}(1)\right)\right. \\[1ex]
& \left. -\frac{B_{2m+2}(0)}{(2m+2)!} g_i^{(2m+2)}(\theta_i)\right) \\[2ex]
=\;& h\left(\frac{f(a)}{2} + f(a+h) + \cdots + f(b-h) + \frac{f(b)}{2}\right) \\[1ex]
& + \underbrace{\sum_{k=1}^{m} \frac{B_{2k}(0)}{(2k)!}\left(f^{(2k-1)}(b) - f^{(2k-1)}(a)\right) h^{2k}}_{-\tau_k} \\[2ex]
& -\frac{B_{2m+2}(0)}{(2m+2)!} h^{2m+3} \underbrace{\sum_{i=0}^{n-1} f^{(2m+2)}(\theta_i)}_{n f^{(2m+2)}(\theta)} \\[2ex]
=\;& T(h) - \sum_{k=1}^{m} \tau_k h^{2k} - \underbrace{\frac{B_{2m+2}(0)}{(2m+2)!}(b-a) f^{(2m+2)}(\theta)\, h^{2m+2}}_{\alpha_{m+1}(h)}.
\end{aligned}
$$

$\square$

8 Diskrete Fourier–Transformation

In Kapitel 6 haben wir die Grundlagen der Interpolation mit Polynomen und Splines diskutiert. Wenn wir jedoch Daten haben, die von periodischen Funktionen stammen, so macht es mehr Sinn als interpolierende oder approximierende Funktion ebenfalls periodische Funktionen zu verwenden. Das führt auf das klassische Gebiet der Fourier–Transformation, bei dem Funktionen durch Fourier–Reihen approximiert werden. Dies ist eine zentrale Aufgabe in vielen Bereichen der Ingenieur– und Naturwissenschaften, insbesondere in der Signalverarbeitung.

Wenn wir nun in der Praxis anstatt mit unendlichen Fourier–Reihen mit abgeschnittenden Fourier–Reihen arbeiten, so führt das auf das Problem der Approximation bzw. Interpolation durch *trigonometrische Polynome* der Form

$$P(x) = c_0 + c_1 e^{\imath x} + c_2 e^{2\imath x} + \ldots + c_{n-1} e^{(n-1)\imath x}, \tag{8.1}$$

wobei hier $\imath = \sqrt{-1}$.

Beispiel 8.1 *Wir betrachten wieder das Modellprojekt der Fahrerkabine. Wie bei der Polynominterpolation geht es darum, eine Fahrbahn möglichst gut durch die Messpunkte zu legen (Abbildung (8.1)). Anstatt jedoch die Messpunkte exakt zu interpolieren,*

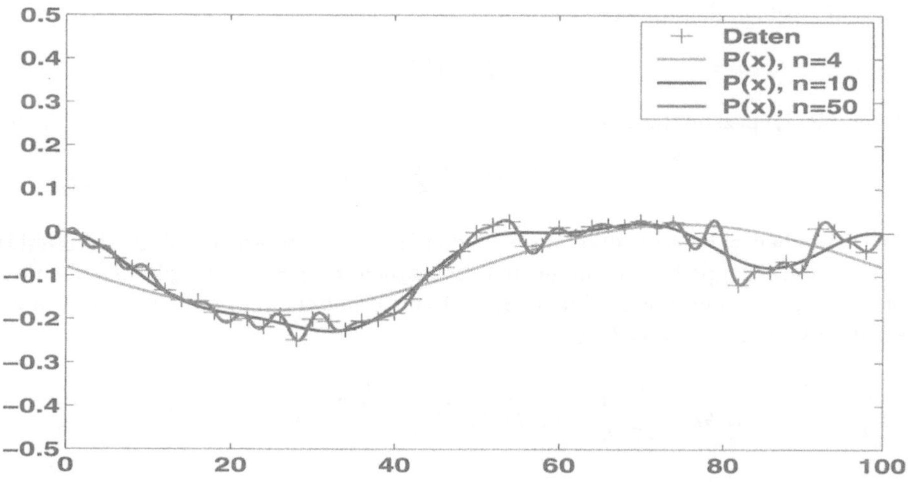

Abbildung 8.1: Approximation der Messpunkte einer Teststrecke

*wollen wir nun für festes n ein trigonometrisches Polynom $P(x)$ wie in (8.1), d.h.
Koeffizienten $c_0,\ldots,c_{n-1}$ bestimmen, so dass die Summe der Quadrate der Fehler an
den Stützstellen minimiert wird.*

*Dies führt auf ein lineares Ausgleichsproblem, das wir im Detail in Kapitel 13 disku-
tieren werden.*

Es ist aus der Analysis bekannt, dass sich jede komplexwertige, 2π–periodische, quadratisch-
integrierbare Funktion f (im quadratischen Mittel) beliebig genau durch eine *Fourier-
Reihe*

$$\hat{f}(x) = \sum_{k=-\infty}^{\infty} c_k e^{\imath k x}$$

approximieren lässt. Die *Fourier-Koeffizienten* der Funktion f sind dabei durch

$$c_k = \langle f, e^{\imath k x} \rangle = \frac{1}{2\pi} \int_0^{2\pi} f(x) e^{-\imath k x}\, dx$$

gegeben.

Um diese Fourier–Reihe numerisch zu approximieren haben wir jetzt zwei Probleme:

1. Im Allgemeinen können wir die Integrale, d.h. die c_k, nicht exakt ausrechnen.

2. Wir müssen uns auf ein *endliches Fourier–Polynom* $\hat{f}_{r,s}(x) = \sum_{k=-r}^{s} c_k e^{\imath k x}$ beschränken.

Um die Integrale numerisch zu berechnen, ersetzen wir diese durch eine Quadraturformel. Wir verwenden die summierte Trapezregel (siehe Kapitel 7). Wir setzen $h = \frac{2\pi}{n}$
und führen n Stützstellen

$$x_l = lh,\, l = 0,\ldots,n$$

ein und ersetzen das Integral

$$\int_0^{2\pi} f(x)\, dx$$

durch die Trapezsumme

$$T(h) = h \sum_{l=0}^{n-1} f(x_l).$$

Hierbei haben wir ausgenutzt, dass an den Intervallrändern 0 und 2π die Funktionswerte jeweils doppelt vorkommen und zusätzlich $f(0) = f(2\pi)$ gilt (f ist eine komplexwertige, 2π–periodische Funktion). Damit erhalten wir mit $g(x) = e^{\imath k x}$ aus dem
komplexwertigen Integral $\langle f,g \rangle$:

$$\langle f,g \rangle = \frac{1}{2\pi} \int_0^{2\pi} f(x)\overline{g(x)}\, dx \approx \frac{1}{n} \sum_{l=0}^{n-1} f(x_l)\overline{g(x_l)} =: (f,g).$$

Bemerkung: Die Ausdrücke $\langle f,g \rangle$ und (f,g) stellen *Skalarprodukte* dar und induzieren
die Normen

$$\|f\| := \sqrt{\frac{1}{2\pi} \int_0^{2\pi} |f(x)|^2 \, dx} \quad \text{und} \quad |f| := \sqrt{\frac{1}{n} \sum_{l=0}^{n-1} |f(x_l)|^2}.$$

Definition 8.2 *Gegeben sei eine stetige, 2π-periodische Funktion f sowie $n,r,s \in \mathbb{N}$. Dann heißt die Funktion*

$$\tilde{f}_{r,s}(x) = \sum_{k=-r}^{s} \tilde{c}_k e^{\imath kx}, \quad \text{wobei} \quad \tilde{c}_k = (f, e^{\imath kx}) = \frac{1}{n} \sum_{l=0}^{n-1} f(x_l) e^{-\imath kx_l}$$

diskrete Fourier–Transformierte von f.

Für diskrete Fourier–Transformierte gilt der folgende Satz.

Satz 8.3

1. *Ist f eine 2π-periodische, komplexwertige, quadratisch-integrierbare Funktion, so gilt*
$$\|f - \hat{f}_{r,s}\| = \min_{g = \sum\limits_{k=-r}^{s} \rho_k e^{\imath kx}} \|f - g\|.$$

2. *Ist f eine 2π-periodische, komplexwertige, stetige Funktion und $r + s \leqslant n - 1$, so gilt*
$$|f - \tilde{f}_{r,s}| = \min_{g = \sum\limits_{k=-r}^{s} \beta_k e^{\imath kx}} |f - g|.$$

Beweis. $\to$ Abschnitt 8.1.1.

Die Abschätzungen in Satz 8.3 bedeuten, dass die Fourier-Transformierten im Sinne der zugehörigen Normen die beste Approximation an f sind auf dem Raum, der durch die Funktionen $\left\{e^{\imath kx}\right\}_{k=-r,\dots,s}$ aufgespannt wird. Dieses Resultat ist ein bekanntes Ergebnis der Linearen Algebra, denn $\hat{f}_n$ bzw. $\tilde{f}_n$ sind nichts anderes als die zugehörigen orthogonalen Projektionen von f auf diese Räume und die $\left\{e^{\imath kx}\right\}_k$ bilden ein Orthonormalsystem.

Was hat dies nun mit Interpolation zu tun ?

Die Antwort versteckt sich in einem kleinen Detail von Satz 8.3. Dort erlauben wir nur $r + s \leqslant n - 1$. Das liegt daran, dass wir nur n Stützstellen x_l, $l = 0, \dots, n - 1$ haben und deshalb nur n aufeinander folgende Funktionen $e^{\imath kx}$, $k = -r, \dots, s$ verwendet werden dürfen. Sonst wiederholen sich die Werte dieser Funktionen an den Stützstellen $x_0, \dots, x_{n-1}$. Sei $\omega = e^{\imath x}$. Im Grenzfall $r + s = n - 1$ haben wir, dass

$$\tilde{f}_{r,s}(x) = \sum_{k=-r}^{s} \tilde{c}_k \left(e^{\imath x}\right)^k = \omega^{-r} \sum_{k=0}^{r+s} \tilde{c}_{k-r} \left(\omega\right)^k = \omega^{-r} P(\omega),$$

bis auf einen Vorfaktor ω^{-r} ein Polynom $(n-1)$–ten Grades in ω ist. Genau in diesem Fall $r + s = n - 1$ gibt es aber nach Satz 6.2 ein eindeutig definiertes Interpolationspolynom vom Grade $n - 1$, so dass

$$P(e^{\imath x_l}) = e^{\imath r x_l} f(x_l),\, l = 0,\ldots,n - 1$$

ist. Damit erhalten wir im Fall $r + s = n - 1$ aber genau

$$|f - \tilde{f}_{r,s}| = \sqrt{\frac{1}{n} \sum_{l=0}^{n-1} |f(x_l) - \tilde{f}_{r,s}(x_l)|^2} = \sqrt{\frac{1}{n} \sum_{l=0}^{n-1} |f(x_l) - e^{-\imath r x_l} P(e^{\imath x_l})|^2} = 0.$$

Korollar 8.4 *Ist f eine 2π–periodische, stetige Funktion und $r + s = n - 1$, dann stimmt die diskrete Fourier–Transformierte $\tilde{f}_{r+s}$ an den Stellen $x_0,\ldots,x_{n-1}$ mit f überein.*

Für $r + s = n - 1$ ist die diskrete Fourier–Transformierte auch Interpolierende

Fassen wir ein mögliches Vorgehen zusammen.

1. Wir wählen $n \in \mathbb{N}$ und die Stützstellen $(x_0,f_0),\ldots,(x_{n-1},f_{n-1})$, wobei $x_l = l\frac{2\pi}{n}$.

2. Wir wählen r,s, mit $r + s \leqslant n - 1$ und berechnen die Koeffizienten der diskreten Fourier–Transformation

$$\tilde{c}_k = \frac{1}{n} \sum_{l=0}^{n-1} f_l e^{-\imath k x_l},\, k = -r,\ldots,s.$$

3. Unsere diskrete Fourier–Transformierte lautet dann

$$\tilde{f}_{r,s}(x) = \sum_{k=-r}^{s} \tilde{c}_k e^{\imath k x}.$$

Sind wir damit eigentlich fertig ?

Noch nicht ganz, denn wir haben nicht diskutiert, was wir im Fall reeller Funktionen machen, d.h. für $f_0,\ldots,f_{n-1} \in \mathbb{R}$, denn natürlich wollen wir ein reelles Problem nicht künstlich in komplexer Arithmetik berechnen.

Im reellen Fall wählen wir sinnvoller Weise $r = s$. Damit ist dann die diskrete Fourier–Transformierte $\tilde{f}_{s,s}$ reell. Denn aus der Tatsache, dass f reell ist, folgt $\tilde{c}_{-k} = \overline{\tilde{c}_k}$ und damit gilt

$$\tilde{c}_{-k} e^{-\imath k x} + \tilde{c}_k e^{\imath k x} \in \mathbb{R}.$$

Die Summanden von $\tilde{f}_{s,s}$ zum Index $-k$ und k lassen sich zu einer reellen Darstellung vereinfachen. Zusammengefasst erhalten wir folgenden Satz.

Satz 8.5 *Sei f eine 2π–periodische, stetige und* reelle *Funktion. Seien $\tilde{c}_0, \ldots, \tilde{c}_s$ die (komplexwertigen) diskreten Fourier–Koeffizienten. Dann gilt für die diskrete Fourier–Transformierte:*

$$\tilde{f}_{s,s}(x) = \frac{\tilde{a}_0}{2} + \sum_{k=1}^{s} \left(\tilde{a}_k \cos(kx) + \tilde{b}_k \sin(kx) \right),$$

wobei

$$\tilde{a}_k = 2 \operatorname{Re}(\tilde{c}_k), \ \tilde{b}_k = -2 \operatorname{Im}(\tilde{c}_k), \ k = 0, \ldots, s.$$

Beweis. $\rightarrow$ Abschnitt 8.1.2.

Bemerkung: Für $k = 0$ ist nur ein Summand vorhanden, nämlich $\tilde{c}_0$ und der ist schon reell. Da sich die komplexwertige Fourier–Transformation von $-s$ bis s erstreckt, liegt der Fall der trigonometrischen Interpolation vor, wenn $2s = n - 1$ ist.

Ein weiterer wichtiger Punkt ist die effiziente Berechnung der Koeffizienten $\tilde{c}_{-r}, \ldots, \tilde{c}_s$. Dies geht sehr effizient mit Hilfe der *schnellen (engl. fast) Fourier–Transformation (FFT)*.

Wir beschränken uns der Einfachheit halber auf den Fall $r + s = n - 1$. Der Fall $r + s < n - 1$ geht genauso, man ignoriert einfach einige der berechneten Koeffizienten.

Wir können ebenfalls der Einfachheit den Fall $r = 0$, d.h. $s = n - 1$ annehmen. Das liegt daran, dass für $r + s = n - 1$ die Koeffizienten der Gleichung $\tilde{c}_{-k} = \tilde{c}_{n-k}$ genügen. Das bedeutet, dass die Koeffizienten der diskreten Fourier–Transformation wie folgt zyklisch angeordnet sind

$$
\begin{array}{ccccccccccc}
 & & \tilde{c}_{-r} & \cdots & \tilde{c}_{-1} & \tilde{c}_0 & \tilde{c}_1 & \cdots & \tilde{c}_s & \tilde{c}_{s+1} & \cdots & \tilde{c}_n \\
\tilde{c}_1 & \cdots & \tilde{c}_s & \tilde{c}_{s+1} & \cdots & \tilde{c}_{n-1} & \tilde{c}_n & & & \tilde{c}_{-r} & \cdots & \tilde{c}_0
\end{array}
$$

Wichtig für die effiziente Berechnung ist im folgenden, dass wir uns bei n auf Zweierpotenzen beschränken, d.h. wir lassen nur

$$n = 2^p$$

zu. Dies hat damit zu tun, dass für Zweierpotenzen eine recht einfache Rekursionsformel existiert. Unser Ziel ist es, die Koeffizienten

$$\tilde{c}_k = \frac{1}{n} \sum_{l=0}^{n-1} f_l e^{-i\frac{2\pi kl}{n}} = \frac{1}{n} \sum_{l=0}^{n-1} f_l \omega_n^{kl}, \text{ wobei } \omega_n = e^{-i\frac{2\pi}{n}}$$

schnell zu berechnen. Dieses ist formal ein Matrix–Vektor–Produkt der Form

$$\begin{bmatrix} \tilde{c}_0 \\ \vdots \\ \tilde{c}_{n-1} \end{bmatrix} = \frac{1}{n} W \begin{bmatrix} f_0 \\ \vdots \\ f_{n-1} \end{bmatrix}, \text{ wobei } W = \left[\omega_n^{kl} \right]_{k,l=0,\ldots,n-1}.$$

Der Trick ist, die Tatsache auszunutzen, dass ω_n eine n–te Einheitswurzel ist, d.h. alle Potenzen von ω_n liegen auch auf dem Einheitskreis und die Exponenten lassen sich einfach berechnen.

Das Grundmuster der FFT ist das folgende. Sei $M = \frac{n}{2}$.

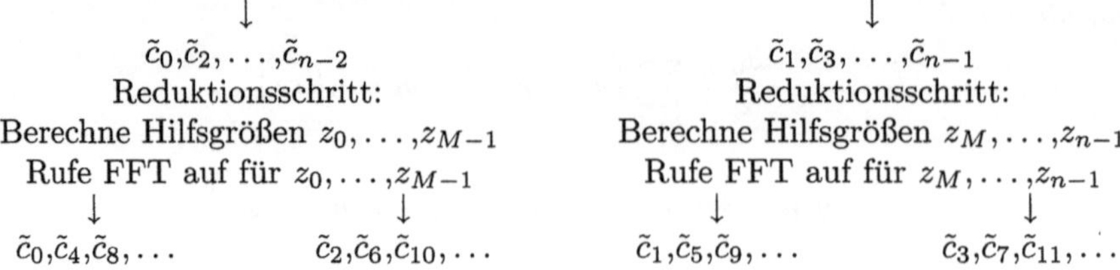

Es findet jeweils eine Rückführung einer FFT der Ordnung $n = 2^p$ auf 2 FFT der Ordnung $M = \frac{n}{2} = 2^{p-1}$ statt. Als zusätzlicher Aufwand ergeben sich für einen Reduktionsschritt Kosten von $\mathcal{O}(n)$ flops. Dieses Prinzip wendet man rekursiv insgesamt p mal wieder an, wobei $p = \log_2(n)$ ist.

Anstatt insgesamt $\mathcal{O}(n^2)$ für eine Matrix–Vektor–Multiplikation erhält man dann eine Komplexität von $\mathcal{O}(n \log_2 n)$.

Da die zwei FFTs halber Dimension unabhängig laufen können, lassen sie sich auch gut auf Parallelrechnern implementieren.

Für gerade Indizes $l = 2q$ berechne für den Reduktionsschritt die Werte $z_l := f_l + f_{M+l}$ für $l = 0, \dots, M - 1$. Damit ergibt sich:

$$n \cdot \tilde{c}_{2q} = \underbrace{\sum_{l=0}^{n-1} f_l \omega_n^{2ql}}_{FFT_n(f_0,\dots,f_{n-1})} = \underbrace{\sum_{l=0}^{M-1} z_l \omega_M^{ql}}_{FFT_M(z_0,\dots,z_{M-1})} \quad . \tag{8.2}$$

Wir haben bei diesem Reduktionsschritt die Summanden l und $M + l$ zusammengefasst und benutzen dabei, dass

$$\omega_n^{2q(M+l)} = \omega_n^{2ql} \omega_n^{2qM} = \omega_n^{2lq}.$$

Analog berechnen wir für ungerade Indizes $l = 2q + 1$ die Werte $z_{M+l} = (f_l - f_{M+l})\omega_n^l$ für $l = 0, \dots, M - 1$ und erhalten

$$n \cdot \tilde{c}_{2q+1} = \underbrace{\sum_{l=0}^{n-1} f_l \omega_n^{2ql}}_{FFT_n(f_0,\dots,f_{n-1})} = \underbrace{\sum_{l=0}^{M-1} z_{M+l} \omega_M^{ql}}_{FFT_M(z_M,\dots,z_{n-1})} \quad . \tag{8.3}$$

Algorithmus 8.6 (FFT)

Berechnet für Funktionswerte $f_0, \dots, f_{n-1}$ die Koeffizienten $n \cdot \tilde{c}_0, \dots, n \cdot \tilde{c}_{n-1}$ der diskreten Fourier–Transformation.

$$\mathbf{\mathit{function}}\ [nc_0,\dots,nc_{n-1}] = FFT(f_0,\dots,f_{n-1})$$

$$\mathbf{\mathit{if}}\ n = 1,\ c_0 = f_0$$

$$\mathbf{\mathit{else}}\quad M = \frac{n}{2},\ \omega_n = e^{-i\frac{2\pi}{n}}$$

% Reduktionsschritt gerade Indizes
$$z_l = f_l + f_{M+l},\ l = 0,\dots,M-1.$$
$$[nc_0,nc_2,\dots,nc_{n-2}] = FFT(z_0,\dots,z_{M-1});$$

% Reduktionsschritt ungerade Indizes
$$z_{M+l} = (f_l - f_{M+l})\omega_n^l,\ l = 0,\dots,M-1.$$
$$[nc_1,nc_3,\dots,nc_{n-1}] = FFT(z_M,\dots,z_{n-1});$$

Bemerkung: Für die eigentlichen diskreten Fourier–Koeffizienten muss noch durch n geteilt werden.

Beispiel 8.7 *Wir betrachten wieder das zentrale Modellprojekt der Fahrerkabine. Wir wollen nun unsere Messpunkte (Abbildung 6.3) mit Hilfe der diskreten Fourier–Transformation approximieren (Abbildung 8.2). Wir können natürlich hier die diskrete Fourier–Transformation nicht nur zur Interpolation, sondern auch zur Funktionsapproximation verwenden. Bei insgesamt 50 Messpunkten haben wir eine reelle diskrete Fourier–Transformationen für $s = 0,1,\dots,25$*

In Abbildung 8.2 zeigt einen Vergleich der Messwerte und der diskreten Fourier–Transformation für $s = 25$ und $s = 12$.

Abbildung 8.2: Diskrete, reelle Fourier–Transformation ($s = 12$, $s = 25$) der Messwerte

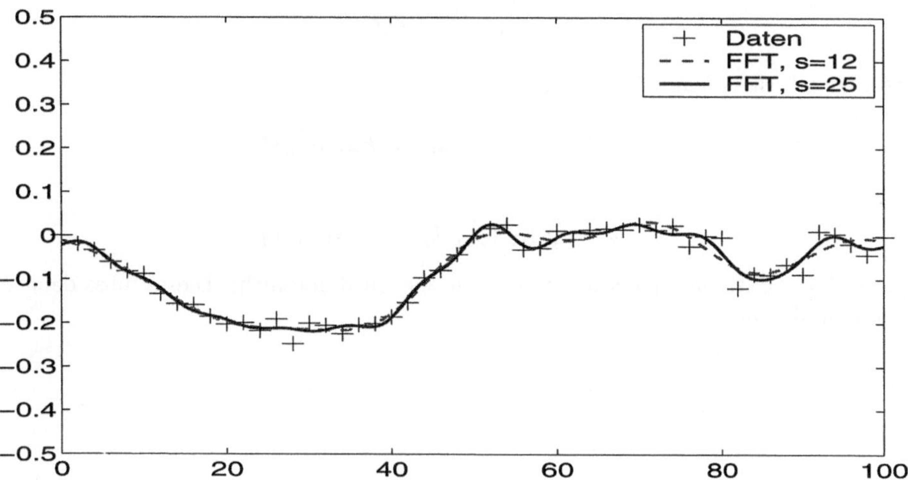

Wir sehen, dass bei kleinerem s kurzwellige Anteile der Strecke ausgeblendet werden, d.h. die Fahrbahn wirkt "glatter".

8.1   Anmerkungen und Beweise

Einen guten Überblick über das Thema "Trigonometrische Interpolation und schnelle Fourier–Transformation" findet man in [44, 56].

8.1.1   Beweis von Satz 8.3

Teil 1 folgt aus der Tatsache, dass das Fourier–Polynom $\hat{f}_{r,s}$ die orthogonale Projektion bzgl. $\langle f,g \rangle$ auf den Raum ist, der durch $\left\{ e^{\imath kx} : -r \leqslant k \leqslant s \right\}$ aufgespannt wird.

Teil 2 ist die analoge Aussage, wenn man das Skalarprodukt (f,g) verwendet.
Allerdings muss man beachten, dass (f,g) nur auf dem Raum der Polynome vom Grade kleiner n ein Skalarprodukt darstellt. Dort sichert die Eindeutigkeit der Polynominterpolation die Normeigenschaft.
Das Polynom $p(x) = \prod_{l=0}^{n-1} (x - x_l)$ hat Grad n und es ist $|p| = 0$.

Aus diesem Grunde sind nur für $r + s \leqslant n - 1$ die Einschränkungen der Funktionen $\left\{ e^{\imath kx} : -r \leqslant k \leqslant s \right\}$ auf die Punkte $x_0, \ldots, x_{n-1}$ zueinander orthogonal und damit linear unabhängig. $\qquad\square$

8.1.2   Beweis von Satz 8.5

Wie wir bereits gesehen haben, ist für eine gegebene reelle Funktion f die Summe

$$\tilde{c}_{-k} e^{-\imath kx} + \tilde{c}_k e^{\imath kx}$$

reell. Umschreiben liefert für $k \neq 0$

$$\tilde{c}_{-k} e^{-\imath kx} + \tilde{c}_k e^{\imath kx} = \tilde{a}_k \cos(kx) + \tilde{b}_k \sin(kx),$$

wobei

$$\tilde{a}_k = 2 \operatorname{Re}(\tilde{c}_k), \quad \tilde{b}_k = -2 \operatorname{Im}(\tilde{c}_k).$$

Der Fall $k = 0$ ist ein Sonderfall, da hier nur ein Glied auftaucht. Dieses muss dann schon reell sein, d.h. $\tilde{a}_0 = \tilde{c}_0$. $\qquad\square$

9 Lineare Gleichungssysteme

Wir haben gesehen, dass die Diskretisierung von Randwertaufgaben für lineare Differenzialgleichungen auf die Lösung eines linearen Gleichungssystems führt. In ähnlicher Weise führen fast alle Anwendungsprobleme, ob in den Natur- oder Ingenieurwissenschaften, letztendlich irgendwann auf die Lösung eines linearen Gleichungssystems

$$A\vec{x} = \vec{b}.$$

Wir werden uns daher in diesem Kapitel mit Verfahren zur Lösung linearer Gleichungssysteme beschäftigen und diese auch genau auf ihre Qualität hin untersuchen.

Zur Vereinfachung der Schreibweise werden wir in diesem Kapitel auf die Kennzeichnung von Vektoren durch Vektorpfeile weitestgehend verzichten.

9.1 Anwendungsbeispiele

Beispiel 9.1 *Ein erstes Anwendungsbeispiel ist selbstverständlich unser zentrales Modellprojekt 1 (Fahrerkabine).*

Wir haben bereits gesehen, dass das explizite Euler–Verfahren nur für sehr kleine h brauchbare Ergebnisse liefert. Dies hat nichts mit der Nichtlinearität der Differenzialgleichung zu tun, sondern man bekommt ähnlich schlechte Ergebnisse auch dann, wenn man die Dämpfer nur linear modelliert. In diesem vereinfachten Fall haben wir eine lineare Differenzialgleichung der Form

$$\dot{y} = f(t,y) = Ay + b(t).$$

Anstelle des expliziten Euler–Verfahrens können wir auch das implizite Euler–Verfahren *verwenden, indem wir einen* Rückwärtsdifferenzenquotienten

$$\frac{u_{i+1} - u_i}{h} = f(t_{i+1}, u_{i+1})$$

verwenden. Bei dem vereinfachten linearen Modell erhalten wir dann

$$\frac{u_{i+1} - u_i}{h} = Au_{i+1} + b(t_{i+1})$$

oder alternativ

$$(I - hA)\, u_{i+1} = u_i + hb(t_{i+1}).$$

Auf den ersten Blick liegt ein Nachteil dieser Diskretisierung darin, dass wir u_{i+1} nicht mehr direkt erhalten, wie beim expliziten Euler–Verfahren, sondern zur Berechnung von u_{i+1} nun ein Gleichungssystem mit der Matrix $I - hA$ lösen müssen. Andererseits hat dieses Vorgehen den Vorteil, dass diese Diskretisierung schon für große Schrittweiten gravierend bessere Ergebnisse produziert (Abbildung 9.1).

Abbildung 9.1: Durch das implizite Euler–Verfahren berechnete Schwingverhalten der Massenpunkte der Fahrerkabine für $h = 0.1$

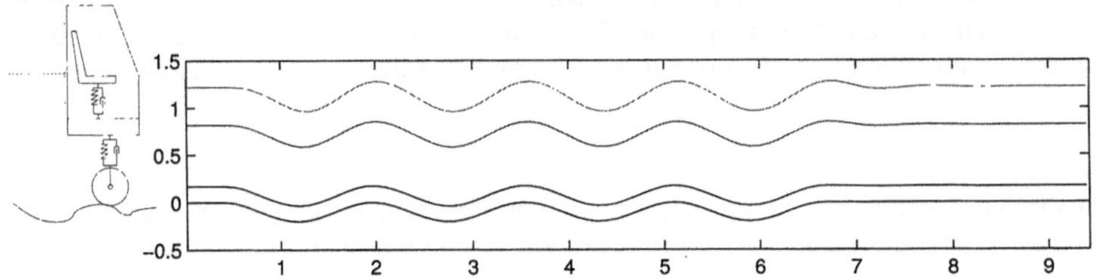

Wir erkennen in Abbildung 9.1, dass selbst die grobe Schrittweite $h = 0.1$ ausreicht um qualitativ verwertbare Resultate zu erzielen. Lediglich Feinheiten werden noch nicht ganz aufgelöst. Man vergleiche dies mit den katastrophalen Ergebnissen des expliziten Euler–Verfahrens in Beispiel 3.11!

Der gewaltige Unterschied in der Qualität der numerischen Ergebnisse wird dadurch erkauft, dass man jetzt in jedem Schritt ein lineares Gleichungssystem lösen muss. Der Aufwand scheint aber angesichts der Unterschiede in der Schrittweite ($h = 0.1$ verglichen mit $h = 10^{-4}$) vertretbar, wenn es uns gelingt, die Gleichungssysteme gut und schnell zu lösen.

Beispiel 9.2 *Ein weiteres Beispiel ist das zentrale Modellprojekt 2 der Kühlrippe.*

Wir haben in Beispielen 5.1 und 5.2 schon gesehen, dass die Diskretisierung der stationären eindimensionalen Wärmeleitungsgleichung auf ein lineares Gleichungssystem der Form $Au = b$ führt. In Beispiel 5.2 hat dabei die Matrix A die Form

$$A = \frac{w}{h^2} \begin{bmatrix} 2 & -1 & & & \\ -1 & 2 & -1 & & \\ & & \ddots & \ddots & \ddots & \\ & & & -1 & 2 & & -1 \\ & & & & -2 & 2(1 - h\alpha) \end{bmatrix}.$$

Dabei werden, um eine gute Approximation zu erhalten, eine ganze Reihe von Gitterpunkten $x_0, \ldots, x_n$ benötigt, so dass die resultierende Matrix dann bereits sehr groß ist. Dies gilt umso mehr bei der zweidimensionalen Modellierung. weil dort die resultierende Matrix noch erheblich größer ist (siehe Beispiel 5.3)!

9.2 Normen und andere Grundlagen

Als Grundlage für die folgenden Abschnitte wiederholen wir aus der Linearen Algebra und Analysis einige Ergebnisse zum Thema Normen. Sei dazu im folgenden $\mathbb{K} = \mathbb{R}$ oder $\mathbb{K} = \mathbb{C}$.

Jede *Vektornorm* $\|\ \|$ erfüllt die folgenden Bedingungen.

$$
\begin{aligned}
\|x\| &\geq 0 \quad \text{für alle } x \in \mathbb{K}^n \\
&\qquad (\text{ dabei ist } \|x\| = 0 \text{ genau dann wenn } x = 0), \\
\|x + y\| &\leq \|x\| + \|y\| \text{ für alle } x, y \in \mathbb{K}^n, \\
\|\alpha x\| &= |\alpha|\|x\| \text{ für alle } \alpha \in \mathbb{K},\ x \in \mathbb{K}^n.
\end{aligned}
\tag{9.1}
$$

Beispiel 9.3 *Wichtige Beispiele für Normen die wir verwenden werden, sind die p-Normen $\|x\|_p = (\sum_{i=1}^n |x_i|^p)^{\frac{1}{p}}$, inbesondere die Fälle $p = 1$, $p = 2$ und $p = \infty$:*

$$
\begin{aligned}
\textit{Euklidische Norm:} &\qquad \|x\|_2 &=&\quad (|x_1|^2 + |x_2|^2 + \cdots + |x_n|^2)^{\frac{1}{2}} = \sqrt{x^\top x}, \\
\textit{Betragssummennorm:} &\qquad \|x\|_1 &=&\quad |x_1| + |x_2| + \cdots + |x_n|, \\
\textit{Maximumnorm:} &\qquad \|x\|_\infty &=&\quad \max_{1 \leq k \leq n} |x_k|.
\end{aligned}
$$

Natürlich kann man Normen auch für Matrizen definieren, da die Menge $\mathbb{K}^{m,n}$ der $m \times n$ Matrizen über $\mathbb{K}$ einen Vektorraum bilden.

Beispiel 9.4 *Einfachstes Beispiel für eine Matrixnorm ist die Frobenius–Norm*

$$
\|A\|_F = \left(\sum_{i=1}^m \sum_{j=1}^n |a_{ij}|^2 \right)^{\frac{1}{2}}.
\tag{9.2}
$$

Dies ist die euklidische Norm auf $\mathbb{K}^{mn}$, d.h. man liest die Matrix als einen Vektor, in den man alle Spalten untereinander geschrieben hat.

Vernünftiger Weise sollte eine Matrixnorm verträglich mit der Matrixmultiplikation sein, d.h. die Ungleichung $\|Ax\| \leq \|A\| \cdot \|x\|$ erfüllen. Diese Eigenschaft braucht man in vielen Abschätzungen, denn sie liefert die Ungleichung

$$
\|ABx\| \leq \|A\| \cdot \|Bx\| \leq \|A\| \cdot \|B\| \cdot \|x\|,
$$

also $\|AB\| \leq \|A\| \cdot \|B\|$. Eine solche Matrixnorm nennt man *konsistent*. Konsistente Matrixnormen lassen sich sehr einfach konstruieren, durch

$$
\|A\|_p := \sup_{x \neq 0} \frac{\|Ax\|_p}{\|x\|_p} = \max_{\|x\|_p = 1} \|Ax\|_p,
\tag{9.3}
$$

d.h. $\|A\|_p$ ist der größtmögliche Quotient $\frac{\|Ax\|_p}{\|x\|_p}$. Damit bekommen wir die Ungleichung $\|Ax\|_p \leq \|A\|_p \cdot \|x\|_p$ quasi geschenkt.

Die so definierte Matrixnorm (9.3) erfüllt die Bedingungen (9.1), (d.h. $\|A\|_p = 0$ genau dann wenn $A = 0$, $\|\lambda A\|_p = |\lambda| \cdot \|A\|_p$ und $\|A + B\| \leqslant \|A\| + \|B\|$), darüber hinaus verträgt sie sich per Konstruktion mit der Matrixmultiplikation.

Wie können wir solch eine Norm ausrechnen? Leider kennt man in der Praxis eigentlich nur drei Fälle, in denen man konkrete Formeln für $\|A\|_p$ angegeben kann. Dies sind wieder die Fälle $p = 1, 2, \infty$.

Beispiel 9.5

$p = 1$: (Maximale) Spaltensummennorm

$$\|A\|_1 \;=\; \max_{1 \leqslant j \leqslant n} \sum_{i=1}^{m} |a_{i,j}|.$$

Für die Matrix $M = \begin{bmatrix} 1 & 5 \\ -3 & 0 \end{bmatrix}$ *erhalten wir* $\|A\|_1 = \max\{4, 5\} = 5$.

$p = \infty$: (Maximale) Zeilensummennorm

$$\|A\|_\infty \;=\; \max_{1 \leqslant i \leqslant m} \sum_{j=1}^{n} |a_{i,j}|.$$

Für M *erhalten wir* $\|A\|_1 = \max\{6, 3\} = 6$.

$p = 2$: *Für die* Matrix 2–Norm oder Spektralnorm *gilt:*

$$\|A\|_2^2 = \;\text{größter Eigenwert von } A^\top A.$$

Heute werden vielfach für Fehleranalysen nicht Normabschätzungen sondern elementweise Abschätzungen verwendet, weil damit eine bessere Kontrolle des Fehlers in einzelnen Komponenten möglich ist. Dazu brauchen wir *Absolutbeträge für Matrizen*.

Sei $A \in \mathbb{C}^{m,n}$, dann ist $|A| = B = [b_{i,j}]$ mit $b_{i,j} = |a_{i,j}|$. Wir setzen

$$B \leqslant A, \text{ falls } b_{i,j} \leqslant a_{i,j}, \text{ für alle } i = 1, \ldots, m,\ j = 1, \ldots, n.$$

Proposition 9.6 *Für das Rechnen mit Beträgen bei Matrizen gelten folgende Regeln.*

$$\begin{aligned} |A + B| &\leqslant |A| + |B|, \\ |AB| &\leqslant |A|\,|B|. \end{aligned}$$

Beim Speichern oder Runden einer Matrix ergibt sich

$$[gl(A)]_{i,j} = [gl(a_{i,j})] = [a_{i,j}(1 + \varepsilon_{i,j})] \text{ mit } |\varepsilon_{i,j}| \leqslant \text{eps}.$$

Dann folgt

$$|gl(A) - A| \leqslant \text{eps}\,|A|.$$

Dieses kann aber auch als Normungleichung umgeschrieben werden:

$$\|gl(A) - A\|_1 \leqslant \text{eps}\,\|A\|_1.$$

9.3   Kondition eines linearen Gleichungssystems

Da die Lösung von Gleichungssystemen so wichtig ist, wollen wir für diesen Fall exemplarisch die volle Fehleranalyse betrachten. Dazu untersuchen wir zuerst einmal die Kondition des Problems.

Um eine Idee zu bekommen was passiert, betrachten wir das gestörte System

$$(A + \varepsilon F)x(\varepsilon) = b + \varepsilon f, \; x(0) = x, \; F \in \mathbb{K}^{n,n}, \; f \in \mathbb{K}^{n},$$

wobei $\varepsilon > 0$ hinreichend klein sein soll. Falls A nichtsingulär ist, so ist für kleines ε auch $A + \varepsilon F$ invertierbar und damit $x(\varepsilon)$ differenzierbar in einer Umgebung von 0. Mit Hilfe der Produktregel sehen wir, dass

$$Fx(\varepsilon) + (A + \varepsilon F)x'(\varepsilon) = f$$

und es gilt für $\varepsilon = 0$:

$$x'(0) = A^{-1}(f - Fx).$$

Eine Taylor–Entwicklung von $x(\varepsilon)$ um $\varepsilon = 0$ liefert

$$x(\varepsilon) = x + \varepsilon x'(0) + \mathcal{O}(\varepsilon^2).$$

Also folgt für jede Vektornorm und zugehörige konsistente Matrixnorm, dass

$$\frac{\|x(\varepsilon) - x\|}{\|x\|} \leqslant \varepsilon \|A^{-1}\| \left\{ \frac{\|f\|}{\|x\|} + \|F\| \right\} + \mathcal{O}(\varepsilon^2).$$

Für die Lösung eines linearen Gleichungssystems $Ax = b$ mit einer nichtsingulären Matrix A definieren wir die *Konditionszahl* einer Matrix bezüglich der Norm $\| \; \|_p$ als

$$\kappa_p(A) := \|A\|_p \|A^{-1}\|_p, \tag{9.4}$$

und wir setzen $\kappa_p(A) = \infty$ für A singulär. Mit der Konsistenzungleichung $\|b\| \leqslant \|A\|\|x\|$ folgt dann für den relativen Fehler

$$\frac{\|x(\varepsilon) - x\|}{\|x\|} \leqslant \kappa(A)(r_A + r_b) + \mathcal{O}(\varepsilon^2), \tag{9.5}$$

wobei

$$r_A = \varepsilon \frac{\|F\|}{\|A\|}, \; r_b = \varepsilon \frac{\|f\|}{\|b\|}$$

die relativen Fehler in A und b sind.

Bemerkung: Hier haben wir die Terme in ε^2 vernachlässigt, daher gilt die Ungleichung nur bis auf Terme in ε^2. Im Allgemeinen ist das kein Problem, es gibt jedoch komplexere Matrixprobleme, wo man mit so einer Abschätzung vorsichtig sein muss, siehe z.B. [32].

Damit ist $\kappa(A)$ der Verstärkungsfaktor für die relativen Fehler in den Daten. Man nennt $\kappa(A)$ daher auch die *Konditionszahl von A*. Wir erhalten das wichtige Ergebnis:

> **Die Konditionszahl $\kappa(A) = \|A\| \cdot \|A^{-1}\|$ beschreibt die Kondition des linearen Gleichungssystems**

An dieser Stelle sei noch einmal daran erinnert, dass die Kondition eine Eigenschaft des Problems ist und nicht des Algorithmus und das die folgende Faustregel gilt.

> **Für schlecht konditionierte Probleme kann man auch den Ergebnissen eines numerisch stabilen Algorithms nicht trauen.**

Wir werden im folgenden den gebräuchlichsten Algorithmus zur Lösung von linearen Gleichungssystemen, nämlich die LR–Zerlegung, oft auch als Gauß–Elimination bezeichnet, vorstellen und untersuchen.

9.4 Die LR–Zerlegung

Eine zentrale Idee bei zahlreichen Methoden zur Lösung linearer Gleichungssysteme ist es, die Matrix des Systems in ein Produkt von Matrizen zu zerlegen, so dass Gleichungssysteme mit den Faktoren einfach zu lösen sind. Die einfachste Zerlegung dieser Art ist die LR–Zerlegung einer Matrix A als $A = LR$, wobei L eine untere und R eine obere Dreiecksmatrix ist, d.h.

$$A = \begin{bmatrix} \diagdown \end{bmatrix} \begin{bmatrix} \diagdown \end{bmatrix}$$

Falls man so eine Zerlegung hat, so löst man das Gleichungssystem $Ax = b$, indem man erst $Ly = b$ und dann $Rx = y$ nacheinander löst. Dies behandeln wir in Abschnitt 9.5 (Algorithmus 9.12).

Die LR–Zerlegung wird mittels des Gaußschen Eliminationsverfahrens erzeugt. Es ist aus der Grundvorlesung zur Linearen Algebra bekannt, wie man eine Matrix auf Zeilen–Stufen–Form (oder obere Dreiecksgestalt) bringt. Man erzeugt, ausgehend von A, Spalte für Spalte Nullen unterhalb der Diagonale.

Beispiel 9.7 *Schauen wir das mal für ein einfaches Beispiel an:*

$$A = \begin{bmatrix} 3 & 17 & 10 \\ 2 & 4 & -2 \\ 6 & 18 & -12 \end{bmatrix}$$

$$\begin{array}{l} Z.\ II \to Z.\ II - \dfrac{2}{3} \times Z.\ I \\[2mm] Z.\ III \to Z.\ II - 2 \times Z.\ I \end{array} \quad \to \quad \begin{bmatrix} 3 & 17 & 10 \\ 0 & -\dfrac{22}{3} & -\dfrac{26}{3} \\ 0 & -16 & -32 \end{bmatrix}$$

$$Z.\ III \to Z.\ III - \frac{24}{11} \times Z.\ II \quad \to \quad \begin{bmatrix} 3 & 17 & 10 \\ 0 & -\dfrac{22}{3} & -\dfrac{26}{3} \\ 0 & 0 & -\dfrac{144}{11} \end{bmatrix}$$

Jeden einzelnen Eliminationsschritt kann man durch eine Multiplikation mit einer Matrix von links beschreiben. Beispielsweise ist für $a_{11} \neq 0$,

$$\underbrace{\begin{bmatrix} 1 & 0 & 0 \\ -\dfrac{a_{21}}{a_{11}} & 1 & 0 \\ -\dfrac{a_{31}}{a_{11}} & 0 & 1 \end{bmatrix}}_{=:M_1} \underbrace{\begin{bmatrix} a_{11} & a_{12} & a_{13} \\ a_{21} & a_{22} & a_{23} \\ a_{31} & a_{32} & a_{33} \end{bmatrix}}_{A} = \underbrace{\begin{bmatrix} a_{11}^{(1)} & a_{12}^{(1)} & a_{13}^{(1)} \\ 0 & a_{22}^{(1)} & a_{23}^{(1)} \\ 0 & a_{32}^{(1)} & a_{33}^{(1)} \end{bmatrix}}_{=:A^{(1)}}.$$

Die Matrizen, mit der wir von links multiplizieren, bezeichnen wir als *Gauß–Transformationen*. Diese hängen nur von der führenden Spalte der Restmatrix ab.

Damit lässt sich die Gauß–Elimination formal als eine Multiplikation mit Dreiecksmatrizen $M_1, M_2, \ldots, M_{n-1}$ von links schreiben, d.h.

$$M_{n-1} \cdots M_2 M_1 A = R.$$

Jeder einzelne Eliminationsschritt hat die Form

$$A^{(k)} = M_k A^{(k-1)}, \tag{9.6}$$

mit

$$M_k := \begin{bmatrix} 1 & & & & & \\ & \ddots & & & & \\ & & 1 & & & \\ & & -l_{k+1,k} & 1 & & \\ & & \vdots & & \ddots & \\ & & -l_{n,k} & & & 1 \end{bmatrix} = I - l^{(k)} e_k^\top, \quad l^{(k)} := \begin{bmatrix} 0 \\ \vdots \\ 0 \\ l_{k+1,k} \\ \vdots \\ l_{n,k} \end{bmatrix}, \tag{9.7}$$

wobei I die Einheitsmatrix und e_k der k-te Einheitsvektor ist.

Die Parameter $l_{i,k}$ berechnen sich dabei im k–ten Schritt durch

$$l_{i,k} = \frac{a_{i,k}^{(k-1)}}{a_{k,k}^{(k-1)}}. \tag{9.8}$$

Man beachte, dass wir hier natürlich voraussetzen müssen, dass $a_{k,k}^{(k-1)} \neq 0$. Die Elemente $a_{k,k}^{(k-1)}$, durch die wir teilen müssen nennt man *Pivotelemente* oder kurz *Pivots*. In der Praxis führt man nicht die Matrixmultiplikationen $M_{n-1} \cdots M_2 M_1$ durch, sondern nutzt die Tatsache, dass

$$M_k^{-1} := \begin{bmatrix} 1 & & & & & \\ & \ddots & & & & \\ & & 1 & & & \\ & & l_{k+1,k} & 1 & & \\ & & \vdots & & \ddots & \\ & & l_{n,k} & & & 1 \end{bmatrix}$$

und dass

$$L := M_1^{-1} M_2^{-1} \cdots M_{n-1}^{-1} == \begin{bmatrix} 1 & & & \\ l_{2,1} & 1 & & \\ \vdots & & \ddots & \ddots & \\ l_{n,1} & \cdots & l_{n,n-1} & 1 \end{bmatrix}.$$

Das bedeutet, dass wir für die Bestimmung der Matrix L gar nicht rechnen müssen, sondern einfach nur die berechneten Eliminationskoeffizienten in die Matrix L eintragen. Insgesamt erhalten wir $M_{n-1} \cdots M_2 M_1 A = R$ oder besser

$$A = M_1^{-1} M_2^{-1} \cdots M_{n-1}^{-1} R = LR.$$

Beispiel 9.8 *Wir schauen uns Beispiel 9.7 noch einmal an verwenden jetzt aber kompakte Speicherung, d.h. wir schreiben die relevanten Elemente von L (d.h. die unterhalb der Diagonale) in die freiwerdenden Nullen der Dreiecksmatrix.*

$$A = \begin{bmatrix} 3 & 17 & 10 \\ 2 & 4 & -2 \\ 6 & 18 & -12 \end{bmatrix} \qquad \begin{array}{|ccc|} \hline 3 & 17 & 10 \\ 2 & 4 & -2 \\ 6 & 18 & -12 \\ \hline \end{array}$$

$$\begin{array}{l} Z.\, II \to Z.\, II - \dfrac{2}{3} \times Z.\, I \\[2mm] Z.\, III \to Z.\, II - 2 \times Z.\, I \end{array} \quad \to \quad \begin{bmatrix} 3 & 17 & 10 \\ 0 & -\dfrac{22}{3} & -\dfrac{26}{3} \\ 0 & -16 & -32 \end{bmatrix} \qquad \begin{array}{|c|cc|} \hline 3 & 17 & 10 \\ \dfrac{2}{3} & -\dfrac{22}{3} & -\dfrac{26}{3} \\ 2 & -16 & -32 \\ \hline \end{array}$$

$$Z.\, III \to Z.\, III - \dfrac{24}{11} \times Z.\, II \quad \to \quad \begin{bmatrix} 3 & 17 & 10 \\ 0 & -\dfrac{22}{3} & -\dfrac{26}{3} \\ 0 & 0 & -\dfrac{144}{11} \end{bmatrix} \qquad \begin{array}{|c|c|c|} \hline 3 & 17 & 10 \\ \dfrac{2}{3} & -\dfrac{22}{3} & -\dfrac{26}{3} \\ 2 & \dfrac{24}{11} & -\dfrac{144}{11} \\ \hline \end{array}$$

Damit bekommen wir am Ende

$$\underbrace{\begin{bmatrix} 3 & 17 & 10 \\ 2 & 4 & -2 \\ 6 & 18 & -12 \end{bmatrix}}_{A} = \underbrace{\begin{bmatrix} 1 & 0 & 0 \\ \dfrac{2}{3} & 1 & 0 \\ 2 & \dfrac{24}{11} & 1 \end{bmatrix}}_{L} \underbrace{\begin{bmatrix} 3 & 17 & 10 \\ 0 & -\dfrac{22}{3} & -\dfrac{26}{3} \\ 0 & 0 & -\dfrac{144}{11} \end{bmatrix}}_{R}$$

Wir wollen nun eine Rückwärts–Fehleranalyse durchführen. Im Schritt (9.6) erhalten wir mit $l^{(k)}$ wie in (9.7) den numerisch berechneten Wert

$$\tilde{l}^{(k)} = l^{(k)} + f^{(k)}, \text{ wobei } |f^{(k)}| \leqslant \text{eps}\,|l^{(k)}|. \tag{9.9}$$

Beachte dabei, dass nur die Elemente ab Zeile $k + 1$ gestört werden.

Damit erhält man für das Ergebnis des Aufdatierungsschrittes (9.6)

$$gl\left((I - \tilde{l}^{(k)}e_k^{\top})A^{(k-1)}\right) = (I - l^{(k)}e_k^{\top})A^{(k-1)} + F^{(k)}, \tag{9.10}$$

wobei

$$|F^{(k)}| \leqslant 3\,\text{eps}\,(|A^{(k-1)}| + |l^{(k)}|\,|A^{(k-1)}(k,:)|) + \mathcal{O}(\text{eps}^2). \tag{9.11}$$

(Hier bezeichnet in MATLAB-Notation $A^{(k-1)}(k,:)$ die k-te Zeile von $A^{(k-1)}$.)

> **Falls $|l^{(k)}|$ große Einträge hat, dann werden die Fehler in $|A^{(k)}|$ sehr groß gegenüber $|A^{(k-1)}|$.**

Wir fassen die Methode der LR–Zerlegung im folgenden Algorithmus (in MATLAB-Notation) zusammen.

Algorithmus 9.9 (LR–Zerlegung) *Berechnet für $A \in \mathbb{K}^{n,n}$ eine LR–Zerlegung. Falls keine Null-Pivots $A(k,k)$ auftreten, so liefert der Algorithmus am Ende $A = LR$, wobei von L nur der strikte untere Dreiecksanteil in den ehemaligen Einträgen von A gespeichert wird, sowie auf der Diagonale und oberhalb die Einträge von R.*

> *for* $k = 1 : n - 1$
>   *Falls $A(k,k) \neq 0$:*
>   *Setze $R(k,k+1{:}n) = A(k,k+1{:}n)$ und überschreibe $A(k,k+1{:}n)$ mit $R(k,k+1{:}n)$.*
>   *Setze $L(k+1{:}n,k) = A(k+1{:}n,k)/A(k,k)$ und überschreibe $A(k+1{:}n,k)$ mit*
>   *$L(k+1{:}n,k)$.*
>   *$A(k+1{:}n,k+1{:}n) := A(k+1{:}n,k+1{:}n) - L(k+1{:}n,k) * R(k,k+1{:}n)$.*
> *end*
> *Verwende $R(n,n) = A(n,n)$ und überschreibe $A(n,n)$ mit $R(n,n)$.*

Die Kosten für den Algorithmus betragen $\frac{2n^3}{3}$ flops (siehe Kapitel 4).

Im Wesentlichen enthält Algorithmus 9.9 drei Schleifen die ineinander geschachtelt sind. Je nach Rechnerarchitektur ist es besser eine andere als die beschriebene Anordnung zu verwenden. Siehe dazu die verschiedenen Implementationsvarianten z.B. in [16].

Gibt es ein Kriterium, welches garantiert, dass keine Null-Pivots auftreten ?

Die Antwort gibt der folgende Satz.

Satz 9.10 (Existenz und Eindeutigkeit der LR–Zerlegung)
Eine Matrix $A \in \mathbb{K}^{n,n}$ hat eine LR–Zerlegung, wenn

$$\det\left(A(1:k,1:k)\right) \neq 0 \quad \text{für } k = 1,\ldots,n-1. \tag{9.12}$$

Falls die LR–Zerlegung existiert und A nichtsingulär ist, so ist die LR–Zerlegung eindeutig und $\det A = r_{1,1}\cdots r_{n,n}$.

Beweis. $\rightarrow$ Abschnitt 9.11.1.

Bemerkung: Dieser Satz hilft in der Praxis allerdings nicht viel weiter, da man im Allgemeinen die Determinanten nicht kennt. Andererseits zeigt er eine wichtige Eigenschaft der LR–Zerlegung, nämlich, dass wenn man sie berechnet hat, man automatisch die Werte aller führenden Hauptabschnittsdeterminanten $A(1:k,1:k)$ von A bestimmt hat. Dies ist auch die praktische Methode um Determinanten zu bestimmen, falls man diese in einer Anwendung benötigt.

Die eigentliche Lösung eines linearen Gleichungssystems folgt nun basierend auf der gerade berechneten LR–Zerlegung.

Haben wir eine LR–Zerlegung berechnet, so können wir, wie oben beschrieben, das Gleichungssystem $Ax = LRx = L(Rx) = b$ lösen. Dazu setzen wir $Rx = y$ und lösen zuerst das untere Dreieckssystem $Ly = b$ und anschließend das obere Dreieckssystem $Rx = y$.

Auch wenn es offensichtlich ist, wie man Dreieckssysteme löst, werden wir uns im nächsten Abschnitt mit dieser Frage beschäftigen.

9.5 Lösen von Dreieckssystemen

Zur Illustration der Lösung von Dreieckssystemen schauen wir uns noch mal ein Beispiel an.

Beispiel 9.11 *Wir setzen Beispiel 9.8 fort. Löse*

$$\begin{bmatrix} 3 & 17 & 10 \\ 2 & 4 & -2 \\ 6 & 18 & -12 \end{bmatrix} x = \begin{bmatrix} 30 \\ 4 \\ 12 \end{bmatrix}, \text{ wobei } A = \underbrace{\begin{bmatrix} 1 & 0 & 0 \\ \dfrac{2}{3} & 1 & 0 \\ 2 & \dfrac{24}{11} & 1 \end{bmatrix}}_{L} \underbrace{\begin{bmatrix} 3 & 17 & 10 \\ 0 & -\dfrac{22}{3} & -\dfrac{26}{3} \\ 0 & 0 & -\dfrac{144}{11} \end{bmatrix}}_{R}.$$

1. Substituiere $y = Rx$.

2. Löse $\underbrace{\begin{bmatrix} 1 & 0 & 0 \\ \dfrac{2}{3} & 1 & 0 \\ 2 & \dfrac{24}{11} & 1 \end{bmatrix}}_{L} y = \begin{bmatrix} 30 \\ 4 \\ 12 \end{bmatrix}$. *Das ergibt $y = \begin{bmatrix} 30 \\ -16 \\ -\dfrac{144}{11} \end{bmatrix}$.*

$$3.\ L\ddot{o}se\ \begin{bmatrix} 3 & 17 & 10 \\ 0 & -\dfrac{22}{3} & -\dfrac{26}{3} \\ 0 & 0 & -\dfrac{144}{11} \end{bmatrix} x = \begin{bmatrix} 30 \\ -16 \\ -\dfrac{144}{11} \end{bmatrix}.\ Daraus\ folgt\ x = \begin{bmatrix} 1 \\ 1 \\ 1 \end{bmatrix}.$$

$$\underbrace{\phantom{\begin{bmatrix} 3 & 17 & 10 \end{bmatrix}}}_{R}$$

In der i–ten Zeile von $Lx = b$ steht die Gleichung

$$l_{i,1}x_1 + \cdots + l_{i,i-1}x_{i-1} + l_{i,i}x_i = b_i,$$

wobei per Konstruktion der LR–Zerlegung $l_{i,i} = 1$. Wie schreiben hier jedoch den allgemeinen Fall auf, da wir später (in Algorithmus 9.26) den allgemeinen Fall brauchen werden.

Da wir, wenn wir zur i-ten Zeile kommen, bereits $x_1, \ldots x_{i-1}$ ausgerechnet haben, erhalten wir für $i = 1,2,\ldots,n-1,n$

$$x_i := \left[b_i - \sum_{j=1}^{i-1} l_{i,j}x_j \right] / l_{i,i}. \tag{9.13}$$

Man nennt dieses Vorgehen *Vorwärtseinsetzen*. Die Kosten für (9.13) betragen n^2 flops. Eine Rückwärtsanalyse für (9.13) liefert für die berechnete Lösung $\tilde{x}$:

$$(L + F)\tilde{x} = b,\ \text{wobei } |F| \leqslant n \cdot \text{eps} \cdot |L| + \mathcal{O}(\text{eps}^2). \tag{9.14}$$

Das analoge Vorgehen für obere Dreiecksmatrizen heißt *Rückwärtseinsetzen*. Für $i = n,n-1,\ldots,2,1$ bekommen wir

$$x_i := \left[b_i - \sum_{j=i+1}^{n} r_{i,j}x_j \right] / r_{i,i}. \tag{9.15}$$

Kosten und Fehleranalyse für (9.15) sind genauso wie bei (9.13), d.h.

$$(R + F)\tilde{x} = b,\ \text{wobei } |F| \leqslant n \cdot \text{eps} \cdot |R| + \mathcal{O}(\text{eps}^2). \tag{9.16}$$

Mit Hilfe von Vorwärts– und Rückwärtseinsetzen erhalten wir folgenden Algorithmus:

Algorithmus 9.12 (Lösen von $Ax = b$ mit Hilfe der LR–Zerlegung) *Berechnet für $A \in \mathbb{R}^{n,n}$ zerlegt als $A = LR$, wobei L untere Dreiecksmatrix mit Einheitsdiagonale und R obere Dreiecksmatrix ist, und gegebene rechte Seite b, die Lösung x von $Ax = b$ überschrieben auf b.*

```
for i = 1 : n
    b(i) := b(i) − L(i,1:i−1) * b(1:i−1);
end
for i = n : −1 : 1
    b(i) := [b(i) − R(i,i+1:n) * b(i+1:n)] / R(i,i);
end
```

Es gibt Varianten dieser Algorithmen für Parallel– und Vektorrechner (spaltenorientierte Versionen) und entsprechende Block–Versionen für mehrere rechte Seiten, siehe dazu z.B. [16].

Die Algorithmen zum Vorwärts– und Rückwärtseinsetzen bilden die Basis für die Lösung von Gleichungssystemen mittels einer LR–Zerlegung und sind in Softwarepaketen wie LAPACK [33] und auch direkt in MATLAB [34] implementiert.

9.6   Fehleranalyse der LR–Zerlegung

In diesem Kapitel betrachten wir die Fehleranalyse für die LR–Zerlegung in der Form von Algorithmus 9.9. Die Rückwärtsanalyse für die numerisch berechnete LR–Zerlegung wird durch folgenden Satz beschrieben.

Satz 9.13 *Sei* $A \in \mathbb{K}^{n,n}$ *eine Matrix von Maschinenzahlen. Falls kein Null–Pivot während der Ausführung von Algorithmus 9.9 auftritt, dann erfüllen die berechneten Faktoren* $\tilde{L}$ *und* $\tilde{R}$ *die Gleichung*

$$\tilde{L}\tilde{R} = A + H \tag{9.17}$$

mit einem äquivalenten Datenfehler

$$|H| \leqslant 3(n-1)\,\text{eps}\,(|A| + |\tilde{L}||\tilde{R}|) + \mathcal{O}(\text{eps}^2). \tag{9.18}$$

Beweis. Siehe z.B. [16].

Damit haben wir eine Analyse über die LR–Zerlegung. Jetzt müssen wir noch analysieren, was bei den beiden Dreiecks-Lösern passiert.

Satz 9.14 *Seien* $\tilde{L},\tilde{R}$ *die berechneten LR–Faktoren aus Algorithmus 9.9. Durch das Vorwärts–/Rückwärtseinsetzen mittels (9.13) und (9.15) zur Lösung von* $\tilde{L}y = b$ *und* $\tilde{R}x = \tilde{y}$ *erhalten wir, dass* $\tilde{x}$ *die Gleichung* $(A + E)\tilde{x} = b$ *löst, mit einem äquivalenten Datenfehler*

$$|E| \leqslant n\,\text{eps}\,(3|A| + 5|\tilde{L}|\,|\tilde{R}|) + \mathcal{O}(\text{eps}^2). \tag{9.19}$$

Beweis. Siehe z.B. [16].

Was lernen wir aus dieser Rückwärtsanalyse ?

Der kritische Term in beiden Schranken (9.18) und (9.19) für die äquivalenten Datenfehler ist $|\tilde{L}||\tilde{R}|$. Dieser Term kann sehr groß werden, insbesondere wenn durch Pivotelemente von sehr kleinem Betrag geteilt wird. In dieser Form des Algorithmus können kleine Pivotelemente auftreten oder sogar 0 sein (außer bei einigen speziellen Klassen von Matrizen). Damit erhalten wir eine wichtige Folgerung.

> **Für allgemeine Matrizen ist die LR-Zerlegung *nicht* rückwärts stabil.**

Wir sollten den Algorithmus also verändern, um gesichert gute Ergebnisse zu erhalten. Dies ist das Thema des nächsten Abschnitts.

9.7 Partielle Pivotisierung

Um zu vermeiden, dass bei der Durchführung der LR–Zerlegung Null–Pivots oder sehr kleine Pivots auftreten, wird jeweils in der momentan bearbeiteten Spalte das betragsmäßig maximale Element gesucht und durch eine Zeilenvertauschung (Multiplikation mit Permutationsmatrizen P_k) in die Diagonalposition gebracht.

Diese Vorgehensweise heißt *Spaltenpivotisierung oder partielle Pivotisierung* und garantiert, dass alle Multiplikatoren (9.8) vom Betrag kleiner oder gleich 1 sind.

Beispiel 9.15 *Wir betrachten Beispiel 9.8, jetzt aber mit partieller Pivotisierung. Um uns das Vertauschen der Zeilen zu merken, führen wir einen zusätzlichen Permutationsvektor mit.*

$$
A \;=\; \begin{bmatrix} 3 & 17 & 10 \\ 2 & 4 & -2 \\ 6 & 18 & -12 \end{bmatrix}
\qquad
\left[\begin{array}{ccc|c} 3 & 17 & 10 & 1. \\ 2 & 4 & -2 & 2. \\ 6 & 18 & -12 & 3. \end{array}\right]
$$

$$
Z.\,I \leftrightarrow Z.\,III \quad \rightarrow \quad
\begin{bmatrix} 6 & 18 & -12 \\ 2 & 4 & -2 \\ 3 & 17 & 10 \end{bmatrix}
\qquad
\left[\begin{array}{ccc|c} 6 & 18 & -12 & 3. \\ 2 & 4 & -2 & 2. \\ 3 & 17 & 10 & 1. \end{array}\right]
$$

$$
\begin{aligned}
Z.\,II &\to Z.\,II - \tfrac{1}{3} \times Z.\,I \\
Z.\,III &\to Z.\,II - \tfrac{1}{2} \times Z.\,I
\end{aligned}
\quad \rightarrow \quad
\begin{bmatrix} 6 & 18 & -12 \\ 0 & -2 & 2 \\ 0 & 8 & 16 \end{bmatrix}
\qquad
\left[\begin{array}{ccc|c} 6 & 18 & -12 & \\ \tfrac{1}{3} & -2 & 2 & 3. \\ & & & 2. \\ \tfrac{1}{2} & 8 & 16 & 1. \end{array}\right]
$$

$$
Z.\,II \leftrightarrow Z.\,III \quad \rightarrow \quad
\begin{bmatrix} 6 & 18 & -12 \\ 0 & 8 & 16 \\ 0 & -2 & 2 \end{bmatrix}
\qquad
\left[\begin{array}{ccc|c} 6 & 18 & -12 & \\ \tfrac{1}{2} & 8 & 16 & 3. \\ & & & 1. \\ \tfrac{1}{3} & -2 & 2 & 2. \end{array}\right]
$$

$$
Z.\,III \to Z.\,III - (-\tfrac{1}{4}) \times Z.\,II \quad \rightarrow \quad
\begin{bmatrix} 6 & 18 & -12 \\ 0 & 8 & 16 \\ 0 & 0 & 6 \end{bmatrix}
\qquad
\left[\begin{array}{ccc|c} 6 & 18 & -12 & \\ \tfrac{1}{2} & 8 & 16 & 3. \\ & & & 1. \\ \tfrac{1}{3} & -\tfrac{1}{4} & 6 & 2. \end{array}\right]
$$

Da wir Vertauschungen durchgeführt haben, müssen wir die Zeilen von A genauso umordnen und erhalten

$$\underbrace{\begin{bmatrix} 3 & 17 & 10 \\ 2 & 4 & -2 \\ 6 & 18 & -12 \end{bmatrix}}_{A} \rightarrow \underbrace{\begin{bmatrix} 6 & 18 & -12 \\ 3 & 17 & 10 \\ 2 & 4 & -2 \end{bmatrix}}_{PA} = \underbrace{\begin{bmatrix} 1 & 0 & 0 \\ \frac{1}{2} & 1 & 0 \\ \frac{1}{3} & -\frac{1}{4} & 1 \end{bmatrix}}_{L} \underbrace{\begin{bmatrix} 6 & 18 & -12 \\ 0 & 8 & 16 \\ 0 & 0 & 6 \end{bmatrix}}_{R}$$

mit der Permutationsmatrix

$$P = \begin{bmatrix} 0 & 0 & 1 \\ 1 & 0 & 0 \\ 0 & 1 & 0 \end{bmatrix}.$$

In einer Implementation der Methode vertauscht man natürlich nicht die Zeilen explizit (das würde zu viel Rechenzeit kosten), sondern man greift über den Permutationsvektor p auf die Zeilen zu. Man erhält dann den folgenden Algorithmus.

Algorithmus 9.16 (LR–Zerlegung mit partieller Pivotisierung) *Berechnet für nichtsinguläres $A \in \mathbb{K}^{n,n}$ und $p := [1,2,\dots,n]^{\top}$ $PA = LR$, wobei die Einträge von PA gerade die $A(p(i),j)$ sind, von L nur der strikte untere Dreiecksanteil in den ehemaligen Einträgen von A gespeichert wird, sowie auf der Diagonale und oberhalb die Einträge von R.*

> ***for*** $k = 1 : n - 1$
>   *Wähle l so, dass $|A(p(l),k)| = \max_{m=k,\dots,n} |A(p(m),k)|$ ist.*
>   *Falls $|A(p(l),k)| \neq 0$:*
>   *Vertausche im Permutationsvektor p die Komponenten k und l.*
>   *Setze $R(p(k),k+1{:}n) := A(p(k),k+1{:}n)$, überschreibe $A(p(k),k+1{:}n)$ mit $R(p(k),k+1{:}n)$.*
>   *Setze $L(p(k+1{:}n),k) := A(p(k+1{:}n),k)/A(p(k),k)$ und überschreibe $A(p(k+1{:}n),k)$*
>   *mit $L(p(k+1{:}n),k)$.*
> $A(p(k+1{:}n),k+1{:}n) := A(p(k+1{:}n),k+1{:}n) - L(p(k+1{:}n),k) * R(p(k),k+1{:}n).$
> ***end***
> *Verwende $R(p(n),n) = A(p(n),n)$ und überschreibe $A(p(n),n)$ mit $R(p(n),n)$.*

Die Kosten für diesen Algorithmus sind $\mathcal{O}(n^2)$ Vergleiche und $\dfrac{2n^3}{3}$ flops.

Die Lösung des Gleichungssystems besteht dann aus den folgenden Schritten:

0. Vertausche die Komponenten von b, so wie im Permutationsvektor $b \rightarrow Pb$.

1. Substituiere $y = Rx$.

2. Löse $Ly = Pb$ durch Vorwärtseinsetzen.

3. Löse dann $Rx = y$ durch Rückwärtseinsetzen.

Bemerkung: Wenn wir das Gleichungssystem $Ax = b$ lösen, so vertauschen wir natürlich *nicht* die Zeilen von A explizit so wie in Beispiel 9.15, sondern lediglich die Komponenten der rechten Seite b.

Beispiel 9.17 *Wir betrachten Beispiel 9.15 und wollen so wie in Beispiel 9.11 das Gleichungssystem*

$$\begin{bmatrix} 3 & 17 & 10 \\ 2 & 4 & -2 \\ 6 & 18 & -12 \end{bmatrix} x = \begin{bmatrix} 30 \\ 4 \\ 12 \end{bmatrix}$$

lösen, jetzt aber mit Hilfe der LR–Zerlegung und partieller Pivotisierung.

0. Vertausche Komponenten von $\begin{bmatrix} 30 \\ 4 \\ 12 \end{bmatrix} \rightarrow \begin{bmatrix} 12 \\ 30 \\ 4 \end{bmatrix}$ *so wie im Permutationsvektor.*

1. Substituiere $y = Rx$.

2. Löse $\underbrace{\begin{bmatrix} 1 & 0 & 0 \\ \dfrac{1}{2} & 1 & 0 \\ \dfrac{1}{3} & -\dfrac{1}{4} & 1 \end{bmatrix}}_{L} y = \begin{bmatrix} 12 \\ 30 \\ 4 \end{bmatrix}$. *Das ergibt* $y = \begin{bmatrix} 12 \\ 24 \\ 6 \end{bmatrix}$.

3. Löse $\underbrace{\begin{bmatrix} 6 & 18 & -12 \\ 0 & 8 & 16 \\ 0 & 0 & 6 \end{bmatrix}}_{R} x = \begin{bmatrix} 12 \\ 24 \\ 6 \end{bmatrix}$. *Wir erhalten* $x = \begin{bmatrix} 1 \\ 1 \\ 1 \end{bmatrix}$.

Was passiert bei der partiellen Pivotisierung mit L ?

Wir haben am Beispiel 9.15 gesehen, dass komplette Zeilen (also L und R) mit getauscht werden müssen. Dann kann man die Permutation durch L "durchschieben". Dies bestätigt der folgende Satz.

Satz 9.18 *Die LR–Zerlegung mit partieller Pivotisierung (Algorithmus 9.16) liefert eine Zerlegung*

$$PA = LR,$$

wobei P eine Permutationsmatrix ist, L untere Dreiecksmatrix mit Eins–Diagonale, $|l_{i,j}| \leqslant 1$ und R eine obere Dreiecksmatrix.

Beweis. $\rightarrow$ Abschnitt 9.11.2.

Die Fehleranalyse liefert das folgende: Da Permutationen rundungsfehlerfrei durchgeführt werden können, kann man analog zeigen, dass die berechnete Lösung $\tilde{x}$ die Gleichung $(A + E)\tilde{x} = b$ erfüllt mit

$$|E| \leqslant n\,\mathrm{eps}\left[3|A| + 5\tilde{P}^{T}|\tilde{L}|\,|\tilde{R}|\right] + \mathcal{O}(\mathrm{eps}^{2}), \tag{9.20}$$

wobei $\tilde{P}, \tilde{L}, \tilde{R}$ die berechneten P, L, R sind.

Durch die Pivotisierung folgt

$$\|\tilde{L}\|_\infty \leqslant n,$$

und damit

$$\|E\|_\infty \leqslant n\,\mathrm{eps}\,\left[3\|A\|_\infty + 5n\|\tilde{R}\|_\infty\right] + \mathcal{O}(\mathrm{eps}^2).$$

Es lassen sich theoretisch Besipiele finden (siehe z.B. [16]), bei denen die Einträge von R verglichen mit $\|A\|_\infty$ sehr groß werden. Dann wird selbst bei der Verwendung partieller Pivotisierung die Fehlerschranke in (9.20) groß und damit ist der Algorithmus nicht rückwärts stabil. Dieser Effekt tritt aber in der Praxis eher selten auf [16].

Im Allgemeinen ist daher die Lösung von linearen Gleichungssystem über die LR–Zerlegung mit partieller Pivotisierung sehr zuverlässig und kann relativ sorglos verwendet werden, wenn der Algorithmus zusammen mit Fehler- und Konditionsschätzern verwendet wird, (siehe [33] und Abschnitt 9.8).

Bemerkung: Um die Einträge von R ebenfalls zu beschränken gibt es eine Variante, in der das betragsmäßig größte Pivot aus der gesamten Restmatrix $A(k:n,k:n)$ ausgewählt wird. Dazu benötigt man sowohl Permutationen der Zeilen als auch der Spalten. Diese Variante ist allerdings sehr aufwendig, da in jedem Schritt die gesamte Restmatrix durchsucht werden muss. Deshalb verwendet man diese sogenannte *vollständige Pivotisierung* recht selten.

9.8   Abschätzung der Genauigkeit

In der Praxis möchten wir gerne abschätzen, wie genau die von uns berechnete Lösung $\tilde{x}$ der Gleichung $Ax = b$ ist. Dazu können wir zuerst einmal das zugehörige *Residuum* $r = b - A\tilde{x}$ berechnen und sehen, ob wir daraus Rückschlüsse auf den Fehler zwischen x und $\tilde{x}$ ziehen können.

Setzen wir $\tilde{b} := A\tilde{x}$, dann ist $r = b - \tilde{b}$ und wir erhalten mit Hilfe von (9.5) (für die diskutierten Matrix– und Vektornormen) die Fehlerabschätzung

$$\frac{\|x - \tilde{x}\|}{\|x\|} \leqslant \kappa(A)\frac{\|r\|}{\|b\|}.$$

Ist die Konditionszahl $\kappa(A)$ klein, so ist das relative Residuum, d.h. $\frac{\|r\|}{\|b\|}$, ein sehr gutes Kriterium für die Genauigkeit. Leider kommt es in sehr vielen Anwendungsbeispielen vor, inbesondere bei den Gleichungssystemen, die aus der Diskretisierung von partiellen Differenzialgleichungen entstehen, dass die Konditionszahl sehr groß ist. Dann ist das Residuum nicht aussagekräftig.

Ausgereifte Programmpakete, wie LAPACK [33], beinhalten daher recht zuverlässige Schätzer für die Konditionszahl einer Matrix A, ohne dass man dazu A^{-1} ausrechnen muss. Damit kann man dann Schätzungen für die Größe des Fehlers berechnen.

Beispiel 9.19 *Löse das folgende Gleichungssystem unter Verwendung unterschiedlicher Maschinengenauigkeiten* eps *.*

$$\begin{bmatrix} .986 & .579 \\ .409 & .237 \end{bmatrix} \begin{bmatrix} x_1 \\ x_2 \end{bmatrix} = \begin{bmatrix} .235 \\ .107 \end{bmatrix}, \ \kappa(A)_\infty \approx 700, \ x = \begin{bmatrix} 2 \\ -3 \end{bmatrix}.$$

Wir erhalten die folgenden Ergebnisse:

eps	$\tilde{x}_1$	$\tilde{x}_2$	$\dfrac{\|\tilde{x}-x\|}{\|x\|_\infty}$	$\dfrac{\|b-A\tilde{x}\|_\infty}{\|b\|_\infty}$
10^{-3}	2.11	-3.17	$5.7 \cdot 10^{-2}$	$4.3 \cdot 10^{-2}$
10^{-4}	1.986	-2.975	$8.3 \cdot 10^{-3}$	$2.9 \cdot 10^{-3}$
10^{-5}	2.0019	-3.0032	$1.1 \cdot 10^{-3}$	$8.8 \cdot 10^{-5}$
10^{-6}	2.00025	-3.00044	$3.1 \cdot 10^{-4}$	$3.5 \cdot 10^{-6}$

Zusammenfassend kann man die folgende Faustregel aufstellen:

> **Faustregel: Eine Konditionszahl** $\kappa(A) = 10^q$ kostet q Stellen Genauigkeit bei der Lösung von $Ax = b$.

9.9 Verbesserung der Genauigkeit

Um die Genauigkeit der berechneten Lösung $\tilde{x}$ zu erhöhen, gibt es zwei einfache Möglichkeiten.

1. Man versucht die Konditionszahl zu verkleinern, dies nennt man *Vorkonditionierung*.

2. Die berechnete Lösung $\tilde{x}$ wird durch ein Iterationsverfahren verbessert.

Konstruktion einer kleineren Konditionszahl

Eine relative einfache Methode eine kleinere Konditionszahl zu erhalten, die in vielen Fällen (aber nicht immer) funktioniert, ist die *Diagonalskalierung*.

Es gibt dazu zwei gebräuchliche Varianten:

a) Zeilenskalierung: Ersetze $Ax = b$ durch $D_1 A = D_1 b$ mit D_1 diagonal, so dass der maximale Eintrag in jeder Zeile vom Betrag 1 ist.

Beispiel 9.20 *Ein Zeilenskalierung $D_1 A$ ergibt für*

$$\begin{bmatrix} 10 & 100000 \\ 1 & 2 \end{bmatrix} \begin{bmatrix} x_1 \\ x_2 \end{bmatrix} = \begin{bmatrix} 100000 \\ 3 \end{bmatrix}$$

das Gleichungssystem

$$\begin{bmatrix} 0.0001 & 1 \\ \frac{1}{2} & 1 \end{bmatrix} \begin{bmatrix} x_1 \\ x_2 \end{bmatrix} = \begin{bmatrix} 1 \\ \frac{3}{2} \end{bmatrix}$$

Bei dreistelliger Arithmetik, $p = 10$ ergibt das Orginalsystem $\tilde{x} = \begin{bmatrix} 0.00 \\ 1.00 \end{bmatrix}$ und das

zeilenskalierte System $\begin{bmatrix} 1.00 \\ 1.00 \end{bmatrix}$. Die exakte Lösung ist $x = \begin{bmatrix} 1.0001... \\ 0.9999... \end{bmatrix}$.

b) Zeilen–Spalten–Gleichgewichtung: Wähle zunächst D_1 so wie in a). Danach wähle eine Diagonalskalierung AD_2 von rechts, so dass in jeder Spalte der maximale Eintrag 1 ist.

Beispiel 9.21 *Wir setzen Beispiel 9.20 fort und erhalten aus*

$$\begin{bmatrix} 10^{-4} & 1 \\ \frac{1}{2} & 1 \end{bmatrix} \begin{bmatrix} x_1 \\ x_2 \end{bmatrix} = \begin{bmatrix} 1 \\ \frac{3}{2} \end{bmatrix}$$

das neue System

$$\begin{bmatrix} 2 \cdot 10^{-4} & 1 \\ 1 & 1 \end{bmatrix} \begin{bmatrix} y_1 \\ y_2 \end{bmatrix} = \begin{bmatrix} 1 \\ \frac{3}{2} \end{bmatrix}, \quad wobei \quad \begin{bmatrix} y_1 \\ y_2 \end{bmatrix} = \begin{bmatrix} \frac{1}{2} x_1 \\ x_2 \end{bmatrix}.$$

Der Vergleich der Konditionszahlen zeigt die folgenden Ergebnisse. Aus ursprünglich $\kappa(A) \approx 10^5$ erhalten wir nach Diagonalskalierung von links $\kappa(D_1 A) \approx 6$ und schließlich nach weiterer Diagonalskalierung von rechts $\kappa(D_1 A D_2) \approx 4$.

Wir lösen dann anstelle des Gleichungssystems $Ax = b$ das äquivalente Gleichungssystem

$$(D_1 A D_2)\, y = D_1 b, \text{ wobei } x = D_2 y.$$

Auf dem Rechner sollte man die Diagonalskalierungen nicht exakt so wählen, dass alle Einträge genau auf 1 skaliert werden, weil dadurch zusätzliche Rundungsfehler entstehen. Stattdessen verwendet man Potenzen der Basis p der Rechnerarithmetik und sorgt dafür, dass in jeder Zeile/Spalte die Maxima zwischen $\frac{1}{p}$ und 1 liegen. Damit haben die Diagonalmatrizen D_1, D_2 die Form

$$\text{diag}\, (p^{r_1}, p^{r_2}, \ldots, p^{r_n})$$

und die Skalierung kann ohne Rundungsfehler in $\mathcal{O}(n^2)$ flops durchgeführt werden. Es gilt dann für das skalierte System

$$\frac{\|D_2^{-1}(\tilde{x} - x)\|}{\|D_2^{-1} x\|} = \frac{\|\tilde{y} - y\|}{\|y\|} \leqslant \kappa(D_1 A D_2) \frac{\|D_1 b - D_1 A D_2\, \tilde{y}\|}{\|D_1 b\|}. \tag{9.21}$$

Wenn man also $\kappa(D_1 A D_2)$ gegen $\kappa(A)$ verkleinert, erwartet man eine Verbesserung des Resultats.

Iterative Verbesserung der berechneten Lösung

Angenommen, wir haben für $Ax = b$ die LR–Zerlegung mit partieller Pivotisierung $PA = LR$ berechnet und damit eine Näherung $\tilde{x}$ durch numerische Lösung bestimmt. Um die Lösungsgenauigkeit zu verbessern könnten wir folgenden Algorithmus ausführen:

Algorithmus 9.22 (Nachiteration bei Gleichungssystemen)
Berechnet für ein Gleichungssystem $Ax = b$ mit $A \in \mathbb{K}^{n,n}$, eine LR–Zerlegung von A oder PA, und eine mit Hilfe der LR–Zerlegung berechnete Lösung x ein Verbesserung der Lösung.

> *for $k = 1,2,3,\ldots$*
>   *Berechne $r = b - Ax$ (mit erhöhter Genauigkeit).*
>   *Löse $PAd = Pr$ mit Hilfe der gegebenen LR–Zerlegung*
>   *durch Vorwärts-/Rückwärtseinsetzen.*
>   *Setze $x = x + d$.*

Die Kosten betragen $\mathcal{O}(n^2)$ pro Nachiterationsschritt.

Bei exakter Rechnung ergibt sich

$$Ax_{neu} = Ax_{alt} + Ad = (b - r) + r - b.$$

Was bringt uns diese Vorgehensweise ?

Nichts, sofern man das Residuum r nicht mit *höherer* Genauigkeit berechnet!

Denn wir haben bereits gesehen, dass wir bei einer Konditionszahl $\kappa(A) = 10^q$ ca. q signifikante Stellen verlieren. Wenn wir für r die gleiche Genauigkeit verwenden, wie für die Lösung, so berechnen wir $r = b - Ax$ lediglich mit relativer Genauigkeit eps. Dann ist $\tilde{r} = gl(b - A\tilde{x})$ zu ungenau und hat im Allgemeinen kaum richtige signifikante Stellen. Um eine Verbesserung zu erhalten, sollte man daher $r = b - A\tilde{x}$ mit erhöhter Genauigkeit berechnen (üblicher Weise doppelt so viele Stellen wie sonst). Dieser Prozess kann dann weiter iteriert werden, falls notwendig.

> **Faustregel: Ist** eps $= 10^{-l}$ **und** $\kappa(A) = 10^q$, **so gewinnt man pro Nachiterationsschritt** $l - q$ **Stellen Genauigkeit**

Ist etwa eps $= 10^{-16}$ und $\kappa(A) \leqslant 10^8$, so reicht ein zusätzlicher Nachiterationsschritt aus. Damit haben wir kaum eine Verteuerung des Algorithmus und dafür eine Verbesserung der Lösung.

9.10 Die Cholesky–Zerlegung

Ein guter numerischer Algorithmus sollte spezielle Eigenschaften des mathematischen Problems berücksichtigen. Die LR–Zerlegung ist auf allgemeine lineare Gleichungssysteme zugeschnitten. Nun sind aber viele der Anwendungsprobleme so, dass die entstehenden Gleichungssysteme eine spezielle Struktur haben, wie zum Beispiel Symmetrie oder eine Bandstruktur. Wir betrachten daher reelle, symmetrische Systeme

$$Ax = b, \text{ wobei } A = A^\top, \text{ d.h. } a_{i,j} = a_{j,i}, \text{ für alle } i,j = 1,\dots,n \qquad (9.22)$$

und zusätzlich den wichtigen Spezialfall der positiven Definitheit, d.h.

$$x^\top A x > 0, \text{ für alle } x \in \mathbb{R}^n \setminus \{0\}.$$

Beispiel 9.23 *Das Wärmeleitungsproblem liefert ein lineares Gleichungssystem der Form $Ax = b$ mit*

$$A = \frac{w}{h^2} \begin{bmatrix} 2 & -2 & & & \\ -1 & 2 & -1 & & \\ & \ddots & \ddots & \ddots & \\ & & -1 & 2 & -1 \\ & & & -2 & 2(1 - h\alpha) \end{bmatrix}.$$

Multiplizieren wir die erste und die letzte Zeile mit $\frac{1}{2}$, so erhalten wir ein neues Gleichungssystem der Form

$$\frac{w}{h^2} \begin{bmatrix} 1 & -1 & & & \\ -1 & 2 & -1 & & \\ & \ddots & \ddots & \ddots & \\ & & -1 & 2 & -1 \\ & & & -1 & 1 - h\alpha \end{bmatrix} x = \hat{b}.$$

Diese Matrix ist jetzt symmetrisch und auch positiv definit!

Auf ähnliche Weise erhalten wir auch im zweidimensionalen Fall eine symmetrisch, positive definite Matrix.

Wir untersuchen nun, wie wir die LR–Zerlegung im Fall symmetrisch, positiv definiter Systeme verbessern können.

Zunächst existiert in diesem Fall immer eine LR–Zerlegung ohne Pivotisierung. Dies folgt sofort aus Satz 9.10, da die Hauptabschnittsmatrizen einer symmetrisch, positiven definiten Matrix alle positiv definit sind.

Ist dann $A = LR$ und D die Diagonale von R, so folgt bereits aus Symmetriegründen

$$DL^\top = R.$$

d.h. man braucht streng genommen nur einen der beiden Faktoren zu berechnen. Üblicher Weise verteilt man die Diagonale D aus Symmetriegründen auf L und R. Weil A positiv definit ist, muss D schon positive Diagonaleinträge haben. Damit erhalten wir

$$A = LR = LDL^\top = \underbrace{(LD^{1/2})}_{G}\,\underbrace{(D^{1/2}L^\top)}_{G^\top}, \text{ wobei } D^{1/2} = \operatorname{diag}\left(\sqrt{r_{1,1}}, \ldots, \sqrt{r_{n,n}}\right).$$

Die so entstandene Variante der *LR–Zerlegung* nennt man *Cholesky–Zerlegung*.

Satz 9.24 (Cholesky–Zerlegung)
Sei $A \in \mathbb{R}^{n,n}$ symmetrisch, positiv definit. Dann existiert genau eine untere Dreiecksmatrix $G \in \mathbb{R}^{n,n}$ mit positiven Diagonalelementen, so dass

$$A = GG^\top.$$

Beweis. $\rightarrow$ Abschnitt 9.11.3.

Beispiel 9.25 *Sei*

$$A = \begin{bmatrix} 4 & -2 & -4 \\ -2 & 5 & 4 \\ -4 & 4 & 9 \end{bmatrix}.$$

Dann erhalten wir

$$\begin{array}{|ccc|} 4 & * & * \\ -2 & 5 & * \\ -4 & 4 & 9 \end{array} \rightarrow \begin{array}{|ccc|} 2 & * & * \\ -1 & 4 & * \\ -2 & 2 & 5 \end{array} \rightarrow \begin{array}{|ccc|} 2 & * & * \\ -1 & 2 & * \\ -2 & 1 & 4 \end{array} \rightarrow \begin{array}{|ccc|} 2 & * & * \\ -1 & 2 & * \\ -2 & 1 & 2 \end{array}$$

und daher

$$A = \underbrace{\begin{bmatrix} 2 & 0 & 0 \\ -1 & 2 & 0 \\ -2 & 1 & 2 \end{bmatrix}}_{G} \underbrace{\begin{bmatrix} 2 & -1 & -2 \\ 0 & 2 & 1 \\ 0 & 0 & 2 \end{bmatrix}}_{G^\top}.$$

Wir haben damit den folgenden Algorithmus zur Berechnung der Cholesky–Zerlegung.

Algorithmus 9.26 (Cholesky–Zerlegung)
Berechnet für eine symmetrisch, positiv definite Matrix $A \in \mathbb{R}^{n,n}$ eine untere Dreiecksmatrix $G \in \mathbb{R}^{n,n}$ mit positiver Diagonale, so dass $A = GG^\top$. Dabei überscheibt G das untere Dreieck von A.

> **for** $k = 1:n$
>   *Setze* $G(k,k) = \sqrt{A(k,k)}$ *und überschreibe* $A(k,k)$ *mit* $G(k,k)$.
> $G(k+1:n,k) := A(k+1:n,k)/G(k,k)$ *und überschreibe* $A(k+1:n,k)$ *mit* $G(k+1:n,k)$.
>   **for** $j = k+1:n$
> $A(j:n,j) := A(j:n,j) - G(j:n,k)G(j,k)$.
>   **end**
> **end**

Die Kosten für diesen Algorithmus betragen $\mathcal{O}(n^3/3)$ flops. Wegen der Symmetrie kostet die Cholesky–Zerlegung nur ca. die Hälfte einer *LR–Zerlegung*. Die Fehleranalyse kann analog wie bei der *LR–Zerlegung* durchgeführt werden.

Die Lösung des Gleichungssystems erhält man dann wie vorher mit Vorwärts– und Rückwärtseinsetzen.

9.11   Anmerkungen und Beweise

Eine sehr ausführliche Abhandlung zum Thema der numerischen Lösung linearer Gleichungssysteme findet man z.B. in [3, 16, 48, 59] und auch die meisten Lehrbücher zur Numerischen Mathematik widmen sich diesem Thema ausführlich, siehe z.B. [50, 8, 44].

9.11.1   Beweis von Satz 9.10

Wir beweisen den Satz mit Induktion über k. Der Fall $k = 1$ ist klar. Angenommen $k - 1$ Schritte sind ausgeführt, $A^{(k-1)} = M_{k-1} \cdots M_1 A$ und $a_{k,k}^{(k-1)}$ ist das k–te Pivot. Dann ist

$$
\underbrace{M_{k-1} \cdots M_1}_{M^{(k-1)}} A \; = \;
\left[
\begin{array}{cccc|cccc}
1 & & & & & & & \\
* & \ddots & & & & & & \\
\vdots & & \ddots & 1 & & & & \\
\hline
\vdots & & & * & 1 & & & \\
\vdots & & & \vdots & & \ddots & & \\
* & \cdots & & * & & & & 1
\end{array}
\right] A = A^{(k-1)}
$$

$$
= \;
\left[
\begin{array}{ccc|ccc}
a_{11}^{(k-1)} & \cdots & & \cdots & \cdots & * \\
 & \ddots & & & & \vdots \\
 & & a_{k-1,k-1}^{(k-1)} & \cdots & \cdots & * \\
\hline
 & & & a_{kk}^{(k-1)} & \cdots & * \\
 & & & & & \vdots \\
 & & & * & \cdots & *
\end{array}
\right] .
$$

Es folgt, dass

$$
\det \left[A^{(k-1)}(1:k,1:k) \right] \;=\; \prod_{i=1}^{k} a_{ii}^{(k-1)}
$$

$$
=\; \underbrace{\det \left[M^{(k-1)}(1:k,1:k), \right]}_{=1} \cdot \det \left[A(1:k,1:k) \right].
$$

Also folgt aus $\det[A(1:k,1:k)] \neq 0$, dass $a_{k,k}^{(k-1)} \neq 0$ ist.

Zur Eindeutigkeit: Seien $A = L_1 R_1 = L_2 R_2$ zwei LR–Zerlegungen der nichtsingulären Matrix A. Dann sind L_i, R_i, $i = 1,2$ auch nichtsingulär. Also folgt, dass

$$
L_2^{-1} L_1 = R_2 R_1^{-1}
$$

gleichzeitig untere Dreiecksmatrix mit Einsdiagonale und obere Dreiecksmatrix ist, und damit die Einheitsmatrix. Also $L_1 = L_2$, $R_1 = R_2$ und

$$\det A = \det L \cdot \det R = 1 \cdot \det R = r_{1,1} \cdots r_{n,n}.$$

$\square$

9.11.2 Beweis von Satz 9.18

Bei der LR–Zerlegung mit partieller Pivotisierung (Algorithmus 9.16) wendet man sukzessive Transformationen der Form

$$M_{n-1}P_{n-1} \cdots M_1 P_1 A = R \tag{9.23}$$

an. Aus (9.23) folgt

$$\hat{M}_{n-1} \cdots \hat{M}_1 P A = R \quad \text{mit}$$

$$\begin{aligned} \hat{M}_{n-1} &= M_{n-1}, \\ \hat{M}_k &= P_{n-1} \cdots P_{k+1} M_k P_{k+1} \cdots P_{n-1}, \; k \leqslant n-2. \end{aligned}$$

Da P_j nur Zeilen j und $\mu \geqslant j$ vertauscht, so folgt $P_j(1 : j-1, 1 : j-1) = I_{j-1}$. Also ist $\hat{M}_k$ eine Gauß–Transformation mit Vektor $\hat{l}^{(k)} = P_{n-1} \cdots P_{k+1} t^{(k)}$. $\square$

9.11.3 Beweis von Satz 9.24

Da A positiv definit ist, sind alle Hauptabschnittsmatrizen

$$A(1 : k, 1 : k), \; k = 1, \ldots, n$$

positiv definit, haben also eine positive Determinante. Also existiert eine eindeutige LR–Zerlegung $A = LR$ mit einer unteren Dreiecksmatrix L mit Eins–Diagonale. Die Matrix R hat positive Diagonalelemente (gleich den Pivots).

Man kann R schreiben als $D\tilde{R}$, wobei $\tilde{R}$ Eins–Diagonale hat. Sei $D = \operatorname{diag}(d_1, \ldots, d_n)$. Die Produkte der Pivots sind gerade die Determinanten der Hauptabschnittsmatrizen, also reell und positiv (alle Eigenwerte sind reell, positiv), folglich ist $d_i > 0$ für alle $i = 1, \ldots, n$. Wir haben

$$A = LD\tilde{R} = LD^{\frac{1}{2}}D^{\frac{1}{2}}\tilde{R} \text{ und } D^{\frac{1}{2}} = \operatorname{diag}(d_1^{\frac{1}{2}}, \ldots, d_n^{\frac{1}{2}}).$$

Also folgt

$$D^{-\frac{1}{2}}L^{-1}AL^{-\mathsf{T}}D^{-\frac{1}{2}} = D^{\frac{1}{2}}\tilde{R}L^{-\mathsf{T}}D^{-\frac{1}{2}}.$$

Links steht eine symmetrische Matrix, rechts eine obere Dreiecksmatrix mit Eins–Diagonale. Also muss rechts die Einheitsmatrix stehen und es gilt

$$D^{\frac{1}{2}}\tilde{R} = D^{\frac{1}{2}}L^{\mathsf{T}}$$

und damit $\tilde{R} = L^{\mathsf{T}}$. Wir erhalten also $G := LD^{\frac{1}{2}}$. $\square$

10 Nichtlineare Gleichungssysteme

In diesem Kapitel wollen wir uns mit der numerischen Lösung von nichtlinearen Gleichungssystemen beschäftigen, d.h. der folgenden Aufgabe: Für gegebene Teilmengen D,W eines Vektorraums und eine Abbildung

$$
F : D \longrightarrow W
$$
$$
\begin{bmatrix} x_1 \\ \vdots \\ x_m \end{bmatrix} \longmapsto \begin{bmatrix} F_1(x_1,\ldots,x_m) \\ \vdots \\ F_m(x_1,\ldots,x_m) \end{bmatrix},
$$

bestimme einen Lösungsvektor $\vec{x} = [x_1,\cdots,x_m]^T$, so dass $F_i(x_1,\cdots,x_m) = 0$ für alle $i = 1,\cdots,m$.

Die Mengen D,W können dabei auch unendlich–dimensionale Räume sein, etwa Räume von Funktionen und F kann auch ein Differenzialoperator sein. Hier betrachten wir nur den Fall $D,W \subset \mathbb{R}^m$.

Zur Vereinfachung der Schreibweise werden wir auch in diesem Kapitel auf die Kennzeichnung von Vektoren durch Vektorpfeile weitestgehend verzichten.

10.1 Ein Anwendungsproblem

Beispiel 10.1 *Als erstes Anwendungsbeispiel betrachten wir wieder das zentrale Modellprojekt 1 (Fahrerkabine). Hier kommt die Nichtlinearität aus der Modellierung der Dämpfung. Damit bekommt man eine nichtlineare Differenzialgleichung der Form*

$$
\dot{y} = f(t,y).
$$

Wir haben schon gesehen (Beispiel 3.11), dass das explizite Euler–Verfahren hier sehr schlechte Ergebnisse liefert, wenn wir die Schrittweite nicht klein genug machen. Sehr viel bessere Ergebnisse lieferte das implizite Euler–Verfahren, siehe Beispiel 9.1. Zur Erinnerung, das implizite Euler–Verfahren beruht auf der Diskretisierung

$$
\frac{u_{i+1} - u_i}{h} = f(t_{i+1},u_{i+1}).
$$

Beim vereinfachten linearen Dämfpungsmodell in Kapitel 2.1 ist $f(t_{i+1},u_{i+1})$ selbst linear und wir brauchen nur ein lineares Gleichungssystem lösen. Anders ist das aber im allgemeinen Fall eines nichtlinearen Dämpfers. Hier erhalten wir eine sogenannte Fixpunktgleichung

$$
u_{i+1} = u_i + h f(t_{i+1},u_{i+1}) \equiv \Phi(u_{i+1})
$$

für u_{i+1}, welche es zu lösen gilt.

10.2 Fixpunktverfahren

Die einfachste Idee zur numerischen Lösung von nichtlinearen Gleichungen sind Fixpunktverfahren.

Man wandelt dazu das Nullstellenproblem $F(x) = 0$ in ein Fixpunktproblem

$$x = \Phi(x) \tag{10.1}$$

um. Dies ist im Allgemeinen auf sehr viele Arten möglich, die äquivalent oder nicht äquivalent sein können.

Beispiel 10.2 *Betrachte die Gleichung $e^x - \sin x = 0$. Man kann diese Gleichung z.B. in folgende mögliche Fixpunktgleichungen umschreiben. Diese aber sind nicht alle äquivalent.*

$$
\begin{aligned}
a) \quad x &= e^x - \sin x + x, \\
b) \quad x &= \sin x - e^x + x, \\
c) \quad x &= \arcsin(e^x), \quad \text{für } x < 0, \\
d) \quad x &= \ln(\sin x), \quad \text{für } (-2n\pi, 2n\pi + \pi),\ n = 1,2,3,\ldots.
\end{aligned}
$$

Die Idee des Fixpunktverfahrens ist es nun, mit der Hilfe von (10.1) eine Folge

$$x^{(i+1)} = \Phi(x^{(i)}), \quad i = 0,1,2,\ldots \tag{10.2}$$

mit gegebenem Startwert $x^{(0)}$ zu erzeugen. Die Konvergenz dieser Folge gegen eine Lösung erhalten wir mit dem *Banachschen Fixpunktsatz*.

Satz 10.3 (Banachscher Fixpunktsatz) *Sei $D \subseteq \mathbb{R}^m$ ein abgeschlossenes Gebiet und Φ eine kontrahierende Selbstabbildung von D in sich, d.h.*

a) $\Phi : D \longrightarrow D$ und

b) Φ kontrahierend, d.h. es gibt eine Konstante $0 < \alpha < 1$ und eine Norm $\| \ \|$, so dass

$$\|\Phi(x) - \Phi(y)\| \leqslant \alpha \|x - y\|, \quad \text{für alle } x,\ y\ \in D. \tag{10.3}$$

Dann gilt:

i) Es gibt genau einen Fixpunkt $\hat{x}$ von (10.1) in D.

ii) Die Fixpunktiteration (10.2) konvergiert für jeden Startwert $x^{(0)} \in D$ gegen $\hat{x}$.

iii) Es gelten die Fehlerabschätzungen

$$\|\hat{x} - x^{(n)}\| \ \leqslant \ \frac{\alpha^n}{1-\alpha}\|x^{(1)} - x^{(0)}\| \quad \text{(a priori)}, \tag{10.4}$$

$$\|\hat{x} - x^{(n)}\| \ \leqslant \ \frac{\alpha}{1-\alpha}\|x^{(n)} - x^{(n-1)}\| \quad \text{(a posteriori)} . \tag{10.5}$$

Abbildung 10.1: Graphische Veranschaulichung der Konvergenz im skalaren Fall $m = 1$.

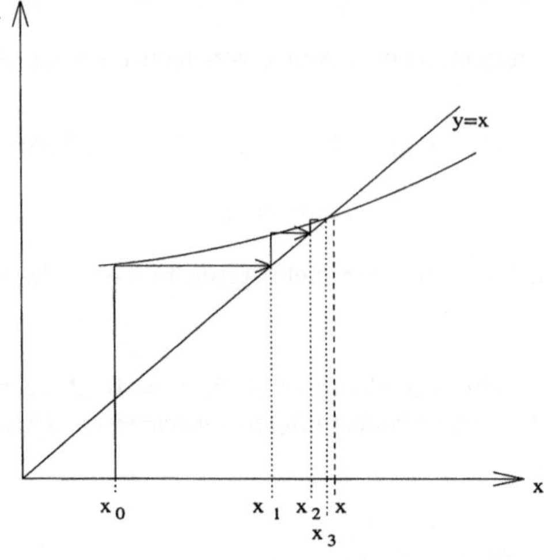

Abbildung 10.2: Abstoßender Fixpunkt / Anziehender Fixpunkt.

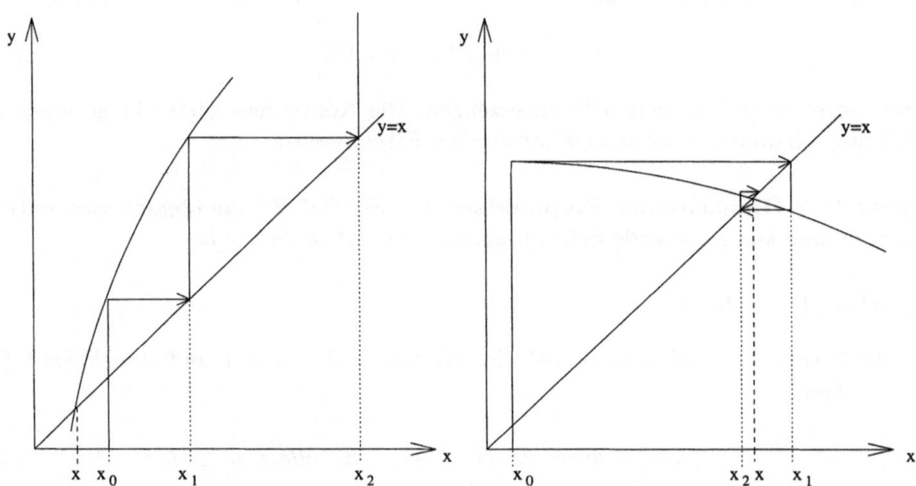

Beweis. $\rightarrow$ Abschnitt 10.5.1.

Definition 10.4 *Ein Fixpunkt $\hat{x}$ heißt* anziehend, *wenn die Iteration (10.2) für alle genügend nahe bei $\hat{x}$ gelegenen Startwerte $x^{(0)} \neq \hat{x}$ gegen $\hat{x}$ konvergiert.*

Ein Fixpunkt $\hat{x}$ heißt abstoßend, *wenn es eine offene Kugel U_ε um $\hat{x}$ gibt, so dass für alle $x^{(0)} \in U_\varepsilon \setminus \{\hat{x}\}$ ein $n \in \mathbb{N}$ existiert, so dass $x^{(n)} \notin U_\varepsilon$.*

Woher bekommt man den Wert α für die Fehlerabschätzungen ?

Satz 10.5 *Sei $D \subseteq \mathbb{R}^m$ abgeschlossen und konvex und Φ stetig differenzierbar. Setze*

$$\alpha = \|\mathcal{D}\Phi(x)\| = \left\| \begin{bmatrix} \frac{\partial \Phi_1(x)}{\partial x_1} & \cdots & \frac{\partial \Phi_1(x)}{\partial x_m} \\ \vdots & & \vdots \\ \frac{\partial \Phi_m(x)}{\partial x_1} & \cdots & \frac{\partial \Phi_m(x)}{\partial x_m} \end{bmatrix} \right\|$$

für eine Matrix–Norm $\| \ \|$. Ist $\alpha < 1$, so ist Φ in G kontrahierend mit Lipschitzkonstante α.

Beweis. $\rightarrow$ Abschnitt 10.5.2

Damit die Bedingungen des Banachschen Fixpunktsatzes erfüllt sind, reicht es, wenn $\|\mathcal{D}\Phi(\hat{x})\| \leqslant \alpha < 1$ gilt. Auf die Forderung der Selbstabbildung kann aber trotzdem nicht verzichtet werden!

Beispiel 10.6 *Die Funktion $\Phi(x) = \arcsin e^x$ hat die Ableitung $\Phi'(x) = \frac{e^x}{\sqrt{1-e^{2x}}}$. Diese Ableitung ist betraglich kleiner als 1, sofern $x \leqslant -1$ ist. Damit sollte Φ eigentlich einen Fixpunkt haben, hat es aber nicht! Für $x \leqslant -1$ liegen die Funktionswerte im Bereich $[0,1]$, d.h. dieses Φ ist keine Selbstabbildung.*

Ist $\|\mathcal{D}\Phi(\hat{x})\| < 1$ für den Fixpunkt $\hat{x}$, so ist $\hat{x}$ anziehend. Ein Fixpunkt ist im Allgemeinen nicht anziehend, falls einer der Eigenwerte von $\mathcal{D}\Phi(x)$ vom Betrag größer als 1 ist.

Definition 10.7 *Eine Iterationsfolge $\{x^{(i)}\}_{i=0}^{\infty}$ mit Fixpunkt ξ, die für $p \geqslant 1$*

$$\|x^{(i+1)} - \xi\| \leqslant c\|x^{(i)} - \xi\|^p \quad i = 0,1,2 \cdots \tag{10.6}$$

und $c < 1$ für $p = 1$ erfüllt, heißt konvergente Folge von mindestens p–ter Ordnung.

Mit Definition 10.7 erhalten wir eine weitere Aussage des Banachschen Fixpunktsatzes.

Korollar 10.8 *Unter den Voraussetzungen von Satz 10.3 ist das Fixpunktverfahren konvergent von mindestens 1. Ordnung (linear konvergent).*

Die Kosten für die Iteration (10.2) sind durch eine Auswertung von $\Phi(x)$ pro Iteration gegeben. Die Anzahl der Iterationen ist aus der Fehlerschätzung ablesbar.

Beispiel 10.9 *Wir betrachten das zentrale Modellprojekt 1 (Fahrerkabine). Damit wir den Banachschen Fixpunktsatz auf die Gleichung $u_{i+1} = u_i + hf(t_{i+1}, u_{i+1}) \equiv \Phi(u_{i+1})$ anwenden können brauchen wir, dass*

$$|\Phi(x) - \Phi(y)| = h|f(t_{i+1},x) - f(t_{i+1},y)| = h\left|\frac{\partial f(t_{i+1},\xi)}{\partial u}\right| \cdot \|x - y\| < \alpha\|x - y\|$$

mit $\alpha < 1$ gilt. Die bedeutet aber, dass je nach Größe der partiellen Ableitung

$$h < \left(\max_{\xi} \left| \frac{\partial f(t_{i+1}, \xi)}{\partial u} \right| \right)^{-1},$$

also h sehr klein sein müsste. Das will man aber natürlich nicht, denn dann könnte man ja genausogut bei den expliziten Verfahren bleiben.

Beispiel 10.10 *Ein weiteres Beispiel für nichtlineare Gleichungen ist der folgende einfache Gleichrichterschaltkreis (Abbildung 10.3). Für jedes einzelne Bauteil wendet*

Abbildung 10.3: Schaltkreis (Gleichrichter)

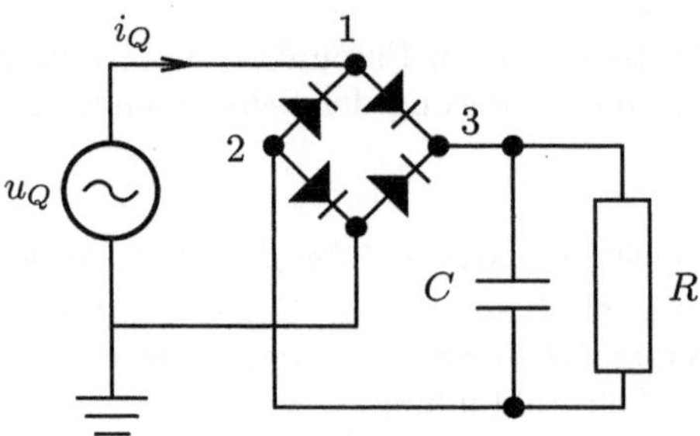

man die zugehörigen Gesetze an (Faradaysches Gesetz für den Kondensator, Ohmsches Gesetz für den Widerstand, vergleiche Beispiel 3.3). Besonders erwähnen sollte man hier die Beschreibung einer einfachen (Silizium–)Diode. Der Strom I durch die Diode kann in Abhängigkeit der anliegenden Spannung U z.B. durch das einfache Modell

$$I_D(U) = I_S \cdot \left(e^{U/U_T} - 1 \right),$$

beschrieben werden, wobei I_S der materialabhängige Sättigungsstrom und U_T die materialabhängige Temperaturspannung sind. Gängige Werte sind etwa $I_S = 10^{-14}A$, $U_T = 2.6 \cdot 10^{-2}V$.

Die Kopplung der einzelnen Bauteile findet wieder mittels Knotenanalyse an den mit 1, 2, 3 markierten Knoten unter Verwendung des ersten Kirchhoffschen Gesetzes statt (die Summe der Ströme in den Knoten ist Null). Ist i_Q der Quellstrom, so gilt im 1. Knoten

$$-i_Q - I_D(v_2 - v_1) + I_D(v_1 - v_3) = 0,$$

im 2. Knoten gilt

$$C\,(\dot{u}_2 - \dot{u}_3) + \frac{1}{R}\,(v_2 - v_3) + I_D(v_2 - v_1) + I_D(v_2) = 0,$$

und im 3. Knoten gilt

$$C\,(\dot{u}_3 - \dot{u}_2) + \frac{1}{R}\,(v_3 - v_2) - I_D(v_1 - v_3) - I_D(-v_3) = 0.$$

Hierbei sind die v_i Knotenpotenziale, d.h. Spannungen gegenüber der Erde. Um das System zu vervollständigen, nutzt man noch die Tatsache, dass $v_1 = u_Q$, d.h. v_1 ist gleich der Quellspannung.

Fasst man das Gleichungssystem zusammen, so erhält man das Gleichungssystem

$$\begin{bmatrix} 0 & 0 & 0 & 0 \\ 0 & -C & C & 0 \\ 0 & C & -C & 0 \\ 0 & 0 & 0 & 0 \end{bmatrix} \begin{bmatrix} \dot{v}_1 \\ v_2 \\ v_3 \\ i_Q \end{bmatrix} = \begin{bmatrix} 0 & 0 & 0 & -1 \\ 0 & \frac{1}{R} & -\frac{1}{R} & 0 \\ 0 & -\frac{1}{R} & \frac{1}{R} & 0 \\ -1 & 0 & 0 & 0 \end{bmatrix} \begin{bmatrix} v_1 \\ v_2 \\ v_3 \\ i_Q \end{bmatrix} \tag{10.7}$$

$$+ \begin{bmatrix} -I_D(v_2 - v_1) + I_D(v_1 - v_3) \\ I_D(v_2 - v_1) + I_D(v_2) \\ -I_D(v_1 - v_3) - I_D(-v_3) \\ u_Q \end{bmatrix}.$$

Dieses Gleichungssystem stellt ein gekoppeltes System von Differenzialgleichungen und algebraischen Gleichungen dar. Man nennt solche Gleichungen daher auch differenziell-algebraische Gleichungen. Sie bilden ein zentrales Werkzeug in der Modellierung elektrischer Schaltkreise und Mehrkörpersysteme. Solche Systeme lassen sich in dieser Form mit expliziten Einschrittverfahren gar nicht lösen. Dies kann man auch nur bedingt dadurch "reparieren", dass man v_1 und i_Q explizit eliminiert. Hier sollte man auf jeden Fall implizite Verfahren verwenden. Bei einer Gleichung der Form

$$M\dot{x} = f(t,x)$$

liefert das implizite Euler–Verfahren die Gleichung

$$M(x_{i+1} - x_i) = h f(t_{i+1}, x_{i+1}).$$

Auch hier ist dann eine nichtlineare Gleichung

$$F(x) = Mx - Mx_i - h f(t_{i+1}, x) = 0$$

für $x = x_{i+1}$ zu lösen. Im Gegensatz zum zentralen Modellprojekt der Fahrerkabine kann man dieses System jedoch nicht so einfach in eine Fixpunktgleichung umschreiben, weil M singulär ist.

Natürlich suchen wir auch bei der numerischen Lösung von nichtlinearen Gleichungssystemen nach Verfahren die schneller konvergieren, als die einfachen Fixpunktverfahren, also nach Konvergenz möglichst hoher Ordnung. Der wichtigste Ansatz in diese Richtung ist das Newton–Verfahren, das wir im nächsten Abschnitt diskutieren werden.

10.3 Das Newton–Verfahren

Die Grundidee beim Newton–Verfahren ist die Linearisierung. Wir betrachten erst mal den eindimensionalen Fall und verwenden deshalb f anstelle von F.

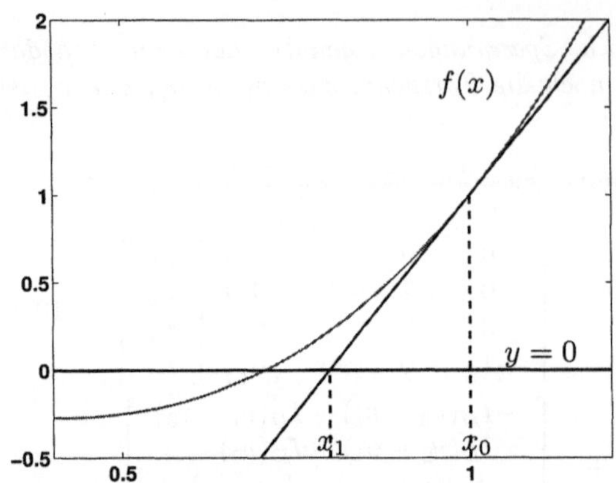

Newton: Approximiere die Funktion durch die Tangente

$$f'(x_0) = \frac{f(x_0) - 0}{x_0 - x_1}$$

Falls $f(x_1) = 0$ die gesuchte Nullstelle wäre, so würde gelten, dass

$$f'(x_0)(x_0 - x_1) = f(x_0)$$

und damit

$$x_1 = x_0 - \frac{f(x_0)}{f'(x_0)}.$$

Wiederholte Anwendung dieser Idee ergibt das folgende skalare *Newton–Verfahren* (siehe Abbildung 10.4):

$$x_{k+1} = x_k - \frac{f(x_k)}{f'(x_k)}, \; k = 0,1,2,\ldots$$

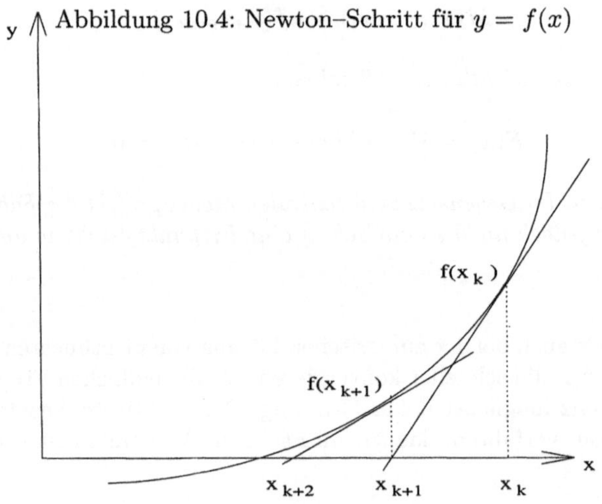

Abbildung 10.4: Newton–Schritt für $y = f(x)$

Wie bekommen wir das entsprechende Verfahren im $\mathbb{R}^n$?

Man macht eine Taylor–Entwicklung für die Nullstelle $\hat{x}$ von $F(x)$, wobei $x^{(0)}$ in einer kleinen einer Umgebung der Nullstelle liegt.

$$0 = F(\hat{x}) = F(x^{(0)}) + \mathcal{D}F(x^{(0)})(\hat{x} - x^{(0)}) + \underbrace{\mathcal{O}(\|\hat{x} - x^{(0)}\|^2)}_{\text{weglassen}}. \qquad (10.8)$$

Weglassen des quadratischen Terms ergibt

$$0 = F(x^{(0)}) + \mathcal{D}F(x^{(0)})(x^{(1)} - x^{(0)}). \qquad (10.9)$$

Falls $\mathcal{D}F(x^{(0)})$ nichtsingulär ist, so hat das lineare Gleichungssystem

$$\mathcal{D}F(x^{(0)})\, d = F(x^{(0)})$$

eine eindeutige Lösung $d \equiv x^{(0)} - x^{(1)}$ und wir erhalten die nächste Iterierte $x^{(1)} :=$ $x^{(0)} - d$. Man kann dieses Verfahren noch etwas modifizieren und einen Parameter λ einfügen. Hier sei dieser Parameter erst mal $\lambda = 1$.

Algorithmus 10.11 (Schema des Newton–Verfahrens)
Berechnet für $F : \mathbb{R}^n \to \mathbb{R}^n$ mit Ableitung $\mathcal{D}F(x)$, Startwert $x \in \mathbb{R}^n$, und Toleranz ε eine Näherungslösung $x \in \mathbb{R}^n$ von $F(x) = 0$.

> **while** $\|F(x)\| > \varepsilon$
> *Bestimme die Matrix $A = \mathcal{D}F(x)$.*
> *Löse $Ad = F(x)$.*
> $\lambda := 1$.
> $x := x - \lambda d$.
> **end**

Beispiel 10.12 *Betrachte das nichtlineare System*

$$F(x,y,z) = \begin{bmatrix} x + y - zx \\ 2y - zy \\ \frac{1}{2} - \frac{1}{2}x^2 - \frac{1}{2}y^2 \end{bmatrix}.$$

Es gilt

$$\mathcal{D}F(x,y,z) = \begin{bmatrix} 1 - z & 1 & -x \\ 0 & 2 - z & -y \\ -x & -y & 0 \end{bmatrix}.$$

Zur Bestimmung einer Nullstelle von $F(x,y,z) = 0$, wähle

$$x^{(0)} = \begin{bmatrix} x \\ y \\ z \end{bmatrix} = \begin{bmatrix} 1 \\ 0 \\ 0 \end{bmatrix}.$$

Dann ist

$$F(1,0,0) = \begin{bmatrix} 1 \\ 0 \\ 0 \end{bmatrix}.$$

Durch Lösung von $\mathcal{D}F(1,0,0)d = F(1,0,0)$, d.h.

$$\begin{bmatrix} 1 & 1 & -1 \\ 0 & 2 & 0 \\ -1 & 0 & 0 \end{bmatrix} \begin{bmatrix} d_1 \\ d_2 \\ d_3 \end{bmatrix} = \begin{bmatrix} 1 \\ 0 \\ 0 \end{bmatrix},$$

bekommen wir als nächste Iterierte

$$x^{(1)} = x^{(0)} - d = \begin{bmatrix} 1 \\ 0 \\ 0 \end{bmatrix} - \begin{bmatrix} 0 \\ 0 \\ -1 \end{bmatrix} = \begin{bmatrix} 1 \\ 0 \\ 1 \end{bmatrix}.$$

Wir stellen fest, dass bereits $F(1,0,1) = 0$ ist. Damit ist das Newton–Verfahren fertig und $x^{(1)}$ eine Nullstelle von F.

Welche Bedingungen garantieren uns, dass das Newton–Verfahren konvergiert, und wenn es konvergiert, wie schnell konvergiert es ?

Wir untersuchen dazu den skalaren Fall. Beim Fixpunkverfahren haben wir gesehen, dass die Bedingung $\|\Phi'(x)\| \leqslant \alpha < 1$ erfüllt sein sollte.

Beim Newton–Verfahren ist $x = \Phi(x) = x - \frac{f(x)}{f'(x)}$ und

$$\Phi'(x) = 1 - \frac{f'(x)^2 - f(x)f''(x)}{f'(x)^2} = \frac{f(x)f''(x)}{f'(x)^2}.$$

Damit $\|\Phi'(x)\| < 1$ ist, sollten folgende Punkte erfüllt sein.

1. $f'(x)$ darf in der Nähe der Nullstelle $\hat{x}$ selbst nicht Null werden (damit der Nenner beschränkt bleibt und nicht Null wird).

2. $f''(x)$ muss noch existieren und beschränkt bleiben.

3. x muss dicht genug an der Nullstelle $\hat{x}$ sein (damit der Zähler klein wird).

Der folgende Satz 10.13 wird zeigen, dass diese beiden Bedingungen im Wesentlichen auch im $\mathbb{R}^n$ gefordert werden, damit das Newton–Verfahren konvergiert. Der Satz zeigt auch, dass das Newton–Verfahren sogar mindestens quadratisch konvergiert, d.h. $\|x^{(i+1)} - \hat{x}\| \leqslant c\|x^{(i)} - \hat{x}\|^2$, also schneller als eine einfache Fixpunktiteration.

Satz 10.13 *Sei $D \subseteq \mathbb{R}^n$ offen und konvex und sei $F : D \to \mathbb{R}^n$ eine Funktion, die auf dem Abschluss $\bar{D}$ von D noch stetig ist und folgende weitere Bedingungen erfüllt.*

1. *F sei differenzierbar und die Inverse ihrer Ableitung $\mathcal{D}F$ sei gleichmäßig beschränkt, d.h.*

$$\|\mathcal{D}F(x)^{-1}\| \leqslant \beta. \tag{10.10}$$

2. *Die Ableitung $\mathcal{D}F(x)$ sei Lipschitz–stetig, d.h.*

$$\|\mathcal{D}F(x) - \mathcal{D}F(y)\| \leqslant \gamma\|x - y\|. \tag{10.11}$$

3. F besitze eine Nullstelle $\hat{x}$ und der Startwert $x^{(0)}$ liege in einer hinreichend kleinen Umgebung U_ε von $\hat{x}$.

Dann gilt:

1. Alle Iterierten $x^{(i)}$ des Newton–Verfahrens liegen in U_ε und konvergieren gegen $\hat{x}$.

2. Sei

$$\|\mathcal{D}F(x^{(0)})^{-1}F(x^{(0)})\| := \alpha \tag{10.12}$$

und wähle $x^{(0)}$ so dicht an der Nullstelle $\hat{x}$, dass $h = \alpha\beta\gamma/2 < 1$ ist. Dann gilt die Abschätzung

$$\|x^{(i)} - \hat{x}\| \leqslant \frac{\alpha}{h(1 - h^{2^i})} \cdot h^{2^i}.$$

Das Newton–Verfahren ist also mindestens quadratisch konvergent.

Beweis. Siehe z.B. [50]. $\qquad\square$

Bemerkung: Man kann unter noch stärkeren Voraussetzungen mit dem Satz von Newton–Kantorovich zeigen, dass x die einzige Nullstelle in U_ε ist.

10.3.1 Das modifizierte Newton–Verfahren

Eine der wichtigsten Voraussetzung für die Konvergenz des Newton–Verfahrens ist, dass der Startwert genügend nahe bei der gesuchten Lösung liegt. Um globale Konvergenz zu erzielen, kann man das Newton–Verfahren durch die Wahl des Parameters λ modifizieren. Dabei stellt λ die Schrittweite in der durch das Newton–Verfahren bestimmten Richtung dar. Setze

$$d^{(k)} := \mathcal{D}F(x^{(k)})^{-1}F(x^{(k)}), \quad x^{(k+1)} = x^{(k)} - \lambda_k d^{(k)}. \tag{10.13}$$

Die λ_k werden dabei so gewählt, dass die Folge $\{\|F(x^{(k)})\|_2\}$ streng monoton fällt und die $x^{(k)}$ gegen ein Minimum von $\|F(x)\|$ konvergieren.

Man kann zeigen, dass für hinreichend kleines $\lambda = 1, \frac{1}{2}, \frac{1}{4}, \frac{1}{8}, \ldots$

$$\|F(x - \lambda d)\|_2 < \|F(x)\|_2$$

gilt. Ist dies der Fall, nimmt man $x := x - \lambda d$ als neue Iterierte.

Auf diese Weise bekommt man für sehr viele Klassen von Funktionen eine globale Konvergenz des Newton–Verfahrens. Allerdings kann die Konvergenz zu Anfang ziemlich langsam sein.

10.3.2   Praktische Realisierung des Newton–Verfahrens

Ein schwieriges Problem bei der Durchführung des Newton–Verfahrens ist es, dass in jedem Schritt die *Jacobi–Matrix* $\mathcal{D}F$ der partiellen Ableitungen $\mathcal{D}F(x^{(k)})$ ausgerechnet werden muss. Man kann diese Ableitungen entweder mit Methoden der Computeralgebra [35] oder mit Hilfe des Automatischen Differenzierens [19] bestimmen.

Als Alternative dazu kann man $\mathcal{D}F(x^{(k)})$ durch eine Matrix von Differenzenquotienten $\triangle F(x^{(k)}) = (\triangle_1 F, \cdots, \triangle_m f)(x^{(k)})$ approximieren, wobei spaltenweise

$$
\begin{aligned}
\triangle_i F(x) &= \frac{F(x_1,\ldots,x_{i-1},x_i + h_i,x_{i+1},\ldots,x_m) - F(x_1,\ldots,x_m)}{h_i} \\
&= \frac{F(x + h_i e_i) - F(x)}{h_i}.
\end{aligned}
$$

Das Problem ist nun das folgende: Falls h_i zu groß ist, so erhalten wir eine schlechte Approximation an $\mathcal{D}F(x)$, und falls h_i zu klein ist, so ist $F(x + he_i) \approx F(x)$ und damit besteht die Gefahr der Auslöschung.

Daher wählt man h_i so, dass $F(x)$ und $F(x + he_i)$ ungefähr die $\frac{t}{2}$ ersten Stellen gemeinsam haben (bei t–stelliger Rechnung). Dann gilt

$$
|h_i| \approx \sqrt{\mathrm{eps}}\,\|F(x)\|/\|\triangle_i F(x)\|
$$

und die auftretende Auslöschung ist noch erträglich. Im Allgemeinen ist jedoch auch die Berechnung von $\triangle F$ sehr teuer.

10.4   Anwendungsbeispiele

Beispiel 10.14 *Als erstes Beispiel untersuchen wir das Newton–Verfahren für das zentrale Modellprojekt 1 (Fahrerkabine). Wir verwenden nichtlineare Dämpfung und das implizite Euler–Verfahren:*

$$
u_{i+1} = u_i + hf(t_{i+1},u_{i+1}).
$$

Für das Newton–Verfahren setzen wir

$$
F(x) := x - u_i - hf(t_{i+1},x).
$$

Dann ist u_{i+1} die gesuchte Nullstelle von F. Wir bekommen

$$
\mathcal{D}F(x) = I - h\frac{\partial f(t_{i+1},x)}{\partial x}
$$

als Ableitung. Wir untersuchen nun das implizite Euler–Verfahren mit der Newton–Iteration zur Berechnung von u_{i+1}. Als Abbruchschranke verwenden wir $\|u_{i+1} - u_i\| \leqslant h^2$ (eine Potenz höher als die Ordnung des Verfahrens). Bereits für $h = 0.1$ liefert das Verfahren sehr brauchbare Ergebnisse (Abbildung 10.5). Das Newton–Verfahren benötigt für jeden Zeitschritt ca. 2-3 Iterationsschritte. Bei einer kleineren Schrittweite $h = 0.01$ gibt es qualitativ nur noch geringe Unterschiede (Abbildung 10.6).

Abbildung 10.5: Fahrerkabine, impliziter Euler ($h = 0.1$)

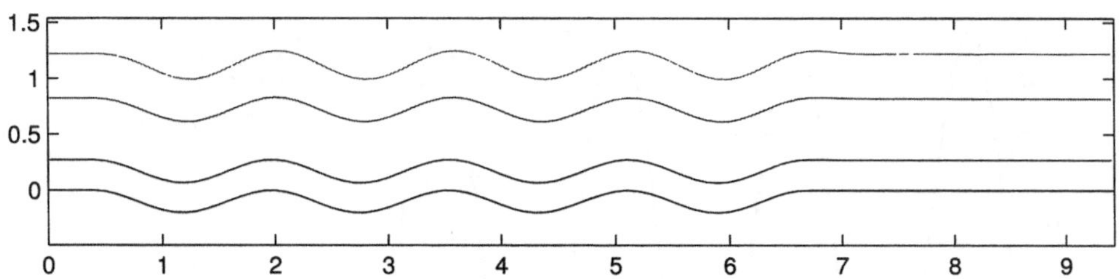

Abbildung 10.6: Fahrerkabine, impliziter Euler ($h = 0.001$)

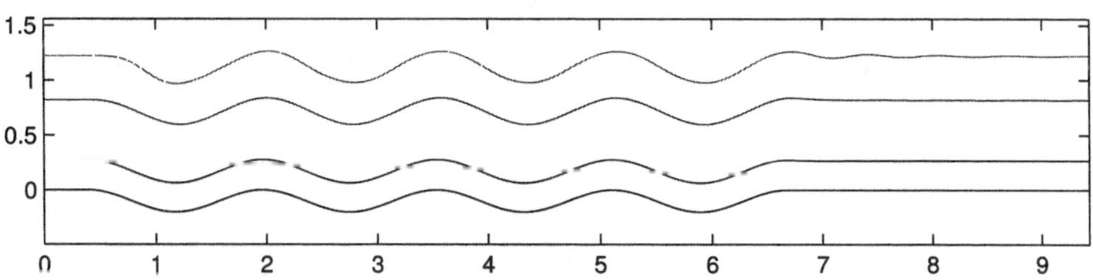

Beispiel 10.15 *Als zweites Beispiel untersuchen wir den Gleichrichterschaltkreis aus Beispiel 10.10. Hier lautet die Gleichung*

$$M\dot{x} = f(t,x), \text{ wobei } x = \begin{bmatrix} v_1 \\ v_2 \\ v_3 \\ i_Q \end{bmatrix}, M = \begin{bmatrix} 0 & 0 & 0 & 0 \\ 0 & -C & C & 0 \\ 0 & C & -C & 0 \\ 0 & 0 & 0 & 0 \end{bmatrix},$$

$$f(t,x) = \begin{bmatrix} 0 & 0 & 0 & -1 \\ 0 & \frac{1}{R} & -\frac{1}{R} & 0 \\ 0 & -\frac{1}{R} & \frac{1}{R} & 0 \\ -1 & 0 & 0 & 0 \end{bmatrix} \begin{bmatrix} v_1 \\ v_2 \\ v_3 \\ i_Q \end{bmatrix} + \begin{bmatrix} -I_D(v_2 - v_1) + I_D(v_1 - v_3) \\ I_D(v_2 - v_1) + I_D(v_2) \\ -I_D(v_1 - v_3) - I_D(-v_3) \\ u_Q \end{bmatrix}.$$

Das implizite Euler–Verfahren lautet hier

$$M(x_{i+1} - x_i) = hf(t_{i+1},x_{i+1}).$$

Wir setzen

$$F(x) = M(x - x_i) - hf(t_{i+1},x).$$

Dann ist x_{i+1} Nullstelle von F und die Ableitung lautet

$$DF(x) = M - h\frac{\partial f(t_{i+1},x)}{\partial x}.$$

Wie in Beispiel 10.14 verwenden wir in jedem Zeitschritt das Newton–Verfahren mit Abbruchbedingung $\|x_{i+1} - x_i\| \leqslant h^2$. Hier ist $h = 0.1$ etwas zu grob, aber $h = 0.01$, $h = 0.001$ liefern vernünftige Ergebnisse (Abbildung 10.7,10.8). Auch hier braucht das Newton–Verfahren oft nur 2 Schritte, selten 4 Schritte.

Abbildung 10.7: Gleichrichterschaltkreis (Quellspannung v_1), impliziter Euler

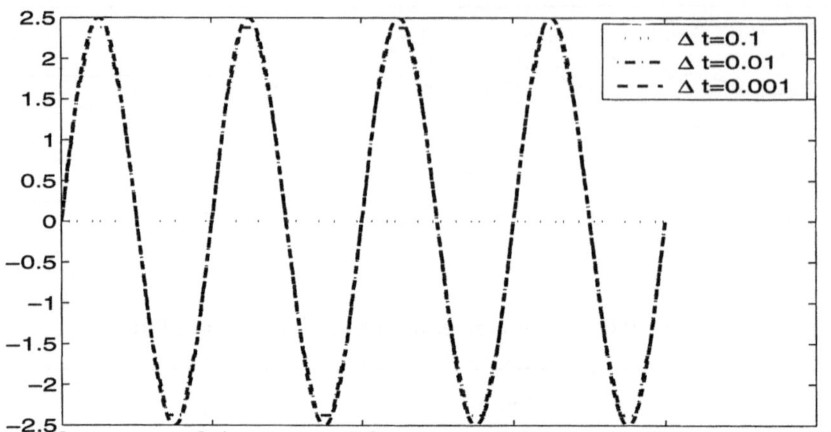

Abbildung 10.8: Gleichrichterschaltkreis (Spannung v_2), impliziter Euler

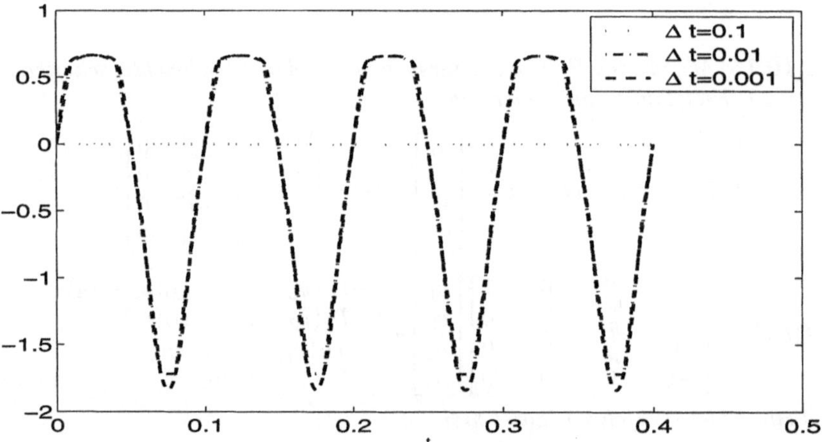

10.5 Anmerkungen und Beweise

Die numerische Lösung von nichtlinearen Gleichungssystemen wird in vielen Lehrbüchern zur Numerischen Mathematik ausführlich behandelt, siehe z.B. [8, 28, 42, 50]. Eine sehr ausführliche Darstellung der klassischen Theorie und entsprechender Verfahren findet man in [46] und ein aktuelle Darstellung in [10].

10.5.1 Beweis von Satz 10.3

Wenn $x^{(0)} \in D$, so gilt $x^{(n)} = \Phi(x^{(n-1)}) \in D$, für alle $n = 1, 2, \ldots$. Wir erhalten aus der Lipschitzbedingung, dass

$$
\begin{aligned}
\|x^{(n+1)} - x^{(n)}\| &= \|\Phi(x^{(n)}) - \Phi(x^{(n-1)})\| \\
&\leqslant \alpha\|x^{(n)} - x^{(n-1)}\| \leqslant \alpha^2\|x^{(n-1)} - x^{(n-2)}\| \\
&\leqslant \alpha^n\|x^{(1)} - x^{(0)}\|
\end{aligned}
$$

und damit

$$
\begin{aligned}
\|x^{(n+k)} - x^{(n)}\| &\leqslant \sum_{i=1}^{k} \|x^{(n+i)} - x^{(n+i-1)}\| \\
&\leqslant \sum_{i=1}^{k} \alpha^{n+i-1}\|x^{(1)} - x^{(0)}\| \\
&\leqslant \alpha^n\|x^{(1)} - x^{(0)}\| \sum_{i=1}^{k} \alpha^{i-1} \\
&\leqslant \frac{\alpha^n}{1-\alpha}\|x^{(1)} - x^{(0)}\|.
\end{aligned}
$$

Damit ist die Folge eine Cauchy–Folge und da $\mathbb{R}^m$ vollständig ist, erhalten wir Konvergenz. Da Φ stetig ist, dies folgt bereits aus der Kontraktionseigenschaft (10.3), so ist der Grenzwert Fixpunkt von Φ, wegen

$$
\hat{x} \equiv \lim_{n \to \infty} x^{(n+1)} = \lim_{n \to \infty} \Phi(x^{(n)}) = \Phi(\lim_{n \to \infty} x^{(n)}) = \Phi(\hat{x}).
$$

Für den Beweis der Eindeutigkeit, seien $\hat{x}, \bar{x}$ Fixpunkte von Φ. Dann gilt

$$
\|\hat{x} - \bar{x}\| = \|\Phi(\hat{x}) - \Phi(\bar{x})\| \leqslant \alpha\|\hat{x} - \bar{x}\|,
$$

und da $\alpha < 1$, so kann nur $\hat{x} = \bar{x}$ gelten.

Die Abschätzungen ergeben sich wie folgt: Aus

$$
\|x^{(n+k)} - x^{(n)}\| \leqslant \frac{\alpha^n}{1-\alpha}\|x^{(1)} - x^{(0)}\|
$$

folgt für $k \to \infty$, dass

$$
\|\hat{x} - x^{(n)}\| \leqslant \frac{\alpha^n}{1-\alpha}\|x^{(1)} - x^{(0)}\|
$$

und dies ist (10.4). Mit $n = 1$ folgt

$$
\|\hat{x} - x^{(1)}\| \leqslant \frac{\alpha}{1-\alpha}\|x^{(1)} - x^{(0)}\|.
$$

Ersetze $x^{(1)}$ durch $x^{(n)}$ und $x^{(0)}$ durch $x^{(n-1)}$ so folgt (10.5). $\square$

10.5.2 Beweis von Satz 10.5

Seien $x,y \in D$ und $\gamma(t) = ty + (1-t)x$. Dann gilt nach dem Fundamentalsatz der Differenzial- und Integralrechnung

$$
\begin{aligned}
\Phi(y) - \Phi(x) &= (\Phi \circ \gamma)(1) - (\Phi \circ \gamma)(0) = \int_0^1 \frac{d}{dt}(\Phi \circ \gamma)(t)\, dt \\
&= \int_0^1 \mathcal{D}\Phi(\gamma(t)) \cdot \gamma'(t)\, dt.
\end{aligned}
$$

Mit Hilfe des Mittelwertsatzes der Integralrechnung erhalten wir ein $s \in (0,1)$, so dass

$$
\Phi(y) - \Phi(x) = \mathcal{D}\Phi(\gamma(s)) \cdot \gamma'(s) = \mathcal{D}\Phi(\gamma(s)) \cdot (y - x).
$$

Übergang zur Norm liefert dann die Behauptung. $\square$

11 Verfahren höherer Ordnung für Anfangswertprobleme

Die Fehler- und Konvergenzanalyse für das explizite Euler–Verfahren zur Lösung von Differenzialgleichungen hat uns gezeigt, dass wir auf Grund der Rundungsfehler die Schrittweite nicht beliebig klein machen können. Wir möchten daher gerne Verfahren verwenden, die eine Konsistenzordnung $\mathcal{O}(h^p)$ mit möglichst großem p haben.

Zur Erinnerung: Explizite Einschrittverfahren zur Lösung der Anfangswertaufgabe

$$\dot{y} = f(t,y), \ y(t_0) = y_0 \tag{11.1}$$

haben die Form

$$\begin{aligned} u_0 &= y_0, \\ u_{i+1} &= u_i + h\Phi(t_i,u_i,h). \end{aligned}$$

Die Konsistenzordnung p des Verfahrens berechnet sich mittels

$$\lim_{\substack{h \to 0 \\ h \neq 0}} \tau(t,h) = \lim_{\substack{h \to 0 \\ h \neq 0}} \frac{y(t + h) - y(t)}{h} - \Phi(t,y(t),h) = \mathcal{O}(h^p).$$

11.1 Ein Anwendungsbeispiel

Als weitere Anwendung für Einschrittverfahren betrachten wir das folgende Beispiel siehe [20, 21].

Beispiel 11.1 *Wir betrachten die Simulation der Umlaufbahn eines Satelliten um Erde (Zentrum) und Mond (Abbildung 11.1).*

Ein Modell für dieses Erde–Mond–System wird z.B. durch folgendes Differenzialgleichungssystem beschrieben:

$$\begin{aligned} \ddot{u} &= u + 2\dot{v} - (1-\mu)\frac{u+\mu}{[(u+\mu)^2 + v^2]^{3/2}} - \mu\frac{u-1+\mu}{[(u-1+\mu)^2 + v^2]^{3/2}}, \\ \ddot{v} &= v - 2\dot{u} - (1-\mu)\frac{v}{[(u+\mu)^2 + v^2]^{3/2}} - \mu\frac{v}{[(u-1+\mu)^2 + v^2]^{3/2}}, \end{aligned}$$

mit den Anfangsdaten $u(0) = 1.2$, $\dot{u}(0) = v(0) = 0$, $\dot{v}(0) = -1.049357509830350$, und der relativen (auf die Erde bezogenen) Mondmasse $\mu = \frac{1}{82.45}$.

Abbildung 11.1: Umlaufbahn eines Satelliten um Erde und Mond

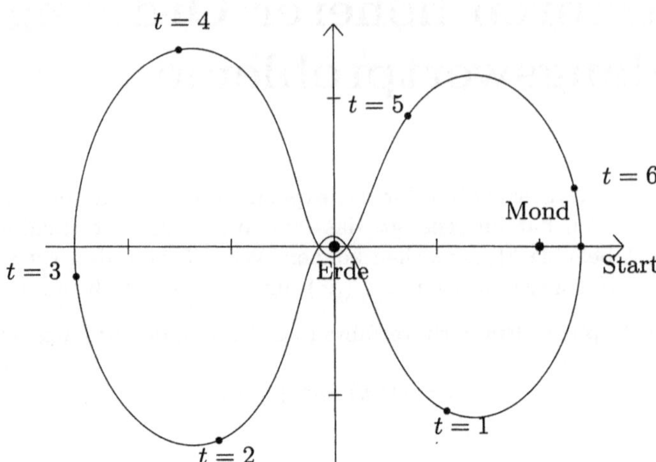

Durch Einführung neuer Variablen $u_1 = u$, $u_2 = \dot{u}$, $v_1 = v$, $v_2 = \dot{v}$ können wir dieses System in ein vierdimensionales System 1. Ordnung überführen. Wir wenden das explizite Euler–Verfahren mit $h = \Delta t = 0.01, 0.001, 0.0001, 0.00001$ im Intervall $[0,8]$ an.

Wir sehen anhand der numerischen Ergebnisse in Abbildung 11.2, dass erst eine extrem kleine Schrittweite (10^{-6}) eine einigermaßen passende Bahn berechnet (und selbst die ist noch sehr ungenau!). Für praktische Probleme ist dies natürlich in keiner Weise befriedigend, inbesondere, da man vorab die Lösung ja nicht kennt und nicht weiß, wie klein h gewählt werden muss, damit die numerisch berechnete Lösung zuverlässig ist.

11.2   Einfache Verfahren höherer Ordnung

Im folgenden werden wir zeigen, wie man mit Hilfe von Quadraturformeln Verfahren höherer Ordnung bekommen kann.

Wir betrachten wieder unsere Anfangswertaufgabe (11.1) in einem Intervall $\mathbb{I} = [t_0, t_0 + T]$. Dabei sei f eine stetige Funktion der Form

$$f : D \subset \mathbb{R}^{n+1} \to \mathbb{R}^n.$$

Wenn wir unser Intervall $\mathbb{I}$ wieder in ein Gitter $t_0 < t_1 < \ldots < t_n = t_0 + T$ einteilen, so ergibt die Integration der Differenzialgleichung

$$y(t) = y(t_0) + \int_{t_0}^{t} f(s, y(s))\, ds, \tag{11.2}$$

Abbildung 11.2: Berechnete Umlaufbahn mit Hilfe des expliziten Euler–Verfahrens

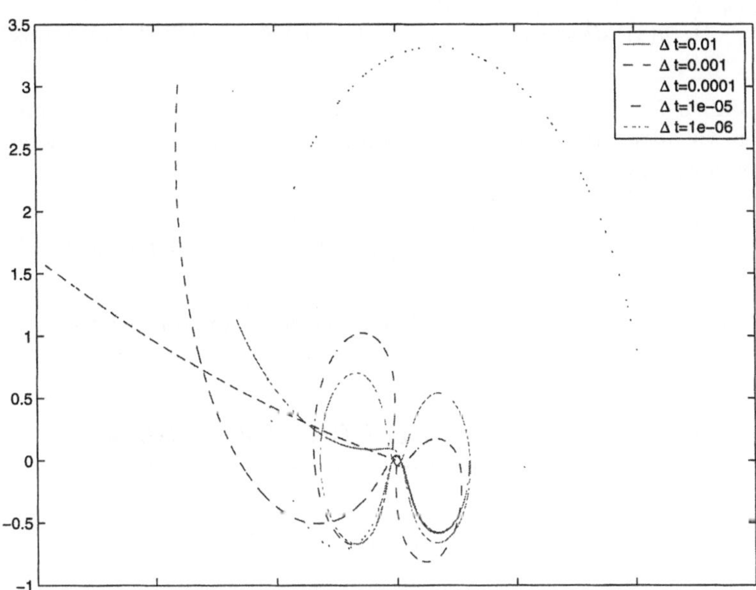

und entsprechend erhalten wir für Teilintervalle $[t_j, t_{j+1}] \subset \mathbb{I}$, dass

$$y_{j+1} = y_j + \int_{t_j}^{t_{j+1}} f(s, y(s))\, ds. \tag{11.3}$$

Die Idee ist nun, die Integrale

$$\int_{t_j}^{t_{j+1}} f(s, y(s))\, ds$$

durch Quadraturformeln

$$h_j \sum_{l=1}^{m} \gamma_l f(s_l, y(s_l)), \qquad s_l \in [t_j, t_{j+1}],$$

zu ersetzen, wobei wir jetzt auch variable Schrittweiten h_j zulassen. Dazu benötigen wir allerdings eine Näherung für $f(s_l, y(s_l))$, da wir $y(s_l)$ ja nicht kennen.

Wir führen dies an einem sehr einfachen Beispiel vor. Sei jetzt $j = 0$, $t = t_0 + h$, dann erhalten wir beispielsweise

$$\int_{t_0}^{t_0+h} f(s, y(s))\, ds = \frac{h}{2} \left[f(t_0, y_0) + f(t_0 + h, y(t_0 + h)) \right] + \mathcal{O}(h^3) \;\text{(Trapezregel)},$$

oder

$$\int_{t_0}^{t_0+h} f(s,y(s))\ ds = hf(t_0 + \frac{h}{2},\ y(t_0 + \frac{h}{2})) + \mathcal{O}(h^3) \quad \text{(Mittelpunktregel)}$$

In beiden Fällen fehlt uns jeweils noch ein Wert für y noch nicht bekannt ist. Diesen könnten wir aber z.B. mit dem expliziten Euler–Verfahren approximieren. Bei der Trapezregel liefert dies

$$\int_{t_0}^{t_0+h} f(s,y(s))\ ds \approx \frac{h}{2}\left[f(t_0,y_0) + f(t_0 + h,y_0 + hf(t_0,y_0))\right].$$

Damit erhalten wir das *Verfahren von Heun*. Die Iterationsvorschrift lautet

$$
\begin{aligned}
u_0 &= y_0,\\
u_{k+1} &= u_k + h\underbrace{\frac{1}{2}\left[f(t_k,u_k) + f(t_k + h,u_k + hf(t_k,u_k))\right]}_{\Phi(t_k,u_k,h)}.
\end{aligned}
$$

Die analoge Vorgehensweise bei der Mittelpunktregel liefert

$$\Phi(t,y,h) = f(t + \frac{h}{2},y + \frac{h}{2}f(t,y)).$$

Das ist das *modifizierte Euler-Verfahren von Collatz*. Beide Verfahren benötigen zwei Funktionsauswertungen von f pro Schritt und haben Konvergenzordnung $p = 2$.

Beispiel 11.2 *Wir betrachten Beispiel 11.1 und behandeln es mit Hilfe des Verfahrens von Heun sowie des modifizierten Euler–Verfahrens. Als Schrittweite wählen wir $h = \Delta t = 0.01,\ 0.001,\ 0.0001$. Die Ergebnisse des modifizierten Euler–Verfahrens sind in Abbildung 11.3 dargestellt, die des Verfahrens von Heun in Abbildung 11.4.*

Die Abbildungen 11.3 und 11.4 zeigen, dass für $\Delta t = h = 0.001$ die Qualität ungefähr der des Euler–Verfahrens bei 10^{-5} entspricht. Noch besser aber sieht man, dass bei $h = \Delta t = 0.0001$ die Ergebnisse ähnlich gut wie beim Euler–Verfahren bei $h = \Delta t = 10^{-6}$ sind oder sogar noch besser. Daran erkennt man deutlich die höhere Ordnung der Verfahren von Heun und Collatz. Pro Schritt sind diese etwa doppelt so teuer wie Euler, da aber eine wesentlich geringere Schrittweite erforderlich ist (z.B. $\Delta t = h = 10^{-4}$ klappt genauso gut oder besser als das explizite Euler–Verfahren mit 10^{-6}), hat man natürlich einen Effizienzgewinn.

11.3   Runge–Kutta–Verfahren

Nach diesen einfachen Ansätzen wollen wir jetzt allgemeine Techniken zur Konstruktion von Verfahren höherer Ordnung vorstellen. Wir haben schon gesehen, dass die Integrale über die Teilintervalle durch Quadraturformeln

Abbildung 11.3: Berechnete Umlaufbahn mit Hilfe des modifizierten Euler–Verfahrens

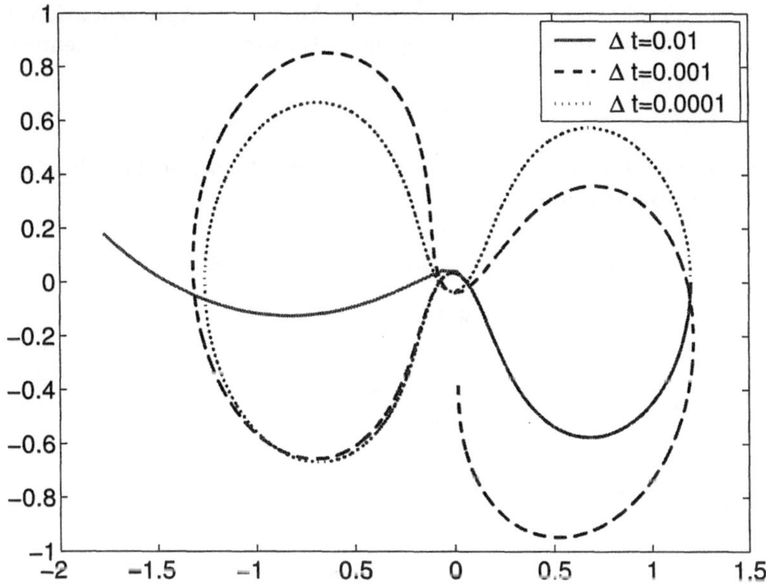

Abbildung 11.4: Berechnete Umlaufbahn mit Hilfe des Verfahrens von Heun

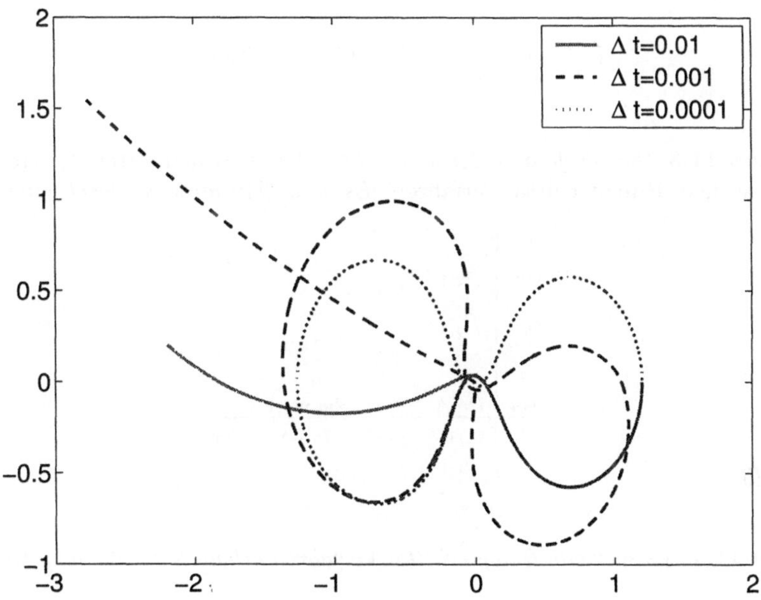

$$\int_{t_j}^{t_{j+1}} f(s,y(s))\, ds \approx h_j \sum_{l=1}^{m} \gamma_l f(s_l,y(s_l))$$

approximiert werden können. Der systematische Ansatz zur Approximation der Werte $f(s_l,y(s_l))$ führt auf die *Runge–Kutta–Verfahren*. Da wir ja $y(s_l)$ nicht kennen, machen wir einen Ansatz

$$f(s_l,y(s_l)) \approx k_l.$$

Bei *expliziten Runge–Kutta–Verfahren* wird $y(s_l)$ mit Hilfe bereits berechneter $k_1,\ldots,k_{l-1}$ angenähert. Wir wählen dann

$$y(s_l) \approx y_j + h_j(\beta_{l,1}k_1 + \ldots + \beta_{l,l-1}k_{l-1}).$$

Sei $s_1 = t_j$ und $s_l = t_j + \alpha_l h_j$, wobei für α_l gilt, dass

$$\alpha_l = \sum_{r=1}^{l-1} \beta_{l,r}.$$

Daraus konstruieren wir ein Gleichungssystem der Form

$$
\begin{aligned}
k_1 &= f(t_j,y_j),\\
k_2 &= f(t_j + \alpha_2 h_j,y_j + h_j\beta_{2,1}k_1),\\
k_3 &= f(t_j + \alpha_3 h_j,y_j + h_j(\beta_{3,1}k_1 + \beta_{3,2}k_2)),\\
&\ \ \vdots\\
k_m &= f(t_j + \alpha_m h_j,y_j + h_j(\beta_{m,1}k_1 + \ldots + \beta_{m,m-1}k_{m-1})),
\end{aligned}
\tag{11.4}
$$

und damit erhalten wir mit einer Linearkombination der k_j das Verfahren:

$$u_{j+1} = u_j + h_j(\gamma_1 k_1 + \ldots + \gamma_m k_m) \tag{11.5}$$

Definition 11.3 *Ein Verfahren der Form (11.5) mit* Stufenwerten k_i *wie in (11.4) heißt* m*–stufiges Runge–Kutta–Verfahren. Es wird üblicherweise durch eine* Butcher–Tabelle *der Form*

$$
\begin{array}{c|cccc}
0 & & & & \\
\alpha_2 & \beta_{2,1} & & & \\
\alpha_3 & \beta_{3,1} & \ddots & & \\
\vdots & \vdots & & & \\
\alpha_m & \beta_{m,1} & \cdots & \beta_{m,m-1} & \\
\hline
 & \gamma_1 & \cdots & \gamma_{m-1} & \gamma_m
\end{array}
\tag{11.6}
$$

dargestellt.

Beispiel 11.4 *Als spezielle Runge–Kutta–Verfahren erhalten wir die folgenden Methoden:*

1. Explizites Euler–Verfahren, 1. Ordnung:

$$m = 1, \quad \gamma_1 = 1,$$

$$u_{j+1} = u_j + h_j f(t_j, u_j). \tag{11.7}$$

2. Modifiziertes Euler–Verfahren, (Mittelpunktregel für Quadratur), 2. Ordnung:

$$m = 2, \quad \gamma_1 = 0, \quad \gamma_2 = 1, \quad \beta_{2,1} = \alpha_2 = \frac{1}{2}. \tag{11.8}$$

3. Verfahren von Heun, (Trapezregel für Quadratur), 2. Ordnung:

$$m = 2, \quad \gamma_1 = \gamma_2 = \frac{1}{2}, \quad \beta_{2,1} = \alpha_2 = 1. \tag{11.9}$$

4. Runge–Verfahren, 3. Ordnung:

$$
m = 3, \qquad
\begin{array}{c|ccc}
0 & & & \\
1/2 & 1/2 & & \\
1 & 0 & 1 & \\
\hline
& 0 & 0 & 1
\end{array}. \tag{11.10}
$$

5. Klassisches Runge–Kutta–Verfahren, (Simpsonregel für Quadratur), 4. Ordnung:

$$
m = 4, \qquad
\begin{array}{c|cccc}
0 & & & & \\
1/2 & 1/2 & & & \\
1/2 & 0 & 1/2 & & \\
1 & 0 & 0 & 1 & \\
\hline
& 1/6 & 1/3 & 1/3 & 1/6
\end{array}. \tag{11.11}
$$

Beispiel 11.5 *Wir betrachten Beispiel 11.1 und behandeln es mit Hilfe des klassischen Runge–Kutta–Verfahrens mit Schrittweiten $h = \Delta t = 0.01, 0.001$ (Abbildung 11.5).*

Das klassische Runge–Kutta–Verfahren liefert bereits für $h = \Delta t = 10^{-3}$ vergleichbare Ergebnisse wie die Verfahren von Heun und Collatz bei $h = 10^{-4}$. Die höhere Anzahl Funktionsauswertungen beim Runge–Kutta–Verfahren (ca. 50% mehr) wird durch die geringere Schrittweite aufgrund der höheren Ordnung mehr als kompensiert.

Was für Bedingungen müssen an die Koeffizienten α_i, β_i, γ_i gestellt werden damit das Verfahren konsistent ist ?

Für die Konsistenz fordern wir, dass

$$
\begin{aligned}
k_l &= f(t_j + \alpha_l h_j, y(t_j)) + h_j(\beta_{l,1} k_1 + \ldots + \beta_{l,l-1} k_{l-1})) \\
&\approx f(t_j + \alpha_l h_j, y(t_j + \alpha_l h_j)) \\
&= f(t_j + \alpha_l h_j, y(t_j) + \alpha_l h_j \dot{y}(t_j) + \mathcal{O}(h_j^2)),
\end{aligned}
$$

Abbildung 11.5: Berechnete Umlaufbahn mit dem klassischen Runge–Kutta–Verfahren

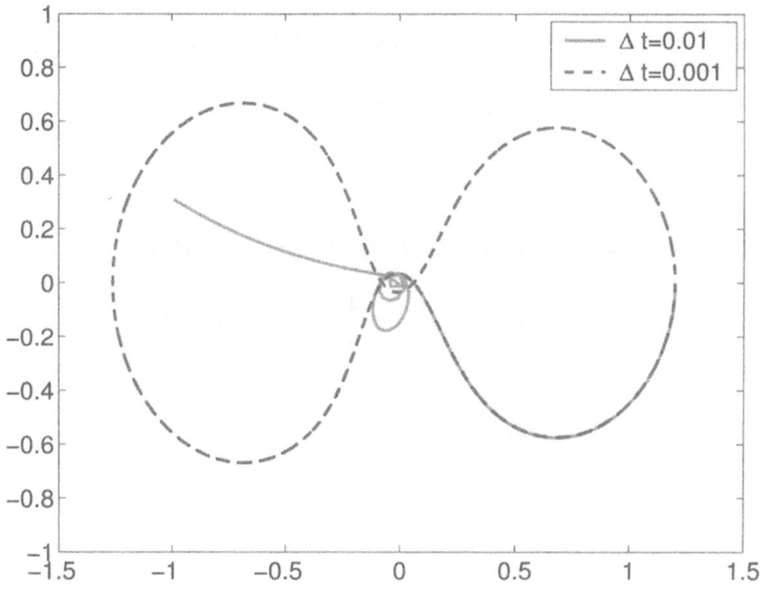

und die Approximation soll mindestens $\mathcal{O}(h_j)$ sein. Für die Koeffizienten α_i, β_i und γ_i gelten dann folgende Beziehungen:

$$\gamma_1 + \cdots + \gamma_m = 1, \tag{11.12}$$

$$\beta_{l,1} + \cdots + \beta_{l,l-1} = \alpha_l, \tag{11.13}$$

$$\gamma_1 \alpha_1 + \cdots + \gamma_m \alpha_m = \frac{1}{2}. \tag{11.14}$$

Wir erhalten den folgenden Konsistenzsatz:

Satz 11.6 *Ein explizites Runge–Kutta–Verfahren der Form (11.6), welches die Bedingung (11.12) erfüllt, ist konsistent.*
Sind zusätzlich (11.13) und (11.14) erfüllt, so ist es konsistent von mindestens zweiter Ordnung.

Beweis. Übungen zu Kapitel 11, Übungsaufgabe 3.   □

Um allgemein die Ordnung der Runge–Kutta–Verfahren zu bestimmen, muss man eine Taylor–Entwicklung durchführen und anschließend ein nichtlineares Gleichungssystem für die Koeffizienten lösen. Die Anzahl der Parameter und damit der Funktionsauswertungen wächst sehr schnell, wie Tabelle (11.15) zeigt:

$$\begin{array}{c|cccccccc} \text{Ordnung } p & 1 & 2 & 3 & 4 & 5 & 6 & 7 & 8 \\ \hline \# \text{ Parameter} & 1 & 2 & 4 & 8 & 17 & 37 & 85 & 200 \end{array} \tag{11.15}$$

Tabelle (11.16) zeigt außerdem, wie groß die maximale Ordnung ist, die mit einem m–stufigen Runge–Kutta–Verfahren für ein bestimmtes m erreicht werden kann.

$$\begin{array}{c|ccccccccc|c} \text{Stufe } m & 1 & 2 & 3 & 4 & 5 & 6 & 7 & 8 & 9 & \geqslant 9 \\ \hline \text{Ordnung } p(m) & 1 & 2 & 3 & 4 & 4 & 5 & 6 & 6 & 7 & < m - 2 \end{array} \tag{11.16}$$

Beispiel 11.7 *Im folgenden sei $m = 4$ und $p = 4$. Dann gibt es z.B. die folgenden 4-stufigen Verfahren:*

- *Klassisches Runge–Kutta–Verfahren*

$$\begin{array}{c|cccc} 0 & & & & \\ 1/2 & 1/2 & & & \\ 1/2 & 0 & 1/2 & & \\ 1 & 0 & 0 & 1 & \\ \hline & 1/6 & 1/3 & 1/3 & 1/6 \end{array} \tag{11.17}$$

- *3/8–Regel*

$$\begin{array}{c|cccc} 0 & & & & \\ 1/3 & 1/3 & & & \\ 2/3 & -1/3 & 1 & & \\ 1 & 1 & -1 & 1 & \\ \hline & 1/8 & 3/8 & 3/8 & 1/8 \end{array} \tag{11.18}$$

Das klassische Runge–Kutta–Verfahren (11.17) ist unter allen expliziten Runge–Kutta–Verfahren der Ordnung 4 dasjenige mit den wenigsten von Null verschiedenen Parametern $\beta_{i,j}$. Es benötigt daher auch unter all diesen Methoden die wenigsten Funktionsauswertungen.

Weitere Verfahren lassen sich durch Kombination von Runge–Kutta–Verfahren und Taylor–Entwicklung erzeugen. Diese heißen *Runge–Kutta–Fehlberg–Verfahren* (siehe z.B. [26, 20]).

11.4 Implizite Runge–Kutta–Formeln

Wie wir bereits in Beispiel 10.1 beim Vergleich des impliziten und expliziten Euler–Verfahrens gesehen haben, kann man noch weitere Verbesserungen erzielen, wenn man die Verfahren etwas aufwendiger macht. Dies führt im Allgemeinen auch zu besserer Stabilität der Verfahren (siehe Kapitel 12). Bei den Runge–Kutta-Verfahren lassen sich solche Verfahren sehr einfach entwickeln, indem wir statt (11.4) den allgemeineren Ansatz

$$k_l = f(t_j + \alpha_l h_j, u_j + h_j(\beta_{l,1}k_1 + \ldots + \beta_{l,m}k_m)) \qquad (11.19)$$

für $l = 1,\ldots,m$ machen. Mit $\beta_{l,r} = 0$ für $r \geqslant l$ ist k_l in (11.19) explizit aus $k_1,\ldots,k_{l-1}$ berechenbar, sonst ist (11.19) implizit in den Unbekannten $k_1,\ldots,k_m$.

Bemerkung: Diese Formeln definieren kein implizites Verfahren, d.h. wir erhalten immer noch u_{i+1} explizit aus u_i, nur die Berechnung der k_l ist implizit.

Auch implizite Runge–Kutta–Verfahren werden wieder durch Butcher–Tabellen angegeben:

$$
\begin{array}{c|ccc}
\alpha_1 & \beta_{11} & \cdots & \beta_{1m} \\
\alpha_2 & \beta_{21} & \cdots & \beta_{2m} \\
\vdots & \vdots & \cdots & \vdots \\
\alpha_m & \beta_{m1} & \cdots & \beta_{mm} \\
\hline
 & \gamma_1 & \cdots & \gamma_m
\end{array}
$$

Bei den impliziten Runge–Kutta–Verfahren sind drei verschiedene Formeltypen von besonderem Interesse.

1. *Gauß–Form*: Alle Parameter $\alpha_j, \beta_{j,l}, \gamma_j$ beliebig wählbar.

2. *Radau–Form*: Entweder $\alpha_1 = 0$ oder $\alpha_m = 1$.

3. *Lobatto–Form*: $\alpha_1 = 0$ und $\alpha_m = 1$.

Die Namen der drei Typen von Verfahren leiten sich aus dem Umstand her, dass sie im Spezialfall einer von y unabhängigen Funktion f in die gleichnamigen Quadraturformeln übergehen. Die Radau–Formeln haben den Vorteil, dass entweder k_1 oder k_m explizit berechnet werden kann, bei den Lobatto–Formeln können sogar k_1 und k_m explizit berechnet werden, wodurch die Zahl der in jedem Schritt zu lösenden impliziten Gleichungen verringert wird. Dafür muss man eine geringere Konsistenzordnung bei gleicher Stufenzahl in Kauf nehmen.

Beispiel 11.8 *Wir geben nun einige spezielle implizite Formeln der genannten Typen an.*

Gauß–Form, 2. Ordnung $: m = 1,\ p = 2,$

$$
\begin{array}{c|c}
\frac{1}{2} & \frac{1}{2} \\
\hline
 & 1
\end{array}\ .
$$

Mit diesen Koeffizienten erhält man das folgende Verfahren:

$$k_1 = f(t_j + \frac{h_j}{2}, u_j + \frac{h_j}{2} k_1),$$
$$u_{j+1} = u_j + h_j k_1.$$

Gauß–Form, 4. Ordnung : $m = 2$, $p = 4$,

$$
\begin{array}{c|cc}
\dfrac{(3-\sqrt{3})}{6} & \dfrac{1}{4} & \dfrac{(3-2\sqrt{3})}{12} \\[2ex]
\dfrac{(3+\sqrt{3})}{6} & \dfrac{(3+2\sqrt{3})}{12} & \dfrac{1}{4} \\[2ex]
\hline
& \dfrac{1}{2} & \dfrac{1}{2}
\end{array}
$$

Radau–Form, 1. Ordnung: $m = 1$, $p = 1$,

$$
\begin{array}{c|c}
0 & 1 \\
\hline
& 1
\end{array}
\,,\qquad
\begin{array}{c|c}
1 & 1 \\
\hline
& 1
\end{array}\,.
$$

Radau–Form, 3. Ordnung: $m = 2$, $p = 3$,

$$
\begin{array}{c|cc}
0 & \dfrac{1}{4} & -\dfrac{1}{4} \\[2ex]
\dfrac{2}{3} & \dfrac{1}{4} & \dfrac{5}{12} \\[2ex]
\hline
& \dfrac{1}{4} & \dfrac{3}{4}
\end{array}
\,,\qquad
\begin{array}{c|cc}
\dfrac{1}{3} & \dfrac{5}{12} & -\dfrac{1}{12} \\[2ex]
1 & \dfrac{3}{4} & \dfrac{1}{4} \\[2ex]
\hline
& \dfrac{3}{4} & \dfrac{1}{4}
\end{array}\,.
$$

Lobatto–Form, 2. Ordnung : $m = 2$, $p = 2$,

$$
\begin{array}{c|cc}
0 & 0 & 0 \\[1ex]
1 & \dfrac{1}{2} & \dfrac{1}{2} \\[2ex]
\hline
& \dfrac{1}{2} & \dfrac{1}{2}
\end{array}
\,,\quad
\begin{array}{c|cc}
0 & \dfrac{1}{2} & 0 \\[2ex]
1 & \dfrac{1}{2} & 0 \\[2ex]
\hline
& \dfrac{1}{2} & \dfrac{1}{2}
\end{array}
\,,\quad
\begin{array}{c|cc}
0 & \dfrac{1}{2} & -\dfrac{1}{2} \\[2ex]
1 & \dfrac{1}{2} & \dfrac{1}{2} \\[2ex]
\hline
& \dfrac{1}{2} & \dfrac{1}{2}
\end{array}\,.
$$

Lobatto–Form, 4. Ordnung : $m = 3$, $p = 4$,

$$
\begin{array}{c|ccc}
0 & 0 & 0 & 0 \\[1ex]
\dfrac{1}{2} & \dfrac{5}{24} & \dfrac{1}{3} & -\dfrac{1}{24} \\[2ex]
1 & \dfrac{1}{6} & \dfrac{2}{3} & \dfrac{1}{6} \\[2ex]
\hline
& \dfrac{1}{6} & \dfrac{2}{3} & \dfrac{1}{6}
\end{array}
\,,\quad
\begin{array}{c|ccc}
0 & \dfrac{1}{6} & -\dfrac{1}{6} & 0 \\[2ex]
\dfrac{1}{2} & \dfrac{1}{6} & \dfrac{1}{3} & 0 \\[2ex]
1 & \dfrac{1}{6} & \dfrac{5}{6} & 0 \\[2ex]
\hline
& \dfrac{1}{6} & \dfrac{2}{3} & \dfrac{1}{6}
\end{array}
\,,\quad
\begin{array}{c|ccc}
0 & \dfrac{1}{6} & -\dfrac{1}{3} & \dfrac{1}{6} \\[2ex]
\dfrac{1}{2} & \dfrac{1}{6} & \dfrac{5}{12} & -\dfrac{1}{12} \\[2ex]
1 & \dfrac{1}{6} & \dfrac{2}{3} & \dfrac{1}{6} \\[2ex]
\hline
& \dfrac{1}{6} & \dfrac{2}{3} & \dfrac{1}{6}
\end{array}\,.
$$

Weitere Formeln siehe [27].

Zur Berechnung der k_r muss im Allgemeinen ein nichtlineares Gleichungssystem gelöst werden. Als Konsequenz aus dem Banachschen Fixpunktsatz (Satz 10.3) erhalten wir folgenden Existenzsatz.

Satz 11.9 *Die Funktion f genüge für alle (t,y_1), $(t,y_2) \in \mathbb{I} \times \mathbb{R}^n$ der Lipschitz-Bedingung*

$$\|f(t,y_1) - f(t,y_2)\| \leqslant L\|y_1 - y_2\|.$$

Dann existiert für alle Schrittweiten h mit

$$q = L \cdot h \cdot \max_{j=1,\ldots,m} \Big(\sum_{k=1}^{m} |\beta_{j,k}|\Big) < 1$$

und alle $(t,y) \in \mathbb{I} \times \mathbb{R}^n$ eine eindeutig bestimmte Lösung $k_1(t,y),\ldots,k_m(t,y)$ von (11.19).

Beweis. $\rightarrow$ Abschnitt 11.6.1.

Bemerkung:

   i) Die Lipschitz–Bedingung in Satz 11.9 lässt sich auf eine lokale Lipschitz–Bedingung abschwächen, die nur in einem Schlauch um die Lösung gilt.

  ii) Um in Satz 11.9 $q < 1$ zu garantieren, muss h genügend klein sein. Das führt oft dazu, dass der erhöhte Rechenaufwand die hohe Konsistenzordnung wieder aufhebt.

Bemerkung: Wir haben hier einen ganzen Zoo von Verfahren erhalten und es gibt noch viele weitere. Damit stellt sich natürlich die Frage:

Welches Verfahren sollen wir wann verwenden ?

Diese Frage ist im Allgemeinen schwer zu beantworten und zum Teil auch eine Geschmacksfrage. Kriterien für die Auswahl sind natürlich die Effizienz und die numerische Stabilität der Methode. Wie wir in Kapitel 12 sehen werden, haben implizite Runge–Kutta–Verfahren im Allgemeinen sehr viel größere Stabilitätsbereiche als explizite Runge–Kutta–Verfahren und bieten von dieser Seite her große Vorteile.

11.5 Schrittweitensteuerung

So wie wir die Runge–Kutta–Verfahren bisher entwickelt haben, ist nicht klar wie die Schrittweite h_j in jedem Schritt zu wählen ist. Es ist natürlich sinnvoll, die Schrittweite an den Lösungsverlauf anzupassen, d.h. bei fast linearem Lösungsverhalten können wir große Schritte machen und damit den Rechenaufwand minimieren. Wenn die Lösung stark oszilliert wählen wir entsprechend kleine Schritte, damit die gewünschte Genauigkeit erreicht wird. Dies ist die Idee der *Schrittweitensteuerung.*

1. Wähle die Schrittweite h_j von t_j auf t_{j+1} möglichst groß, aber so, dass der lokale Fehler unterhalb einer bestimmten Toleranzgrenze liegt.

2. Verwende eine Schätzung für den Fehler. Wird der geschätzte Fehler zu groß, so verkleinere die Schrittweite. Wird der geschätzte Fehler dagegen sehr klein, so vergrößere die Schrittweite.

Wie können wir den Fehler schätzen ?

Es gibt verschiedene Konzepte zur Fehlerschätzung. Bei einem ersten Ansatz ist die Idee, dass man dieselbe Verfahrensfunktion $\Phi_p(t,y,h)$ mit unterschiedlichen Schrittweiten h verwendet und daraus den Fehler extrapoliert. Diesen Ansatz werden wir hier nicht diskutieren. Ein zweites Konzept beruht darauf, dass man zwei Verfahrensfunktionen verschiedener Ordnungen miteinander vergleicht und daraus den Fehler schätzt. Beide Konzepte haben gemeinsam, dass man eine genauere und eine weniger genaue Approximation an $y(t + h)$ bekommt und daraus den Fehler schätzt.

Seien $\Phi_p(t,y,h)$ und $\Phi_{p+1}(t,y,h)$ die Inkrementfunktionen zweier Verfahren der Ordnung p und $p + 1$. Wir wissen bereits aus Satz 3.10, dass der globale Fehler beschränkt ist durch den maximalen lokalen Diskretisierungsfehler $\tau(t,h)$ und weitere Terme, wie die Länge des Intervalls und e^L, die problemabhängig sind. Letztere können wir nicht beeinflussen, aber wir versuchen $\tau(t,h)$ unterhalb einer Schranke zu halten.

Bei Verfahren der Ordnung $j = p,\, p + 1$ gilt:

$$\tau_j(t,h) = \frac{y(t + h) - y(t)}{h} - \Phi_j(t,y(t),h).$$

Wir können natürlich $\tau_j(t,h)$ nicht exakt ausrechnen, nicht einmal im Startpunkt t_0, wo $y(t_0)$ bekannt ist, weil wir $y(t+h)$ nicht kennen. Haben wir jedoch eine gute Schätzung für $y(t)$, etwa dadurch, dass wir den Fehler $\tau(t,h)$ bisher klein gehalten haben, dann folgt daraus

$$\begin{aligned}
\tau_p &= \frac{y(t + h) - y(t)}{h} - \Phi_p = \frac{y(t + h) - y(t)}{h} - \Phi_{p+1} + (\Phi_{p+1} - \Phi_p) \\
&= \Phi_{p+1} - \Phi_p + \tau_{p+1} \approx \Phi_{p+1} - \Phi_p,
\end{aligned} \tag{11.20}$$

wobei wir annehmen, dass wir τ_{p+1} gegenüber τ_p vernachlässigen können.

Diese Schätzung des lokalen Fehlers wird nun zur Schrittweitensteuerung verwendet. Zu einer gewählten Schrittweite h_{alt} berechnen wir Φ_{p+1}, Φ_p und $\tau := \|\Phi_{p+1} - \Phi_p\|$. Ist τ oberhalb einer vorgegebenen Schranke ε, so müssen wir h kleiner wählen. Ist τ weit unterhalb der Schranke ε, so könnten wir umgekehrt h größer wählen. Die Frage ist jetzt, wie soll h_{neu} gewählt werden. Gehen wir davon aus, dass

$$\tau_p \approx C h^p,$$

für eine geeignete Konstante C (die wir aber nicht kennen), so wollen wir $\tau_{p,neu} \approx \varepsilon$ erreichen. Damit ergibt sich

$$\frac{\varepsilon}{h_{neu}^p} \approx C \approx \frac{\tau}{h_{alt}^p}.$$

Auflösen nach h_{neu} liefert die Schätzung

$$h_{neu} := h_{alt} \cdot \sqrt[p]{\frac{\varepsilon}{\tau}}. \tag{11.21}$$

In der Praxis nimmt man für ε eine relative Schranke in Form einer Konstante mal der der Norm der bisherigen Iterierten, etwa $\varepsilon \cdot (\|u_i\| + 1)$. Verfeinern sollte man, sobald die Fehlerschranke $\varepsilon \cdot (\|u_i\| + 1)$ überschritten wird. Vergröbern sollte man beispielsweise, wenn die Fehlerschranke um mehr als einen Faktor unterschritten wird. Damit man das neue h_{neu} nicht noch zu grob wählt, sollte man in der Schätzung 11.21 lieber $\varepsilon/2$ nehmen. Natürlich muss man für das neue h_{neu} wiederum τ berechnen, solange, bis der Wert von τ klein genug ist.

Die allgemeine Vorgehensweise der Schrittweitensteuerung lässt sich nun wie folgt beschreiben:

Algorithmus 11.10 (Schrittweitensteuerung)
Führt für gegebene t_0, u_0, T, zwei Inkrementfunktionen Φ_p, Φ_{p+1} zu Verfahren der Ordnung p, $p + 1$, sowie eine Anfangsschrittweite $h < T$ und eine Toleranz ε eine schrittweitengesteuerte Integration durch.

$$
\begin{aligned}
&i = 0. \\
&\textbf{while } t_i < t_0 + a \textbf{ and } t_i + h > t_i \\
&\quad \textbf{if } t_i + h > t_0 + a \\
&\quad\quad h = t_0 + a - t_i. \\
&\quad \textbf{end} \\
&\quad \Phi_1 = \Phi_p(t_i, u_i, h). \\
&\quad \Phi_2 = \Phi_{p+1}(t_i, u_i, h). \\
&\quad \tau = \|\Phi_2 - \Phi_1\|. \\
&\quad \nu = \|u_i\| + 1. \\
&\quad \textbf{if } \tau \leqslant \varepsilon\nu \\
&\quad\quad t_{i+1} = t_i + h. \\
&\quad\quad u_{i+1} = u_i + h\Phi_1. \\
&\quad\quad i = i + 1. \\
&\quad \textbf{end} \\
&\quad \textbf{if } \tau \leqslant \varepsilon\nu/2 \textbf{ or } \tau > \varepsilon\nu \\
&\quad\quad h = h \sqrt[p]{\varepsilon\nu/\tau}. \\
&\quad \textbf{end} \\
&\textbf{end}
\end{aligned}
$$

Man kann auf diese Weise auch Unstetigkeiten in den Lösungen aufspüren, wenn man feststellt, dass die Schrittweite immer kleiner wird.

Haben wir damit das ideale Verfahren ?

Schön wäre natürlich noch, wenn die beiden Verfahren in der Schrittweitensteuerung so gewählt wären, dass der Rechenaufwand im Wesentlichen der gleiche ist wie bei der Verwenung des Verfahrens der Ordnung $p + 1$. Dies ist die Idee der *eingebetteten Runge–Kutta–Verfahren.*

Beispiel 11.11 *Wir verwenden zwei Verfahren, eins der Ordnung $p = 2$ zum Rechnen und ein Verfahren der Ordnung $p = 3$ zum Schätzen des Fehlers mit folgenden Tabellen für die Runge–Kutta–Verfahren:*

$$p = 2, \qquad \begin{array}{c|cc} 0 & & \\ 1 & 1 & \\ \hline & 1/2 & 1/2 \end{array}\,,$$

$$p = 3, \qquad \begin{array}{c|ccc} 0 & & & \\ 1 & 1 & & \\ 1/2 & 1/4 & 1/4 & \\ \hline y & 1/2 & 1/2 & 0 \\ \hline \hat{y} & 1/6 & 1/6 & 2/3 \end{array}\,.$$

Wir erhalten so für die diskreten Werte u_j des Verfahrens der Ordnung p bzw. $\hat{u}_j$ des Verfahrens der Ordnung $p + 1$ folgende Terme:

$$\begin{aligned}
k_1 &= f(t_j, u_j), \\
k_2 &= f(t_j + h_j, u_j + h_j k_1), \\
u_{j+1} &= u_j + \frac{h_j}{2}(k_1 + k_2),
\end{aligned} \qquad (11.22)$$

und

$$\begin{aligned}
\hat{k}_1 &= f(t_j, \hat{u}_j), \\
\hat{k}_2 &= f(t_j + h_j, \hat{u}_j + h_j \hat{k}_1), \\
\hat{k}_3 &= f\left(t_j + \frac{h_j}{2}, \hat{u}_j + \frac{h_j}{4}(\hat{k}_1 + \hat{k}_2)\right), \\
\hat{u}_{j+1} &= \hat{u}_j + \frac{h_j}{6}(\hat{k}_1 + \hat{k}_2 + 4\hat{k}_3).
\end{aligned} \qquad (11.23)$$

Da wir vom gleichen Startwert starten, gilt dann $\hat{k}_1 = k_1$ und $\hat{k}_2 = k_2$ und damit brauchen wir diese Werte nur einmal zu berechnen.

Beispiel 11.12 *Das eingebettete Runge–Kutta-Fehlberg-4(5)-Verfahren hat die Form*

0						
$\dfrac{1}{4}$	$\dfrac{1}{4}$					
$\dfrac{3}{8}$	$\dfrac{3}{32}$	$\dfrac{9}{32}$				
$\dfrac{12}{13}$	$\dfrac{1932}{2197}$	$-\dfrac{7200}{2197}$	$\dfrac{7296}{2197}$			
1	$\dfrac{439}{216}$	-8	$\dfrac{3680}{513}$	$-\dfrac{845}{4104}$		
$\dfrac{1}{2}$	$-\dfrac{8}{27}$	2	$-\dfrac{3544}{2565}$	$\dfrac{1859}{4104}$	$-\dfrac{11}{40}$	
y	$\dfrac{25}{216}$	0	$\dfrac{1408}{2565}$	$\dfrac{2197}{4104}$	$-\dfrac{1}{5}$	0
$\hat{y}$	$\dfrac{16}{135}$	0	$\dfrac{6656}{12825}$	$\dfrac{28561}{56430}$	$-\dfrac{9}{50}$	$\dfrac{2}{55}$

Dieses Verfahren braucht keine zusätzlichen Funktionsauswertungen.

Eine andere exzellente Methode ist das Verfahren von Dormand–Prince-5(4) (DO-PRI5) mit den folgenden Koeffizienten

$$
\begin{array}{c|ccccccc}
0 \\[4pt]
\dfrac{1}{5} & \dfrac{1}{5} \\[10pt]
\dfrac{3}{10} & \dfrac{3}{40} & \dfrac{9}{40} \\[10pt]
\dfrac{4}{5} & \dfrac{44}{45} & -\dfrac{56}{15} & \dfrac{32}{9} \\[10pt]
\dfrac{8}{9} & \dfrac{19372}{6561} & -\dfrac{25360}{2187} & \dfrac{64448}{6561} & -\dfrac{212}{729} \\[10pt]
1 & \dfrac{9017}{3168} & -\dfrac{355}{33} & \dfrac{46732}{5247} & \dfrac{49}{176} & -\dfrac{5103}{18656} \\[10pt]
1 & \dfrac{35}{384} & 0 & \dfrac{500}{1113} & \dfrac{125}{192} & -\dfrac{2187}{6784} & \dfrac{11}{84} \\[6pt]
\hline
y & \dfrac{35}{384} & 0 & \dfrac{500}{1113} & \dfrac{125}{192} & -\dfrac{2187}{6784} & \dfrac{11}{84} & 0 \\[6pt]
\hline
\hat{y} & \dfrac{5179}{57600} & 0 & \dfrac{7571}{16695} & \dfrac{393}{640} & -\dfrac{92097}{339200} & \dfrac{187}{2100} & \dfrac{1}{40}
\end{array}
$$

Beispiel 11.13 *Wir untersuchen das Planetenbeispiel 11.1, bei dem das explizite Euler–Verfahren (Beispiel 11.1) aber auch die Verfahren höherer Ordnung (Collatz, Heun, klassisches Runge–Kutta) in Beispiel 11.2 und 11.5) sehr kleine Schrittweiten (zwischen $h = 10^{-3}$ und $h = 10^{-6}$) gebraucht haben. Die Ergebnisse der Schrittweitensteuerung mit Hilfe von Runge–Kutta–Fehlberg–4(5) Verfahrens 4. bzw. 5. Ordnung sind in Abbildung 11.6 dargestellt. Im Prinzip könnte man die Genauigkeit noch etwas erhöhen.*

Wir sehen anhand der Größe von h in Abbildung 11.7, dass an nur sehr wenigen Zeitschritten mit einer wirklich sehr kleinen Schrittweite gearbeitet werden muss. Danach wird die Schrittweite wieder auf grobe h in der Größenordnung 10^{-1} hochgefahren.

Beispiel 11.14 *Wir betrachten das Problem der Fahrerkabine, gelöst mit Hilfe des in MATLAB vorhandenen Verfahrens ode45 (dies entspricht dem Verfahren RKF 4(5) aus Beispiel 11.13). Speziell interessieren wir uns wieder für die automatisch gewählte Schrittweite. Wir sehen in Abbildung 11.8, dass bereits für diese recht einfache Piste das Verfahren 4. Ordnung mit einer sehr kleinen Schrittweite von 10^{-3} herangeht. Die Schwankungen bei der Schrittweite halten sich sehr in Grenzen. Durch die Skalierung in y–Richtung täuscht der Eindruck, es scheint als ob die Schrittweiten drastisch von einander abweichen würden (zwischen $4 \cdot 10^{-3}$ und 10^{-2}).*

Bei dem Planetenproblem ist dasselbe Verfahren mit deutlich gröberen Schrittweiten ausgekommen.

Wir haben zahlreiche Techniken zur Behandlung von Anfangswertaufgaben kennengelernt und auch auch gesehen, wie wir mit Hilfe der Schrittweitensteuerung die numerische Lösung an das Verhalten der exakten Lösung anpassen können. Beispiel 11.14

Abbildung 11.6: Umlaufbahn des Satelliten mittels RKF 4(5)

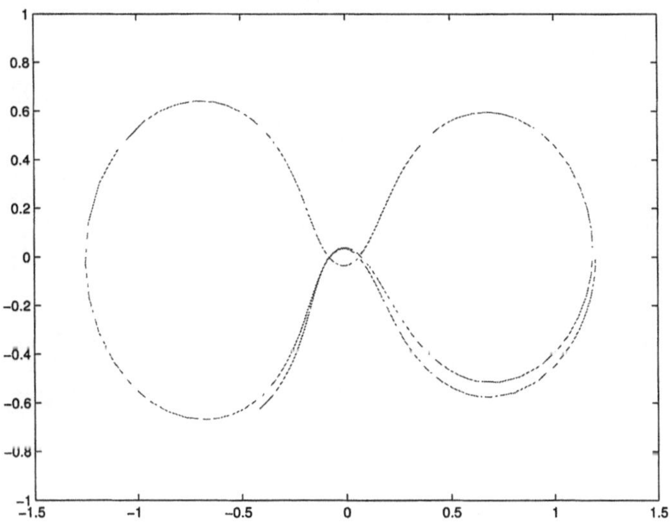

Abbildung 11.7: Schrittweitensteuerung zur Satellitenbahn (h gegen t aufgetragen)

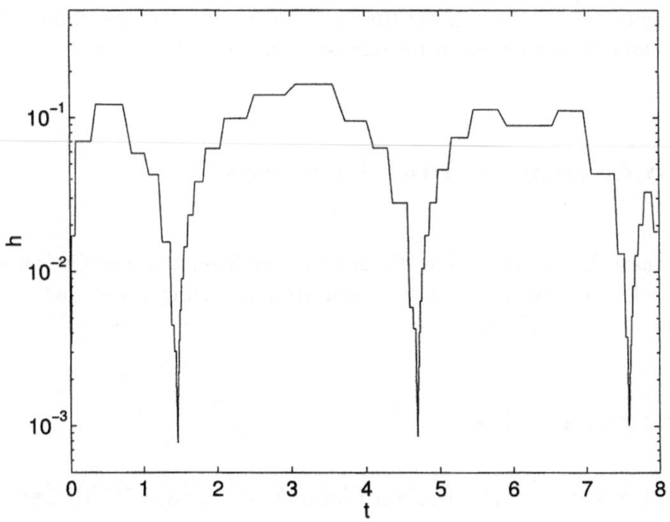

Abbildung 11.8: Schrittweitensteuerung bei der Fahrerkabine (h gegen t aufgetragen)

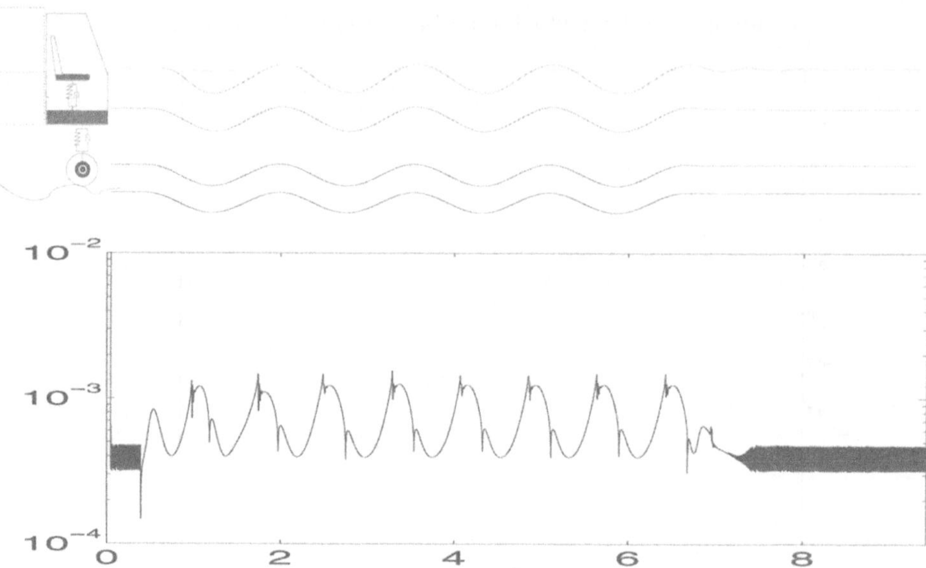

zeigt aber auch, dass wir eventuell immer noch sehr kleine Schrittweiten verwenden müssen. Insbesondere kann es passieren, dass einige Lösungskomponenten stark (mit kleiner Amplitude) oszillieren und damit die Schrittweitensteuerung herunterzwingen, während andere schnell fallen oder wachsen. Um auf solches Verhalten gut reagieren zu können, brauchen wir Verfahren die für viele Arten von Differenzialgleichungen gut geeignet sind. Dieses Thema werden im nächsten Kapitel diskutieren.

11.6   Anmerkungen und Beweise

Eine umfangreichere Behandlung von Einschrittverfahren höherer Ordnung und auch verschiedenen anderen Ansätzen zur Schrittweitensteuerung findet man wiederum in den Monographien [1, 26, 27, 52].

11.6.1   Beweis zu Satz 11.9

Der Beweis folgt aus dem Banachschen Fixpunktsatz (Satz 10.3). Setze dazu

$$\vec{k} = \begin{bmatrix} k_1 \\ \vdots \\ k_m \end{bmatrix}.$$

Wir betrachten das System

$$k_r = f(t + \alpha_r h, u + h(\beta_{r1}k_1 + \cdots + \beta_{rm}k_m)) =: \Phi_r(\vec{k}),\ r = 1,\ldots,m.$$

Dies ist eine Fixpunktgleichung der Form $\vec{k} = \Phi(\vec{k})$. Um die Voraussetzungen des Banachschen Fixpunktsatzes zu erfüllen, müssen wir

$$\|\Phi(\vec{k}) - \Phi(\vec{l})\| \leqslant q\|\vec{k} - \vec{l}\|$$

mit $q < 1$ abschätzen. Es gilt

$$\begin{aligned}
|\Phi_r(\vec{k}) - \Phi_r(\vec{l})| &\leqslant L|u + h(\beta_{r1}k_1 + \cdots + \beta_{rm}k_m) - u - h(\beta_{r1}l_1 + \cdots + \beta_{rm}l_m)| \\
&\leqslant Lh|\beta_{r1}(k_1 - l_1) + \cdots + \beta_{rm}(k_m - l_m)| \\
&\leqslant Lh(|\beta_{r1}| + \cdots + |\beta_{rm}|) \cdot \|\vec{k} - \vec{l}\|_\infty
\end{aligned}$$

Maximumbildung über alle $r = 1,\ldots,m$ liefert die Behauptung. $\qquad\square$

12 Stabilität von Verfahren zur Lösung von Differenzialgleichungen

Wir haben bereits zahlreiche Verfahren zur Lösung von Anfangswertaufgaben und auch Methoden zur Schrittweitensteuerung kennen gelernt. Wir haben auch gesehen, dass sich der globale Fehler im Wesentlichen wie der lokale Fehler verhält. Die Aussage, dass der lokale Diskretisierungsfehler in der Größenordnung $\mathcal{O}(h^p)$ liegt, ist jedoch eine asymptotische Aussage. Es kann passieren, dass man h sehr klein wählen muss um diesen Effekt zu sehen. In diesem Falle regelt auch die Schrittweitensteuerung die Schrittweite extrem weit herunter. Wir werden sehen, dass dies an dem jeweiligen Verfahren liegt. Wenn wir also diesen Effekt verstehen, sind wir besser in der Lage, ein gutes, für unsere jeweilige Anwendung geeignetes Verfahren auszuwählen.

Beispiel 12.1 *Betrachten wir die Differenzialgleichung*

$$\dot{y} = -100y,\, y(0) = 1.$$

Dann ist die Lösung $y = e^{-100t}$. Man sieht, dass die Lösung schon nach extrem kurzer Zeit nahezu gegen Null abklingt. Man sollte also erwarten, dass sehr schnell fast alle Iterierten Null sind. Wir betrachten das explizite Euler–Verfahren. Abbildung 12.1 zeigt im Intervall [0,1] die katastrophalen Ergebnisse für $h = 0.1$. Die Werte steigen oszillierend und exponentiell an. Für $h = 0.02$ oszillieren die Werte immer noch.

Erst bei kleinerem h (etwa $h = 0.01$ oder $h = 0.001$) stabilisiert sich das Verfahren plötzlich und zeigt das erwartete Verhalten (Abbildung 12.2).

Wir können daraus schließen, dass anscheinend problembedingt die Schrittweiten h unterhalb einer Schranke liegen müssen, damit der Diskretisierungsfehler das gewünschte Verhalten zeigt. Beim expliziten Euler–Verfahren sehen wir das sehr schnell. Es gilt, dass $u_{i+1} = u_i - 100hu_i$, also $u_{i+1} = (1 - 100h)u_i$. Damit ist wegen $u_0 = 1$,

$$u_n = (1 - 100h)^n.$$

Wir sehen dass $-1 < 1 - 100h$ sein muss, bevor $|1 - 100h| < 1$ ist. Dies ist genau die Beobachtung, dass für $h > 0.02$ die Werte des expliziten Euler–Verfahrens betraglich ansteigen, bei $h = 0.02$ noch oszillieren und erst für $h < 0.02$ abklingen!

Um dieses Phänomen besser zu verstehen untersuchen wir nun allgemein die *Stabilität von Einschrittverfahren*. Da wir insbesondere auch implizite Verfahren betrachten wollen, kann die Inkrementfunktion Φ sowohl von u_i als auch von u_{i+1} abhängen. Dies drücken wir dadurch aus, dass die Inkrementfunktion jetzt die Form

$$\Phi(t,u(t),u(t + h),h)$$

hat.

Abbildung 12.1: Explizites Euler–Verfahren für $h = 0.1$

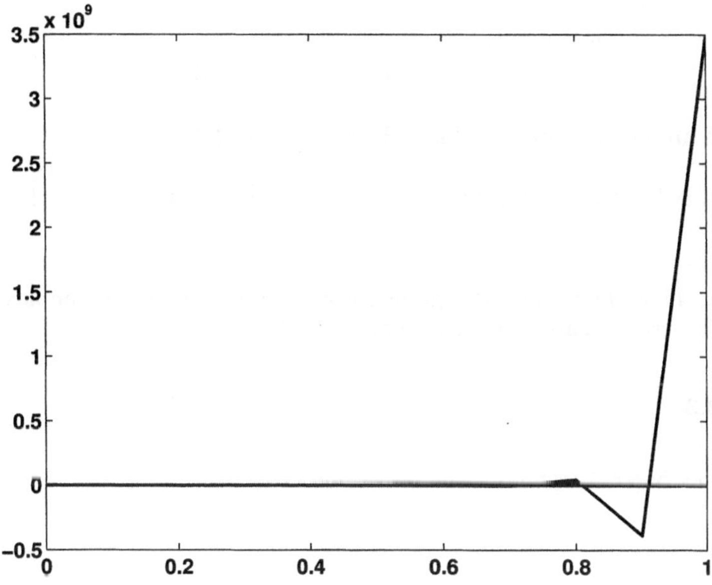

Abbildung 12.2: Fehler beim expliziten Euler–Verfahren

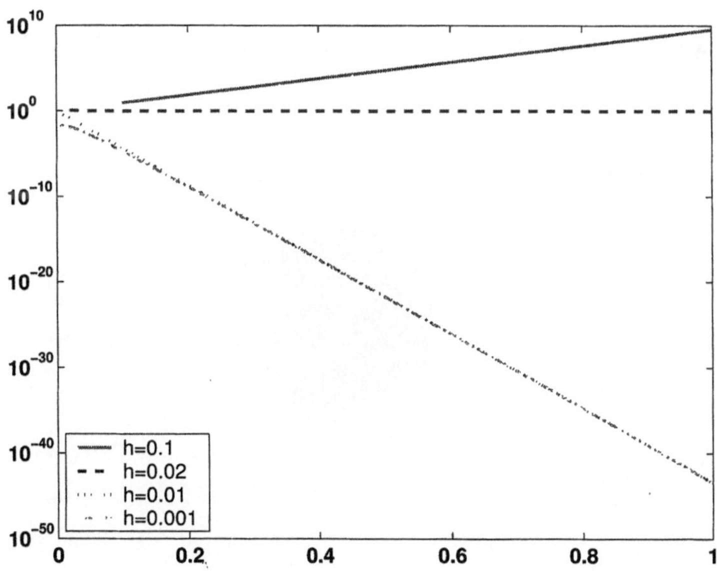

Definition 12.2 *Gegeben sei die skalare lineare Differenzialgleichung $\dot{y} = \lambda y$, $y(0) = 1$, für festes $\lambda \in \mathbb{C}$. Betrachte zu dieser* Testaufgabe *ein allgemeines Einschrittverfahren mit fester Schrittweite h gegeben durch*

$$
\begin{aligned}
u_0 &= 1, \\
u_{i+1} &= u_i + h\Phi(ih, u_i, u_{i+1}, h), \quad i = 0,1,2,\dots
\end{aligned}
$$

Der Bereich absoluter Stabilität *dieses Verfahrens ist definiert als*

$$
\mathcal{A} = \{z \in \mathbb{C}|\; z = h\lambda \;\text{und}\; \|u_{i+1}\| < \|u_i\|,\; \text{für alle}\; i = 0,1,2,\dots\}.
$$

Bemerkung: Es ist hier sehr wichtig, dass wir in dieser Definition komplexe Zahlen z zulassen. Wir werden später sehen, warum.

Beispiel 12.3

1. *Explizites Euler–Verfahren. Für die Differenzialgleichung $\dot{y} = \lambda y$ ist*

$$
u_{i+1} = u_i + h\lambda u_i = (1 + h\lambda)u_i.
$$

Damit ist

$$
\mathcal{A} = \{z \in \mathbb{C}|z = h\lambda \;\text{und}\; |1 + z| < 1\}.
$$

Wegen $|1 + z| = |-1 - z| < 1$ ist dies das Innere des Kreises um -1 mit Radius 1 in der komplexen Ebene (Abbildung 12.3). Auf der reellen Achse wäre dies das Intervall $(-2,0)$.

Abbildung 12.3: Bereich $\mathcal{A}$ absoluter Stabilität beim expliziten Euler–Verfahren

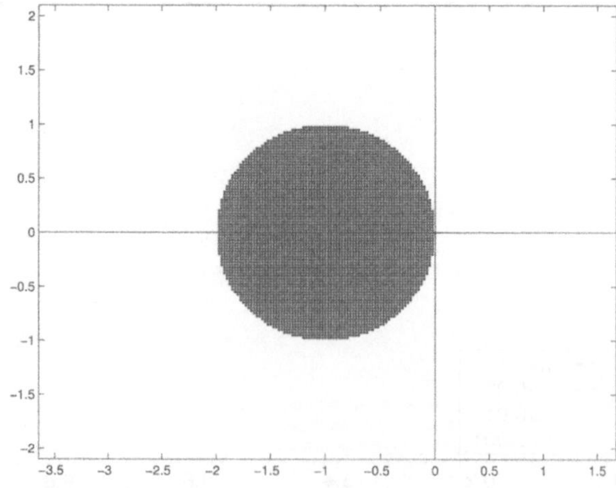

2. Modifiziertes Euler–Verfahren. Hier bekommen wir

$$u_{i+1} = u_i + hf(t_i + \frac{h}{2}, u_i + \frac{h}{2} f(t_i, u_i)) = u_i + h\lambda(u_i + \frac{h}{2}\lambda u_i) = \left(1 + h\lambda + \frac{(h\lambda)^2}{2}\right) u_i.$$

Also erhalten wir

$$\mathcal{A} = \left\{ z \in \mathbb{C} \,|\, z = h\lambda \text{ und } |1 + z + \frac{z^2}{2}| < 1 \right\},$$

siehe Abbildung 12.4. Auf der reellen Achse wäre dies auch das Intervall $(-2,0)$.

Abbildung 12.4: Bereich $\mathcal{A}$ absoluter Stabilität beim modifizierten Euler–Verfahren

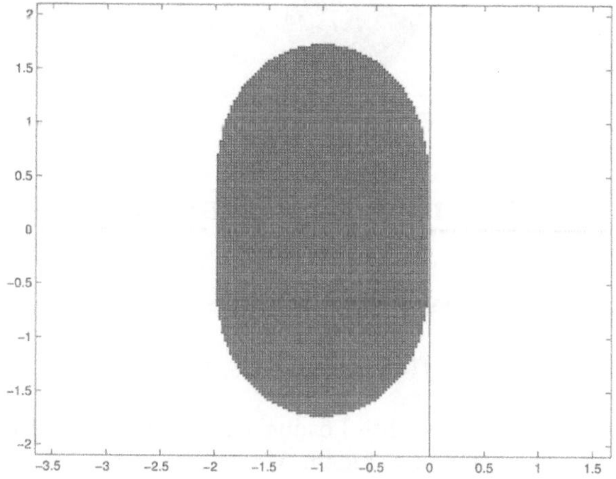

3. Klassisches Runge–Kutta–Verfahren. Angewendet auf die Testgleichung $\dot{y} = \lambda y$
erhält man

$$\left| 1 + h\lambda + \frac{(h\lambda)^2}{2} + \frac{(h\lambda)^3}{6} + \frac{(h\lambda)^4}{24} \right| < 1.$$

Die Ordnung ist mit $p = 4$ *am höchsten, dies bedeutet aber nicht, dass das Gebiet absoluter Stabilität automatisch am größten ist (Abbildung 12.5).*

Um sicherzustellen, dass die numerische Lösung für reelle und negative λ mit $t \to \infty$ gegen 0 geht (wo ja dies die exakte Lösung tut), muss der Wert für h so gewählt werden, dass $z = h\lambda$ im Bereich absoluter Stabilität liegt.

Am Beispiel des expliziten Euler–Verfahrens sowie beim modifizierten Euler–Verfahren wäre dies jeweils die Bedingung $h < \frac{2}{-\lambda}$.

Die Untersuchung verkompliziert sich nun erheblich, wenn wir Systeme von Differenzialgleichungen betrachten.

Abbildung 12.5: Bereich $\mathcal{A}$ absoluter Stabilität beim klassischen Runge–Kutta–Verfahren

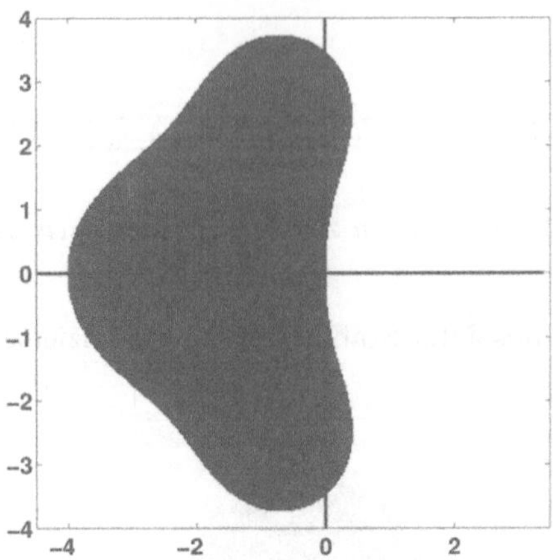

12.1   Steife Differenzialgleichungen

Wir betrachten jetzt Systeme von gewöhnlichen Differenzialgleichungen

$$\dot{\vec{y}} = f(t,\vec{y}),\ \vec{y}(t_0) = \vec{y}_0,\ \vec{y} \in \mathbb{R}^n$$

mit der Eigenschaft, dass die gesuchte Lösung für $t \to \infty$ beschränkt bleibt. Wir untersuchen diese Eigenschaft genauer, indem wir die Differenzialgleichung linearisieren.

$$\dot{\vec{y}} = f(t,\hat{\vec{y}}) + \frac{\partial f(t,\hat{\vec{y}})}{\partial \vec{y}}(\vec{y} - \hat{\vec{y}}) + \mathcal{O}(\|\vec{y} - \hat{\vec{y}}\|^2).$$

Die Beschränktheit der Lösung kann man dadurch klassifizieren, dass die Ableitungsmatrix $\mathcal{D}f := \frac{\partial f(t,\hat{\vec{y}})}{\partial \vec{y}}$ für hinreichend großes t nur Eigenwerte mit negativem Realteil hat.

Die Rolle der skalaren Testaufgabe $\dot{y} = \lambda y$ wird daher hier ersetzt durch n Testaufgaben $\dot{y} = \lambda_i y$, $i = 1,\ldots,n$, wobei $\lambda_1,\ldots,\lambda_n$ die Eigenwerte von $\mathcal{D}f$ sind.

Bemerkung: Selbst wenn die Matrix $\mathcal{D}f$ reell ist, so kann sie doch nicht-reelle Eigenwerte haben. Dies ist der Grund, weshalb wir von Anfang an den Bereich absoluter Stabilität $\mathcal{A}$ für komplexe Zahlen z definiert haben.

Wir haben bereits durch die Beispielaufgabe $\dot{y} = -100y$ gesehen, dass die Forderung, dass $h\lambda$ im Bereich absoluter Stabilität liegt, sehr restriktiv sein kann. Natürlich wäre ein möglichst großer Bereich $\mathcal{A}$ absoluter Stabilität ideal, weil es dann leichter ist h so zu wählen, dass $h\lambda \in \mathcal{A}$. Dies ist um so wichtiger bei Systemen, da die Bedingung an h für alle Eigenwerte gefordert wird.

Beispiel 12.4 *Wir erinnern uns an das zentrale Modellprojekt der Fahrerkabine (Abschnitt 2.1). Wir haben bereits gesehen, dass das explizite Euler–Verfahren erst mit sehr kleiner Schrittweite $h = 10^{-3}$ brauchbare Ergebnisse liefert. Bei $h = 10^{-2}$ waren die Ergebnisse unbrauchbar (siehe Beispiel 3.11 und Abbildung 12.6).*

Abbildung 12.6: Durch das explizite Euler–Verfahren berechnetes Schwingverhalten der Fahrerkabine für $h = 10^{-2}$

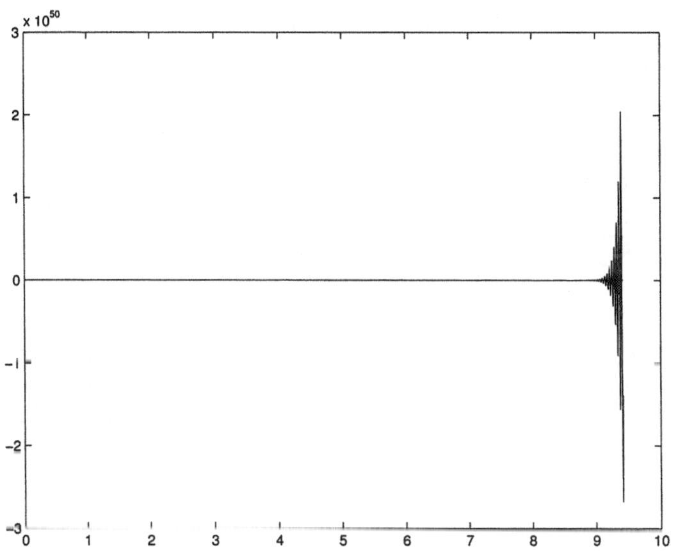

Auch das Runge–Kutta–Fehlberg–4(5)–Verfahren mit Schrittweitensteuerung (Beispiel 11.14) braucht regelmäßig Schrittweiten h im Bereich 10^{-3}, obwohl die Ordnung $p = 4$ sehr viel höher als die des Euler–Verfahrens ist.

Der Grund für dieses Verhalten ist, dass bei diesem System die Eigenwerte von $\mathcal{D}f = \frac{\partial f(t,\vec{y})}{\partial \vec{y}}$ zwar negative Realteile haben, aber die Eigenwerte betraglich sehr weit auseinander liegen (Abbildung 12.7). Wir sehen aus Abbildung 12.7 insbesondere, dass wir einerseits Eigenwerte mit Realteil in der Größenordnung ≈ -1 haben, aber andererseits auch einen Eigenwert $\hat{\lambda}$ mit Realteil $\mathrm{Re}(\hat{\lambda}) \approx -2000$ erhalten. Für die Lösung selbst ist der Anteil dieses Eigenwertes an der Lösung irrelevant, weil Terme der Größenordnung e^{-2000t} vernachlässigbar sind gegenüber Termen wie e^{-1t}. Nichtsdestotrotz muss beim numerischen Verfahren h so klein gewählt werden, dass $h\hat{\lambda}$ im Bereich absoluter Stabilität liegt. Andernfalls wächst der Fehler, der aus dieser Komponente herrührt, asymptotisch. Dies ist z.B. beim Euler–Verfahren erst bei ca. $h \approx 10^{-3}$ der Fall! Für $h = 10^{-2}$ passiert im Prinzip das Gleiche wie in Beispiel 12.1.

Ein Differenzialgleichungssystem $\dot{\vec{y}} = f(t,\vec{y})$, bei dem die Eigenwerte von $\mathcal{D}f$ negative Realteile haben und diese Eigenwerte weit auseinander liegen, bezeichnet man als *steife Differenzialgleichung*. Solche Systeme können wir offensichtlich nur mit Verfahren

Abbildung 12.7: Logarithmischer Plot der negativen Realteile der Eigenwerte von $\frac{\partial f(t,\bar{y})}{\partial \bar{y}}$

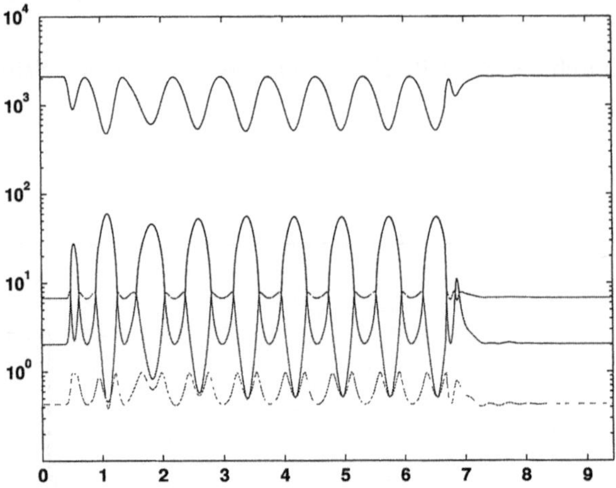

vernünftig lösen, die einen großen Bereich $\mathcal{A}$ absoluter Stabilität haben. Wie wir sehen werden, ist dies bei impliziten Verfahren im Allgemeinen eher der Fall als bei expliziten Verfahren. Wir betrachten dazu jetzt einige Beispiele von impliziten Verfahren.

Beispiel 12.5

1. Implizites Euler-Verfahren für $\dot{y} = \lambda y$, $y(0) = 1$:

$$u_{i+1} = u_i + hf(t_{i+1}, u_{i+1}) \ \textit{also} \ u_{i+1} = u_i + h\lambda u_{i+1}.$$

Damit erhalten wir

$$u_{i+1} = \frac{1}{1 - h\lambda} \cdot u_i.$$

Für $\operatorname{Re}\lambda < 0$ *ist* $\frac{1}{|1-h\lambda|} < 1$ *immer erfüllt (Abbildung12.8)!*

2. Crank-Nicolson-Verfahren. Hier verwendet man die implizite Trapezregel

$$u_{i+1} = u_i + \frac{h}{2}\left(f(t_i, u_i) + f(t_{i+1}, u_{i+1})\right).$$

Angewendet auf die Testgleichung $\dot{y} = \lambda y$ erhält man

$$u_{i+1} = u_i + \frac{h}{2}\left(\lambda u_i + \lambda u_{i+1}\right) \ \textit{und damit} \ u_{i+1} = \frac{1 + \frac{h\lambda}{2}}{1 - \frac{h\lambda}{2}} u_i.$$

Auch hier gilt wie beim impliziten Euler-Verfahren, dass für $\operatorname{Re}\lambda < 0$ die Bedingung

$$\left| \frac{1 + \frac{h\lambda}{2}}{1 - \frac{h\lambda}{2}} \right| < 1$$

erfüllt ist (Abbildung 12.9). Allerdings ist die Ordnung $p = 2$, d.h. besser als beim impliziten Euler–Verfahren.

Abbildung 12.8: Bereich $\mathcal{A}$ absoluter Stabilität beim impliziten Euler–Verfahren

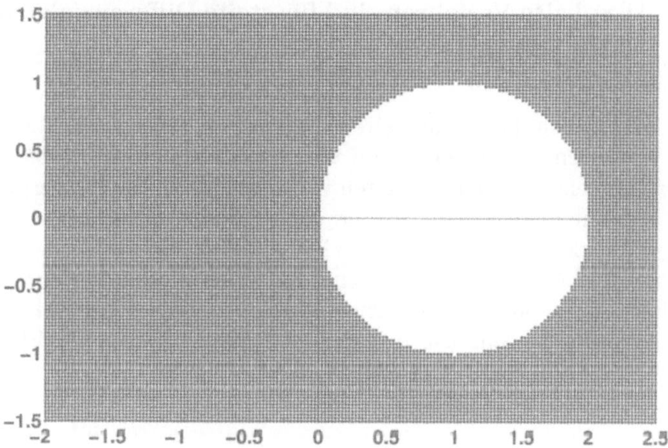

Abbildung 12.9: Bereich $\mathcal{A}$ absoluter Stabilität beim Verfahren von Crank–Nicolson

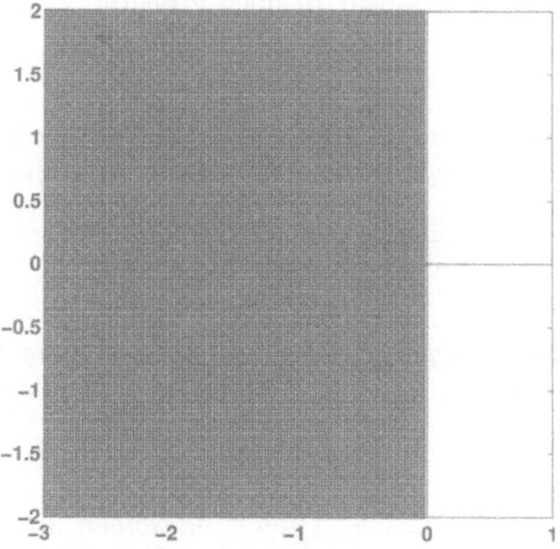

Bemerkung: Wir sehen, dass die beiden betrachteten impliziten Verfahren geeignet für steife Differenzialgleichungssysteme sind, während explizite Verfahren ungeeignet sind. Dies gilt sogar für alle expliziten Einschrittverfahren, weil immer eine Ungleichung der Form $|P(z)| < 1$ für ein geeignetes Polynom $P(z)$ erfüllt werden muss. Da aber bei expliziten Verfahren $\lim_{|z| \to \infty} |P(z)| = \infty$ gilt, kann das nicht für alle z mit Realteil kleiner als Null gelten. Bei impliziten Verfahren haben wir eine rationale Gleichung $\frac{|P(z)|}{|Q(z)|} < 1$ zu erfüllen. Zumindest bei den beiden Beispielen (implizites Euler–Verfahren, Crank–Nicolson Verfahren) enthält $\mathcal{A}$ die gesamte linke komplexe Halbebene.

> **Explizite Verfahren sind für steife Differenzialgleichungen nicht geeignet !**

Bemerkung: Wir haben damit ein weiteres Kriterium zur Entscheidungshilfe bei der Auswahl von Verfahren gewonnen. Wenn wir erwarten können, dass die zu lösenden Differenzialgleichungen steif sind, so sollten wir implizite Methoden verwenden. Moderne Softwarepakete zur numerischen Lösung von Anfangswertaufgaben berücksichtigen die diskutierten Aspekte (aber auch noch viele andere) und verwenden einen Großteil des "Verfahrenszoos". An Hand verschiedener Kriterien werden Verfahren passend zum Problem gewählt. Während der Integration wird sowohl die Schrittweite, die Ordnung als auch manchmal der Verfahrenstyp (explizit–implizit) gewechselt. Für eine ausführliche Diskussion dieses Themas siehe [26, 27, 52].

12.2   Steifheit bei partiellen Differenzialgleichungen

Stabilitätsprobleme und Steifheit, wie wir sie bei gewöhnlichen Differenzialgleichungen studiert haben, treten natürlich (sogar in noch größerer Vielfalt) auch bei partiellen Differenzialgleichungen auf.

Beispiel 12.6 *Wir betrachten das zentrale Modellprojekt der Kühlrippe aus Abschnitt 2.2. Diesmal wollen wir es allerdings in seiner vollen Allgemeinheit, d.h.*

$$\frac{\partial T(x,y,t)}{\partial t} = w \Delta T(x,y,t)$$

mit den üblichen Randbedingungen und der Anfangsbedingung $T(x,y,0) = T_U$ untersuchen. Wir haben schon gesehen, dass wir im stationären Fall ein Gleichungssystem der Form

$$A\vec{u} = \vec{b}$$

erhalten. Wir können diese Technik jetzt sofort anwenden, indem wir die Differenzialgleichung nur in x- und y-Richtung, d.h. in den Ortskoordinaten diskretisieren. Wir erhalten statt $A\vec{u} = \vec{b}$ die Gleichung

$$\dot{\vec{u}}(t) = -wA\vec{u}(t) + \vec{b}(t) \tag{12.1}$$

mit exakt derselben Matrix A und einer ähnlichen rechten Seite b. Der Unterschied zu dem ursprünglichen b ist lediglich, dass die Temperatur am unteren Rand jetzt von der Zeit t abhängen kann.

Nach der Diskretisierung im Ort erhalten wir also ein lineares System gewöhnlicher Differenzialgleichungen. Die Eigenwerte von $-A$ sind alle negativ und liegen etwa zwischen -8 und $-(\frac{4}{h_x^2} + \frac{4}{h_y^2})$, wobei h_x und h_y die Ortsdiskretisierung in $x-$ bzw. $y-$Richtung beschreiben. Damit ist die resultierende Differenzialgleichung (12.1) eine steife Differenzialgleichung. Insbesondere wird sie um so steifer, je kleiner die Ortsschrittweite gewählt wird.

Damit für ein explizites Einschrittverfahren die Zeitschrittweite h_t klein genug ist, muss gelten

$$h_t \leqslant \frac{C_\Phi}{w} \min\{h_x^2, h_y^2\}.$$

Die Konstante C_Φ hängt natürlich vom Bereich absoluter Stabilität $\mathcal{A}$ des Verfahrens ab. Bei explizitem und modifiziertem Euler–Verfahren und Fünf–Punkte–Diskretisierung (5.10) im Ort muss etwa für $h_x = h_y = h$

$$h_t < \frac{h^2}{2w}$$

sein. Dies folgt aus der Tatsache, dass die Eigenwerte von A durch $\frac{4}{h^2}$ nach oben beschränkt sind.

Bei partiellen Differenzialgleichungen wird die Abhängigkeit der Zeitschrittweite h_t von der Ortsdiskretisierung als *CFL–Bedingung* (nach Courant–Friedrichs–Levy) oder als *Stabilitätsbedingung* bezeichnet.

Folgerung: Bei parabolischen Differenzialgleichungen (wie z.B. in Beispiel 12.6) muss bei kleiner werdender Ortsschrittweite h_x, h_y die Zeitschrittweite h_t *quadratisch* verkleinert werden! Schon für relativ kleine h bedeutet dies extrem kleine Schrittweiten.

Anders sieht das aus beim impliziten Euler–Verfahren und beim Verfahren von Crank–Nicolson. Da der Stabilitätsbereich beider Verfahren die gesamte linke komplexe Halbebene umfasst, kann h_t unabhängig von h_x, h_y gewählt werden! Man erkauft sich das damit, dass in *jedem Zeitschritt* ein lineares Gleichungssystem gelöst werden muss.

Beispiel 12.7 *Wir vergleichen für das zentrale Modellprojekt der Kühlrippe aus Abschnitt 2.2 als Einschrittverfahren folgende Varianten.*

1. *Explizites Euler–Verfahren,*

2. *Verfahren von Heun,*

3. *Implizites Euler–Verfahren,*

4. *Crank–Nicolson–Verfahren.*

Wir wählen $h_x = h_y = 0.2$. Als Zeitschrittweiten verwenden wir $h_t = 1$. 0.011, 0.01 im Zeitintervall $\mathbb{I} = [0,80]$. Die Verfahren von Heun und das explizite Euler–Verfahren müssen bereits mit Zeitschrittweite $h_t = 10^{-2}$ arbeiten. Bereits bei etwas größerem $h_t = 0.011$ werden sie instabil (Abbildung 12.10)! Dies ist genau der vorhergesagte kritische Wert $\approx \frac{h_t^2}{4w} = \frac{0.02^2}{4} = 0.01$.

Dagegen kommen das implizite Euler–Verfahren sowie das Verfahren von Crank–Nicolson schon mit der sehr groben Schrittweite $h_t = 1$ aus (Abbildung 12.11). Die beiden expliziten Verfahren brauchen ein Vielfaches der Rechenzeit verglichen mit den beiden impliziten Verfahren.

12.3   Anmerkungen und Beweise

Die Untersuchung des Stabilitätsverhaltens bei Integrationsmethoden für gewöhnliche Differenzialgleichungen wird ausführlich in [1, 26, 27, 52] aber auch in vielen Lehrbüchern zur Numerischen Mathematik, wie z.B. [2, 9, 20, 21, 51] diskutiert.

Eine detaillierte Untersuchung dieses Themas bei partiellen Differenzialgleichungen findet man z.B. in [28, 22, 53, 37].

Abbildung 12.10: Explizites Euler–Verfahren $h_t = 0.011$ an der Stelle $t = 2.211$.

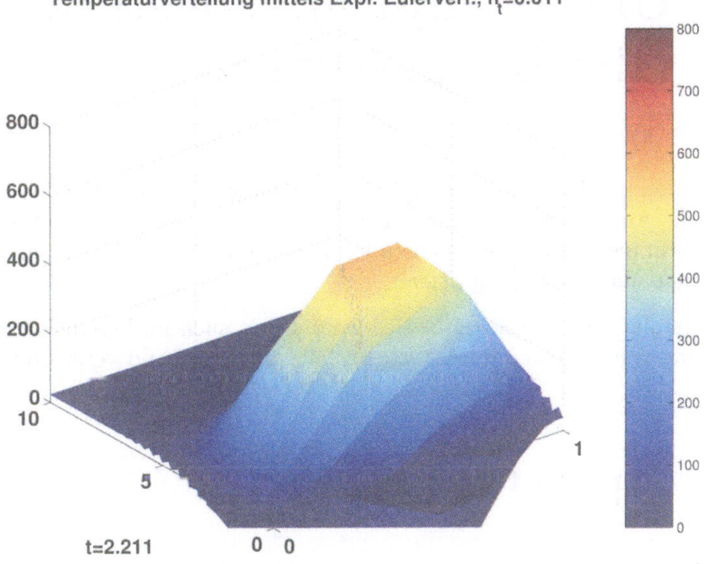

Abbildung 12.11: Implizites Euler Verfahren für $h_t = 1$ am Endpunkt $t_e = 80$.

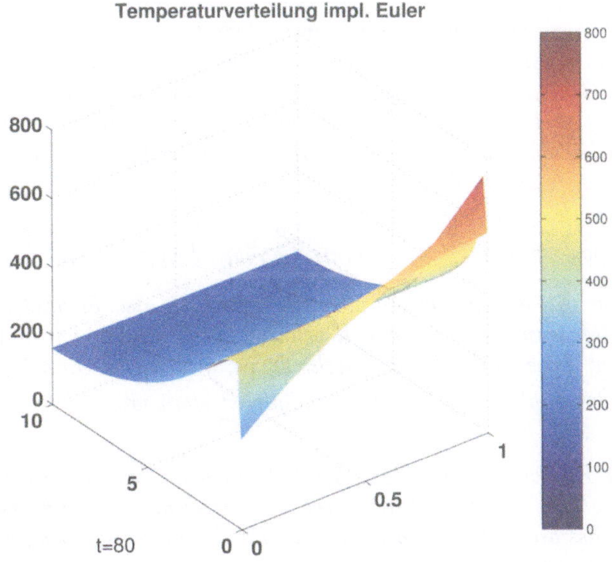

13 Unter– und überbestimmte Gleichungssysteme

Wir werden uns in diesem Kapitel mit Gleichungssystemen $F(x) = 0$ beschäftigen, bei denen die Anzahl der Gleichungen und die Anzahl der Unbekannten nicht unbedingt übereinstimmen. Statt $F(x) = 0$ zu lösen, kann man lediglich $\|F(x)\|$ minimieren. Dies nennt man ein *Ausgleichsproblem*.

Zur Vereinfachung der Schreibweise werden wir auch in diesem Kapitel auf die Kennzeichnung von Vektoren durch Vektorpfeile weitestgehend verzichten.

13.1 Anwendungsbeispiele

Bei vielen wissenschaftlichen Versuchen geht es darum, aus Messungen die Werte von Parametern $x_1, \ldots, x_n$ zu bestimmen. Oft kann man auch x_j nicht direkt messen, sondern nur eine leichter zugängliche Größe y, die als Funktion von x und anderen Parametern z abhängt, $y = f(z, x_1, \ldots, x_n)$.

Beispiel 13.1 *Wir wollen durch eine Versuchsreihe die Erdbeschleunigung g bestimmen. Wir machen dazu Fallversuche $h = g\frac{t^2}{2}$, wobei h die Fallhöhe, t die Fallzeit und g die gesuchte Gravitationskonstante ist. Nehmen wir an, es sei $h = 44.12m$ (schiefer Turm von Pisa) und wir machen 10 Messungen mit einer Lichtschranke, indem wir eine schwere Bleikugel fallen lassen (damit wir die Reibung vernachlässigen können). Wir könnten z.B. folgende Zeiten erhalten.*

Messung	*1*	*2*	*3*	*4*	*5*	*6*	*7*	*8*	*9*	*10*
Zeit t[sec]	*2.998*	*2.993*	*3.001*	*3.001*	*3.000*	*2.999*	*2.999*	*2.995*	*2.998*	*3.000*

Aus jeder dieser Messungen bekommen wir mit Hilfe der Formel einen Wert für g. Da alle diese Messungen mit Fehlern behaftet sind, wollen wir natürlich vernünftig darüber mitteln. Eine Möglichkeit besteht darin, g so zu bestimmen, dass die Summe der Quadrate der Fehler $r_i = h - \frac{t_i^2}{2} \cdot g$ möglichst klein ist.

Beispiel 13.2 *Ein weiteres Problem, bei dem wir über– bzw. unterbestimmte Gleichungen antreffen ist das zentrale Projekt der Fahrerkabine. Wir sind bisher immer davon ausgegangen, dass die Federn und Dämpfer, aus denen der Lastwagen besteht, keinerlei Beschränkungen unterliegen. So kann es in unserem Modell passieren, dass einige Teile in Positionen geraten, die mechanisch keinen Sinn machen.*

Im normalen Fahrbetrieb, wo das Fahrerhaus über eine Teststrecke fährt, kommt dieses vielleicht noch recht selten vor. Spätestens aber wenn wir versuchen aktiv auf das Schwingungsverhalten des Fahrzeugs Einfluss zu nehmen, dann ändert sich einiges.

Nehmen wir mal an, wir möchten den Komfort des Fahrers erhöhen und die Bewegung des Sitzes durch einen aktiven Mechanismus (Einbringen einer Kraft) steuern.

Das Problem der Fahrerkabine 2.1 wird beschrieben durch eine Kräftegleichung der Form

$$0 = - \underbrace{F_g}_{Gewichtsskraft} - \underbrace{F_T}_{Trägheitskraft} - \underbrace{F_F}_{Federkraft} - \underbrace{F_D}_{Dämpfungskraft} .$$

Unsere Kraft F_s soll auf den Sitz, d.h. auf die Differenz der beiden Referenzpunkte $x_1 - x_2$ für Fahrersitz und Chassis wirken. Wir machen den Ansatz

$$F_s = \begin{bmatrix} 1 \\ -1 \\ 0 \end{bmatrix} u =: Bu,$$

wobei u ein freier Parameter ist, den wir zur Steuerung einsetzen wollen. Damit lautet die Kräftegleichung

$$0 = (-F_g - F_T - F_F - F_D) - F_s.$$

Idealer Weise soll der Sitz immer in der Ruhelage gehalten werden. Dies könnte z.B. so wie Abbildung 13.1 aussehen.

Abbildung 13.1: Steuerung, die den Sitz in der Ruheposition hält.

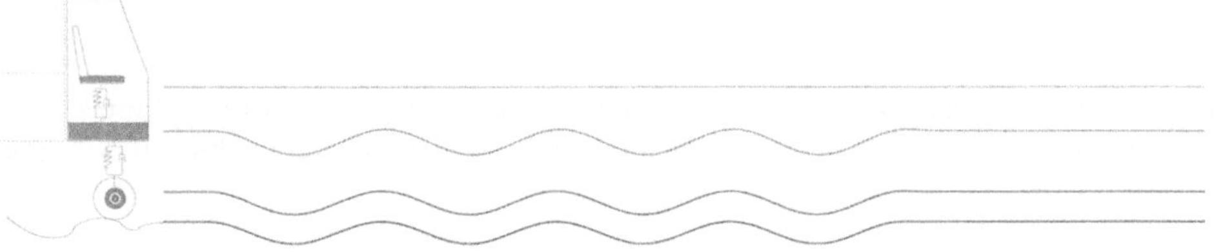

Das Problem, den Sitz auf einer festen Position zu halten, erfordert die Hinzunahme einer Gleichung der Form

$$0 = x_1(t) - x_1(0).$$

Streng genommen müssen aus physikalischen und numerischen Gründen sogar noch die erste und zweite Ableitung dieser Gleichung hinzugenommen werden. Damit ist die zugrunde liegende Differenzialgleichung nicht mehr eindeutig lösbar. Statt eines Systems der Form $\ddot{x} = f(t,x,\dot{x})$ bzw. umgeschrieben als System erster Ordnung

$$\begin{bmatrix} \dot{x} \\ v \end{bmatrix} = \begin{bmatrix} v \\ f(t,x,v) \end{bmatrix}, \tag{13.1}$$

bekommen wir das Gesamtsystem

$$\begin{bmatrix} \dot{x} \\ \dot{v} \end{bmatrix} = \begin{bmatrix} v \\ f(t,x,v) - Bu \end{bmatrix},$$

$$0 = x_1(t) - x_1(0), \qquad\qquad (13.2)$$

$$0 = \dot{x}_1(t) \equiv v_1(t), \qquad\qquad (13.3)$$

$$0 = \ddot{x}_1(t) = \dot{v}_1(t) \equiv e_1^{\mathsf{T}}(f(t,x,v) - Bu). \qquad (13.4)$$

Dieses System ist jetzt überbestimmt und wir müssen entscheiden, in welchem Sinne diese Gleichungen zu lösen sind. Eine Möglichkeit wäre die Norm des Residuums der drei Nebenbedingungen (13.2)–(13.4) zu minimieren, d.h.

$$\left\| \begin{bmatrix} \varepsilon_1 \cdot (x_1(t) - x_1(0)) \\ \varepsilon_2 \cdot v_1(t) \\ \varepsilon_3 \cdot e_1^{\mathsf{T}}(f(t,x,v) - Bu) \end{bmatrix} \right\| = \min!$$

unter der Bedingung, dass (13.1) gilt. Dabei sind ε_1, ε_2, ε_3 geeignete Gewichtungsfaktoren. Eine Aufgabe dieser Art nennt man Optimalsteuerungsproblem.

Allgemein haben wir m Funktionswerte (etwa durch Experimente oder Messungen)

$$b_i \approx f_i(x_1,\dots,x_n) = f(z_i,x_1,\dots,x_n),\ i = 1,\dots,m,$$

um die Parameter x_j zu bestimmen. Damit wir nun vernünftige Werte für $x_1,\dots,x_n$ erhalten fordern wir z.B, dass

$$\sum_{i=1}^{m} (f_i(x_1,\dots,x_n) - b_i)^2 \qquad\qquad (13.5)$$

minimal ist. Dies ist das Quadrat der euklidischen Norm ($\| \ \|_2$) des Residuums. Man nennt diesen Ansatz daher auch die *Methode der kleinsten Fehlerquadrate (least squares)*.

Bemerkung: Ein Grund, warum wir uns die Summe der Quadrate der Fehler anschauen und nicht die Summe der Beträge der Fehler ist, dass damit diese Fehlerfunktion, die wir ja minimieren wollen, differenzierbar ist, falls f differenzierbar ist. Man kann aber natürlich auch andere Fehlermaße verwenden.

Setze dann

$$b = \begin{bmatrix} b_1 \\ \vdots \\ b_m \end{bmatrix},\ x = \begin{bmatrix} x_1 \\ \vdots \\ x_n \end{bmatrix},\ F(x) = \begin{bmatrix} f_1(x_1,\dots,x_n) \\ \vdots \\ f_m(x_1,\dots,x_n) \end{bmatrix}.$$

Dann können wir (13.5) in Vektorschreibweise kurz als

$$\|F(x) - b\|_2 = \min!$$

schreiben. Ein wichtiger Spezialfall, *das lineare Ausgleichsproblem*, liegt vor, falls $F(x) = Ax$ ist. Dann erhalten wir

$$\|Ax - b\|_2 = \min! \tag{13.6}$$

Für die Minimierung von (13.6) ergibt sich die notwendige (und hier auch hinreichende) Bedingung durch

$$A^\top Ax = A^\top b. \tag{13.7}$$

Dies sind die sogenannten *Normalengleichungen.*

Satz 13.3 *Das lineare Ausgleichsproblem (13.6) hat mindestens eine Lösung x. Jede Lösung x erfüllt auch (13.7) und umgekehrt.*

Beweis. → Abschnitt 13.5.1.

Beispiel 13.4 *Verwende das Ausgleichsproblem, um in Beispiel 13.1 einen besseren Wert für g zu bekommen. Wir setzen*

$$A = \frac{1}{2}\begin{bmatrix} t_1^2 \\ \vdots \\ t_{10}^2 \end{bmatrix},\, b = \begin{bmatrix} 44.12 \\ \vdots \\ 44.12 \end{bmatrix}.$$

Die Normalengleichungen $A^\top Ag = A^\top b$ bilden hier nur eine skalare Gleichung der Form $202.0692g = 1983.2841$ mit der Lösung $g \approx 9.8149$.

Falls $m \geqslant n$ und die Matrix A im linearen Ausgleichsproblem vollen Rang hat, so ist $A^\top A$ positiv definit. Nun könnte man einfach folgenden Algorithmus verwenden:

Algorithmus 13.5 (Normalengleichung)
Berechnet für $A \in \mathbb{R}^{m,n}$ mit $\mathrm{rang}(A) = n$, und $b \in \mathbb{R}^m$ die Lösung des Minimierungsproblems (13.6).

> *Berechne $d = A^\top b$ und das untere Dreieck von $M = A^\top A$.*
> *Berechne die Cholesky–Zerlegung $M = GG^\top$.*
> *Löse $Gy = d$ und $G^T x = y$ durch Vorwärts- bzw. Rückwärtseinsetzen.*

Die Kosten dieses Algorithmus betragen $\mathcal{O}((m + n/3)n^2)$ flops und die Fehleranalyse liefert das folgende Ergebnis.

Angenommen, es werden keine Fehler bei der Berechnung von $M = A^\top A$ und $d = A^\top b$ gemacht. Dann folgt aus der Analyse der Cholesky–Zerlegung, dass

$$(A^\top A + E)\tilde{x} = A^\top b,$$

mit $\|E\|_2 \approx \mathrm{eps}\,\|A^\top A\|_2$, d.h. wir erwarten

$$\frac{\|x - \tilde{x}\|_2}{\|x\|_2} \approx \mathrm{eps}\,\kappa_2(A^\top A) = \mathrm{eps}\,\kappa_2(A)^2,$$

d.h. das *Quadrat der Konditionszahl* geht in den Fehler ein (zur Definition von $\kappa_2(A)$ für nicht quadratische Matrizen siehe Kapitel 14).

Das ist natürlich schlecht, denn es bedeutet, dass wir die Kondition unseres eigentlichen Problems verschlechtert haben, und dass wir im Extremfall doppelt so viele Stellen an Genauigkeit verlieren, als wenn nur die Konditionszahl selbst Einfluss hätte.

Beispiel 13.6 *Betrachte das lineare Ausgleichsproblem mit*

$$
A = \begin{bmatrix} 1 & 1 \\ 10^{-3} & 0 \\ 0 & 10^{-3} \end{bmatrix}, \; b = \begin{bmatrix} 2 \\ 10^{-3} \\ 10^{-3} \end{bmatrix}, \; x = \begin{bmatrix} 1 \\ 1 \end{bmatrix}, \; \kappa_2(A) = 1.4 \cdot 10^3.
$$

Mit 6–stelliger Arithmetik ist $A^\top A = \begin{bmatrix} 1 & 1 \\ 1 & 1 \end{bmatrix}$ *singulär. Mit 7–stelliger Arithmetik folgt*

$$
\tilde{x} = \begin{bmatrix} 2.00001 \\ 0 \end{bmatrix}
$$

und damit

$$
\frac{\|\tilde{x} - x\|_2}{\|x\|_2} \approx \underbrace{\text{eps}}_{10^{-6}} \underbrace{\kappa_2(A)^2}_{10^6}.
$$

Die Verwendung der Normalengleichung kann also zu sehr schlechten Ergebnissen führen. Es ist daher im Allgemeinen besser eine andere Technik zu benutzen und die sogenannte QR–Zerlegung, bzw. die Singulärwertzerlegung (siehe Kapitel 14) zu verwenden.

Die Idee bei der QR–Zerlegung ist, ähnlich wie bei der LR–Zerlegung, die Matrix A in ein Produkt $A = QR$ zu zerlegen, wobei hier Q eine orthogonale Matrix (d.h. $Q^\top Q = I$) und R eine obere Dreiecksmatrix ist. Dann folgt

$$
\begin{aligned}
\|Ax - b\|_2 &= \|QRx - b\|_2 = ((QRx - b)^\top (QRx - b))^{\frac{1}{2}} \\
&= ((Rx - Q^\top b)^\top Q^\top Q(Rx - Q^\top b))^{\frac{1}{2}} = \|Rx - Q^\top b\|_2.
\end{aligned}
$$

Der Vorteil dieses Ansatzes liegt auf der Hand. Da R eine (im Allgemeinen rechteckige) obere Dreiecksmatrix ist, können wir das Ausgleichsproblem $\|Rx - Q^\top b\|_2$ einfacher lösen als über den Umweg der Normalengleichung.

Man kann auch zeigen, dass die Konditionszahlen von R and A gleich sind, und damit quadriert sich die Konditionszahl bei diesem Zugang *nicht!*

Bemerkung: Der wesentliche Vorteil orthogonaler Transformationen liegt darin, dass diese norm–, längen– und winkelerhaltend sind und daher Funktionswerte nicht verzerrt und Fehler nicht verstärkt werden.

13.2   Die QR–Zerlegung

Die QR–Zerlegung einer Matrix $A \in \mathbb{R}^{m,n}$ (mit $m \geqslant n$) ist gegeben durch

$$
A = QR,
$$

wobei $Q \in \mathbb{R}^{m,m}$ orthogonal und $R \in \mathbb{R}^{m,n}$ eine rechteckige obere Dreiecksmatrix ist.

Falls rang $A = n$ ist, dann bilden die Spalten von Q eine Orthonormalbasis des $\mathbb{R}^m$ und es ist

$$R = \begin{bmatrix} R_1 \\ 0 \end{bmatrix},$$

wobei $R_1 \in \mathbb{R}^{n,n}$ nichtsingulär ist.

Mit Hilfe der QR–Zerlegung kann man also Orthonormalbasen für Mengen von Vektoren bestimmen. Eine klassische Technik zur Erzeugung einer QR–Zerlegung ist das Gram–Schmidt'sche Orthonormalisierungsverfahren. Allerdings liefert die Fehleranalyse für das Gram–Schmidt–Verfahren nicht so gute Ergebnisse. Daher werden wir uns mit dieser Methode hier nicht beschäftigen. Stattdessen werden wir die auf Householder–Transformationen beruhende Variante der QR–Zerlegung betrachten. Dazu wird A ähnlich wie bei der LR–Zerlgeung Schritt für Schritt mit speziellen *orthogonalen* Transformationsmatrizen H_k multipliziert, welche nach und nach A in eine obere Dreiecksmatrix überführen.

$$A \rightarrow H_1 A \rightarrow H_2 H_1 A \rightarrow H_3 H_2 H_1 A \rightarrow \cdots$$

$$\begin{bmatrix} * & * & * \\ * & * & * \\ * & * & * \\ * & * & * \end{bmatrix} \rightarrow \begin{bmatrix} * & * & * \\ 0 & * & * \\ 0 & * & * \\ 0 & * & * \end{bmatrix} \rightarrow \begin{bmatrix} * & * & * \\ 0 & * & * \\ 0 & 0 & * \\ 0 & 0 & * \end{bmatrix} \rightarrow \begin{bmatrix} * & * & * \\ 0 & * & * \\ 0 & 0 & * \\ 0 & 0 & 0 \end{bmatrix}$$

Um diesen Algorithmus durchführen zu können, müssen wir zunächst die Konstruktion dieser orthogonalen Transformationsmatrizen diskutieren.

13.2.1 Householder–Transformationen

Wir wollen eine gegebene Matrix A durch eine Folge von orthogonalen Matrizen in eine obere Dreiecksmatrix transformieren. Dieses Vorgehen erfordert in jedem Eliminationsschritt lediglich die führende Spalte der Restmatrix, so wie wir bei der LR–Zerlegung auch nur die führende Spalte der Restmatrix betrachten.

Jede einzelne Transformationsmatrix H_i beschreibt dabei geometrisch eine *Elementarspiegelung*. Sei $v \in \mathbb{R}^n \backslash \{0\}$. Eine $n \times n$ Matrix der Form

$$H = I - \frac{2vv^\top}{v^\top v} \tag{13.8}$$

heißt *Spiegelungsmatrix oder Householder–Transformation.* Geometrisch bedeutet die Anwendung von H auf einen Vektor x, dass x an der Ebene gespiegelt wird, die senkrecht zu v verläuft und durch den Ursprung verläuft (Abbildung 13.2).

Reelle Householder–Transformationen sind symmetrisch und orthogonal. Sie sind außerdem, wie die Gauß–Transformationen, Rang–1–Modifikationen der Einheitsmatrix und werden auch genauso verwendet, um bestimmte Komponenten eines Vektors zu eliminieren.

Wir betrachten die folgende Eliminationsaufgabe. Gegeben sei ein Vektor $x \in \mathbb{R}^n \backslash \{0\}$. Bestimme ein $v \in \mathbb{R}^n \backslash \{0\}$, und damit H wie in (13.8), so dass

$$Hx = c \cdot e_1 \tag{13.9}$$

Abbildung 13.2: Spiegelung eines Vektors x an der zu v senkrechten Ebene

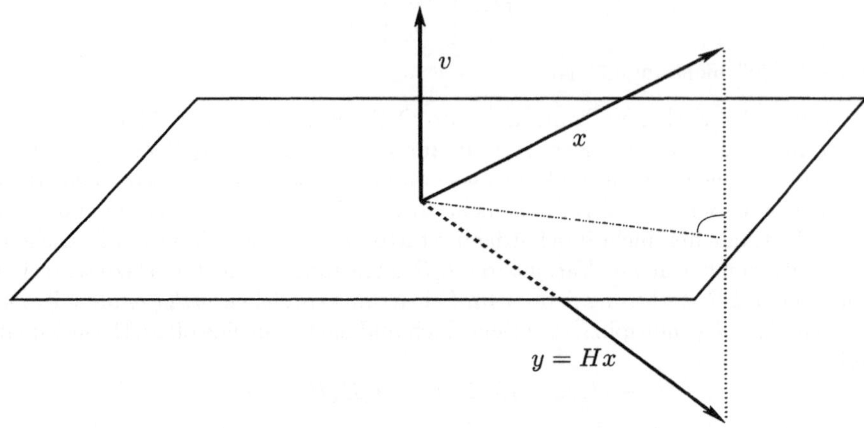

wobei $c \in \mathbb{R}$ und e_1 der erste Einheitsvektor ist.

Nehmen wir nun an, x sei die erste Spalte unserer Matrix A. Dann bewirkt die Multiplikation mit H von links, dass

$$HA = \begin{bmatrix} * & * & * \\ 0 & * & * \\ 0 & * & * \\ 0 & * & * \end{bmatrix},$$

d.h. die Multiplikation mit einer Householder–Matrix ergibt ein analoges Ergebnis wie die Multiplikation mit einer Gauß–Transformation.

Wie bestimmen wir Householder–Transformationen?

Es gilt

$$Hx = \left(I - \frac{2vv^\top}{v^\top v}\right) x = x - \left(\frac{2v^\top x}{v^\top v}\right) v.$$

Mit der Wahl

$$v := x + \operatorname{sign}(x_1)\|x\|_2 \cdot e_1, \tag{13.10}$$

(wobei $\operatorname{sign}(0) = 1$ gesetzt wird) erhalten wir

$$v^\top x = x^\top x + \|x\|_2 \, |x_1| = \|x\|_2 \left(\|x\|_2 + |x_1|\right),$$

sowie

$$v^\top v = x^\top x + 2\|x\|_2 \, |x_1| + \|x\|_2^2 = 2\|x\|_2 \left(\|x\|_2 + |x_1|\right).$$

Also folgt, dass

$$Hx = x - (x + \operatorname{sign}(x_1)\|x\|_2 \cdot e_1) = -\operatorname{sign}(x_1)\|x\|_2 \cdot e_1,$$

d.h. v aus (13.10) ist gerade passend gewählt, damit $Hx = ce_1$ ein Vielfaches des ersten Einheitsvektors ist.

Zur einfacheren Berechnung macht man noch folgende kleine Änderungen.

1. Man normalisiert v so, dass $v_1 = 1$. Diese 1 in der ersten Komponente wird nicht explizit gespeichert, in Analogie zur LR–Zerlegung, wo man die 1–Diagonale von L auch nicht speichert. Stattdessen speichert man in v_1 den Wert $-\operatorname{sign}(x_1)\|x\|_2$. Dies ist der Wert von x_1 nach der Transformation.

2. Die frei werdenden Nullen unterhalb der Diagonalen (d.h. $x(2 : n)$) werden mit den Werten von $v(2 : n)$ überschrieben.

3. Der Wert $\beta := -2/(v^\top v)$ kann im Prinzip extra berechnet werden. Man bekommt ihn aber 'gratis' bei der Berechnung der Householder–Transformation.

Algorithmus 13.7 (Erzeugung der Householder–Transformation)
Berechnet für $x \in \mathbb{R}^n$, einen Vektor $v \in \mathbb{R}^n$ und $\beta \in \mathbb{R}$, so dass für $v = \begin{bmatrix} 1 \\ v(2:n) \end{bmatrix}$, $Hx = \left(I + \beta v v^\top\right) x = v_1 e_1$ gilt.

$[v,\beta] = \textbf{house}\ (x);$
$v - x;\ \ \mu - \|v\|_2;$
$\beta = v_1 + \operatorname{sign}(v_1)\mu;\ \ v_1 = -\operatorname{sign}(v_1)\mu;$
if $\mu \neq 0$
  $v(2{:}n) = v(2{:}n)/\beta;$
  $\beta = \beta/v_1;$
end

Die Kosten betragen $\mathcal{O}(3n)$ flops und das berechnete $\tilde{P}$ erfüllt $\|\tilde{P} - P\|_2 = \mathcal{O}(\text{eps})$. Bei der Multiplikation mit Householder–Matrizen kann an einigen Stellen die Struktur ausgenutzt werden.

Bemerkung: Man sollte beachten, dass man natürlich H selbst nur dann ausrechnet, wenn man es wirklich braucht. Meistens reicht die implizite Darstellung mit Hilfe von v und β, und für die Lösung des Ausgleichsproblems kann man bei der Elimination gleich $Q^\top b$ mit ausrechnen. Dies ist besonders wichtig um Speicherplatz zu sparen, denn v und β belegen nur $n+1$ Speicherplätze, ein explizites H aber n^2. Außerdem kostet die Multiplikation $Hy = y - (\beta\,(v^\top y))\cdot v$ nur $\mathcal{O}(n)$ flops, dagegen das explizite Berechnen von H schon $\mathcal{O}(n^2)$, genauso das Multiplizieren mit der vollbesetzten explizit dargestellten Matrix H. Analoges gilt auch für die Multiplikation einer Matrix B mit H sowie bei einem Produkt $H_k H_{k-1} \cdots H_2 H_1 B$ von Householder–Transformationen angewendet auf A. Dies wird dann der Reihe nach abgearbeitet $H_k(H_{k-1} \cdots (H_2(H_1 B)) \cdots)$.

Wir fassen die Multiplikation mit einer Folge von Householder–Matrizen in einem Algorithmus zusammen.

Algorithmus 13.8 (Multiplikation mit Householder–Transformationen)
Berechnet für eine Matrix $B \in \mathbb{R}^{p,q}$ und Householder–Vektoren V, β in kompakter Speicherung $B := (I + \beta_l v_l v_l^\mathsf{T}) \cdots (I + \beta_k v_k v_k^\mathsf{T})B$ falls der Parameter $t = $ 'L' (d.h. $p = m$) oder $B := B(I + \beta_k v_k v_k^\mathsf{T}) \cdots (I + \beta_l v_l v_l^\mathsf{T})$ falls $t = $ 'R' (d.h. $q = n$).

```
B = housemult (t,B,V,β,k,l)
if k ≤ l, Δ = 1 else Δ = -1;
for i = k:Δ:l
    α = V(i,i),  V(i,i) = 1;
    if t = 'L'
        w = V(i:m,i)ᵀ B(i:m, :),  B(i:m, :) = B(i:m, :) + V(i:m,i) βᵢ w;
    else
        w = B(: ,i:m) V(i:m,i),  B(: ,i:m) = B(: ,i:m) + w βᵢ V(i:m,i)ᵀ;
    end
    V(i,i) = α;
end
```

Die Rückwärtsanalyse ergibt, dass die Berechnung und Anwendung von Householder–Matrizen numerisch rückwärts stabil sind.

13.2.2 QR–Zerlegung mittels Householder–Transformationen

Die eigentliche QR–Zerlegung mit Hilfe von Householder–Transformationen wird durchgeführt, indem man der Reihe nach in Schritt k die führende Spalte $x = A(k,k : m)$ der Restmatrix nimmt und dazu eine Householder–Transformation H_k bestimmt. Anschließend bildet man $A := H_k A$, eliminiert dadurch $A(k,k + 1 : m)$ und macht dann mit der nächsten Spalte in Schritt $k + 1$ weiter.

$$A = \begin{bmatrix} * & * & * \\ * & * & * \\ * & * & * \\ * & * & * \end{bmatrix}, \; H_1 A = \begin{bmatrix} * & * & * \\ 0 & * & * \\ 0 & * & * \\ 0 & * & * \end{bmatrix}, \; H_2 H_1 A = \begin{bmatrix} * & * & * \\ 0 & * & * \\ 0 & 0 & * \\ 0 & 0 & * \end{bmatrix}, \; \text{usw.}$$

Algorithmus 13.9 (Householder QR–Zerlegung)
Berechnet für $A \in \mathbb{R}^{m,n}$ mit $m \geq n$ Householder–Matrizen $H_1, \ldots, H_n$, so dass $H_n H_{n-1} \cdots H_2 H_1 A = R$ eine obere Dreiecksmatrix ist. $Q = H_1 \cdots H_n$ wird nicht explizit berechnet. Der obere Dreiecksteil von A wird durch R überschrieben und die freiwerdenden Nullen in $A(k + 1 : m,k)$ werden durch die Komponenten des k–ten Householder–Vektors $v(k + 1 : m)$ überschrieben.

```
for k = 1 : n
    [A(k:m,k),βₖ] = house (A(k:m,k));
    A(: ,k+1:n) = housemult ('L',A(: ,k+1:n),A,β,k,k);
end
```

Die Kosten betragen $\mathcal{O}(2n^2(m - \frac{n}{3}))$ flops, sowie, falls Q benötigt wird, noch einmal $\mathcal{O}(4(m^2n - mn^2 + \frac{n^3}{3}))$ flops.

Die Fehleranalyse liefert, dass $\tilde{Q}^\top(A + E) = \tilde{R}$, wobei das berechnete $\tilde{Q}$ exakt orthogonal ist und $Q^\top \tilde{Q} = I + F$ mit $\|F\|_2 \approx$ eps und weiterhin $\|E\|_2 \approx$ eps $\|A\|_2$.

Die Matrix A sieht am Ende des Algorithmus wie folgt aus

$$
\begin{bmatrix}
r_{11} & \cdots & r_{1,n} \\
v_2^{(1)} & \ddots & \vdots \\
v_3^{(1)} & \ddots & r_{n,n} \\
\vdots & & v_{n+1}^{(n)} \\
\vdots & & \vdots \\
v_m^{(1)} & \cdots & v_m^{(n)}
\end{bmatrix}
$$

Beachte, dass die k–te Komponente von $v^{(k)}$ jeweils 1 ist.

Algorithmus 13.9 beweist gleichzeitig konstruktiv die Existenz der QR–Zerlegung. Diese hat jedoch noch weitere Eigenschaften.

Satz 13.10 *Sei $A = QR$ eine QR–Zerlegung einer Matrix $A = [a_1, \ldots, a_n] \in \mathbb{R}^{m,n}$ von vollem Rang und $Q = [q_1, \ldots, q_n]$. Dann ist*

$$\operatorname{span}\{a_1, \ldots, a_k\} = \operatorname{span}\{q_1, \ldots, q_k\}, \quad k = 1, \ldots, n,$$

d.h. die Spalten von Q bilden eine Orthonormalbasis desselben Raumes, der bereits von den Spalten von A aufgespannt wird.
Für $Q_1 = Q(1 : m, 1 : n), Q_2 = Q(1 : m, n + 1 : m)$ gilt:

$$
\begin{aligned}
\operatorname{Bild}(A) &= \operatorname{Bild}(Q_1), \\
\operatorname{Bild}(A)^\perp &= \operatorname{Bild}(Q_2),
\end{aligned}
$$

d.h. während die ersten n Spalten von Q eine Orthonormalbasis für den Raum bilden, der von den Spalten von A aufgespannt wird, spannen die restlichen Spalten von Q gerade das zugehörige orthogonale Komplement auf.
Es ist außerdem $A = Q_1 R_1$, wobei $R_1 = R(1 : n, 1 : n)$ (dünne QR–Zerlegung).

Beweis. $\to$ Abschnitt 13.5.2.

Satz 13.11 *Die Matrix $A \in \mathbb{R}^{m,n}$ habe vollen Rang. Die dünne QR–Zerlegung $A = Q_1 R_1$ mit $Q_1 \in \mathbb{R}^{m,n}$ und $R \in \mathbb{R}^{n,n}$ obere Dreiecksmatrix mit $r_{i,i} \in \mathbb{R}$, $r_{i,i} > 0$, ist eindeutig. $G = R_1^\top$ ist der Cholesky-Faktor von $A^\top A$.*

Beweis. $\to$ Abschnitt 13.5.3.

13.3   Die QR–Zerlegung für Ausgleichsprobleme

Wir haben bereits gesehen, dass zur Lösung des linearen Ausgleichsproblems $\|Ax - b\|_2$ die Cholesky–Zerlegung angewendet auf die Normalengleichungen nicht empfehlenswert ist, weil sich die Konditionszahl quadriert. Wir verwenden daher die QR–Zerlegung und bilden

$$Q^\top A = R = \left[\begin{array}{c} R_1 \\ 0 \end{array}\right] \begin{array}{l} n \\ m - n \end{array} \;,\; \text{wobei } R_1 = \left[\;\diagup\!\!\!\!\diagdown\;\right], Q^\top b = \left[\begin{array}{c} d_1 \\ d_2 \end{array}\right] \begin{array}{l} n \\ m - n \end{array} \cdot$$

Da Q orthogonal ist, gilt

$$\|Ax - b\|_2^2 = \|Q^\top Ax - Q^\top b\|_2^2 = \|R_1 x - d_1\|_2^2 + \|d_2\|_2^2.$$

Falls nun $\operatorname{rang}(A) = \operatorname{rang}(R_1) = n$ ist, so bekommt man x durch Lösen des Gleichungssystems

$$R_1 x = d_2$$

mittels Rückwärtseinsetzen.

Bemerkung: Falls man keine sichere Information über den Rang von A hat, so sollte man die QR–Zerlegung leicht modifizieren, indem man noch eine Spaltenvertauschung vor jedem Schritt durchführt, die die Spalte der Restmatrix mit maximaler Spektralnorm an die erste Spalte transformiert. Dies nennt man QR–*Zerlegung mit Spaltenpivotisierung*. Eine andere Alternative ist die Singulärwertzerlegung, die etwas teurer ist, aber die besten Ergebnisse liefert, siehe Kapitel 14.

Algorithmus 13.12 (QR–Lösung des linearen Ausgleichsproblems)

Berechnet für $A \in \mathbb{R}^{m,n}$ mit $\operatorname{rang}(A) = n$, und $b \in \mathbb{K}^m$ einen Vektor $x \in \mathbb{R}^n$, so dass $\|Ax - b\|_2 = \min$!

> *Verwende Algorithmus 13.9, um A mit seiner QR–Zerlegung zu überschreiben.*
> *$b = $ **housemult** ('L',b,A,β,1,n);*
> *Löse $R(1{:}n,1{:}n)x = b(1{:}n)$ mittels Rückwärtseinsetzen.*

Die Kosten für dieses Verfahren betragen $\mathcal{O}(2n^2(m - \frac{n}{3}))$ flops. Die Fehleranalyse ergibt, dass das berechnete $\tilde{x}$ das Minimierungsproblem $\|(A + \delta A)x - (b + \delta b)\|_2 = \min$!, löst, wobei

$$\begin{aligned} \|\delta A\|_F &\leq (6m - 3n + 41)n \operatorname{eps} \|A\|_F + \mathcal{O}(\operatorname{eps}^2), \\ \|\delta b\|_2 &\leq (6m - 3n + 40)n \operatorname{eps} \|b\|_2 + \mathcal{O}(\operatorname{eps}^2). \end{aligned}$$

Beispiel 13.13 *Betrachte Beispiel 13.6. Die Householder QR–Zerlegung liefert hier*

$$A \to \left[\begin{array}{cc} -1.000000499999875 & -0.9999995000003752 \\ 4.999998750000624 \cdot 10^{-4} & 1.414213208820014 \cdot 10^{-3} \\ 0 & -0.4142137088196388 \end{array}\right]$$

Als Lösung $\tilde{x}$ bekommen wir nahezu das exakte $x = \left[\begin{smallmatrix} 1 \\ 1 \end{smallmatrix}\right]$, denn

$$\tilde{x} = \left[\begin{array}{c} 0.9999999999999998 \\ 1 \end{array} \right].$$

Wie man erwarten kann, gibt es auch bei Ausgleichsproblemen numerische Schwierigkeiten, wenn das Problem schlecht konditioniert ist und natürlich wenn $\mathrm{Rang}(A) < n$. Abhilfe schafft hier die sogenannte Singulärwertzerlegung, siehe Kapitel 14.

13.4 Die QR–Zerlegung angewendet auf das Modellproblem

Wir werden nun sehen wie die QR–Zerlegung eingesetzt werden kann, um beim Modellprojekt 2.1 den Fahrersitz wie in Beispiel 13.2 zu regeln. Wir diskretisieren dazu das System (13.1)

$$\begin{aligned}
\left[\begin{array}{c} \dot{x} \\ \dot{v} \end{array} \right] &= \left[\begin{array}{c} v \\ f(t,x,v) - Bu \end{array} \right], \\
0 &= \varepsilon_1(x_1(t) - x_1(0)), \\
0 &= \varepsilon_2 v_1(t), \\
0 &= \varepsilon_3 e_1^{\mathsf{T}}(f(t,x,v) - Bu)
\end{aligned}$$

mit Hilfe des impliziten Euler–Verfahrens. Dabei sind wie oben beschrieben ε_1, ε_2, ε_3 Gewichtungsfaktoren, mit denen man die Erfüllbarkeit der einzelnen Gleichungen gewichten kann.

Die Diskretisierung liefert

$$\begin{aligned}
0 &= \left[\begin{array}{c} x^{(m+1)} \\ v^{(m+1)} \end{array} \right] - \left[\begin{array}{c} x^{(m)} \\ v^{(m)} \end{array} \right] - h \left[\begin{array}{c} v^{(m+1)} \\ f(t_{m+1},x^{(m+1)},v^{(m+1)}) - Bu^{(m+1)} \end{array} \right], \\
0 &= \varepsilon_1(x_1^{(m+1)} - x_1(0)), \\
0 &= \varepsilon_2 v_1^{(m+1)}, \\
0 &= \varepsilon_3 e_1^{\mathsf{T}}(f(t_{m+1},x^{(m+1)},v^{(m+1)}) - Bu^{(m+1)}).
\end{aligned}$$

Da dies eine nichtlineare Gleichung für $(x^{(m+1)},v^{(m+1)},u^{(m+1)})$ ist, verwenden wir das Newton–Verfahren aus Kapitel 10. Wäre dieses System eindeutig lösbar, so sähe ein Newtonschritt wie folgt aus. Wir bezeichnen mit $x := x^{(m+1)}$, $v := v^{(m+1)}$ und $u := u^{(m+1)}$ die bisherigen berechneten Approximationen. Um neue Approximationen $\hat{x}$, $\hat{v}$ und $\hat{u}$ zu bekommen, würden in einem Newtonschritt die Korrekturglieder $\Delta x = x - \hat{x}$, $\Delta v = v - \hat{v}$ sowie $\Delta u = u - \hat{u}$ wie folgt bestimmt. Seien

$$f = f(t_{m+1},x,v),\ D_x = \frac{\partial f(t_{m+1},x,v)}{\partial x},\ D_v = \frac{\partial f(t_{m+1},x,v)}{\partial v}.$$

Dann lautet ein Newtonschritt

$$
\left[
\begin{array}{cc|c}
I & -hI & 0 \\
-hD_x & I - hD_v & hB \\
\hline
\begin{bmatrix} \varepsilon_1 & 0 & 0 \end{bmatrix} & \begin{bmatrix} 0 & 0 & 0 \end{bmatrix} & 0 \\
\begin{bmatrix} 0 & 0 & 0 \end{bmatrix} & \begin{bmatrix} \varepsilon_2 & 0 & 0 \end{bmatrix} & 0 \\
\varepsilon_3 e_1^\top D_x & \varepsilon_3 e_1^\top D_v & -\varepsilon_3 e_1^\top B
\end{array}
\right]
\left[
\begin{array}{c}
\Delta x \\
\hline
\Delta v \\
\hline
\Delta u
\end{array}
\right]
=
\left[
\begin{array}{c}
x - \left(x^{(m)} + hv\right) \\
v - \left(v^{(m)} + hf - hBu\right) \\
\hline
\varepsilon_1(x_1 - x_1(0)) \\
\varepsilon_2 v_1 \\
\varepsilon_3 e_1^\top (f - Bu)
\end{array}
\right].
$$

Wie wir bereits eingangs erwähnt haben, ist dieses System überbestimmt, wir können es im Allgemeinen nicht eindeutig lösen. Setze

$$
A_1 := \left[
\begin{array}{cc|c}
I & -hI & 0 \\
-hD_x & I - hD_v & hB
\end{array}
\right], \; b_1 := \left[
\begin{array}{c}
x - \left(x^{(m)} + hv\right) \\
v - \left(v^{(m)} + hf - hBu\right)
\end{array}
\right],
$$

$$
A_2 := \left[
\begin{array}{cc|c}
\begin{bmatrix} \varepsilon_1 & 0 & 0 \end{bmatrix} & \begin{bmatrix} 0 & 0 & 0 \end{bmatrix} & 0 \\
\begin{bmatrix} 0 & 0 & 0 \end{bmatrix} & \begin{bmatrix} \varepsilon_2 & 0 & 0 \end{bmatrix} & 0 \\
\varepsilon_3 e_1^\top D_x & \varepsilon_3 e_1^\top D_v & -\varepsilon_3 e_1^\top B
\end{array}
\right], \; b_2 := \left[
\begin{array}{c}
\varepsilon_1(x_1 - x_1(0)) \\
\varepsilon_2 v_1 \\
\varepsilon_3 e_1^\top (f - Bu)
\end{array}
\right].
\tag{13.11}
$$

Da die Steuerung den Sitz nicht unbedingt exakt auf der Ideallinie halten muss, machen wir zunächst einen **Ansatz** für das unterbestimmte System

$$
A_1 \left[
\begin{array}{c}
\Delta x \\
\hline
\Delta v \\
\hline
\Delta u
\end{array}
\right] = b_1
$$

indem wir die QR–Zerlegung

$$
A_1^\top = \begin{bmatrix} Q_1 & Q_2 \end{bmatrix} \begin{bmatrix} R \\ 0 \end{bmatrix}
$$

berechnen. Wir können damit die Aufgabe

$$
A_1 \left[
\begin{array}{c}
\Delta x \\
\hline
\Delta v \\
\hline
\Delta u
\end{array}
\right] = \begin{bmatrix} R^T & 0 \end{bmatrix} \begin{bmatrix} Q_1^T \\ Q_2^T \end{bmatrix} \left[
\begin{array}{c}
\Delta x \\
\hline
\Delta v \\
\hline
\Delta u
\end{array}
\right] = b_1
$$

umschreiben zu

$$
R^T Q_1^T \left[
\begin{array}{c}
\Delta x \\
\hline
\Delta v \\
\hline
\Delta u
\end{array}
\right] = b_1.
$$

Auf diese Weise erhalten wir

$$
z = Q_1^T \left[
\begin{array}{c}
\Delta x \\
\hline
\Delta v \\
\hline
\Delta u
\end{array}
\right] R^{-\top} b_1,
$$

und die Lösung lässt sich damit schreiben als

$$
\left[
\begin{array}{c}
\Delta x \\
\hline
\Delta v \\
\hline
\Delta u
\end{array}
\right] = Q_1 z + Q_2 \alpha,
\tag{13.12}
$$

wobei der Parameter $\alpha \in \mathbb{R}$ so zu wählen ist, dass die verbleibenden drei Gleichungen "möglichst gut" erfüllt sind. Mit A_2, b_2 aus (13.11) erhalten wir das System

$$(A_2 Q_2)\ \alpha = b_2 - A_2 Q_1 z.$$

Hierbei handelt es sich nun um ein überbestimmtes System: wir haben drei Gleichungen aber nur einen freien Parameter α. Da diese Gleichungen nicht exakt erfüllt werden können, lösen wir sie im Sinne kleinster Fehlerquadrate mit Hilfe der QR–Zerlegung

$$(A_2 Q_2) = \begin{bmatrix} W_1 & W_2 \end{bmatrix} \begin{bmatrix} S \\ 0 \end{bmatrix},$$

mit einer orthogonalen Matrix $\begin{bmatrix} W_1 & W_2 \end{bmatrix}$ und einer oberen Dreiecksmatrix S. Da im Allgemeinen $A_2 Q_2$ vollen Rang hat, erhalten wir

$$\alpha := S^{-1} W_1^{\mathsf{T}} \left(b_2 - A_2 Q_1 z \right).$$

Damit sind dann $\Delta x, \Delta v, \Delta u$ aus (13.12) festgelegt.

Wir führen diese Steuerung anhand der Fahrt des Lastwagens über die Teststrecke vor (Abbildung 13.3). Dabei wählen wir $\varepsilon_1 = \varepsilon_3 = 10^{-2}$, $\varepsilon_2 = 1$. In Abbildung (13.3) ist

Abbildung 13.3: Ideal gesteuerter Sitz

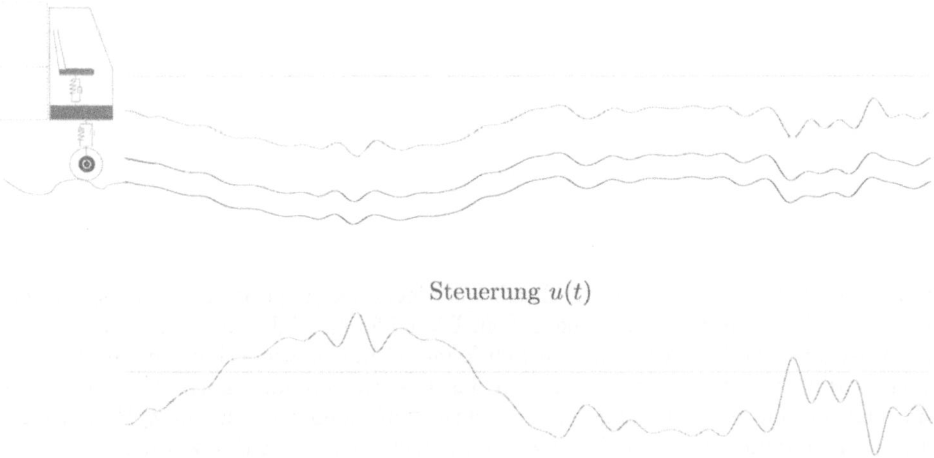

Steuerung $u(t)$

unten der Wert der Steuerung u in Abhängigkeit von t angegeben.

Wir haben dabei ignoriert, dass die Steuerung natürlich nicht beliebig große Werte annehmen kann, und auch, dass natürlich vernünftiger Weise die Ungleichung $x_1 \leqslant x_2$ gilt. Auch solche Ungleichungsbedingungen kann man noch einbauen. Dies führt auf weitere Minimierungsaufgaben, die wir aber hier nicht behandeln können (siehe Abbildung 13.4).

Zum Vergleich zeigt Abbildung 13.5 die Situation ohne Steuerung. Wir weisen bei dieser Gelegenheit darauf hin, dass auch ohne die Steuerung u, Ungleichungen mit

Abbildung 13.4: Gesteuerter Sitz mit Nebenbedingungen

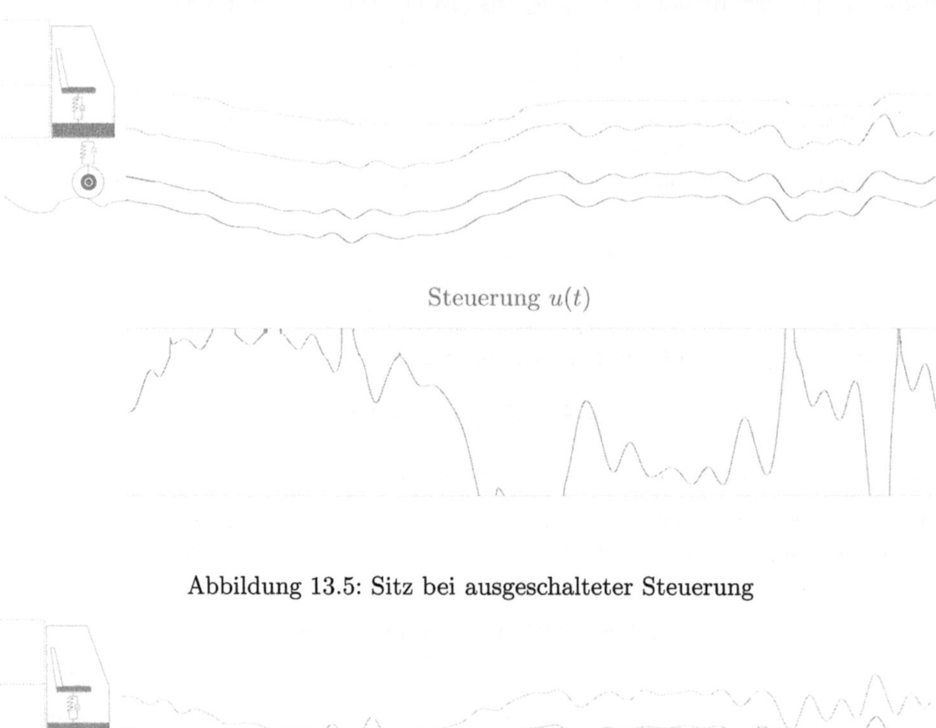

Abbildung 13.5: Sitz bei ausgeschalteter Steuerung

berücksichtigt worden sind, welche durch die Mechanik (Lage und maximale Auslenkungen der einzelnen Teile) hineinkommen. Die Differenzialgleichung allein beschreibt nur das dynamische Verhalten und enthält keinerlei Information über diese extremalen Eigenschaften. Das bedeutet, wenn man das Lastwagenmodell korrekt rechnen will, muss man in dem ein oder anderen Zeitschritt auf jeden Fall auf die QR–Zerlegung zurückgreifen, damit die Nebenbedingungen korrekt berücksichtigt werden.

13.5   Anmerkungen und Beweise

Eine umfangreiche Darstellung der QR–Zerlegung, ihrer Eigenschaften und von numerischen Methoden zur Berechnung der QR–Zerlegung, sowie eine entsprechende Fehleranalyse findet man in [3, 31, 16, 48, 59]. Dort wird ebenfalls die Lösung von linearen Ausgleichsproblemen diskutiert. Entsprechende Darstellungen finden sich jedoch auch in fast allen Lehrbüchern zur Numerischen Mathematik, siehe z.B. [50, 28]. Ausgleichsprobleme gibt es noch in vielen anderen Varianten. Diese finden inbesondere Anwendungen in der Analyse von statistischen Daten bei der Bild– und Signalverarbeitung, siehe z.B. [54].

13.5.1 Beweis von Satz 13.3

Zerlege den Raum als $\mathbb{R}^m = \underbrace{\text{Bild}\,(A)}_{L} \oplus \underbrace{\text{Bild}\,(A)^\perp}_{L^\perp}$. Dann gibt es eine eindeutige Zerlegung

$$y = s + r, \text{ mit } s \in L, r \in L^\perp \tag{13.13}$$

und es gibt ein x_0 mit $A^T x_0 = s$. Da $A^T r = 0$, so folgt $A^T y = A^T s = A^T A x_0$. Also löst x_0 (13.7) die Normalengleichungen.
Umgekehrt sei x_1 eine Lösung von (13.7). Dann hat y die Zerlegung $y = s + r$ mit $s = A x_1$, $r = y - A x_1$, $s \in L$, $r \in L^\perp$. Wegen der Eindeutigkeit der Zerlegung folgt $A x_1 = A x_0$.
Weiter erfüllt jede Lösung x_0 von (13.7) das Ausgleichsproblem (13.6). Denn für beliebiges x setze $z = A x - A x_0$, $r = y - A x_0$, dann gilt wegen $r^T z = 0$:

$$\|y - A x\|_2^2 = \|r - z\|_2^2 = \|r\|_2^2 + \|z\|_2^2 \geqslant \|r\|_2^2 = \|y - A x_0\|_2^2.$$

$\square$

13.5.2 Beweis von Satz 13.10

Es gilt

$$a_k = \sum_{i=1}^{k} r_{ik} q_i \in \text{span}\,\{q_1, \dots, q_k\}$$

und daher span $\{a_1, \dots, a_k\} \subseteq$ span $\{q_1, \dots, q_k\}$. Da $\text{rang}(A) = n$ vorausgesetzt wurde, so folgt

$$\dim(\text{span}\,\{a_1, \dots, a_k\}) = k, \text{ für alle } k \leqslant n$$

und damit span $\{a_1, \dots, a_k\} =$ span $(q_1, \dots, q_k)$.
Der Rest des Beweises ist dann klar. $\square$

13.5.3 Beweis zu Satz 13.11

Es gilt $A^T A = (Q_1 R_1)^T (Q_1 R_1) = R_1^T R_1$. Der Faktor R_1 ist eindeutig und da A vollen Rang hat auch $Q_1 = A R_1^{-1}$. $\square$

14 Eigenwertprobleme

In diesem Kapitel werden wir uns mit der numerischen Lösung von Eigenwertproblemen beschäftigen. Zu einer quadratischen Matrix $A \in \mathbb{K}^{n,n}$ heißt $\lambda \in \mathbb{C}$ Eigenwert zum Eigenvektor $x \in \mathbb{C}^n \setminus \{0\}$, sofern $Ax = \lambda x$.

Man kann theoretisch die Eigenwerte als Nullstellen von $\det(\lambda I - A) = 0$ bestimmen. Dies ist aber vom Standpunkt der Numerischen Mathematik *sehr schlecht*.

Beispiel 14.1 *Betrachte die Berechnung der Eigenwerte der Matrix*

$$A = Q^T \, diag(1,2,\ldots,20)Q,$$

mit einer zufällig gewählten orthogonalen Matrix Q. Dann ist A symmetrisch mit Eigenwerten $1,2,\ldots,20$. Das Problem, die Eigenwerte von A auszurechnen ist sehr gut konditioniert und der symmetrische QR–Algorithmus aus MATLAB (mit $eps = 10^{-16}$) berechnet alle Eigenwerte auf 15 korrekte Stellen.

Wenn wir jedoch das charakteristische Polynom $\det(\lambda I - A) = (\lambda-1)(\lambda-2)\cdots(\lambda-20)$ ausrechnen und dann von diesem Polynom die Nullstellen z.B. mit **roots** *aus MATLAB bestimmen, so erhalten wir für die großen Eigenwerte 20.0003, 18.9970, 18.0117, 16.9695, 16.0508, 14.9319, 14.0683, 12.9471, 12.0345, 10.9836, 10.0062, 8.9983, 8.0003. Die Genauigkeit der kleinen Eigenwerte ist etwas besser. Es gibt zahlreiche Gründe für diese katastrophalen Ergebnisse. Einerseits ist schon das charakteristische Polynom nicht vernünftig berechenbar, denn die Koeffizienten liegen in $[1,20!] \approx [1, 2.4 \times 10^{18}]$ und können daher nicht genau in der IEEE double precision Arithmetik dargestellt werden, andererseits ist auch das resultierende Problem der Berechnung der Nullstellen sehr schlecht konditiert.*

Wir werden deshalb eine stabile Technik kennenlernen, den *QR–Algorithmus*, nicht zu verwechseln mit der *QR–Zerlegung*.

14.1 Anwendungsprobleme

Beispiel 14.2 *Wir betrachten das zentrale Modellprojekt der Fahrerkabine aus Abschnitt 2.1 und hier den vereinfachten Fall linearer Dämpfung.*

Dieses Problem führt auf eine gewöhnliche Differenzialgleichung zweiter Ordnung der Form

$$0 = -F_g - M\ddot{x} - Cx - D\dot{x} - b(t),$$

wobei

Abbildung 14.1: Bewegung der Fahrerkabine über die Piste

$$C = \begin{bmatrix} c_1 & -c_1 & 0 \\ -c_1 & c_1 + c_2 & -c_2 \\ 0 & -c_2 & c_2 + c_3 \end{bmatrix}, \quad D = \begin{bmatrix} d_1 & -d_1 & 0 \\ -d_1 & d_1 + d_2 & -d_2 \\ 0 & -d_2 & d_2 + d_3 \end{bmatrix},$$

$$M = \begin{bmatrix} m_1 & 0 & 0 \\ 0 & m_2 & 0 \\ 0 & 0 & m_3 \end{bmatrix}, \quad x = \begin{bmatrix} x_1 \\ x_2 \\ x_3 \end{bmatrix}, \quad F_g = \begin{bmatrix} m_1 g \\ m_2 g \\ m_3 g \end{bmatrix}, \quad b(t) = \begin{bmatrix} 0 \\ 0 \\ -c_3 s(t) - d_3 \dot{s}(t) \end{bmatrix}.$$

Die allgemeine Lösung einer linearen Differenzialgleichung wird durch die Gesamtheit der Lösungen der homogenen Gleichung (d.h. $b(t) = 0$), sowie eine partikuläre Lösung der inhomogenen Gleichung (d.h. $b(t)$ wie vorgegeben) bestimmt. Insbesondere wird das Abklingverhalten der Lösung durch die Eigenlösungen der homogenen Gleichung beschrieben. Wir machen den üblichen Exponentialansatz $x_H = e^{\lambda t} z$. Damit bekommen wir

$$0 = -e^{\lambda t} \left[\lambda^2 M z + C z + \lambda D z \right].$$

Dieses ist ein quadratisches Eigenwertproblem. *Durch Einführung einer neuen Variablen $w = \lambda z$ schreibt man dieses Problem um, als ein verallgemeinertes Eigenwertproblem*

$$\lambda \begin{bmatrix} I & 0 \\ 0 & M \end{bmatrix} \begin{bmatrix} z \\ w \end{bmatrix} = \begin{bmatrix} 0 & I \\ -C & -D \end{bmatrix} \begin{bmatrix} z \\ w \end{bmatrix}$$

oder, da alle Massen m_1, m_2, $m_3 \neq 0$ sind, erhalten wir das gewöhnliche Eigenwertproblem

$$\lambda \begin{bmatrix} z \\ w \end{bmatrix} = \begin{bmatrix} 0 & I \\ -M^{-1} C & -M^{-1} D \end{bmatrix} \begin{bmatrix} z \\ w \end{bmatrix}.$$

Hier übernehmen die Eigenwerte die Rolle der Resonanzfrequenzen der Fahrerkabine. Insbesondere sind Fahrbahnen, die die Resonanzfrequenz anregen, besonders störend, da sich die Bewegung der Kabine aufschaukeln würde.

Beispiel 14.3 *Wir untersuchen die Biegemomente eines Stahlträgers. Aus der Festigkeitslehre erhält man die Formel*

$$\Delta u = \frac{|F| h^3}{3EI}$$

Abbildung 14.2: Biegemomente eine Stahlträgers

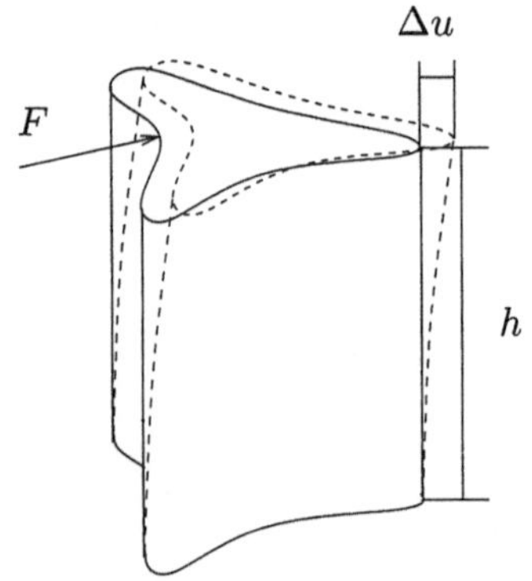

> F angreifende Kraft
> h Höhe des Materials
> E Elastizitätsmodul (Stahl: $210\frac{kN}{mm^2}$)
> I Flächenträgheitsmoment bezüglich der Biegeachse.

für die Durchbiegung Δu (siehe Abbildung 14.2).

Wir interessieren uns dafür, in welcher Richtung die Biegung des Materials am größten bzw. am kleinsten ist, wenn die Kraft so wie in Abbildung 14.2 von der Seite her angreift. Dieses Problem führt auf die Bestimmung von Eigenwerten und Eigenvektoren einer symmetrischen Matrix.

Der Widerstand, der einer Biegung entgegengesetzt wird, ist durch folgende symmetrische Matrix J repräsentiert.

$$J = \begin{bmatrix} J_x & J_{xy} \\ J_{xy} & J_y \end{bmatrix}, \; \text{wobei}$$

$$J_x \;\; = \;\; \int\int y^2 \, dxdy \quad \textit{Biegemoment bei Biegung um x-Achse,}$$

$$J_y \;\; = \;\; \int\int x^2 \, dxdy \quad \textit{Biegemoment bei Biegung um y-Achse,}$$

$$J_{xy} \;\; = \;\; \int\int xy \, dxdy \quad \textit{sogenanntes Deviationsmoment.}$$

Zu einer gegebenen Biegeachse v ist das zugehörige Flächenträgheitsmoment I bestimmt durch

$$I = v^\mathsf{T} J v \; \textit{sofern} \; \|v\|_2 = 1.$$

Dabei ist I ist am größten/kleinsten, wenn v Eigenvektor zum größten bzw. kleinsten Eigenwert von J ist. Ein Träger bricht also am ehesten, sofern $v \equiv v_{\min}$ Eigenvektor zum kleinsten Eigenwert von J ist.

14.2 Einige Grundlagen

Komplexe Matrizen lassen sich immer mit Hilfe unitärer Ähnlichkeitstransformationen auf obere Dreiecksform transformieren, die sogenannte *Schur–Form*. Wir wollen also eine unitäre Matrix T bestimmen, so dass

$$B = T^{-1}AT$$

eine Dreiecksmatrix ist. Bei unitären Transformation gilt $T^{-1} = \bar{T}^\top = T^*$.

Satz 14.4 (Satz von Schur) *Sei $A \in \mathbb{C}^{n,n}$. Dann gibt es eine unitäre Matrix $Q \in \mathbb{C}^{n,n}$, so dass*

$$Q^*AQ = R = \left[\begin{matrix} \ \searrow \ \end{matrix} \right] \tag{14.1}$$

ist. Die Diagonaleinträge $r_{1,1}, \ldots, r_{n,n}$ von R sind die Eigenwerte von A.

Beweis. → Abschnitt 14.6.1

Ist A reell, so sollte man natürlich versuchen reell zu rechnen. Allerdings ist R dann nur noch eine obere Block-Dreiecksmatrix mit 1×1 oder 2×2–Blöcken auf der Diagonalen, um komplex konjugierte Paare zusammenzufassen.

Satz 14.5 (Satz von Schur, reelle Version) *Für jedes $A \in \mathbb{R}^{n,n}$ gibt es eine orthogonale Matrix $Q \in \mathbb{R}^{n,n}$, so dass $Q^\top AQ$ in quasi-oberer Dreiecksform, (reeller Schur–Form)*

$$Q^\top AQ = \left[\begin{matrix} R_{1,1} & \cdots & R_{1,m} \\ & \ddots & \vdots \\ 0 & & R_{m,m} \end{matrix} \right]$$

ist, wobei jedes $R_{i,i}$ entweder ein 1×1- oder 2×2-Block ist. Dabei sind die 1×1–Blöcke unter $R_{1,1}, \ldots, R_{m,m}$ die reellen Eigenwerte von A und die 2×2–Blöcke enthalten die Paare von komplex-konjugierten Eigenwerten von A.

Beweis. → Abschnitt 14.6.2

Wichtige Spezialfälle, in denen der Satz von Schur noch mehr liefert, sind reelle symmetrische Matrizen, orthogonale Matrizen oder allgemeiner, normale Matrizen. Eine Matrix heißt *normal*, falls $A^*A = AA^*$. Falls A normal ist, so folgt

$$r_{i,j} = 0 \ (\text{bzw. } R_{i,j} = 0) \ \text{für alle } i < j,$$

d.h. R ist diagonal bzw. blockdiagonal.

Bemerkung: In der Grundvorlesung Lineare Algebra wird typischerweise die *Jordansche Normalform* eingeführt. Aus der Jordan–Form kann man alle wichtigen Invarianten der Ähnlichkeitstransformation ablesen, aber leider lässt sich die Jordan–Form numerisch im Allgemeinen nicht genau berechnen, da man mit Transformationen T arbeiten muss, die sehr große Norm haben können und damit die Fehler sehr verstärken. Im Gegensatz dazu verwendet man bei der Berechnung der Schur–Form nur orthogonale bzw. unitäre Transformationen Q. Diese sind, wie wir bereits gesehen haben, normerhaltend und führen im Allgemeinen auf rückwärts stabile Algorithmen.

14.3 Der QR–Algorithmus für allgemeine Matrizen

Der beste Algorithmus zur Berechnung der Schur–Form ist der QR–Algorithmus von Francis/Kublanovskaya. Wir betrachten hier nur die Berechnung der reellen Schur–Form. Der QR–Algorithmus besteht aus zwei wesentlichen Teilen.

1. Mit Hilfe einer orthogonalen Ähnlichkeitstransformation reduziert man die Ausgangsmatrix A auf sogenannte Hessenberg–Form, d.h.

$$Q_0^\mathsf{T} A Q_0 = H_0 = \boxed{\diagdown}$$

   Dies lässt sich in endlich vielen Schritten durchführen und hat das Ziel, die Kosten für den zweiten Teil des Algorithmus in Grenzen zu halten.

2. Der zweite Teil besteht aus einer Iteration, deren Grundprinzip der folgende Iterationsschritt ist.

   for $k = 1, 2, \cdots$

       Berechne eine QR–Zerlegung

       $H_{k-1} = Q_k R_k$.

       Setze $H_k = R_k Q_k$.

   end

Ohne die Reduktion auf Hessenberg–Form würde diese Iteration pro Schritt $\mathcal{O}(n^3)$ flops kosten. Mit Reduktion von A auf Hessenberg–Form kostet jeder Schritt nur noch $\mathcal{O}(n^2)$, da die QR–Zerlegung die vorhandenen Nullen nutzen kann und die Iteration die Hessenberg–Form erhält.

14.3.1 Reduktion auf Hessenberg–Form

Aus der Galois-Theorie ist klar, dass man die Eigenwerte (außer für $n \leqslant 4$) nur durch einen iterativen Prozess annähern kann. Um die Kosten dieses iterativen Prozesses zu verkleinern, verwenden wir Q_0, um A zuerst auf obere Hessenberg–Form zu transformieren. Dies geschieht mit Hilfe von Householder-Transformationen (**house, housemult**). Im Gegensatz zur QR–Zerlegung muss man hier beachten, dass man A sowohl von links als auch von rechts transformieren muss (um die Eigenwerte zu erhalten). Dies macht aber nur dann Sinn, wenn man einmal erzeugte Nullen nicht wieder zerstört. Die Idee ist nun, im Gegensatz zur QR–Zerlegung, erst eine Zeile weiter unten zu eliminieren.

$$A \quad \rightarrow \quad P_1^\mathsf{T} A P_1 \quad \rightarrow P_2^\mathsf{T} P_1^\mathsf{T} A P_1 P_2 \rightarrow P_3^\mathsf{T} P_2^\mathsf{T} P_1^\mathsf{T} A P_1 P_2 P_3$$

$$
\begin{bmatrix} * & * & * & * & * \\ * & * & * & * & * \\ * & * & * & * & * \\ * & * & * & * & * \\ * & * & * & * & * \end{bmatrix}
\rightarrow
\begin{bmatrix} * & * & * & * & * \\ * & * & * & * & * \\ 0 & * & * & * & * \\ 0 & * & * & * & * \\ 0 & * & * & * & * \end{bmatrix}
\rightarrow
\begin{bmatrix} * & * & * & * & * \\ * & * & * & * & * \\ 0 & * & * & * & * \\ 0 & 0 & * & * & * \\ 0 & 0 & * & * & * \end{bmatrix}
\rightarrow
\begin{bmatrix} * & * & * & * & * \\ * & * & * & * & * \\ 0 & * & * & * & * \\ 0 & 0 & * & * & * \\ 0 & 0 & 0 & * & * \end{bmatrix}
$$

Algorithmus 14.6 (Householder–Reduktion auf Hessenberg–Form)
Berechnet für $A \in \mathbb{R}^{n,n}$ eine Hessenberg–Matrix $H_0 = Q^\top A Q \in \mathbb{R}^{n,n}$, wobei Q Produkt von Householder–Transformationen ist, die auf dem unterem Teil von A gespeichert werden.

```
for k = 1 : n − 2
    [A(k+1 :n,k),β_k] =  house (A(k+1 :n,k));
    A(2:n,k+1:n) = housemult ('L',A(2:n,k+1:n),A(2:n, :),β,k,k);
    A(: ,2:n) = housemult ('R',A(: ,2:n),A(2:n, :),β,k,k);
end
```

Die Kosten betragen $\mathcal{O}(20n^3/3)$ flops sowie weitere $\mathcal{O}(\frac{4n^3}{3})$ flops, falls Q explizit berechnet wird.

Die Fehleranalyse liefert $\tilde{H} = Q^\top (A + E)Q$ mit $Q^\top Q = I$ und $\|E\|_F \leqslant cn^2 \, \mathrm{eps} \, \|A\|_F$.

Beispiel 14.7 *Wir setzen Beispiel 14.2 fort. Für die Matrix*

$$A = \begin{bmatrix} 0 & I \\ -M^{-1}C & -M^{-1}D \end{bmatrix}$$

bekommen wir anhand der in Kapitel 2.1 gewählten Parameter folgende Matrix.

$$A \approx \left[\begin{array}{ccc|ccc} 0 & 0 & 0 & 1 & 0 & 0 \\ 0 & 0 & 0 & 0 & 1 & 0 \\ 0 & 0 & 0 & 0 & 0 & 1 \\ \hline -9.81{\cdot}10^1 & 9.81{\cdot}10^1 & 0 & -4.17{\cdot}10^{-1} & 4.17{\cdot}10^{-1} & 0 \\ 1.18{\cdot}10^1 & -8.50{\cdot}10^1 & 7.32{\cdot}10^1 & 0.05 & -1.05 & 1 \\ 0 & 4.88{\cdot}10^3 & -2.96{\cdot}10^4 & 0 & 6.67{\cdot}10^1 & -80 \end{array}\right]$$

Nach der Reduktion auf Hessenberggestalt erhalten wir

$$H \approx \begin{bmatrix} 0 & 9.93{\cdot}10^{-1} & -1.77{\cdot}10^{-3} & 2.31{\cdot}10^{-2} & -7.37{\cdot}10^{-2} & -9.07{\cdot}10^{-2} \\ -9.88{\cdot}10^1 & -4.81{\cdot}10^{-1} & 1.49 & -2.01 & 8.32{\cdot}10^1 & -6.87{\cdot}10^1 \\ 0 & -7.94 & -7.73 & 2.84{\cdot}10^4 & 9.59{\cdot}10^3 & -6.34{\cdot}10^2 \\ 0 & 0 & -1.02 & 1.12{\cdot}10^2 & 2.86{\cdot}10^1 & 5.29 \\ 0 & 0 & 0 & -5.46{\cdot}10^2 & -1.55{\cdot}10^2 & -1.30{\cdot}10^1 \\ 0 & 0 & 0 & 0 & 3.67{\cdot}10^1 & -2.98{\cdot}10^1 \end{bmatrix}$$

14.3.2   Die QR–Iteration

Nachdem die Matrix auf Hessenberg–Form reduziert ist, beginnt die eigentliche QR–Iteration. Grob gesprochen zerlegt man $H_0 = QR$ mit Hilfe der QR–Zerlegung und vertauscht die Reihenfolge der Faktoren $H_1 := RQ$.

Was ist der Sinn dieser QR–Iteration ?

Es gilt:

1. $H_1 = RQ = Q^\top QRQ = Q^\top H_0 Q$, d.h. H_1 und H_0 sind ähnlich, haben also insbesondere dieselben Eigenwerte.

2.

$$Q = \begin{bmatrix} \diagdown \end{bmatrix} \,,\ H_1 = RQ = \begin{bmatrix} \diagdown \end{bmatrix} \begin{bmatrix} \diagdown \end{bmatrix} = \begin{bmatrix} \diagdown \end{bmatrix},$$

d.h. H_1 ist wieder in Hessenberg–Form.

Ziel der QR–Iteration ist es nun, die untere Nebendiagonale in der Hessenberg–Form gegen Null konvergieren zu lassen.

Zunächst einmal ist klar, dass man das Problem in kleinere Teilprobleme zerlegen kann, sofern man schon Nebendiagonaleinträge hat, die Null oder nahezu Null sind. Man verwendet üblicher Weise

$$|h_{i+1,i}| \leqslant \mathrm{eps}\,(|h_{i,i}| + |h_{i+1,i+1}|) \tag{14.2}$$

als Kriterium, um Elemente $h_{i+1,i} = 0$ zu setzen. Falls man ein Element zu Null gesetzt hat, so erhält man die Form

$$H \to \left[\begin{array}{c|c} H_{1,1} & H_{1,2} \\ \hline 0 & H_{2,2} \end{array}\right] \begin{array}{l} p \\ n-p \end{array}$$

und kann dann mit den zwei kleineren Eigenwertproblemen für $H_{1,1}$ und $H_{2,2}$ fortfahren.

In der bisher beschriebenen Form ist die Konvergenz von Nebendiagonalelementen allerdings relativ langsam. Daher verwendet man noch einen wesentlichen Trick zur Konvergenzverbesserung, der darin besteht, dass man nicht von H_0 selbst eine QR–Zerlegung macht, sondern eine Schätzung μ für einen Eigenwert λ nimmt und von $H_0 - \mu I$ eine QR–Zerlegung macht.

$$H_0 - \mu I = QR.$$

Das Argument für dieses Vorgehen ist das folgende: Wäre μ bereits ein Eigenwert, dann wäre $\det(H_0 - \mu I) = 0$. Nehmen wir der Einfachheit halber mal an, alle Nebendiagonaleinträge von H_0 wären nicht Null. Wegen $\det(H_0 - \mu I) = 0$ gilt auch $\det R = 0$. Da aber alle Nebendiagonalelemente von H_0 nicht Null sind, haben die ersten $n-1$ Spalten von H_0 noch einen Rang von $n-1$. Damit gilt dann wegen $\det R = 0$, dass das letzte Diagonalelement $r_{n,n} = 0$ ist. Sei $q_n = Q e_n$ die letzte Spalte von Q. Dann gilt

$$0 = e_n^\top R = e_n^\top Q^\top (H_0 - \mu I) = q_n^\top H_0 - \mu q_n^\top$$

und es ergibt sich, dass die letzte Spalte von Q Linkseigenvektor von H_0 ist.

Damit muss dann in der nächsten Iterierten $H_1 = Q^\top H_0 Q$, $h_{n,n}^{(1)} = \mu$ und $h_{n,n-1}^{(1)} = 0$ sein.

Natürlich kennt man in der Praxis die Eigenwerte nicht und man wählt μ natürlich nur als Schätzung, indem man die Eigenwert einer Untermatrix (typischerweise die rechte untere $k \times k$ Ecke von H_i) verwendet. Die Hoffnung ist, dass damit $h_{n-k,n-k-1}^{(1)} \approx \varepsilon$ klein wird. Für reelle Matrizen nimmt man üblicher Weise eine Schätzung μ und ihr konjugiert Komplexes $\bar\mu$.

Als einfachste Version verwendet man als Schätzung für μ (und $\bar{\mu}$) die beiden Eigenwerte von

$$\begin{bmatrix} h_{n-1,n-1} & h_{n-1,n} \\ h_{n,n-1} & h_{n,n} \end{bmatrix}. \tag{14.3}$$

Damit lautet das Grundschema der expliziten QR–Iteration wie folgt.

> Gegeben H in Hessenberg–Form
> **for** $k = 1,2,3,\ldots$
>> Berechne die Eigenwerte μ_1 und μ_2 des unteren 2×2–Blocks (14.3).
>> Bestimme die QR–Zerlegung von $(H - \mu_1 I)(H - \mu_2 I) = QR$.
>> Ersetze H durch $H := Q^\top H Q$.
>> Falls einige der $h_{i+1,i}$ klein genug sind (14.2), setze sie zu 0 und mache mit den kleineren Blöcken weiter.
> **end**

Für die praktische Implementation ist es noch wichtig, dass man den ganzen Algorithmus in reeller Arithmetik durchführen kann und dass man die Iteration möglichst effizient macht.

Ist $\mu_2 = \bar{\mu}_1$, so ist $(H - \mu_1 I)(H - \bar{\mu}_1 I) = H^2 - 2\mathrm{Re}\,(\mu_1)H + |\mu_1|^2 I$ reell. Man braucht dabei $(H - \mu_1 I)(H - \mu_2 I)$ *nicht* explizit zu berechnen. Es gibt den folgenden *Trick!*

Satz 14.8 (Implizites Q–Theorem) *Seien $A,Q \in \mathbb{R}^{n,n}$, Q orthogonal, so dass $Q^\top A Q = H$ eine unreduzierte obere Hessenberg–Matrix ist (d.h. $h_{i+1,i} \neq 0$, $i = 1,\ldots,n-1$). Dann ist H bis auf Multiplikation mit einer Vorzeichenmatrix $\Sigma = \mathrm{diag}\,(\pm 1,\ldots,\pm 1)$ von beiden Seiten eindeutig bestimmt, falls wir die erste Spalte von Q fest vorgeben.*

Beweis. $\to$ Abschnitt 14.6.3

Wie bekommen wir die erste Spalte der Transformationsmatrix Q ?

1. Wir berechnen die erste Spalte x von $x = (H - \mu_1 I)(H - \mu_2 I)e_1 = \begin{bmatrix} * \\ * \\ * \\ 0 \\ \vdots \\ 0 \end{bmatrix}$.

2. Dann berechnen wir eine Householder–Transformation P, so dass $Px = r_{1,1} \cdot e_1$ ist. Dies ist der erste Schritt der QR–Zerlegung von $(H - \mu_1 I)(H - \mu_2 I) = QR$.

3. Wir ersetzen H durch $P^\top H P$. Dadurch bekommen wir einen kleinen Buckel in der Hessenberg–Form

$$H \to P^\top H P = \begin{bmatrix} * & * & * & * & * & * \\ * & * & * & * & * & * \\ \oplus & * & * & * & * & * \\ \oplus & \oplus & * & * & * & * \\ 0 & 0 & 0 & * & * & * \\ 0 & 0 & 0 & 0 & * & * \end{bmatrix},$$

weil die ersten drei Komponenten von x ungleich Null sind.

4. Wir bringen $P^\top HP$ genauso wie bei der Anfangsreduktion wieder zurück auf Hessenberg–Form

$$P^\top HP \to G^\top P^\top HPG = \left[\begin{smallmatrix}\diagdown\end{smallmatrix}\right].$$

Die könnte durch Algorithmus 14.6 geschehen. Dabei nutzt man aber die Tatsache aus, dass viele Einträge Null sind. Man nennt die Hessenberg–Reduktion für die so gestörte Matrix $P^\top AP$ naheliegender Weise "Buckelschieben".

$$P^\top HP \to \begin{bmatrix} * & * & * & * & * & * \\ * & * & * & * & * & * \\ 0 & * & * & * & * & * \\ 0 & \oplus & * & * & * & * \\ 0 & \oplus & \oplus & * & * & * \\ 0 & 0 & 0 & 0 & * & * \end{bmatrix} \to \begin{bmatrix} * & * & * & * & * & * \\ * & * & * & * & * & * \\ 0 & * & * & * & * & * \\ 0 & 0 & * & * & * & * \\ 0 & 0 & \oplus & * & * & * \\ 0 & 0 & \oplus & \oplus & * & * \end{bmatrix} \to \begin{bmatrix} * & * & * & * & * & * \\ * & * & * & * & * & * \\ 0 & * & * & * & * & * \\ 0 & 0 & * & * & * & * \\ 0 & 0 & 0 & * & * & * \\ 0 & 0 & 0 & \oplus & * & * \end{bmatrix} \to \left[\begin{smallmatrix}\diagdown\end{smallmatrix}\right]$$

Wie wir bereits früher gesehen haben, lassen wir dabei die erste Zeile/Spalte der gegebenen Matrix $P^\top HP$ unberührt. Das bedeutet, dass die erste Spalte von PG dieselbe wie die von P ist. Wegen Satz 14.8 muss dann $Q = PG$ bereits die "richtige" Transformation gewesen sein.

Insgesamt erhalten wir den folgenden Algorithmus für einen Schritt.

Algorithmus 14.9 (Francis QR–Schritt)

Berechnet für eine unreduzierte obere Hessenberg–Matrix $H \in \mathbb{R}^{n,n}$ die Transformierte $Q^\top HQ$ mit (hoffentlich) betraglich kleineren $h_{i+1,i}$.

$m = n - 1.$
Berechne für die Eigenwerte μ_1 und μ_2 von (14.3) die Werte $s = \mu_1 + \mu_2$ und $d = \mu_1\mu_2$:
$s = H(m,m) + H(n,n), \; d = H(m,m) * H(n,n) - H(m,n) * H(n,m);$
Berechne die erste Spalte von $(H - \mu_1 I)(H - \mu_2 I) = H^2 - sH + dI$:
$x = H(1,1) * H(1,1) + H(1,2) * H(2,1) - s * H(1,1) + d;$
$y = H(2,1) * (H(1,1) + H(2,2) - s);$
$z = H(2,1) * H(3,2);$
for $k = 0 : n - 3$
    Berechne Householder–Transformation:
    $[v,\beta] = $ **house** $([x,y,z]^\top);$
    Wende Householder–Transformation auf H an,
    (liefert Buckel, bzw. schiebt Buckel eins weiter nach unten rechts):
    $H(k{+}1{:}k{+}3,k{+}1{:}n) = $ **housemult** $('L',H(k{+}1{:}k{+}3,k{+}1{:}n),v,\beta,1,1);$
    $r = \min\{k{+}4,n\};$
    $H(1{:}r,k{+}1{:}k{+}3) = $ **housemult** $('R',H(1{:}r,k{+}1{:}k{+}3),v,\beta,1,1);$
    Berechne neue erste Spalte in der Restmatrix:
    $x = H(k{+}2,k{+}1);$
    $y = H(k{+}3,k{+}1);$
    if $k < n - 3, \; z = H(k{+}4,k{+}1);$
end
Berechne letzte Householder–Transformation:
$[v,\beta] = $ **house** $([x,y]^\top);$
$H(n{-}1{:}n,n{-}2{:}n) = $ **housemult** $('L',H(n{-}1{:}n,n{-}2{:}n),v,\beta,1,1);$
$H(1{:}n,n{-}1{:}n) = $ **housemult** $('R',H(1{:}n,n{-}1{:}n),v,\beta,1,1).$

Die Kosten betragen $\mathcal{O}(10n^2)$ flops sowie $\mathcal{O}(20n^2)$ flops für die Akkumulation von Q. Insgesamt erhalten wir den folgenden Algorithmus.

Algorithmus 14.10 (QR–Algorithmus)
Berechnet für $A \in \mathbb{R}^{n,n}$ die reelle Schur–Form $Q^\top AQ = R$. Dabei wird A mit der reellen Schur–Form von A überschrieben. Falls Q, R gebraucht werden, so wird T in A gespeichert. Falls nur Eigenwerte gebraucht werden, so werden die Diagonalblöcke in den entsprechenden Positionen gespeichert.

> *Verwende Algorithmus 14.6 zur Reduktion auf Hessenberg–Form.*
> *Falls Q explizit benötigt, berechne es aus der Transformationsmatrix.*
> **until** $q = n$
> > *Setze alle $h_{i+1,i} = 0$, die (14.2) erfüllen.*
> > *Finde größtes $q \geqslant 0$ und kleinstes $p \geqslant 0$ so dass*
> > $$H = \begin{bmatrix} H_{11} & H_{12} & H_{13} \\ 0 & H_{22} & H_{23} \\ 0 & 0 & H_{33} \end{bmatrix} \begin{matrix} p \\ n-p-q \\ q \end{matrix} \, ,$$
> > *wobei H_{33} quasi–obere Dreiecksmatrix und H_{22} unreduziert.*
> > **if** $q < n$
> > > *Mache einen Francis QR–Schritt (Algorithmus 14.9) mit $H_{22} \to Z^\top H_{22} Z$, $H_{12} \to H_{12} Z$, $H_{23} \to Z^\top H_{23}$*
> > **end**
> > *Falls Q explizit benötigt, setze $Q = Q \operatorname{diag}(I_p, Z, I_{n-p-q})$.*
> **end**

Die Kosten betragen $\mathcal{O}(10n^3)$ flops für die Berechnung der Eigenwerte sowie zusätzlich $\mathcal{O}(25n^3)$ flops für die Berechnung Q und R. Diese Zahlen beruhen darauf, dass auf Grund von sehr vielen Testrechnungen die Konvergenzrate für diesen Algorithmus ca. 2.4 Iterationen pro Eigenwert beträgt.

Die Fehleranalyse liefert, dass der Algorithmus $\tilde{R} = Q^\top(A+E)Q$ berechnet mit $Q^\top Q = I$, $\|E\|_2 \approx \text{eps} \, \|A\|_2$. Die Matrix $\tilde{Q}$ ist fast orthogonal, denn $\tilde{Q}^\top \tilde{Q} = I + F$, $\|F\|_2 \approx \text{eps}$.

Beispiel 14.11 *Wir demonstrieren die QR–Iteration anhand von Beispiel 14.7. Die Konvergenz der Subdiagonaleinträge findet man in Tabelle 14.1. Bei diesem Beispiel konvergiert die Hessenberg–Matrix gegen eine Block–Dreiecksmatrix mit drei Blöcken der Größe 2. Dies erklärt, warum lediglich h_{32} und h_{54} konvergieren. Die Matrix hat keine reellen Eigenwerte sondern drei Paare konjugiert komplexer Eigenwerte.*

14.4 Berechnung von Eigenvektoren

Was macht man nun, wenn man nur bestimmte Eigenvektoren zu bestimmten Eigenwerten will? Dann gibt es verschiedene Möglichkeiten.

Tabelle 14.1: Größenordnung der $h_{i+1,i}$

Iteration	$\mathcal{O}(|h_{21}|)$	$\mathcal{O}(|h_{32}|)$	$\mathcal{O}(|h_{43}|)$	$\mathcal{O}(|h_{54}|)$	$\mathcal{O}(|h_{65}|)$
—	10^2	10^1	10^0	10^2	10^1
1	10^1	10^2	10^0	10^2	10^0
2	10^2	10^1	10^1	10^1	10^0
3	10^0	10^2	10^0	10^0	10^0
4	10^0	10^{-1}	10^0	10^0	10^0
5	10^0	10^{-4}	10^0	10^{-3}	10^0
6	10^0	10^{-7}	10^0	10^{-6}	10^0
7	10^2	10^{-10}	10^0	10^{-14}	10^0
8	10^0	10^{-12}	10^0	Konv.	2×2 Block
9	2×2 Block	Konv.	2×2 Block		

In der Zerlegung $A = QRQ^\top$ ist die erste Spalte von Q Eigenvektor zu $r_{1,1}$, sofern $r_{2,1} = 0$. Zur Berechnung von Eigenvektoren kann man entweder die Eigenwerte auf der (Block-)Diagonalen von R umgruppieren, oder man verwendet die sogenannte *Inverse Iteration*. Sei dazu μ eine gute Eigenwertnäherung und sei $(A - \mu I)$ nicht exakt singulär. Dann konvergiert die folgende Iteration gegen den Eigenvektor zum Eigenwert der am nächten an μ liegt.

Algorithmus 14.12 (Inverse Iteration)
Berechnet für $A \in \mathbb{R}^{n,n}$, eine Eigenwertnäherung $\mu \in \mathbb{C}$ und einen Startvektor q eine verbesserte Eigenwertnäherung und zugehörigen Eigenvektor.

> **for** $k = 1,2,\cdots$ **until satisfied;**
>   *Löse* $(A - \mu I)z = q$.
>   *Setze* $q = z/\|z\|_2$.
>   *Bilde* $\mu = q^\top Aq$.
> **end**

Kann das überhaupt klappen, denn $A - \mu I$ ist doch fast singulär und damit sehr schlecht konditioniert ?

Angenommen die Matrix A hat eine Basis aus Eigenvektoren $\{x_1, \cdots, x_n\}$ und $Ax_i = \lambda_i x_i$, $i = 1, \cdots, n$. Falls

$$q^{(0)} = \sum_{i=1}^{n} \beta_i x_i,$$

so ist die Näherung $q^{(k)}$ in Schritt k ein Vektor in der Richtung

$$(A - \mu I)^{-k} q^{(0)} = \sum_{i=1}^{n} \frac{\beta_i}{(\lambda_i - \mu)^k} x_i. \tag{14.4}$$

Das Hauptgewicht liegt also in der Richtung von x_i, der zu $\lambda_i \approx \mu$ gehört. Unter diesen Umständen ist das Gleichungssystem auch lösbar, da x_i im Bild von $A - \mu I$ liegt.

Wann beenden wir die Inverse Iteration ?

Sei $r^{(k)} = (A - \mu I)q^{(k)}$ das Residuum. Man bricht die Iteration ab, sobald

$$\|r^{(k)}\|_\infty \leqslant c \cdot \text{eps } \|A\|_\infty \tag{14.5}$$

ist. Falls man eine Transformation auf Hessenberg–Form schon hat, so braucht jeder Schritt nur $\mathcal{O}(n^2)$ flops.

Bemerkung: Für symmetrische Matrizen kann man den QR–Algorithmus genau so anwenden. Man benötigt allerdings weniger Speicher und flops, sofern man eine symmetrische Speicherung verwendet. Außerdem erhält man in diesem Fall kubische Konvergenz. Da alle Eigenwerte reell sind, sind auch Doppelshifts nicht notwendig.

Beispiel 14.13 *Wir betrachten wieder das zentrale Modellprojekt der Fahrerkabine aus Beispiel 14.2. Wie wir gesehen haben, werden die Resonanzfrequenzen des Systems durch die Eigenwerte von*

$$\lambda \begin{bmatrix} z \\ w \end{bmatrix} = \begin{bmatrix} 0 & 1 \\ -M^{-1}C & -M^{-1}D \end{bmatrix} \begin{bmatrix} z \\ w \end{bmatrix} \tag{14.6}$$

beschrieben.

Für die in Modellprojekt 1 verwendeten Parameter bekommen wir folgende Eigenwerte

$$\lambda_{1,2} \approx -40.1486 \pm 167.2817i, \; \lambda_{3,4} \approx -0.3308 \pm 11.0281i, \; \lambda_{5,6} \approx -0.2539 \pm 7.0205i.$$

Alle Eigenwerte haben (wie wir bereits vorher in Beispiel 12.4 gesehen haben) negative Realteile, die betraglich weit auseinander liegen, d.h. das System ist steif. Analytisch spielt $\lambda_{1,2}$ keine besondere Rolle, da dieser Anteil der Lösung schnell abklingt. Numerisch ist dieser Eigenwert natürlich für die kleinen Zeitschrittweiten bei der numerischen Integration verantwortlich. Aus Sicht der Mechanik sind die beiden betraglich großen Eigenwertpaare $\lambda_{3,4}$ und $\lambda_{5,6}$ interessant. Diese spiegeln die wesentlichen Resonanzfrequenzen wieder. Als Lösungen der homogenen Differenzialgleichung erhalten wir

$$x_H(t) = e^{\lambda t} z$$

für jeden Eigenwert $\lambda = \alpha + i\omega$ und Eigenvektor $\begin{bmatrix} z \\ w \end{bmatrix}$ von (14.6). Sei $z = x + iy$. Dann ist das reelle Lösungspaar entsprechend

$$e^{\alpha t} \left[\cos(\omega t)x - \sin(\omega t)y\right], \; e^{\alpha t} \left[\cos(\omega t)y + \sin(\omega t)x\right].$$

Diese Lösungen geben uns die Eigenschwingungen (d.h. Auslenkungen) der Kabine, wenn man die Störterme F_g und die erzwungene Wegstrecke ignoriert.

Wir betrachten zuerst die Eigenlösungen zum betraglich kleinsten Eigenwert $\lambda_{5,6}$ (Abbildung 14.3).

Für den betraglich größeren Eigenwert $\lambda_{3,4}$ erhalten wir natürlich eine höhere Frequenz und ein schnelleres Abklingverhalten, beides hervorgerufen durch den betraglich größeren Real- bzw. Imaginärteil (Abbildung 14.4). Zusätzlich erkennen wir aber auch die im Vergleich zu x_1 geringeren Auslenkungen bei x_2 und x_3.

Abbildung 14.3: Resonanzen zur Resonanzfrequenz $\lambda_{5,6}$

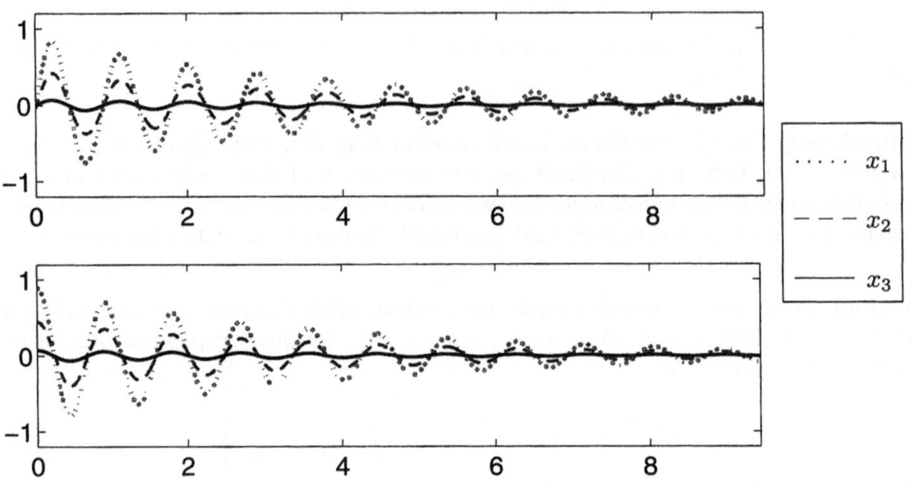

Abbildung 14.4: Resonanzen zur Resonanzfrequenz $\lambda_{3,4}$

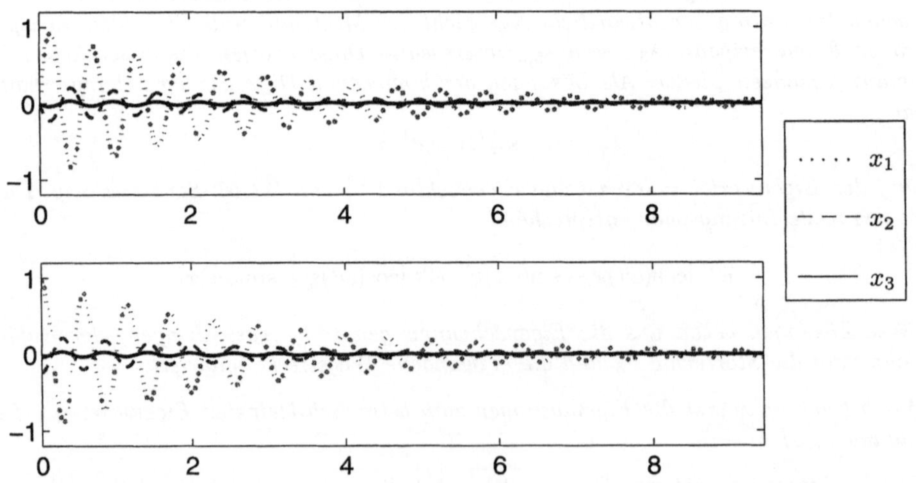

Die Bedeutung der Resonanzfrequenz sehen wir, wenn wir als Straße speziell $s(t) = c \cdot e^{-0.2539t} \sin(7.0205t)$ annehmen. Die Konstante wählen wir dabei so, dass die Amplitude betraglich kleiner als 0.1 ist. In Abbildung 14.5 erkennen wir deutlich, dass die Schwingungen der Kabine sich aufschaukeln, obwohl die Fahrbahn selbst weniger starke Wellenlinien enthält als in Abbildung 14.1.

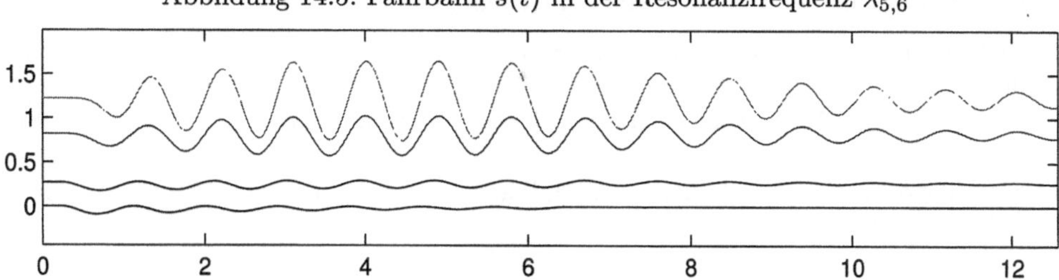

Abbildung 14.5: Fahrbahn $s(t)$ in der Resonanzfrequenz $\lambda_{5,6}$

Abbildung 14.1 zeigt die wichtige Bedeutung von Eigenwerten im Fahrzeugbau. Die Eigenwerte zeigen in diesem Fall die Schwachpunkte der Karosserie an. Eine Anregung des Fahrzeuges durch die Resonanzfrequenz führt zu unangenehmen Begleiterscheinungen, denen man durch durch Gegenmaßnahmen, wie z.B. andere, gegebenenfalls stärkere oder geregelte Dämpfer entgegenwirken muss. Mathematisch gesehen wird dadurch der Realteil der Eigenwerte kleiner, die Schwingungen werden schneller gedämpft.

14.5   Die Singulärwertzerlegung

Zum Schluss dieses Kapitels kommen noch kurz auf die Singulärwertzerlegung zu sprechen, die wir im Zusammenhang mit Ausgleichsproblem bereits mehrfach erwähnt haben. Sie ist eines der wichtigsten Werkzeuge der numerischen Mathematik und wird zur numerischen Rangbestimmung, Datenkompression, Bildverarbeitung und, wie bereits erwähnt, bei der Lösung von Ausgleichsproblemen verwendet.

Satz 14.14 *Sei $A \in \mathbb{R}^{m,n}$.*

1. *Dann gibt es orthogonale Matrizen $U = [u_1, \cdots, u_m] \in \mathbb{R}^{m,m}$ und $V = [v_1, \cdots, v_n] \in \mathbb{R}^{n,n}$, so dass*

$$U^{\top} A V = \operatorname{diag}(\sigma_1, \cdots, \sigma_p) \in \mathbb{R}^{m,n}, \; p = \min(m,n) \tag{14.7}$$

wobei $\sigma_1 \geqslant \sigma_2 \geqslant \cdots \geqslant \sigma_p \geqslant 0$.

2. *Sei $\sigma_1 \geqslant \cdots \geqslant \sigma_r > \sigma_{r+1} = \cdots = \sigma_p = 0$, so gilt*

$$\begin{aligned} \operatorname{rang}(A) &= r; \\ \operatorname{Kern}(A) &= \operatorname{Spann}\{v_{r+1}, \cdots, v_n\}; \end{aligned}$$

$$
\begin{aligned}
\textit{Bild}\,(A) &= \textit{Spann}\,\{u_1,\cdots,u_r\}; \\
\|A\|_F^2 &= \sigma_1^2 + \cdots + \sigma_p^2, \quad p = \min\{m,n\}; \\
\|A\|_2 &= \sigma_1; \\
\kappa_2(A) &= \frac{\sigma_1}{\sigma_p}.
\end{aligned}
$$

Beweis. $\rightarrow$ Abschnitt 14.6.4 und Kapitel 14 Übung 6.

Die Werte σ_i heißen *Singulärwerte*, die Vektoren u_i, v_i *linke und rechte Singulärvektoren*. Es gilt

$$
Av_i = \sigma_i u_i, \quad A^\top u_i = \sigma_i v_i, \quad i = 1,\cdots,\min(m,n). \tag{14.8}
$$

Die Singulärwerte sind die Längen der Halbachsen der Hyperellipsoide $E = \{Ax : \|x\| = 1\}$.

Die große Bedeutung der Singulärwertzerlegung in Signal- und Bildverarbeitung (insbesondere bei der Datenkompression) liegt im folgenden Ergebnis.

Satz 14.15 *Sei* $A = U\Sigma V^\top$ *die Singulärwertzerlegung von* $A \in \mathbb{R}^{m,n}$. *Sei* $k < r = \mathrm{rang}(A)$ *und*

$$
A_k = \sum_{i=1}^{k} \sigma_i u_i v_i^\top. \tag{14.9}
$$

Dann gilt

$$
\min_{\mathrm{rang}(B)=k} \|A - B\|_2 = \|A - A_k\|_2 = \sigma_{k+1}. \tag{14.10}
$$

Beweis. $\rightarrow$ Abschnitt 14.6.5

Dieser Satz bedeutet, dass mit Hilfe der Singulärwertzerlegung eine Matrix durch eine Matrix von kleinerem Rang und damit durch wesentlich weniger Daten repräsentiert werden kann, ohne dabei einen großen Fehler zu machen. In der Bild- und Signalverarbeitung kann man außerdem auf Augen und Ohren und das menschliche Gehirn vertrauen, das die Fehler, die man bei der Datenkomprimierung gemacht hat, wieder ausgleicht.

Die Methoden zur Eigenwertberechnung, die wir in diesem Kapitel kennengelernt haben, könnten wir im Prinzip direkt anwenden, um die Singulärwertzerlegung zu berechnen, denn falls $A = U\Sigma V^\top \in \mathbb{R}^{m,n}$, $m \geqslant n$, so gilt

$$
AA^\top = U\Sigma V^\top V\Sigma^\top U^\top = U\Sigma^2 U^\top = U\,\mathrm{diag}\,(\sigma_1^2,\cdots,\sigma_n^2)U^\top
$$

und da $AA^\top$ symmetrisch ist, ist dies eine Schur–Form mit spezieller Anordnung der Diagonalelemente. Analog gilt

$$
A^\top A = V\Sigma^2 V^\top = V\,\mathrm{diag}\,(\sigma_1^2,\cdots,\sigma_n^2,0,\cdots,0)V^\top.
$$

Man könnte also $A^\top A$ und $AA^\top$ bilden und den symmetrischen QR-Algorithmus verwenden, aber wie wir schon beim Ausgleichsproblem gesehen haben, würde dieses zur Quadrierung der Konditionszahl führen. Die Berechnung der Singulärwertzerlegung kann man aber sehr viel effizienter und genauer gestalten ohne die Produkte $A^\top A$ oder $AA^\top$ wirklich zu bilden. Das führt auf den Algorithmus von Golub/Reinsch [16], den wir hier aber nicht im Detail besprechen wollen.

Wir kommen jedoch noch kurz auf die Lösung des linearen Ausgleichsproblems zurück, für den Fall, dass die Matrix A nicht vollen Rang hat. Dann ist die Lösung von (13.6) nicht eindeutig. Um unter den vielen möglichen Lösungen eine auszuwählen, kann man z.B. fordern, dass man die kleinste Lösung im Sinne von $\|x\|_2 = \min!$ bestimmen will. Dann ist die Lösung der Minimierungsaufgabe

$$\|Ax - b\|_2 = \min! \tag{14.11}$$

eindeutig und man erhält die Lösung mit Hilfe der Singulärwertzerlegung, wie folgt: Sei

$$U^\top AV = \Sigma = \operatorname{diag}(\sigma_1, \cdots, \sigma_p) = \begin{bmatrix} \Sigma_r & 0 \\ 0 & 0 \end{bmatrix}$$

die Singulärwertzerlegung einer Matrix A vom Rang r mit Σ_r invertierbar. Dann ist

$$\|Ax - b\|_2 - \left\| U \begin{bmatrix} \Sigma_r & 0 \\ 0 & 0 \end{bmatrix} V^\top x - b \right\|_2 = \left\| \begin{bmatrix} \Sigma_r & 0 \\ 0 & 0 \end{bmatrix} (V^\top x) - U^\top b \right\|_2$$

Wir teilen $y := V^\top x = \begin{bmatrix} y_1 \\ y_2 \end{bmatrix}$ und $c := U^\top b = \begin{bmatrix} c_1 \\ c_2 \end{bmatrix}$ genauso auf wie Σ und erhalten das transformierte Ausgleichsproblem: Minimiere $\|y\|_2$ unter allen Lösungen von

$$\left\| \begin{bmatrix} \Sigma_r & 0 \\ 0 & 0 \end{bmatrix} \begin{bmatrix} y_1 \\ y_2 \end{bmatrix} - \begin{bmatrix} c_1 \\ c_2 \end{bmatrix} \right\|_2 = \left\| \begin{bmatrix} \Sigma_r y_1 - c_1 \\ c_2 \end{bmatrix} \right\|_2 = \min!$$

Da in dieser Aufgabe y_2 nicht mehr vorkommt, ergibt natürlich $y_2 = 0$ die kleinstmögliche Norm in y und wir erhalten als Lösung des Ausgleichsproblems

$$x = Vy = \begin{bmatrix} \Sigma_r^{-1} c_1 \\ 0 \end{bmatrix}.$$

14.6   Anmerkungen und Beweise

Eine umfangreiche Darstellung zum Thema Eigenwertprobleme und Singulärwertzerlegung insbesondere zum QR-Algorithmus findet man in [3, 16, 39, 49]. Dort werden auch zahlreiche andere Methoden sowie die Fehleranalyse und Details zur effizienten Implementierung der Algorithmen beschrieben. Effiziente Implementierungen des QR-Algorithmus bzw. der Singulärwertzerlegung findet man z.B. in [33, 34]

14.6.1 Beweis von Satz 14.4

Wir zeigen die Aussage mittels Induktion über die Dimension n der Matrix.

Sei $\lambda \in \mathbb{C}$ ein Eigenwert der Matrix und $z \in \mathbb{C}^n \setminus \{0\}$ ein Eigenvektor. Ohne Beschränkung der Allgemeinheit sei $\|z\|_2 = 1$. Wir können z zu einer Orthonormalbasis von $\mathbb{C}^n$ ergänzen, d.h. eine unitäre Matrix $\hat{Z}$ finden, so dass

$$Z = \left[z, \hat{Z} \right], \; Z^* Z = I.$$

Sei $B = Z^* A Z$. Wegen

$$Z B e_1 = A Z e_1 = A z = \lambda z = Z \lambda e_1$$

ist die erste Spalte von B ein λ–faches des ersten Einheitsvektors. Damit ist

$$Z^* A Z = \begin{bmatrix} \lambda & b \\ 0 & C \end{bmatrix}.$$

für einen geeigneten Vektor b und eine Matrix C. Nach Induktionsannahme können wir ein unitäres W finden, so dass $W^* C W = T$ in oberer Dreiecksgestalt ist. Einsetzen liefert

$$A = Z \begin{bmatrix} \lambda & b \\ 0 & WTW^* \end{bmatrix} Z^* = Z \underbrace{\begin{bmatrix} 1 & 0 \\ 0 & W \end{bmatrix}}_{Q} \underbrace{\begin{bmatrix} \lambda & b \\ 0 & T \end{bmatrix}}_{R} \underbrace{\begin{bmatrix} 1 & 0 \\ 0 & W \end{bmatrix}^*}_{Q^*} Z^*.$$

$\square$

14.6.2 Beweis von Satz 14.5

Der Beweis geht analog zum Beweis von Satz 14.4. Falls $\lambda \in \mathbb{R}$ ein Eigenwert von A ist, so ist der Reduktionsschritt identisch mit dem Beweis zu Satz 14.4.

Ansonsten sei $\lambda \in \mathbb{C} \setminus \mathbb{R}$ Eigenwert und $z \in \mathbb{C}$, $z \neq 0$ Eigenvektor. Dann ist $\bar{z}$ Eigenvektor zum Eigenwert $\bar{\lambda}$. Da z und $\bar{z}$ linear unabhängig sind, gilt das auch für Real und Imaginärteil. Seien $\lambda = \alpha + \imath\beta$ und $v = x + \imath y$. Dann folgt durch Betrachtung der Real- und Imaginärteile von $Az = \lambda z$, dass

$$Ax = \alpha x - \beta y, \; Ay = \alpha y + \beta x$$

und damit

$$A\,[x, y] = [x, y] \begin{bmatrix} \alpha & -\beta \\ \beta & \alpha \end{bmatrix}.$$

Damit spannen x und y gemeinsam einen invarianten Unterraum auf und mittels QR–Zerlegung (siehe Kapitel 13) von $[x, y]$ erhalten wir

$$[x, y] = ZU$$

für eine orthogonale Matrix Z und eine nichtsinguläre obere Dreiecksmatrix U (denn x und y sind linear unabhängig). Damit gilt

$$AZ = A\,[x, y]\,U^{-1} = [x, y] \begin{bmatrix} \alpha & -\beta \\ \beta & \alpha \end{bmatrix} U^{-1} = Z\underbrace{U \begin{bmatrix} \alpha & -\beta \\ \beta & \alpha \end{bmatrix} U^{-1}}_{=:\Lambda} = Z\Lambda.$$

Wir haben jetzt anstelle von $Az = z\lambda$ den analogen Blockfall $AZ = Z\Lambda$. Dieser kann natürlich in völliger Analogie zu Satz 14.4 für den Transformationsschritt verwendet werden, weil Z bereits orthonormale Spalten hat. $\qquad\square$

14.6.3   Beweis von Satz 14.8

Sei $Q^\top AQ = H$ eine unreduzierte Hessenberg–Matrix und sei W orthogonal, so dass $W^\top AW = \tilde{H}$ eine weitere unreduzierte Hessenberg–Matrix ist.

Um die Eindeutigkeit zu zeigen reicht es, dass aus $Qe_1 = We_1$ folgt, dass $W = Q\Sigma$ ist.

Wir zeigen dies mittels Induktion über die Anzahl k der führenden Spalten von Q und W.

Für $k = 1$ ist dies nach Voraussetzung richtig.

Sei jetzt $We_i = \sigma_i Qe_i$, für alle $i = 1,\dots,k$, wobei $|\sigma_i| = 1$. Daraus folgt

$$\tilde{h}_{i,j} = w_i^\top A w_j = \sigma_i \sigma_j q_i^\top A q_j = \sigma_i \sigma_j h_{i,j},$$

d.h. die führende $k \times k$ Abschnittsmatrix von H ist bis auf Vorzeichenskalierung identisch mit der von $\tilde{H}$. Da $\tilde{H}$ und H unreduziert sind, gilt $\tilde{h}_{k+1,k} \neq 0$, $h_{k+1,k} \neq 0$. Durch Vergleich der k–ten Spalten von $AQe_k = QHe_k$ sowie $AWe_k = W\tilde{H}e_k$, erhalten wir für w_{k+1} (und analog für q_{k+1})

$$\begin{aligned} w_{k+1} &= \frac{1}{\tilde{h}_{k+1,k}}\left(Aw_k - \sum_{i=1}^{k} \tilde{h}_{i,k} w_i \right) = \frac{1}{\tilde{h}_{k+1,k}}\left(\sigma_k A q_k - \sum_{i=1}^{k} \sigma_i \sigma_k h_{i,k} \sigma_i q_i \right) \\[2mm] &= \frac{\sigma_k}{\tilde{h}_{k+1,k}}\left(A q_k - \sum_{i=1}^{k} h_{i,k} q_i \right) = \frac{\sigma_k h_{k+1,k}}{\tilde{h}_{k+1,k}} q_{k+1}. \end{aligned}$$

Damit stimmen w_{k+1} und q_{k+1} bis auf ein skalares Vielfaches überein. Da beide aber Spalten einer orthogonalen Matrix sind, muss der Faktor bereits Betrag 1 haben. $\qquad\square$

14.6.4   Beweis von Satz 14.14

Falls $A = 0$ so ist der Beweis trivial.

Sei nun $\sigma = \|A\|_2 \neq 0$ und seien $x \in \mathbb{R}^m, y \in \mathbb{R}^n$, mit $\|x\|_2 = \|y\|_2 = 1$ und $Ax = \sigma y$. Wähle dazu als x den Vektor mit $\|x\|_2 = 1$, so dass

$$\sigma = \sup_{\substack{x \neq 0 \\ x \in \mathbb{R}^m}} \frac{\|Ax\|_2}{\|x\|_2}$$

und setze $y = Ax\sigma^{-1}$. Dann gilt ja $\|Ax\|_2 = \sigma\|x\|_2$ und damit $\|y\|_2 = 1$.

Seien $P = [y, P_1] \in \mathbb{R}^{n,n}$, $Q = [x, Q_1] \in \mathbb{R}^{m,m}$ orthogonal (diese können wir z.B. mit der QR–Zerlegung erhalten), so folgt

$$A_1 = P^\top AQ = \begin{bmatrix} \sigma & w^\top \\ 0 & A_2 \end{bmatrix}$$

Da

$$\|A_1\|_2^2 \begin{bmatrix} \sigma \\ w \end{bmatrix} = \|\begin{bmatrix} \sigma^2 + w^\top w \\ A_2 w \end{bmatrix}\|_2^2 \geqslant (\sigma^2 + w^\top w)^2,$$

so folgt

$$\|A_1\|_2 = \sup_{\substack{z \neq 0 \\ z \in \mathbb{R}^m}} \frac{\|A_1 z\|_2}{\|z\|_2}.$$

und damit

$$\|A_1\|_2^2 \geqslant \sigma^2 + w^\top w.$$

Aber da $\sigma^2 = \|A\|_2^2 = \|A_1\|_2^2$, so folgt $w^\top w = 0$ und damit $w = 0$.

Der Rest folgt mit Induktion. $\qquad\qquad\qquad\qquad\qquad\qquad\qquad\qquad\qquad\qquad$ $\square$

14.6.5   Beweis von Satz 14.15

Aus $U^\top A_k V = \text{diag}\,(\sigma_1, \cdots, \sigma_k, 0 \cdots, 0)$ folgt $\text{rang}(A_k) = k$ und da $U^\top(A - A_k)V = \text{diag}\,(0, \cdots, 0, \sigma_{k+1}, \cdots, \sigma_p)$, so folgt $\|A - A_k\|_2 = \sigma_{k+1}$. Angenommen $\text{rang}(B) = k$ für $B \in \mathbb{R}^{m,n}$. Dann gibt es orthonormale Vektoren $x_1, \cdots, x_{n-k}$, so dass Kern $(B) = $ Spann $\{x_1, \cdots, x_{n-k}\}$. Aus Dimensionsgründen gilt

$$W = \text{Spann}\,\{x_1, \cdots, x_{n-k}\} \cap \text{Spann}\,\{v_1, \cdots, v_{k+1}\} \neq \{0\}.$$

Sei $z \in W, \|z\|_2 = 1$. Mit $z = \sum \alpha_i v_i$ folgt $\alpha_i = v_i^\top z$. Da $Bz = 0$ und $Az = \sum_{i=1}^{k+1} \sigma_i(v_i^\top z)u_i$, so folgt

$$\|A - B\|_2^2 \geqslant \|(A - B)z\|_2^2 = \|Az\|_2^2 = \sum_{i=1}^{k+1} \sigma_i^2(v_i^\top z) \geqslant \sigma_{k+1}^2.$$

$\qquad\qquad\qquad\qquad\qquad\qquad\qquad\qquad\qquad\qquad\qquad\qquad\qquad\qquad$ $\square$

A Ausgewählte Kapitel der Numerischen Mathematik

A.1 Finite Elemente

Eine der populärsten Methoden zur Lösung von Randwertproblemen für partielle Differenzialgleichungen ist die *Finite-Elemente-Methode (FEM)*. Wir wollen sie hier nur exemplarisch darstellen.

Wir haben bereits die Methode der Finiten Differenzen kennengelernt, als eine Methode zur Diskretisierung von Randwertproblemen (siehe Kapitel 5). Ein Nachteil der Finiten Differenzen ist, dass es sehr schwierig ist, außer in einigen wenigen Spezialfällen, die Eigenschaften der Methode zu analysieren. Diese recht einfache Methode leidet außerdem daran, dass sie nicht sonderlich flexibel ist. Das merkt man vor allem in zwei und mehr Raumdimensionen. Betrachte ein Gebiet mit einem Rand wie in Abbildung A.1). Zwar kann man die Gitterlinien ein wenig verschieben um auch den Rand gut

Abbildung A.1: Gitter über einem allgemeineren 2D–Gebiet

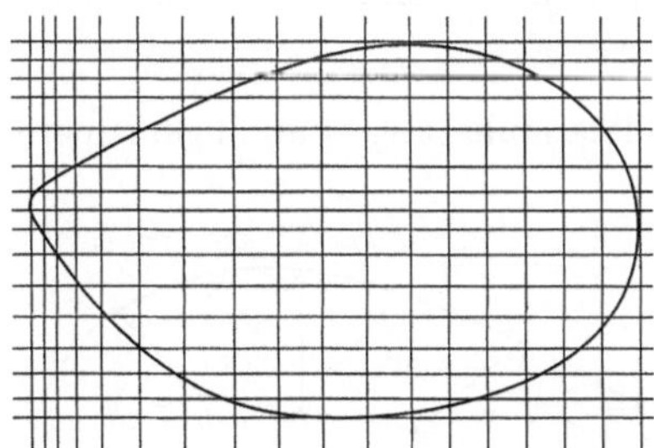

zu approximieren, oder das Gitter sehr fein machen, dies geht aber in der Regel zu Lasten der Approximationsordnung oder der Kosten bei der Lösung des resultierenden Gleichungssystems.

Bei der FEM geht man einen gänzlich anderen Weg. Um das Grundprinzip der FEM zu erläutern betrachten wir zuerst einmal den eindimensionalen Fall und nehmen an, unser Randwertproblem habe die Form

$$-[w(x)y'(x)]' + p(x)y'(x) + q(x)y(x) = s(x), \qquad x \in \Omega = [a,b]$$
$$\text{wobei } y(a) = y(b) = 0, \tag{A.1}$$

und w, p, q, s sind gegebene Funktionen. Die analoge zweidimensionale Aufgabe lautet

$$-\mathrm{div}\,[w(\vec{x})\,\mathrm{grad}\,y(\vec{x})] + \vec{p}(x)\cdot\mathrm{grad}\,y(\vec{x}) + q(\vec{x})y(\vec{x}) = s(\vec{x}), \qquad \vec{x}\in\Omega\subset\mathbb{R}^2$$
$$\text{wobei } y(\vec{x}) = 0 \text{ auf } \partial\Omega. \tag{A.2}$$

Man interessiert sich nun bei der FEM *nicht* für genäherte Funktionswerte von y an diskreten Gitterpunkten, sondern will als Approximation eine *Funktion* $u_h \approx y$ haben. Zur Konstruktion solcher Näherungsfunktionen u_h spezifiziert man eine Menge von Funktionen aus der man die Lösung möglichst gut approximieren will. Diese Menge sollte möglichst einen Vektorraum bilden, den wir *Ansatzraum* nennen.

Wie wählt oder konstruiert man einen Ansatzraum ?

Man zerlegt das Gebiet Ω in kleine Dreiecke (Intervalle) (manchmal auch Vierecke), und konstruiert sich bezüglich dieser Einteilung einen "einfachen Raum" von Funktionen.

Im eindimensionalen Fall zerlegt man Ω in Teilintervalle so wie etwa in Abbildung A.2.

Abbildung A.2: Einteilung eines Intervalls

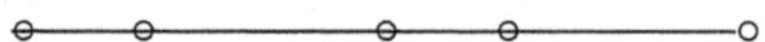

Im zweidimensionalen Fall könnte eine solche Einteilung wie das Netz in Abbildung A.3 aussehen. Wählt man dieses Netz "vernünftig", d.h. beachtet man einige recht einfache

Abbildung A.3: Triangulierung eines allgemeineren 2D–Gebietes

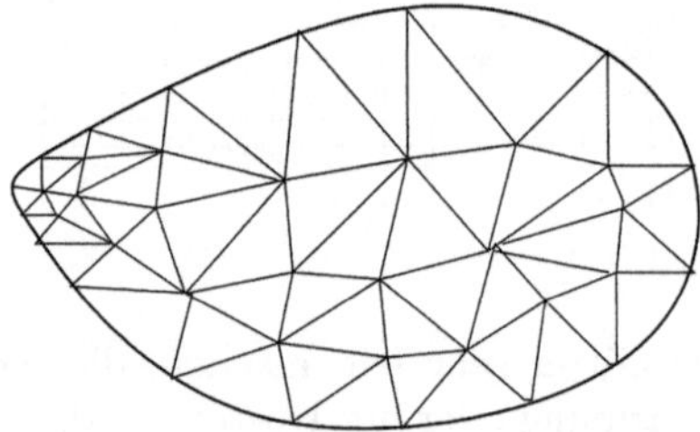

Regeln, wie etwa, dass ein Eckpunkt nie auf eine Kante stoßen darf, dann bekommen wir in unserem Gebiet eine diskrete Menge von (Eck-)punkten $P_1,\ldots,P_m$, die in etwa die Rolle der Gitterpunkte bei den Finiten Differenzen übernehmen.

Der Ansatzraum ist dann typischerweise eine auf diesem Netz definierte Menge von stückweise konstanten oder linearen Funktionen bzw. stückweise Polynomen niedrigen Grades. Betrachten wie der Einfachheit halber stückweise lineare Funktionen. Dann erhält man zu jedem vernünftig gewählten Netz mit Knoten $(P_1,f_1),\ldots,(P_m,f_m)$ und einer gegeben Funktion f genau eine stückweise lineare Funktion u_h, so dass $u_h(P_i) =$

$f_i := f(P_i)$ ist. Im eindimensionalen Fall liegt das daran, dass eine Gerade durch zwei Punkte festgelegt ist und im zweidimensionalen Fall daran, dass eine Ebene durch drei (Eck-)punkte eines Dreiecks festgelegt ist.

Wir bekommen auf diese Weise durch u_h eine Näherung für y in Form einer stetigen, stückweise linearen Ansatzfunktion.

Leider gibt es bei dieser einfachen Idee ein Problem, denn das einfache Einsetzen von stückweise linearen Funktionen u_h in die Differenzialgleichung scheitert daran, dass u_h nicht differenzierbar ist.

Beispiel A.1 *Betrachte die Gleichung*

$$-y''(x) = x \ in \ [0,1].$$

Ersetzen wir y durch eine stückweise lineare Funktion u_h, so erhalten wir mit Ausnahme der Kanten oder Knoten, (wo u_h nicht differenzierbar ist), dass

$$x \approx -u_h''(x) = 0$$

und damit ist x fast überall 0. Dies ist natürlich eine unsinnige Approximation.

Es sieht so aus, als ob stückweise lineare Funktionen für diese Problemklasse nicht geeignet sind, weil sie nicht glatt genug sind. Natürlich könnte man etwa zu zweimal stetig differenzierbaren Funktionen (z.B. mehrdimensionale kubische Splines, siehe Kapitel 6.3) als Ansatzfunktionen übergehen und das wird natürlich auch zum Teil gemacht, insbesondere, wenn man glatte Lösungen haben will, aber es gibt eine Technik, bei der das gar nicht erforderlich ist. Dies ist die sogenannte *schwache Formulierung* der Differenzialgleichung.

A.1.1 Die schwache Formulierung einer Differenzialgleichung

Ziel der schwachen Formulierung ist es, die hohen Glattheitsforderungen an die Lösung einer Differenzialgleichung so weit wie möglich abzuschwächen und damit auch allgemeinere Lösungsansätze zu ermöglichen. Wir wählen uns dazu wie oben ein Netz und einen Ansatzraum und gehen dann wie folgt vor:

1. Wir multiplizieren die Differenzialgleichung mit einer *Testfunktion v*, welche die gleichen grundlegenden Eigenschaften hat wie die Lösung y.

2. Wir integrieren die enstandenen Gleichung über das Gebiet und

3. versuchen Ableitungen höherer Ordnung durch partielle Integration loszuwerden.

Wir führen diese Technik zunächst am eindimensionalen Problem (A.1) vor.

Schritt 1. Im Fall von (A.1) haben wir $y(a) = y(b) = 0$. Dies sollte natürlich auch für die Funktionen aus dem Ansatzraum und damit auch für die Testfunktion v gelten.

Ersetzen wir später y durch eine stückweise lineare Funktion u_h, dann soll auch die zugehörige Testfunktion v_h stückweise linear sein. Aus

$$-[wy']' + py' + qy = s$$

erhalten wir durch Multiplikation mit der Testfunktion

$$-v[wy']' + vpy' + vqy = vs.$$

Schritt 2. Wir integrieren nun diese Gleichung und erhalten

$$\int_a^b \{-v[wy']' + vpy' + vqy\}\, dx = \int_a^b vs\, dx.$$

Schritt 3. Nun integrieren wir partiell und versuchen dadurch höhere Ableitungen loszuwerden. Dies betrifft hier nur den Term

$$-\int_a^b v[wy']'\, dx.$$

Bei allen anderen Termen lässt sich die erste Ableitung nicht weiter reduzieren. Mit Hilfe partieller Integration erhalten wir

$$-\int_a^b v[wy']'\, dx \;=\; -vwy'\big|_a^b + \int_a^b v'wy'\, dx = \int_a^b v'wy'\, dx.$$

Hier müssen wir lediglich annehmen, dass y stückweise zweimal stetig differenzierbar und v stückweise einmal stetig differenzierbar ist. Damit die Gleichung an den Kanten oder Knoten noch stimmt, reicht es wenn v und y' stetig sind.

Wir führen nun zur Abkürzung

$$(f,g) := \int_a^b f(x)g(x)\, dx, \quad A(f,g) := \int_a^b f'(x)w(x)g'(x)\, dx \tag{A.3}$$

ein. (Beachte, dass (f,g) ein Skalarprodukt und $A(f,g)$ eine Bilinearform definiert.)

Anstelle von (A.1) bekommen wir nun folgende schwache Formulierung. Um den qualitativen Unterschied zwischen der ursprünglichen Lösung y (2 mal stetig differenzierbar) und der gesuchten Lösung in der schwachen Formulierung (stetig, stückweise stetig differenzierbar) zum Ausdruck zu bringen, bezeichnen wir die gesuchte Lösung jetzt mit u.

Schwache Formulierung im eindimensionalen Fall.

Gegeben seien integrierbare, beschränkte Funktionen w, p, q, s. Gesucht ist eine stetige, stückweise stetig differenzierbare Funktion u mit $u(a) = u(b) = 0$, so dass

$$A(v,u) + (v,pu') + (v,qu) = (v,s) \tag{A.4}$$

für alle stetigen, stückweise stetig differenzierbaren Testfunktionen v mit $v(a) = v(b) = 0$.

Was bringt diese schwache Formulierung ?

Wir haben jetzt *nur noch Ableitungen erster Ordnung* in u und v *statt* vorher *Ableitungen zweiter Ordnung*. Desweiteren stehen hier jetzt Integrale. Also: an Stelle einer zweimal stetig differenzierbaren Funktion, so wie in (A.1) suchen wir jetzt nur noch Funktionen, deren 1. Ableitung noch vernünftig integrierbar ist, etwa wenn die Ableitung stückweise stetig ist. Damit macht unser Ansatzraum von Funktionen u,v, die stetig und stückweise linear sind Sinn, denn diese haben eine stückweise konstante Ableitung. Die wenigen Unstetigkeiten in der ersten Ableitung stören jedoch nicht mehr wegen des Integrals.

Im zweidimensionalen Fall können wir die schwache Formulierung in völliger Analogie mit Hilfe des *Gaußschen Integralsatzes* erhalten. Wie im eindimensionalen Fall haben wir den Grad der Ableitung von 2 auf 1 reduziert. Wir geben hier nur das Ergebnis an. Wenn wir analog zur eindimensionalen Gleichung jetzt

$$(f,g) := \int_\Omega f(\vec{x})g(\vec{x})\ d\vec{x}, \ \ A(f,g) := \int_\Omega \operatorname{grad} f(\vec{x}) \cdot w(\vec{x}) \operatorname{grad} g(\vec{x})\ d\vec{x}.$$

setzen, so erhalten wir die schwache Formulierung von (A.2):

Schwache Formulierung im zweidimensionalen Fall.

Gegeben seien integrierbare beschränkte Funktionen w, p, q, s. Gesucht ist eine stetige, stückweise stetig differenzierbare Funktion u mit $u = 0$ auf $\partial\Omega$, so dass

$$A(v,u) + (v,\vec{p} \cdot \operatorname{grad} u) + (v,qu) = (v,s) \tag{A.5}$$

für alle stetigen, stückweise stetig differenzierbaren Testfunktionen v mit $v = 0$ auf $\partial\Omega$.

A.1.2 Galerkin–Diskretisierung

Zur Erinnerung: bei der FEM wollen wir als numerische Lösung eine Funktion und nicht nur diskrete Punkte bekommen. Wir haben gesehen, dass man mit Hilfe einer Zerlegung des Gebietes in Teilintervalle oder Teildreiecke sehr leicht einen Ansatzraum aus stückweise linearen Funktionen bekommen kann. Die schwache Formulierung der Differenzialgleichung sorgt dann dafür, dass das Problem auch für einen solchen Ansatzraum noch Sinn macht. Was noch zu tun ist, ist den Ansatzraum vernünftig zu beschreiben, d.h. insbesondere eine geeignete Basis zu finden und dann die diskretisierten Gleichungen aufzustellen und zu lösen.

Ansatzfunktionen und nodale Basis

Wir betrachten wieder zuerst den eindimensionalen Fall. Ist unser Intervall $\Omega = [a,b]$ eingeteilt in diskrete Punkte $a = P_1 < P_2 < \cdots < P_m = b$, so bekommen wir auf kanonische Weise den Vektorraum S_h der stetigen, stückweise linearen Funktionen

$$S_h = \{f : \ f \text{ stetig auf } [a,b],\ f \text{ linear auf jedem } [P_i,P_{i+1}],\ f(a) = f(b) = 0\}\ .$$

Dieser Raum hat die Dimension m (Anzahl Punkte) und wir bekommen eine kanonische Basis in Analogie zu den Einheitsvektoren im $\mathbb{R}^m$.

Abbildung A.4: Einzelne Basisfunktion $\psi_i(x)$ (Shape–Funktion)

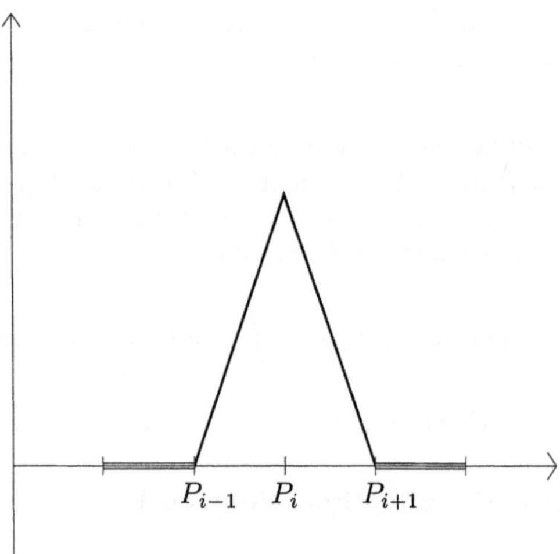

Definition A.2 *Zur Knotenverteilung* $P_1,\ldots,P_m$ *auf* Ω *definieren wir die sogenannte nodale Basis* $\psi_1,\ldots,\psi_m \in S_h$ *durch*

$$\psi_i(P_j) = \left\{ \begin{array}{ll} 1, & i = j, \\ 0, & sonst. \end{array} \right.$$

Die einzelnen ψ_i bezeichnet man als Shape–Funktionen oder auch "Hütchenfunktionen". Abbildung A.5 illustriert die nodale Basis auf einem Intervall.

Abbildung A.5: Nodale Basis auf einem Intervall

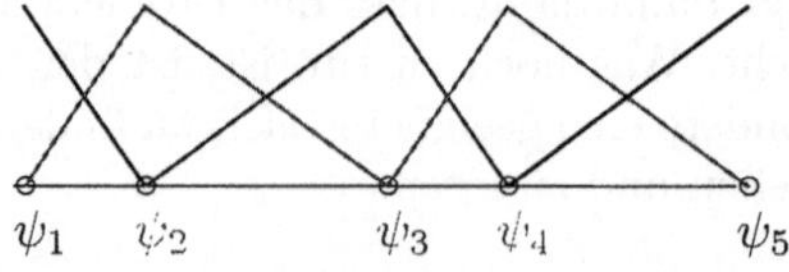

So wie sich ein Vektor $\vec{x} = \begin{bmatrix} x_1 \\ \vdots \\ x_m \end{bmatrix}$ bezüglich der Einheitsvektoren als $\vec{x} = \sum_i x_i \vec{e}_i$ darstellen lässt, so lässt sich auch jede stückweise lineare Funktion $f \in S_h$ bezüglich der nodalen Basis schreiben als

$$f(x) = \sum_{i=1}^{m} f(P_i) \cdot \psi_i(x) \equiv f_I(x).$$

In Analogie zur Interpolation bezeichnet man die Basisdarstellung oft auch als "Interpolierende" zu f, obwohl f natürlich mit f_I übereinstimmt.

Beispiel A.3 *Wir betrachten eine stückweise lineare Funktion und ihre Zusammensetzung aus Basisfunktionen.*

Abbildung A.6: Stückweise lineare Funktion zerlegt in ihre Bestandteile bezüglich der nodalen Basis

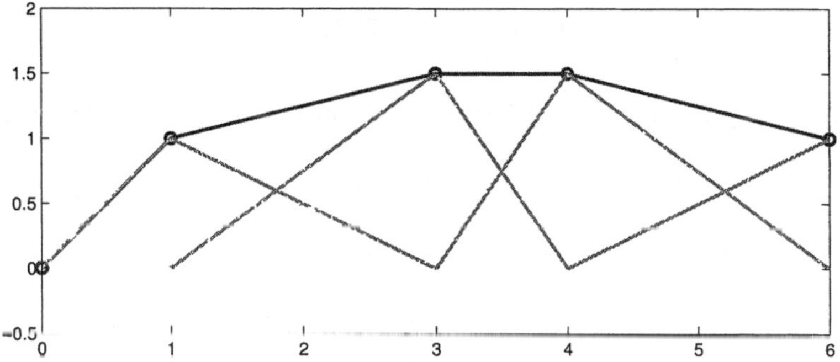

Diskretisierung der schwachen Formulierung

Wir machen jetzt den Ansatz, dass unsere gesuchte (approximierende) Funktion u_h, sowie unsere Testfunktion v_h aus einem Raum $S_h = \mathrm{Spann}\ \{\psi_1, \ldots, \psi_m\}$ stammen, der aus stetigen, stückweise stetig differenzierbaren Funktionen besteht. Der obige Raum der stückweise linearen Funktionen mit der nodalen Basis ist ein Beispiel für so einen Raum. Dann besitzen u_h, v_h eine Darstellung

$$\begin{aligned}
v_h(x) &= \sum_{i=1}^{m} \mathbf{v}_i \psi_i(x) \equiv [\psi_1(x), \ldots, \psi_m(x)]\,\vec{\mathbf{v}}, \\
u_h(x) &= \sum_{j=1}^{m} \mathbf{u}_j \psi_j(x) \equiv [\psi_1(x), \ldots, \psi_m(x)]\,\vec{\mathbf{u}},
\end{aligned} \tag{A.6}$$

wobei $\vec{\mathbf{v}}$ und $\vec{\mathbf{u}}$ die aus den Koeffizienten $\mathbf{v}_i$ und $\mathbf{u}_j$ gebildeten Koordinatenvektoren sind. Wir setzen diese Darstellung in die schwache Formulierung (A.4) ein und nutzen, dass (f,g) und $A(f,g)$ linear in jedem der Argumente sind (es sind ja Integrale). Wir erhalten dann für die rechte Seite (v_h, s):

$$(v_h, s) = \left(\sum_{i=1}^{m} \mathbf{v}_i \psi_i, s\right) = \sum_{i=1}^{m} \mathbf{v}_i (\psi_i, s) = \vec{\mathbf{v}}^{\top} \begin{bmatrix} (\psi_1, s) \\ \vdots \\ (\psi_m, s) \end{bmatrix} =: \vec{\mathbf{v}}^{\top} \vec{\mathbf{z}}. \tag{A.7}$$

Weiterhin bekommen wir

$$(v_h,qu_h) \;=\; \Big(\sum_{i=1}^{m} \mathbf{v}_i\psi_i, q \sum_{j=1}^{m} \mathbf{u}_j\psi_j\Big) = \sum_{i=1}^{m}\sum_{j=1}^{m} \mathbf{v}_i \underbrace{(\psi_i,q\psi_j)}_{=:m_{i,j}} \mathbf{u}_j.$$

Hierbei sehen wir, dass zwei Funktionen, nämlich u_h und v_h eingehen und deshalb eine Doppelsumme entsteht. Die Koeffizienten

$$M = [m_{i,j}]_{i,j} \,,\; m_{i,j} = (\psi_i,q\psi_j) \tag{A.8}$$

fassen wir zur sogenannten *Massematrix* zusammen, d.h. wir haben

$$(v_h,qu_h) \;=\; \vec{\mathbf{v}}^{\mathsf{T}} M \vec{\mathbf{u}}.$$

Das gleiche Prinzip kann man jetzt auf $A(v_h,u_h)$ und (v_h,pu_h') anwenden. Wir setzen

$$K = [k_{i,j}]_{i,j} \;\text{mit}\; k_{i,j} = A(\psi_i,\psi_j), \;\; B = [b_{i,j}]_{i,j} \;\text{mit}\; b_{i,j} = (\psi_i,p\psi_j'). \tag{A.9}$$

K wird als *Steifigkeitsmatrix* bezeichnet. Damit gilt

$$A(v_h,u_h) = \vec{\mathbf{v}}^{\mathsf{T}} K \vec{\mathbf{u}}, \;\; (v_h,pu_h') = \vec{\mathbf{v}}^{\mathsf{T}} B \vec{\mathbf{u}}.$$

und wir können die schwache Formulierung umschreiben als

$$\vec{\mathbf{v}}^{\mathsf{T}} (K + B + M)\, \vec{\mathbf{u}} = \vec{\mathbf{v}}^{\mathsf{T}} \vec{\mathbf{z}} \;\text{für alle}\; \vec{\mathbf{v}}.$$

Lemma A.4 *Die Diskretisierung der schwachen Formulierung mittels (A.6) liefert*

$$\vec{\mathbf{v}}^{\mathsf{T}} (K + B + M)\, \vec{\mathbf{u}} = \vec{\mathbf{v}}^{\mathsf{T}} \vec{\mathbf{z}} \tag{A.10}$$

für die Koeffizienten $\mathbf{u}_1,\ldots,\mathbf{u}_m$ von $u_h(x)$ bezüglich der Basis $\psi_1,\ldots,\psi_m$. Dabei sind der Vektor $\vec{\mathbf{z}}$ sowie die Matrizen K, B und M durch (A.7), (A.9) und (A.8) gegeben, mit $\mathbf{v}_1 = \mathbf{v}_m = \mathbf{u}_1 = \mathbf{u}_m = 0$.

Berechnung der einzelnen Matrizen

Im Prinzip brauchen wir nur $\vec{\mathbf{z}}$ sowie K, B und M ausrechnen und dann das Gleichungssystem (A.10) für $\vec{\mathbf{u}}$ lösen.

Zum Zwecke der einfacheren Darstellung betrachten wir jetzt den Spezialfall, dass $w \equiv p \equiv q \equiv s \equiv 1$. Die Aussagen lassen sich verallgemeinern.

Für das Aufstellen der Vektoren und der Matrizen müssen wir die Skalarprodukte, bzw. die Bilinearform A auswerten, d.h. Integrale ausrechnen. Im allgemeinen Fall muss man dazu eventuell zur numerischen Integration (siehe Kapitel 7) übergehen, in unserem vereinfachten Fall ist das jedoch mit der nodalen Basis ganz leicht.

Abbildung A.7: Nichtverschwindende Basisfunktion auf $[P_k,P_{k+1}]$

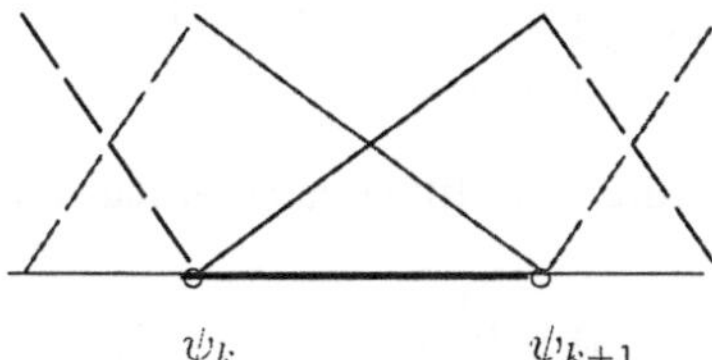

Da die Hütchenfunktionen stückweise linear sind und fast überall verschwinden, reicht es Intervalle der Form $[P_k,P_{k+1}]$ zu betrachten (Abbildung A.7). Das Integral über $[a,b]$ lässt sich daraus zusammensetzen.

Für alle drei Matrizen K, B und M gilt, dass ihre Koeffizienten Integrale sind und diese sich zerlegen lassen als

$$m_{i,j} = \int_a^b \psi_i(x)\psi_j(x)\,dx = \sum_{s=1}^{m-1} \underbrace{\int_{P_s}^{P_{s+1}} \psi_i(x)\psi_j(x)\,dx}_{m_{i,j}^{(s)}}$$

un damit erhalten wir

$$M = \sum_{s=1}^{m-1} M^{(s)}.$$

In Analogie bekommen wir

$$K = \sum_{s=1}^{m-1} K^{(s)},\ B = \sum_{s=1}^{m-1} B^{(s)}.$$

Unabhängig davon, welche der Matrizen wir berechnen, gilt für alle Elemente der Matrizen

$$k_{i,j}^{(s)} = 0,\ b_{i,j}^{(s)} = 0,\ m_{i,j}^{(s)} = 0,\ \text{für alle } i,j \notin \{s,s+1\},$$

weil im Intervall nur die Funktionen ψ_s,ψ_{s+1} von Null verschieden sind (Abbildung A.7).

Damit lassen sich die drei Matrizen aus kleinen Elementmatrizen zusammenbauen, wie folgende Illustration zeigt.

$$K,B,M \,\widehat{=}\, \begin{bmatrix} * * \\ * * \\ \\ \\ \end{bmatrix} + \begin{bmatrix} \\ \oplus \oplus \\ \oplus \oplus \\ \\ \end{bmatrix} + \begin{bmatrix} \\ \\ \circ \circ \\ \circ \circ \\ \end{bmatrix} + \begin{bmatrix} \\ \\ \\ \star \star \\ \star \star \end{bmatrix} = \begin{bmatrix} * * \\ * \circledast \oplus \\ \oplus \circledast \circ \\ \circ \circledast \star \\ \star \star \end{bmatrix}$$

Wir betrachten als erstes das Integral

$$\int_{P_s}^{P_{s+1}} \psi_i(x)\psi_j(x)\,dx.$$

Nehmen wir zunächst an, es sei $s = 1$ und $P_1 = 0$, $P_2 = 1$. Dann brauchen wir nur

$$\left[\int_0^1 \psi_i(x)\psi_j(x)\,dx\right]_{i,j=1,2} = \frac{1}{6}\begin{bmatrix} 2 & 1 \\ 1 & 2 \end{bmatrix}.$$

Das sieht natürlich sehr speziell aus, aber mit Hilfe der Substitutionsregel erhalten wir:

$$\int_{P_s}^{P_{s+1}} f(x)\,dx = (P_{s+1} - P_s)\int_0^1 f(P_s(1-t) + P_{s+1}t)\,dt.$$

Daraus folgt sofort

$$\int_{P_s}^{P_{s+1}} \psi_i(x)\psi_j(x)\,dx = (P_{s+1} - P_s)\int_0^1 \psi_i(P_s(1-t) + P_{s+1}t)\,\psi_j(P_s(1-t) + P_{s+1}t)\,dt.$$

Die Funktionen $\psi_i(P_s(1-t) + P_{s+1}t)$ und $\psi_j(P_s(1-t) + P_{s+1}t)$ sind nichts anderes als $\psi_1(t)$ und $\psi_2(t)$, sofern $i,j \in \{s, s+1\}$ gewählt werden. Damit gilt:

$$\left[\int_{P_s}^{P_{s+1}} \psi_i(x)\psi_j(x)\,dx\right]_{i,j=s,s+1} = \frac{P_{s+1} - P_s}{6}\begin{bmatrix} 2 & 1 \\ 1 & 2 \end{bmatrix}.$$

Damit ist die Massematrix M im Prinzip vollständig beschrieben. Wir müssen sie jetzt nur noch zusammenbauen.

$$M = \frac{P_2 - P_1}{6}\begin{bmatrix} 2 & 1 & & & \\ 1 & 2 & & & \\ & & 0 & & \\ & & & \ddots & \\ & & & & 0 \end{bmatrix} + \frac{P_3 - P_2}{6}\begin{bmatrix} 0 & & & & \\ & 2 & 1 & & \\ & 1 & 2 & & \\ & & & 0 & \\ & & & & \ddots \end{bmatrix} + \cdots +$$

$$\frac{P_{m-1} - P_{m-2}}{6}\begin{bmatrix} 0 & & & & \\ & \ddots & & & \\ & & 2 & 1 & \\ & & 1 & 2 & \\ & & & & 0 \end{bmatrix} + \frac{P_m - P_{m-1}}{6}\begin{bmatrix} 0 & & & & \\ & \ddots & & & \\ & & 0 & & \\ & & & 2 & 1 \\ & & & 1 & 2 \end{bmatrix}.$$

Falls wir eine gleichmäßige Einteilung des Intervalls haben, d.h. $P_s = a + sh$, so wäre insgesamt

$$M = \frac{h}{6}\begin{bmatrix} 2 & 1 & & & 0 \\ 1 & 4 & \ddots & & \\ & \ddots & \ddots & 1 & \\ & & 1 & 4 & 1 \\ 0 & & & 1 & 2 \end{bmatrix}.$$

Als nächstes berechnen wir das Integral

$$\int_{P_s}^{P_{s+1}} \psi_i(x)\psi_j'(x)\,dx.$$

Ähnlich wie bei der Massematrix berechnen wir zuerst

$$\left[\int_0^1 \psi_i(x)\,\psi_j'(x)\,dx\right]_{i,j=1,2} = \frac{1}{2}\begin{bmatrix} -1 & 1 \\ -1 & 1 \end{bmatrix}.$$

Mit Hilfe der Substitutionsregel bekommt man wieder

$$\int_{P_s}^{P_{s+1}} \psi_i(x)\psi_j'(x)\,dx = (P_{s+1}-P_s)\int_0^1 \psi_i(P_s(1-t)+P_{s+1}t)\,\psi_j'(P_s(1-t)+P_{s+1}t)\,dx.$$

Bei ψ_j' muss man jetzt noch die innere Ableitung wieder herstellen.

$$\psi_j'(P_s(1-t)+P_{s+1}t) = \frac{1}{P_{s+1}-P_s}\cdot\frac{d}{dt}\left(\psi_j(P_s(1-t)+P_{s+1}t)\right).$$

Dann erhalten wir wie bei der Massematrix

$$\left[\int_{P_s}^{P_{s+1}} \psi_i(x)\psi_j'(x)\,dx\right]_{i,j=s,s+1} = \left[\int_0^1 \psi_i(x)\psi_j'(x)\,dx\right]_{i,j=1,2} = \frac{1}{2}\begin{bmatrix} -1 & 1 \\ -1 & 1 \end{bmatrix}.$$

Schließlich erwähnen wir noch, dass

$$\left[\int_{P_s}^{P_{s+1}} \psi_i'(x)\psi_j'(x)\,dx\right]_{i,j=s,s+1} = \frac{1}{P_{s+1}-P_s}\begin{bmatrix} 1 & -1 \\ -1 & 1 \end{bmatrix}.$$

Wie am Beispiel der Matrix M vorgemacht, werden auch bei B und K Summen entsprechend den Integralen über die Teilintervalle gebildet. Im Falle $P_s = sh$ wären dies die Matrizen

$$B = \frac{1}{2}\begin{bmatrix} -1 & 1 & & & 0 \\ -1 & 0 & \ddots & & \\ & \ddots & \ddots & 1 & \\ & & -1 & 0 & 1 \\ 0 & & & -1 & 1 \end{bmatrix},\ K = \frac{1}{h}\begin{bmatrix} 1 & -1 & & & 0 \\ -1 & 2 & \ddots & & \\ & \ddots & \ddots & -1 & \\ & & -1 & 2 & -1 \\ 0 & & & -1 & 1 \end{bmatrix}.$$

Uns fehlt noch die rechte Seite

$$\vec{z} = \begin{bmatrix} (\psi_1,s) \\ \vdots \\ (\psi_m,s) \end{bmatrix}.$$

Falls $s(x)$ im Ansatzraum liegt stellt man s bezüglich der Basis dar, ansonsten kann man auch $s(x)$ durch eine Interpolierende $S_I(x)$ bezüglich der Basis ersetzen, d.h. durch

$$s_I(x) := \sum_{j=1}^{m} s(x_j)\psi_j(x).$$

In beiden Fällen kann man das Integral $(\psi_i,s) = \sum_{j=1}^{m} \underbrace{(\psi_i,\psi_j)}_{m_{i,j}} s(x_j)$ auf die Massematrix zurückführen, d.h. auf

$$\vec{z} = \begin{bmatrix} (\psi_1,s) \\ \vdots \\ (\psi_m,s) \end{bmatrix} = M\vec{s},$$

wobei $\vec{s}$ der zu den $s(x_j)$ gehörige Koordinatenvektor ist. Man kann allerdings auch die Integrale durch numerische Integration berechnen, siehe Kapitel 7.

Wo sind bei diesen Rechnungen die Randbedingungen geblieben ?

Wir müssen beachten, dass in der Gleichung

$$\vec{v}^{\top} \underbrace{[K + B + M]}_{A} \vec{u} = \vec{v}^{\top} M\vec{s}$$

die Randbedingung $v_1 = v_m = u_1 = u_m = 0$ gilt. Dies können wir einfach durch das Weglassen der entsprechenden Zeilen und Spalten in der Matrix A machen. Aber *Vorsicht!* s_1 und s_m sind *nicht* unbedingt Null auf dem Rand. Wir erhalten ingesamt mit $A = M + B + K$, dass

$$\vec{v}(2{:}m{-}1)^{\top} \; A(2{:}m{-}1,2{:}m{-}1) \; \vec{u}(2{:}m{-}1) \; = \; \vec{v}(2{:}m{-}1)^{\top} \; M(2{:}m{-}1,:) \; \vec{s}$$

Da diese Gleichung für alle $\vec{v}(2{:}m{-}1) \in \mathbb{R}^{m-2}$ gelten muss, kann man $v(2{:}m{-}1)$ auf beiden Seiten weglassen und erhält das eigentliche Gleichungssystem

$$A(2{:}m{-}1,2{:}m{-}1) \; \vec{u}(2{:}m{-}1) \; = \; M(2{:}m{-}1,:) \; \vec{s}$$

für die inneren Punkte von $\vec{u}$, das wir nun lösen müssen.

A.1.3   Bemerkungen zur FEM im zweidimensionalen Fall

Wir können die gerade betrachteten Diskretisierungstechniken auch in zwei Dimensionen durchführen. Das Vorgehen ist völlig analog zum eindimensionalen Fall, allerdings viel aufwendiger. Die nodale Basis definiert man in zwei Dimensionen genauso wie Definition A.2. Eine Hütchenfunktion ψ_i im Gebiet Ω ist nur in der Umgebung des entsprechenden Punktes P_i von Null verschieden (Abbildung A.8).

Auf diesem Gebiet wird die Funktion linear interpoliert und es kommt die entsprechende *zweidimensionale Shape-Funktion oder Hütchenfunktion* heraus (Abbildung A.9).

Zum Zusammensetzen (*Assemblierung*) der Matrizen K,B und M integriert man über jedes Teildreieck Ω_s, d.h.

Abbildung A.8: Trägergebiet einer Basisfunktion ψ_i

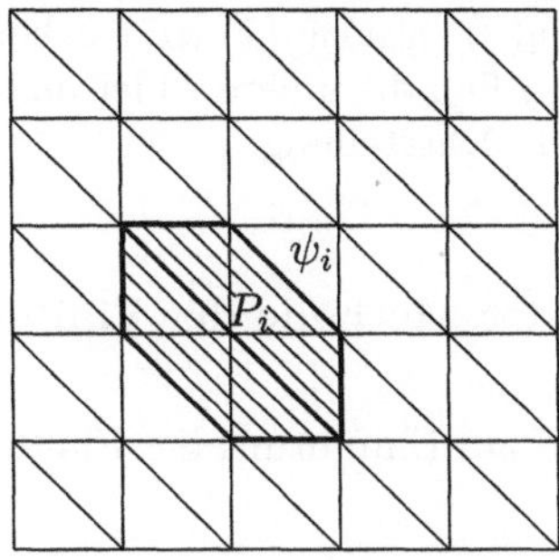

Abbildung A.9: Zusammengesetzte stückweise lineare Basisfunktion

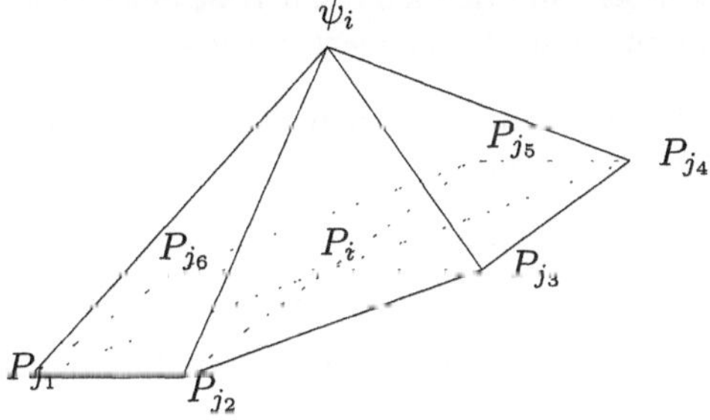

$$\int_\Omega \psi_i(\vec{x})\,\psi_j(\vec{x})\,d\vec{x} = \sum_{s=1}^{n} \int_{\Omega_s} \psi_i(\vec{x})\,\psi_j(\vec{x})\,d\vec{x}$$

Zur Berechnung der Teilintegrale fängt man wieder mit einem Referenz-Dreieck $D_0 = \{x,y \geqslant 0 : x + y \leqslant 1\}$ an. Im Falle stückweise linearer Ansatzfunktionen erhalten wir folgende 3×3 Matrix bei der links unten angegebenen Nummerierung der Ansatzfunktionen

$$M_0 = \left[\int_{D_0} \psi_i(\vec{x})\,\psi_j(\vec{x})\,d\vec{x} \right]_{i,j=1,2,3} = \frac{1}{24} \begin{bmatrix} 2 & 1 & 1 \\ 1 & 2 & 1 \\ 1 & 1 & 2 \end{bmatrix}.$$

Für die anderen Matrizen bekommt man ähnliche Werte. Die Substitution hat im zwei-dimensionalen Raum eine Analogie, den *Transformationssatz*. Im Falle der Massematrix gilt für das Integral über ein beliebiges Dreieck Ω_s mit den Eckpunkten P_{s+1}, P_{s+2} und P_{s+3}

$$\left[\int_{\Omega_s} \psi_{s+i}(\vec{x})\,\psi_{s+j}(\vec{x})\,d\vec{x} \right]_{i,j=1,2,3} = \frac{1}{|\det T|} \cdot \frac{1}{24} \begin{bmatrix} 2 & 1 & 1 \\ 1 & 2 & 1 \\ 1 & 1 & 2 \end{bmatrix},$$

wobei $\mathcal{T}(\vec{x}) = T\vec{x} + \vec{b}$ diejenige lineare Transformation ist, welche P_{s+1}, P_{s+2} und P_{s+3} auf die Eckpunkte P_1, P_2 und P_3 im Referenzdreieck D_0 abbildet. Das Gleiche kann man im Prinzip auch mit $\int_{\Omega_s} \operatorname{grad} \psi_i(\vec{x}) \cdot \operatorname{grad} \psi_j(\vec{x})\, d\vec{x}$ machen. Hier wird es aufwendiger, da man wie im eindimensionalen Fall die innere Ableitung wieder herstellen muss. Wir verzichten hier auf eine genauere Darstellung.

A.1.4   Zusammenfassung der Methode der Finiten Elemente

Wie können unseren "Steilkurs" zur Einführung der Finite Elemente Methode wie folgt zusammenfassen.

1. Bei der FEM bestimmt man als Näherung eine Funktion u_h aus einem Ansatzraum.

2. Der Ansatzraum dieser Funktion kann mit Hilfe einer Diskretisierung des Gebietes (Teilintervalle, Teildreiecke) konstruiert werden.

3. Mathematisch geht man zur schwachen Formulierung über, um geringere Glattheitsforderungen zu bekommen.

4. Auf dem Ansatzraum bekommt man eine nodale Basis von Hütchenfunktionen mit lokalem Träger.

5. Der Ansatz der Näherung u_h als Linearkombination der nodalen Basis liefert ein lineares Gleichungssystem.

6. Die Matrizen und die rechte Seite dieses Systems lassen sich für die nodale Basis relativ elementar durch Ausrechnen einfacher Integrale zusammensetzen. Der lokale Träger der Ansatzfunktionen sorgt dafür, dass die Matrix schwach besetzt ist, d.h. die meisten Elemente in der Matrix sind 0.

A.1.5   Theoretische Eigenschaften

Wir haben gesehen, dass man die Ausgangsproblemstellung (A.1) bzw. (A.2) in die schwache Formulierung überführen kann. Wir brauchen dafür nur stetige, stückweise stetig differenzierbare Funktionen. Um dies unabhängig von der jeweiligen Einteilung in Intervalle oder Dreiecke zu machen, führen wir den Raum H^1 ein.

Definition A.5 Ω *sei ein beschränktes, abgeschlossenes Gebiet in* $\mathbb{R}$ *bzw.* $\mathbb{R}^2$. *Die Sobolev-Räume* $H^1(\Omega)$ *und* $H^1_0(\Omega)$ *sind definiert als*

$$H^1(\Omega) = \left\{ f : f = \lim_{n\to\infty} f_n,\ f_n \left\{ \begin{array}{c} \textit{stückweise stetig differenzierbar} \\ \textit{und insgesamt stetig} \end{array} \right\} \textit{auf}\ \Omega \right\},$$

$$H^1_0(\Omega) = \left\{ \begin{array}{l} f : f = \lim_{n\to\infty} f_n, f_n \left\{ \begin{array}{c} \textit{stückweise stetig differenzierbar} \\ \textit{und insgesamt stetig} \end{array} \right\} \textit{auf}\ \Omega, \\ f_n = 0\ \textit{auf}\ \partial\Omega \end{array} \right\}.$$

Der Grenzwert ist im Sinne der Norm $\|f\|_1 = \sqrt{\int_\Omega f^2 + (f')^2\, dx}$ *zu verstehen.*

Für die schwache Formulierung aus Definition A.1.1 gilt folgender Satz.

Satz A.6 *In der schwachen Formulierung (A.4) bzw.(A.5) seien $p \equiv 0$, w, q, s beschränkte Funktionen, sowie $q \geqslant 0$ und*

$$w(x) \geqslant w_0 > 0 \text{ für alle } x \in \Omega.$$

Sei U ein abgeschlossener Unterraum von $H_0^1(\Omega)$. Dann hat (A.4) bzw.(A.5) genau eine Lösung $u \in U$ für alle $v \in U$.

Beweis. Siehe z.B. [4]. $\qquad\square$

Die gleichmäßige Beschränktheit von w durch w_0 ist eine wesentliche, in der Praxis aber natürlich auftretende Bedingung.

Der Term $A(v,u)$ dominiert wegen der beiden auftretenden Ableitungen die restlichen Terme $(v,pu') + (v,qu)$ in der Differenzialgleichung. Trotzdem kann es bei der Diskretisierung von (v,pu') erhebliche Stabilitätsprobleme geben.

Die betrachtete Diskretisierung wird als *Galerkin–Diskretisierung* bezeichnet. Falls $p \equiv 0$, so ist die quadratische Form

$$A(v,v) + (v,qv) \geqslant w_0(v,v)$$

positiv definit. In diesem Fall ist auch die Matrix $K + M$ symmetrisch und positiv definit. Man könnte also die Cholesky–Zerlegung oder das CG–Verfahren (siehe Abschnitt A.2.3) zur numerischen Lösung benutzen.

Bemerkung: Ist hingegen $p \not\equiv 0$, so muss die maximale Größe h der Teilintervalle/Teildreiecke klein genug gewählt werden, damit die analoge Aussage richtig bleibt. Gegebenfalls müssen andere Ansatzfunktionen als stückweise lineare gewählt werden, um eine analoge Aussage zu bekommen. Teilweise bekommt man bei zu grobem h Oszillationen in der numerischen Lösung. Dies sind Instabilitäten die durch die Diskretisierung entstehen, die mit der analytischen Lösung nichts zu tun haben.

Wie genau approximiert die Finite Elemente Methode die Lösung ?

Im Prinzip erwartet man, dass bei stückweise linearen Ansatzfunktionen die Konvergenz quadratisch ist (falls die Gitterweite oder der maximale Dreiecksdurchmesser gegen Null geht). Das stimmt auch, sofern die eigentliche Lösung glatt genug ist. Genauso bekommt man bei stückweise quadratischen Ansatzfunktionen kubische Konvergenz, wiederum, falls die Lösung glatt genug ist. "Glatt genug" bezieht sich in unserem Falle auf den Raum H^k, $k = 1,2,\ldots$ der in Analogie zu H^1 definiert wird.

Definition A.7 *Ω sei ein beschränktes, abgeschlossenes Intervall/Gebiet in $\mathbb{R}$ bzw. $\mathbb{R}^2$. Die Sobolev–Räume $H^k(\Omega)$ und $H_0^k(\Omega)$ sind definiert als*

$$H^k(\Omega) \;=\; \left\{ f : f = \lim_{n\to\infty} f_n,\; f_n \left\{ \begin{array}{l} \text{\textit{stückweise k-mal stetig differenzierbar}} \\ \text{\textit{und insgesamt } } k - 1\text{\textit{-mal stetig differenzierbar}} \end{array} \right\} \atop \text{\textit{auf }} \Omega \right\},$$

$$H_0^k(\Omega) \;=\; \left\{ f : f = \lim_{n\to\infty} f_n, f_n \left\{ \begin{array}{l} \text{\textit{stückweise k-mal stetig differenzierbar}} \\ \text{\textit{und insgesamt } } k - 1\text{\textit{-mal stetig differenzierbar}} \end{array} \right\} \atop \text{\textit{auf }} \Omega, f_n^{(l)} = 0 \text{ \textit{auf }} \partial\Omega \text{ \textit{für alle partiellen Ableitungen }} l = 0,\dots,k-1 \right\}.$$

Ähnlich wie in Definition A.5 ist die Konvergenz in der $\|u\|_k = \sqrt{\sum_{l=0}^{k} \int (u^{(k)})^2 \, dx}$
zu verstehen.

Satz A.8 *Wir betrachten im eindimensionalen Fall als Ansatzraum den Raum* $S_h \subset$ $H_0^1(\Omega)$ *der stückweise Polynome vom Grade k. Ist die Lösung u der schwachen Formulierung (A.4) bzw.(A.5) mindestens in* $H^{k+1}(\Omega)$ *gelegen, dann gilt für den Fehler zwischen u und diskreter Lösung* u_h

$$\sqrt{\int_\Omega (u - u_h)^2 \, dx} \;\leqslant\; C_0 h^{k+1} \sqrt{\int_\Omega (u^{(k+1)})^2 \, dx},$$

$$\sqrt{\int_\Omega (u - u_h)^2 + (u' - u_h')^2 \, dx} \;\leqslant\; C_1 h^{k} \sqrt{\int_\Omega (u^{(k+1)})^2 \, dx}$$

für passende, von der maximalen Größe h der Teilintervalle unabhängige Konstanten C_0, C_1.

Beweis. Siehe z.B. [4]. $\qquad\qquad\qquad\qquad\qquad\qquad\qquad\qquad\qquad\qquad\qquad\square$

Im Prinzip sagt der Satz, dass bei entsprechender Glattheit die FEM–Lösung im quadratischen Mittel mit h^{k+1} konvergiert und ihre Ableitung noch mit Ordnung h^k. Bei stückweise linearen Ansatzfunktionen wäre $k = 1$. Die hohe Glattheit ist oft nicht vorhanden und man muss in Randnähe feiner diskretisieren.

Die Aussagen gelten auch im zweidimensionalen Fall, allerdings muss man immer über die Quadrate aller partiellen Ableitungen der Ordnung 1 bzw. $k + 1$ summieren.

Wie konstruieren wir stückweise Polynome höheren Grades ?

Wir haben gesehen, dass bei hinreichend glatter Lösung die Konvergenzordnung erhöht werden kann, wenn man nicht nur stückweise lineare, sondern stückweise Polynome höheren Grades, etwa quadratische Polynome verwendet. Im eindimensionalen Fall nimmt man dazu auf dem Intervall $[P_s, P_{s+1}]$ den Mittelpunkt $M_s = \frac{P_s + P_{s+1}}{2}$ hinzu. Bekanntlich sind Polynome zweiten Grades dadurch eindeutig bestimmt, dass man drei Werte vorgibt. In Analogie zur nodalen Basis im linearen Fall definiert man die quadratische nodale Basis zum einen (siehe Abbildung A.10) durch

$$\psi_i(M_s) = 0, \; \psi_i(P_s) = \begin{cases} 1, \, i = s, \\ 0, \; \text{sonst,} \end{cases}$$

sowie zum anderen (Abbildung A.11) für die neu hinzugekommenen Mittelpunkte M_k als

$$\hat{\psi}_i(P_s) = 0, \ \hat{\psi}_i(M_s) = \begin{cases} 1, \ i = s, \\ 0, \ \text{sonst.} \end{cases}$$

Abbildung A.10: Zusammengesetzte stückweise quadratische Basisfunktion ψ_i

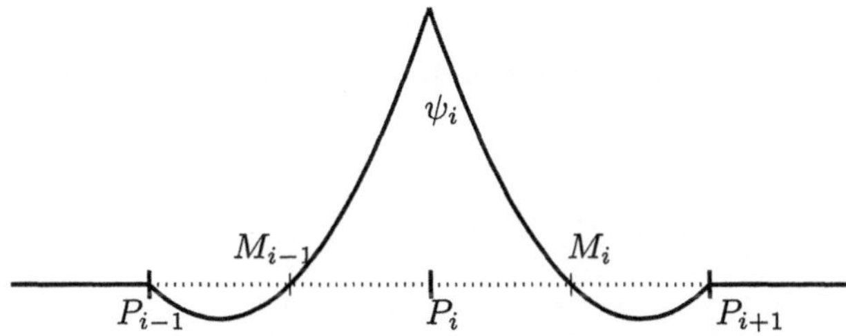

Abbildung A.11: Zusammengesetzte stückweise quadratische Basisfunktion $\hat{\psi}_i$

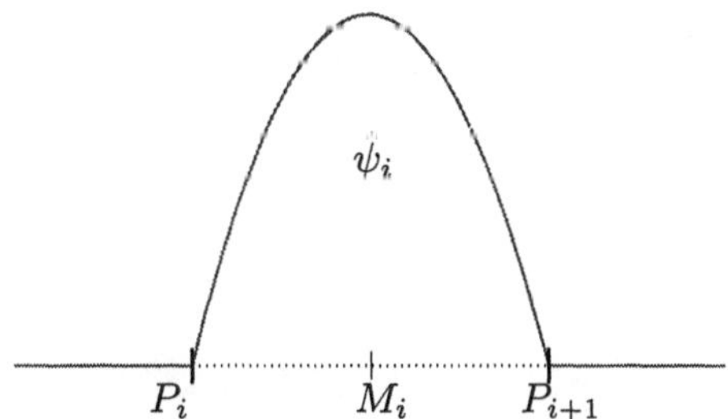

Natürlich überträgt man die Überlegungen zur Generierung und Assemblierung der Matrizen. Genauso sollte klar sein, dass man diese Ideen auch in zwei Raumdimensionen durchführen kann.

A.1.6 FEM für das Modellprojekt der Kühlrippe

Wir demonstrieren die FEM anhand des zentralen Modellprojektes 2 (Kühlrippe) aus Kapitel 2.2. Wir haben es dort zu tun mit der Gleichung

$$T_t = w\Delta T \text{ in } \Omega = [0{,}1] \times [0{,}l],$$

mit der vorgegebenen Temperatur am unteren Rand

$$T(x{,}0{,}t) = g(x{,}t) \text{ auf } \Gamma_D = [0{,}1] \times \{0\},$$

sowie auf dem Rest des Randes die Abkühlung

$$\frac{\partial T(x,y,t)}{\partial \nu} = -\alpha(T(x,y,t) - T_U) \text{ auf } \Gamma_C = \partial\Omega \setminus \Gamma_D$$

mit Abkühlungsrate α. Dabei ist zu Beginn ($t = 0$) die Temperatur identisch mit der Umgebungstemperatur

$$T(x,y,0) = T_U.$$

Wir haben bereits bei den Finiten Differenzen die Temperaturverteilung ausgerechnet (Abbildung A.12). Wir wollen dieses nun mit Hilfe der Finite Elemente Methode

Abbildung A.12: Temperaturverteilung in der Kühlrippe, $t = 100$

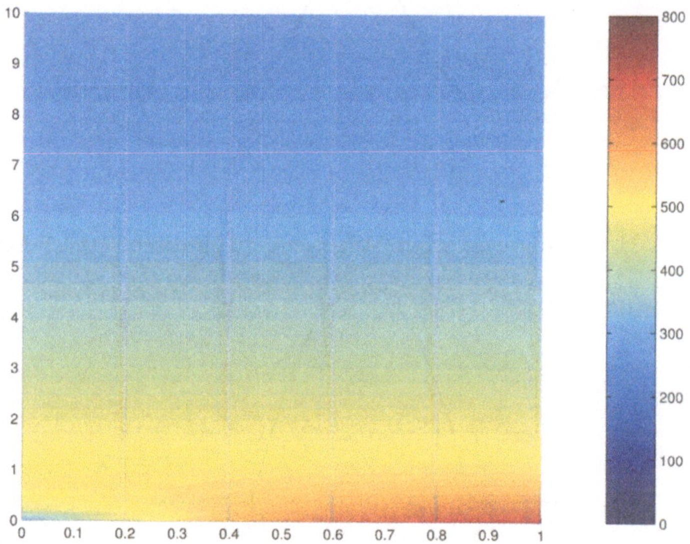

machen.

Schritt 0. Durch Homogenisierung entledigen wir uns der expliziten Randbedingung $T(x,0,t) = g(x,t)$, $x \in [0,1]$. Dies ist nötig damit wir das Problem zurückführen können auf die in Abschnitt A.1.1 präsentierte Überleitung zur schwachen Formulierung. Konstruiere also eine Funktion $z \in H^1$, so dass $z(x,0,t) = g(x,t)$ gilt.

Definiere $u := T - z$. Damit erfüllt u jetzt die explizite Randbedingung $u(x,0,t) = 0$ und wir können die FEM so wie beschrieben durchführen.

Schritt 1. Wir multiplizieren mit einer Testfunktion v, wobei

$$v = 0 \text{ auf } \Gamma_D,$$

und erhalten

$$vT_t = wv\Delta T$$

Schritt 2. Integration.

$$\int_\Omega vT_t \, d\vec{x} = w \int_\Omega v\Delta T \, d\vec{x}.$$

Wir können die Zeitableitung aus dem Integral herausziehen, d.h.

$$\frac{\partial}{\partial t}(v,T) = w \int_\Omega v\Delta T \, d\vec{x}, \text{ wobei } (f,g) = \int_\Omega fg \, d\vec{x}.$$

Schritt 3. Reduktion der Ableitung. Wir haben bereits erwähnt (siehe Definition A.1.1), dass

$$-w \int_\Omega v\Delta T \, d\vec{x} = w \cdot \int_\Omega \operatorname{grad} v \cdot \operatorname{grad} T \, d\vec{x} \equiv A(f,g).$$

Dies gilt aber nur, wenn auf dem ganzen Rand Dirichlet–Randbedingungen vorliegen. Sonst kommt ein Korrekturterm für die Cauchy–Randbedingung hinzu, d.h.

$$-w \int_\Omega v\Delta T \, d\vec{x} = A(f,g) + w\alpha \cdot (v,T - T_U)\big|_{\Gamma_C}, \text{ wobei } (f,g)\big|_{\Gamma_C} := \int_{\Gamma_C} fg \, dr$$

und wir bekommen schließlich

$$\frac{\partial}{\partial t}(v,T) \;=\; -A(v,T) - w\alpha \cdot (v,T - T_U)\big|_{\Gamma_C}, \tag{A.11}$$

bzw., wenn wir die Zerlegung $T = u + z$ von T bzgl. der Dirichlet–Randbedingung mit einbauen, erhalten wir

$$\frac{\partial}{\partial t}(v,u) = -A(v,u) - w\alpha \cdot (v,u)\big|_{\Gamma_C} - \left(\frac{\partial}{\partial t}(v,z) + A(v,z) + w\alpha \cdot (v,z - TU)\big|_{\Gamma_C} \right).$$

In der letzten Darstellung erfüllen jetzt u und v dieselben homogenen Randbedingungen auf Γ_D.

Nach der schwachen Formulierung diskretisieren wir das Gebiet mit Hilfe von Dreiecken der achsenparallelen Kantenlängen $h = \frac{1}{n}$ (Abbildung A.13).

Zu jedem Eckpunkt P_k haben wir eine stückweise lineare Ansatzfunktion ψ_k. Wir nummerieren diese von links unten nach rechts oben zeilenweise durch. Zur Diskretisierung setzen wir v_h und T_h an als

$$v_h(x,y) = \sum_k \mathbf{v}_k \psi_k(x,y), \quad T_h(x,y,t) = \sum_k \mathbf{T}(t)_k \psi_k(x,y).$$

Dabei sind die ersten $n + 1$ Koeffizienten am unteren Rand von v_h identisch Null. Bei T_h verwenden wir eine Interpolierende der Temperaturvorgabe, d.h.

$$\mathbf{T}(t)_k = g((k-1)\cdot h, t), \; k = 1, \dots, n+1.$$

Die Umgebungstemperatur T_U wird ebenfalls durch eine Interpolierende ersetzt.

$$T_U(x,y) = \sum_k \mathbf{T}_{U,k} \psi_k(x,y).$$

Dabei ist klar, dass alle Koeffizienten von T_U Null sind mit Ausnahme der Werte, die auf Γ_C liegen. Dort nehmen wir natürlich für $k = i + (N+1)(j-1)\hat{=}((i-1)h,(j-1)h)$

Abbildung A.13: Diskretisierung von $[0,1] \times [0,l]$ mit Dreiecken

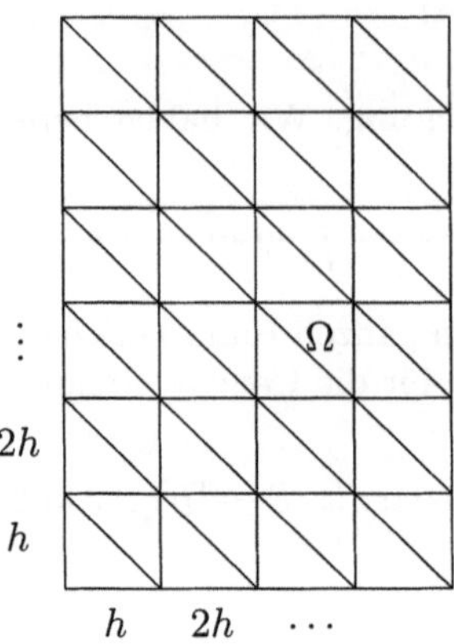

$$\mathbf{T}_{U,i+(n+1)(j-1)} = T_U((i-1)h,(j-1)h).$$

Damit haben wir die Massematrix M zu berechnen, um (v_h,T_h) zu beschreiben, sowie die Steifigkeitsmatrix K, um $A(v_h,T_h)$ zu beschreiben. Es bleibt noch das Integral $(v_h,T_h - T_U)|_{\Gamma_C}$. Dies ist ein Kurvenintegral und damit eigentlich ein eindimensionales Problem. Dort entspricht es aber genau der eindimensionalen Massematrix bzgl. Γ_C. Wir nennen diese Matrix $M|_{\Gamma_C}$. Damit lautet die diskretisierte Fassung von Gleichung (A.11) jetzt

$$\vec{\mathbf{v}}^\top M \dot{\vec{\mathbf{T}}}(t) = -\vec{\mathbf{v}}^\top \left[K\vec{\mathbf{T}}(t) + w\alpha M|_{\Gamma_C}(\vec{\mathbf{T}}(t) - \vec{\mathbf{T}}_U) \right]. \tag{A.12}$$

Wir müssen jetzt die Dirichlet-Randbedingungen am unteren Rand ausnutzen. Dies sind die ersten $n+1$ Komponenten. Wir indizieren diese mit dem Symbol D und verwenden für die verbleibenden inneren Koordinaten das Symbol I. Wir partitionieren die Matrizen entsprechend als

$$M = \begin{bmatrix} M_{DD} & M_{DI} \\ M_{ID} & M_{II} \end{bmatrix}, K = \begin{bmatrix} K_{DD} & K_{DI} \\ K_{ID} & K_{II} \end{bmatrix}, M|_{\Gamma_C} = \begin{bmatrix} M|_{\Gamma_C DD} & M|_{\Gamma_C DI} \\ M|_{\Gamma_C ID} & M|_{\Gamma_C II} \end{bmatrix}.$$

Dann wird aus (A.12) für den Vektor der gesuchten inneren Koordinaten $\vec{\mathbf{u}}(t) := \vec{\mathbf{T}}_I(t)$ die reduzierte Gleichung

$$M_{II}\dot{\vec{\mathbf{u}}}(t) = - \underbrace{\left(K_{II} + w\alpha M|_{\Gamma_C II} \right)}_{=:A} \vec{\mathbf{u}}(t) - \vec{\mathbf{b}}(t), \tag{A.13}$$

wobei

$$\vec{\mathbf{b}}(t) = M_{ID}\dot{\vec{\mathbf{T}}}_D(t) + K_{ID}\vec{\mathbf{T}}_D(t) + w\alpha M|_{\Gamma_C ID}(\vec{\mathbf{T}}_D(t) - \vec{\mathbf{T}}_{U,D}).$$

(A.13) ist eine lineare Differenzialgleichung mit konstanten Koeffizientenmatrizen M_{II} und A. Beide sind symmetrisch, positiv definit und die Eigenwerte von $\lambda M_{II} + A$ sind reell und negativ und haben erhebliche Größenunterschiede, d.h. das System ist insbesondere *steif*. Als Zeitdiskretisierung empfehlen sich hier daher implizite Verfahren wie das implizite Euler–Verfahren oder das Crank–Nicolson–Verfahren. Abbildung A.14 zeigt das numerische Ergebnis bei stückweise quadratischen Elementen, wobei als Zeitdiskretisierung das implizite Euler–Verfahren mit Schrittweite $h = \Delta t = 1$ gewählt wurde (wie auch schon bei den Finiten Differenzen). Dabei wurden Dreiecke mit einer Kantenlänge von lediglich $\frac{1}{3}$ verwendet.

Abbildung A.14: Temperaturverteilung bei stückweise quad. Elementen, $t = 120$

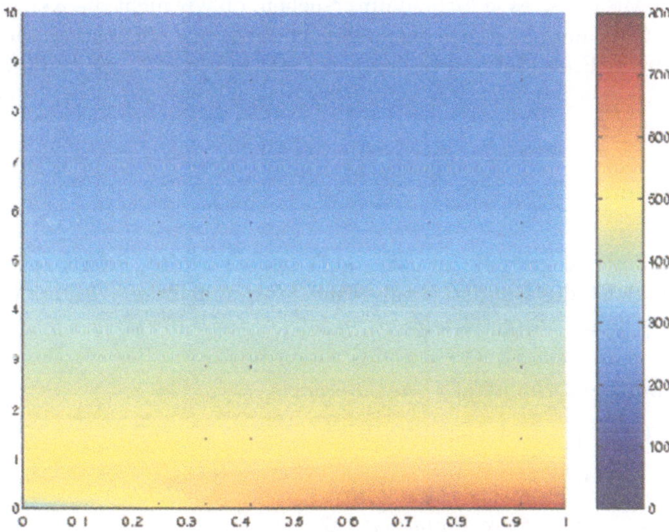

Zumindest optisch sind bei Beispiel A.14 keine wesentlichen Unterschiede zu den finiten Differenzen (Abbildung A.12) zu erkennen. Dies ist aber ein rein suggestiver Eindruck, denn im Gegensatz zu den Finiten Differenzen haben wir hier eine Lösungsfunktion und die Darstellung erfolgt mit Hilfe stückweise quadratischer Ansatzfunktionen. Dagegen mussten bei den Finiten Differenzen die Werte außerhalb des Gitters nachträglich interpoliert werden.

A.1.7 Anmerkungen

In [15] findet man eine einfache Gesamtdarstellung der Finiten Elemente, im Wesentlichen für elliptische Probleme. Eine umfassende Darstellung der Theorie der Finiten Elemente findet man in z.B. [4, 5]. Die klassische Vorgehensweise zur technischen Umsetzung der Finiten Elemente Methode ist in [45] ausführlich beschrieben.

A.2 Lösungsmethoden für große, schwach besetzte Gleichungssysteme

Sowohl die Finiten Differenzen als auch die Finite Elemente Methode führen bei entsprechend feiner Diskretisierung und insbesondere in zwei oder drei Dimensionen auf sehr große lineare Gleichungssysteme, wobei die Systemmatrizen im Allgemeinen nur sehr wenige von Null veschiedene Elemente haben. Natürlich kann man sich auf den Standpunkt stellen, dass wir mit der LR–Zerlegung mit Spaltenpivotisierung ja schon eine gute Lösungsmethode haben, und wenn wie bei diesen großen Systemen der Speicherplatz nicht reicht oder die Methode zu langsam ist, dann kauft man einfach einen größeren Rechner.

Der vernünftigere Ansatz ist es jedoch zu untersuchen, ob wir nicht die Kenntnisse über die entstehenden Gleichungssysteme ausnutzen können, um effizientere Methoden zu bekommen. Mit dieser Fragestellung wollen wir uns in knapper Form in diesem Kapitel beschäftigen.

A.2.1 Bandsysteme

Eine häufig vorkommende spezielle Struktur (z.B. bei der Finite Differenzen oder Finite Elemente Methode) ist die Bandstruktur. Eine Matrix heißt $p - q$ *Bandmatrix* mit *unterer Bandbreite* p und *oberer Bandbreite* q, falls $a_{i,j} = 0$ für $i > j + p$ und $j > i + q$.

Beispiel A.9 *Eine $1 - 2$ Bandmatrix hat die Form*

$$
A = \begin{bmatrix}
* & * & * & 0 & 0 \\
* & * & * & * & 0 \\
0 & * & * & * & * \\
0 & 0 & * & * & * \\
0 & 0 & 0 & * & * \\
0 & 0 & 0 & 0 & 0
\end{bmatrix}
\qquad
\begin{array}{l}
\textit{untere Bandbreite } 1, \\
\textit{obere Bandbreite } 2.
\end{array}
$$

Satz A.10 *Die Matrix $A \in \mathbb{R}^{n,n}$ habe eine LR–Zerlegung $A = LR$. Falls A eine $p - q$–Bandmatrix ist, so hat L dieselbe untere Bandbreite p wie A und R dieselbe obere Bandbreite q wie A.*

$$
\begin{bmatrix}\diagdown\end{bmatrix} = \begin{bmatrix}\diagdown\end{bmatrix}\begin{bmatrix}\diagdown\end{bmatrix}
$$

Beweis. → Abschnitt A.2.5

Wir sehen damit, dass man die Bandstruktur optimal ausnutzen kann, vorausgesetzt, dass die LR–Zerlegung existiert und man keine Pivotisierung durchführen muss.

Algorithmus A.11 (Band LR–Zerlegung)

Berechnet für eine $p - q$–Bandmatrix $A \in \mathbb{R}^{n,n}$, welche eine LR–Zerlegung besitzt, die Zerlegung $A = LR$, wobei $A(i,j)$ durch $L(i,j)$ für $i > j$ und $R(i,j)$ sonst, überschrieben wird.

$$
\begin{aligned}
&\textbf{for } k = 1, :, n - 1 \\
&\quad r = \min(k + q, n); \\
&\quad R(k,k+1{:}r) := A(k,k+1{:}r) \text{ und überschreibe } A(k,k+1{:}r) \text{ mit } R(k,k+1{:}r); \\
&\quad l = \min(k + p, n); \\
&\quad L(k+1{:}l,k) := A(k+1{:}l,k)/A(k,k) \text{ und überschreibe } A(k+1{:}l,k) \text{ mit } L(k+1{:}l,k); \\
&\quad A(k+1{:}l,k+1{:}r) := A(k+1{:}l,k+1{:}r) - L(k+1{:}l,k) * R(k,k+1{:}r); \\
&\textbf{end} \\
&\textit{Verwende } R(n,n) = A(n,n) \text{ und überschreibe } A(n,n) \text{ mit } R(n,n).
\end{aligned}
$$

Die Kosten für diesen Algorithmus betragen für $n \gg p,q$ ca. $2npq$ flops und die Fehleranalyse ist analog zur LR–Zerlegung ohne Pivotisierung. Man kann auch noch spezielle Speichertechniken nutzen und auch die Dreieckslöser verbessern.

Algorithmus A.12 (Band–Auflösen von $Ax = b$)
Berechnet für eine untere Dreiecksmatrix $L \in \mathbb{R}^{n,n}$ mit 1–Diagonale und Bandbreite p, sowie eine obere Dreiecksmatrix $R \in \mathbb{R}^{n,n}$ mit oberer Bandbreite q und eine rechte Seite $b \in \mathbb{R}^n$ die Lösung von $LRx = b$ überschrieben auf b.

$$
\begin{aligned}
&\textbf{for } i = 1 : n \\
&\quad l = \max(1, i - p); \\
&\quad b(i) := b(i) - L(i,l{:}i{-}1) * b(l{:}i{-}1); \\
&\textbf{end} \\
&\textbf{for } i = n : -1 : 2 \\
&\quad r = \min(n, i + q); \\
&\quad b(i) := \left(b(i) - R(i,i+1{:}r) * b(i+1{:}r)\right)/R(i,i); \\
&\textbf{end}
\end{aligned}
$$

Die Kosten betragen für $n \gg p,q$ ca. $2n(p + q)$ flops und die Fehleranalyse ist analog wie beim Fall voller Matrizen.

Beispiel A.13 *Das stationäre Wärmeleitungsproblem (zentrales Modellprojekt 2) liefert ein positiv definites Gleichungssystem in Bandstruktur. Im eindimensionalen Fall haben wir eine tridiagonale Systemmatrix*

$$
A = \begin{bmatrix} \ddots \end{bmatrix}.
$$

Diese symmetrische, positiv definite Matrix besitzt eine Cholesky–Zerlegung und es gilt

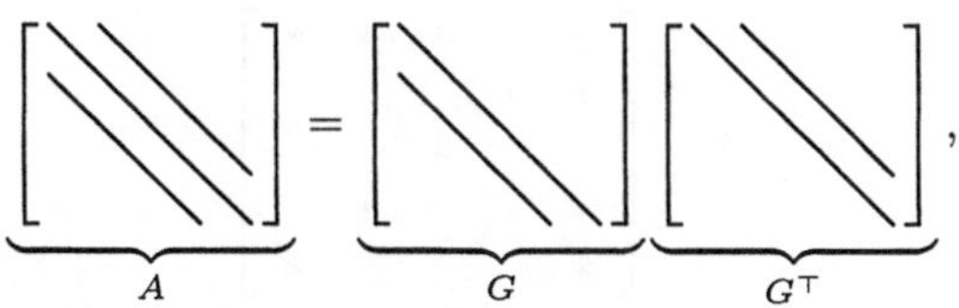

d.h. hier kann man beides, sowohl die Bandstruktur als auch die Cholesky–Zerlegung nutzen.

Etwas extremer ist der zweidimensionale Fall. Hier besitzt die Matrix eine Bandstruktur mit einer Bandweite in der Größenordnung $\approx \frac{1}{h}$. Man kann ebenfalls die Bandstruktur und die Symmetrie nutzen, erhält aber gegenüber dem eindimensionalen Fall einen Cholesky–Faktor mit signifikant mehr Einträgen als die Ausgangsmatrix (Abbildung A.15). Zum Beispiel hat bei $n = 1100$ die Matrix selbst 5278 Einträge, d.h. grob 5 Einträge pro Zeile, der Cholesky–Faktor hat jedoch bereits 101199 Einträge.

Abbildung A.15: Belegungsmuster einer Matrix und des Cholesky–Faktors im zweidimensionalen Fall

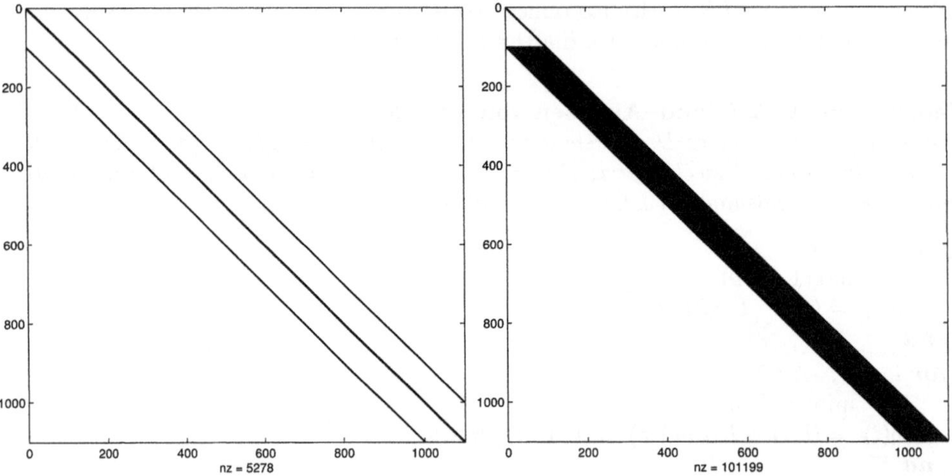

Hier benötigt man eigentlich andere Methoden als nur die Cholesky–Zerlegung für Bandmatrizen, siehe z.B. Abschnitt A.2.2.

A.2.2 LR–Zerlegung für schwach besetzte Systeme

Im Prinzip kann man schwach besetzte (engl. "sparse") Systeme, d.h. Matrizen bei denen nur sehr wenige Einträge pro Spalte/Zeile von Null verschieden sind, mit der LR–Zerlegung sehr effizient lösen, wenn man diese Tatsache ausnutzt.

Beispiel A.14 *Betrachte eine Matrix mit dem Belegungsmuster*

$$A = \begin{bmatrix} * & * & * & * & * \\ * & * & & & \\ * & & * & & \\ * & & & * & \\ * & & & & * \end{bmatrix}.$$

Wenn wir eine LR–Zerlegung von A ohne Pivotisierung durchführen würden, so hätten wir am Ende Belegungsmuster für L und R wie in

$$
L = \begin{bmatrix} * & & & & \\ * & * & & & \\ * & * & * & & \\ * & * & * & * & \\ * & * & * & * & * \end{bmatrix}, U = \begin{bmatrix} * & * & * & * & * \\ & * & * & * & * \\ & & * & * & * \\ & & & * & * \\ & & & & * \end{bmatrix},
$$

d.h., L und R sind voll besetzt. Vertauscht man nun die Reihenfolge der Zeilen und Spalten durch

$$
P^\top A P = \begin{bmatrix} * & & & & * \\ & * & & & * \\ & & * & & * \\ & & & * & * \\ * & * & * & * & * \end{bmatrix}, \text{ wobei } P = \begin{bmatrix} & & & & 1 \\ & & & 1 & \\ & & 1 & & \\ & 1 & & & \\ 1 & & & & \end{bmatrix},
$$

so haben die Faktoren L und R zu $P^\top A P$ jetzt das gleiche "Profil"

$$
L = \begin{bmatrix} * & & & & \\ & * & & & \\ & & * & & \\ & & & * & \\ * & * & * & * & * \end{bmatrix}, R = \begin{bmatrix} * & & & & * \\ & * & & & * \\ & & * & & * \\ & & & * & * \\ & & & & * \end{bmatrix}
$$

und damit den gleichen Speicherplatzbedarf wie die Ausgangsmatrix (beachte, dass die Diagonale von L ja nicht gespeichert wird.)

Die bei der Durchführung einer LR–Zerlegung gegenüber dem Belegungsmuster von A neu hinzukommenden Einträge in L und R bezeichnet man als *"fill in"*.

Um das Belegungsmuster einer schwach besetzten Matrix auszunutzen, speichert man diese üblicher Weise anders ab als eine volle Matrix, nämlich nur die von Null verschiedenen Einträge. Eine recht gebräuchliche Technik ist die Speicherung als kompakte Liste, etwa Spalte für Spalte, wobei nur die von Null verschiedenen Einträge und ihre Zeilenindizes gespeichert werden.

Beispiel A.15 *Die Tridiagonalmatrix*

$$
A = \begin{bmatrix} 2 & -1 & & & \\ -1 & 2 & -1 & & \\ & -1 & 2 & -1 & \\ & & -1 & 2 & -1 \\ & & & -1 & 2 \end{bmatrix}
$$

können wir zm Beispiel wie folgt abspeichern.

1. Der erste Vektor (Zeiger) gibt an an welcher Stelle die jeweilige Zeile anfängt.

2. Der zweite Vektor speichert die Zeilenindizes.

3. Der dritte Vektor speichert die numerischen Werte.

Zeilenanfang	1		3			6			9			12		14
Zeilenindizes	1	2	1	2	3	2	3	4	3	4	5	4	5	
Numerische Werte	2	-1	-1	2	-1	-1	2	-1	-1	2	-1	-1	2	

Sofern die LR–Zerlegung keine Pivotisierung benötigt, wie etwa im symmetrisch positiv definiten Fall, dann kann man die Zeilen und Spalten nur aufgrund des Belegungsmusters umordnen.

Hier gibt es zwei populäre Strategien, die wir kurz erwähnen wollen.

Umnummerierung mittels Reverse Cuthill–McKee

Eine einfache Heuristik von Cuthill und McKee (RCM) (siehe z.B. [3, 11, 14]) beruht darauf, die *Bandweite der Matrix möglichst gering zu halten*. Dieser Algorithmus ist in vielen Softwarepaketen vorhanden, hier soll nur die Wirkungsweise illustriert werden.

Beispiel A.16 *Das stationäre Wärmeleitungsproblem (zentrales Modellprojekt 2) liefert im 2D–Fall eine schwach besetzte Matrix mit nur maximal 5 Einträgen pro Zeile. Hier ist die Speicherung der von Null verschiedenen Einträge naheliegend. Mit Hilfe des Algorithmus von Cuthill–McKee wird die Bandweite erheblich verringert und genauso der fill–in im Cholesky–Faktor G. (Abbildung A.16).*

Abbildung A.16: Belegung A und Cholesky–Faktor G bei Umordnung durch Reverse Cuthill–McKee

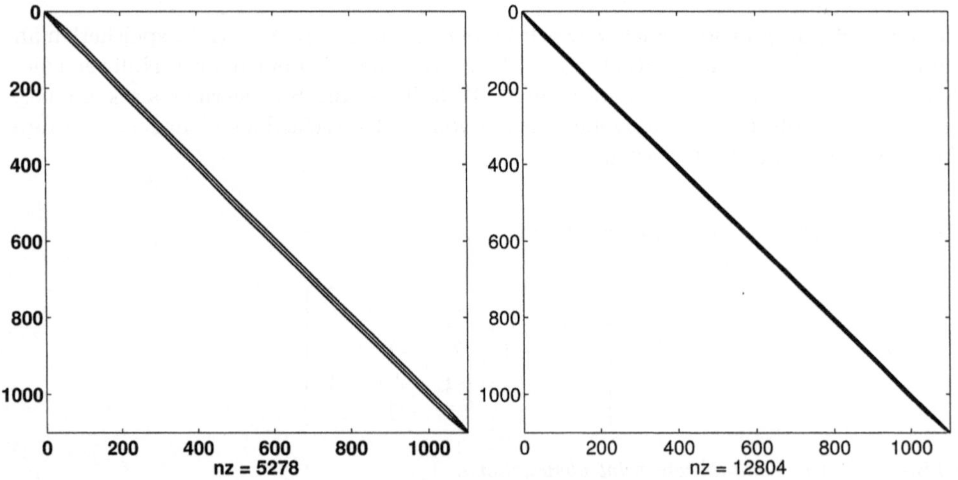

Bei $n = 1100$ hat G nur 12804 Einträge im Vergleich zu 101199 Einträgen in Beispiel A.13.

Umordnung durch Minimum Degree

Eine weitere Strategie ist der sogenannte (multiple) Minimum Degree Algorithmus (MMD) (siehe z.B. [3, 11, 14]). Hier besteht die entscheidende Idee darin, bei der Rang–1 Aufdatierung in Algorithmus 9.9

$$A(k{+}1{:}n,k{+}1{:}n) := A(k{+}1{:}n,k{+}1{:}n) - L(k{+}1{:}n,k) * R(k,k{+}1{:}n)$$

möglichst wenig fill–in zu bekommen. Um dies abzusichern, wählt man durch Umordnung die k–te Spalte $L(k{+}1{:}n,k)$ und die k–te Zeile $R(k,k{+}1{:}n)$ so, dass diese möglichst wenig von Null verschiedene Einträge haben. Damit können bei der Rang–1 Aufdatierung von $A(k{+}1:n,k{+}1:n)$ auch nur wenig neue Einträge hinzukommen. Aber Vorsicht! Die Matrix A in Algorithmus 9.9 wird immer aufdatiert. Dadurch bekommt man in jedem Schritt neue Einträge hinzu. Man kann also eine Vorhersage des fill–ins in $L(k{+}1{:}n,k)$ und $R(k,k{+}1{:}n)$ nicht allein anhand der Ausgangsmatrix treffen. Im günstigsten Fall, d.h. ohne Pivotisierung kann man wie beim Algorithmus von Cuthill-McKee die Umordnung symbolisch mit Hilfe des Belegungsmusters von A analysieren.

Beispiel A.17 *Wir betrachten wieder das stationäre Wärmeleitungsproblem im zweidimensionalen Fall. Mit Hilfe des Minimum-Degree-Algorithmus bekommt man noch mal etwas weniger fill–in (Abbildung A.17).*

Abbildung A.17: Belegung A und Cholesky-Faktor G bei Umordnung durch Minimum Degree

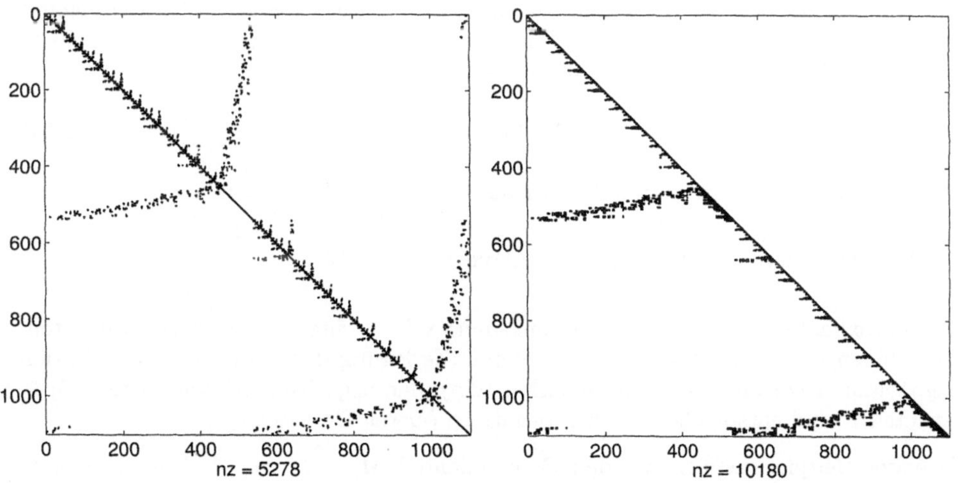

Bei diesem Beispiel liefert Minimum Degree den geringsten fill–in (bei $n = 1100$ nur 10180 Einträge).

A.2.3 Iterative Lösungsmethoden für große Gleichungssysteme

Bei schwach besetzten Gleichungssystemen mit $n \gg 100000$ ist ein wichtiger Ansatz, der insbesondere im Zusammenhang mit Vektorrechnern und Parallelrechnern von größter Bedeutung ist, die Konstruktion von Verfahren, welche die Matrix an sich nicht verändern und so weit wie möglich auf Matrix–Vektor–Operationen aufgebaut sind. Das führt auf iterative Verfahren zur Lösung von linearen Gleichungssystemen.

Einfache Iterationsverfahren

Wir beginnen mit sehr einfachen Iterationsverfahren. Als Motivation erinnern wir uns an das Newtonverfahren zur Lösung von $F(x) = 0$. Gegeben ein Startwert $x^{(0)} \in \mathbb{R}^n$, so bestimmen wir sukzessive eine Näherung

$$x^{(k+1)} = x^{(k)} - \left[DF(x^{(k)})\right]^{-1} F(x^{(k)}), \, k = 0,1,2,\ldots$$

Als Sonderfall können wir natürlich $F(x) = b - Ax$ untersuchen. Das Newton–Verfahren vereinfacht sich zu

$$x^{(k+1)} = x^{(k)} - [-A]^{-1} (b - Ax^{(k)}) = x^{(k)} + A^{-1}(b - Ax^{(k)}), \, k = 0,1,2,\ldots$$

und natürlich wären wir schon nach einem Schritt fertig, denn $x = A^{-1}b$. Ersetzen wir jetzt aber in diesem Iterationsverfahren die Inverse A^{-1}, die wir ja nicht ausrechnen wollen, durch eine Approximation M^{-1}, wobei $M \approx A$ eine Matrix ist, mit der wir ohne großen Aufwand ein Gleichungssystem $My = c$ lösen können (z.B. M diagonal oder M untere Dreiecksmatrix), dann sind wir natürlich nicht mehr nach einem Schritt fertig. Wir bekommen jetzt ein Iterationsverfahren der Form

$$x^{(k+1)} = x^{(k)} + M^{-1}(b - Ax^{(k)}), \, k = 0,1,2,\ldots \tag{A.14}$$

mit Startvektor $x^{(0)}$. Hier verwenden wir als Startwert z.B. $x^{(0)} = 0$.

Wie konstruieren wir die approximative Inverse M ?

Als Approximationen M an die Ausgangsmatrix betrachten wir mehrere Varianten. Wir nehmen an, es sei $A = D - E - F$ eine Zerlegung der Ausgangsmatrix in den Diagonalanteil D (dieser sollte invertierbar sein), den negativen strikten unteren Dreiecksanteil E und entsprechend F den negativen oberen Dreiecksanteil.

Als erstes Beispiel nehmen wir den Diagonalanteil $M = D$ von A. Das zugehörige Verfahren ist auch als *Gesamtschrittverfahren oder Jacobi–Verfahren* bekannt.

Als zweites Beispiel betrachten wir den unteren Dreiecksanteil $M = D - E$ von A. Das zugehörige Iterationsverfahren wird als *Einzelschrittverfahren oder Gauß–Seidel–Verfahren* bezeichnet.

Es soll in diesem Zusammenhang nochmal betont werden, dass man M^{-1} natürlich nicht explizit bildet, sondern stattdessen immer ein Gleichungssystem mit M löst.

Beide Methoden liefern eine Zerlegung

$$A = M - N, \tag{A.15}$$

wobei M^{-1} eine Approximation an A^{-1} ist, die leicht invertierbar ist.

Wann konvergiert so ein Verfahren ?

Satz A.18 *Das Fixpunktverfahren (A.14) konvergiert für alle Startwerte $x^{(0)}$ gegen die Lösung von $Ax = b$ genau dann, wenn $\rho(I - M^{-1}A) < 1$ ist, wobei $\rho(T) = \max\{|\lambda| : \lambda$ Eigenwert von $T\}$ als Spektralradius von T bezeichnet wird.*

Beweis. → Abschnitt A.2.6.

Beim Jacobi–Verfahren erhalten wir für die Iterationsfolge

$$x^{(k+1)} = D^{-1}((E + F)x^{(k)} + b), \tag{A.16}$$

und beim Gauß–Seidel–Verfahren $(M = D - E)$

$$x^{(k+1)} = (D - E)^{-1}(Fx^{(k)} + b). \tag{A.17}$$

Hier muss man in jedem Schritt ein Gleichungssystem durch Vorwärtseinsetzen mit $D - E$ lösen.

Beide Verfahren sind einfach, aber konvergieren im Allgemeinen sehr langsam.

Beispiel A.19 *Wir betrachten wieder das Modellprojekt 2 der Kühlrippe, allerdings nur stationär und verwenden lediglich sehr kleine Matrixdimensionen $n = 60$ und $n = 300$. Dies entspricht einer Gitterweite von $h = \frac{1}{2}$ und $h = \frac{1}{5}$. Beide Verfahren sind völlig ungeeignet, wie man aus der folgenden Tabelle A.1 ersehen kann. Als Startwert haben wir $x^{(0)} = 0$ und als Abbruchkriterium $\|b - Ax^{(k)}\| \leqslant \sqrt{\text{eps}}\,\|b\|$ verwendet.*

Tabelle A.1: Standarditerationsverfahren für Modellprojekt 2

h	Problem-größe	Jacobi Iterationsschritte	Gauß–Seidel Iterationsschritte
1/2	60	4921	2463
1/5	300	27844	13926

Das Verfahren der Konjugierten Gradienten

Die Idee des Verfahrens der Konjugierten Gradienten (CG, engl. conjugate gradients) beruht auf einer einfachen Grundidee, die aus der Behandlung von Optimierungsproblemen herrührt.

Sei $A \in \mathbb{R}^{n,n}$ eine symmetrisch, positive definite Matrix und $b \in \mathbb{R}^n$. Betrachte ein quadratisches Funktional

$$\Phi(x) = \frac{1}{2} x^\top A x - x^\top b.$$

Das Minimum von Φ wird erreicht, wenn $\mathcal{D}\Phi(x) = 0$, d.h. $Ax - b = 0$ ist. Weil A positiv definit ist, ist $\mathcal{D}\Phi(x) = 0$ bereits hinreichend. Also ist die Minimierung von $\Phi(x)$ äquivalent zur Lösung von $Ax = b$.

Beispiel A.20 *Betrachte* $A = \begin{bmatrix} 2 & -1 \\ -1 & 2 \end{bmatrix}$, $b = \begin{bmatrix} \frac{1}{4} \\ \frac{1}{4} \end{bmatrix}$. *Geometrisch ist der Graph von Φ ein elliptisches Paraboloid (Abbildung A.18) und die Lösung x beschreibt den Fußpunkt.*

Abbildung A.18: Graph von $\Phi(x)$ (elliptisches Paraboloid)

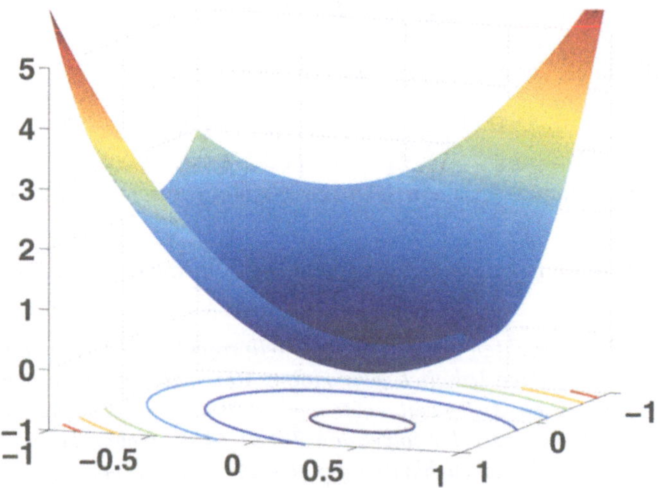

Statt sofort das globale Minimum von Φ zu bestimmen, kann man sich jetzt auf Suchrichtungen p beschränken, d.h. zu gegebener Näherungslösung x und Suchrichtung p berechnen wir

$$\min_\alpha \Phi(x + \alpha p).$$

Eine Grundmethode aus der Optimierung ist die *Methode des Steilsten Abstiegs*, die nutzt, dass der negative Gradient $p = b - Ax$ die lokal optimale Abstiegsrichtung ist. Leider ist diese Wahl oft *global schlecht* (Beispiel A.21).

Beispiel A.21 *Setze Beispiel A.20 fort. Starte mit $x_0 = \begin{bmatrix} -1 \\ 0 \end{bmatrix}$ und wähle sukzessive $p_i = b - Ax_i$ als negativen Gradienten und $x_{i+1} = x_i + \alpha_i p_i$, wobei α_i gerade $\Phi(x_i + \alpha_i p_i)$ minimiert. Man kann sich überlegen, dass dann die Suchrichtungen p_i orthogonal zueinander sind. Dass dies alleine nicht hilfreich ist, zeigt die Zickzacklinie in Abbildung A.19.*

Abbildung A.19: Zickzacklinie der Lösung beim steilsten Abstieg

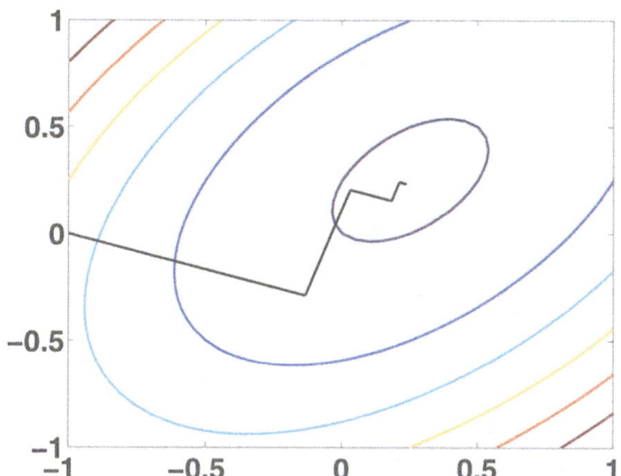

Besser ist man damit beraten, die Suchrichtungen p als Folge *A–konjugierter Richtungen* zu wählen, d.h. man wählt $p_1, p_2, \ldots$, so, dass $p_i^\top A p_j = 0$ für alle $i \neq j$.

Dass dies eine bessere Wahl darstellt, folgt auch aus geometrischen Überlegungen. Der Begriff A–konjugiert bedeutet, dass die Suchrichtungen orthogonal bezüglich des durch $x^\top A y$ beschriebenen Skalarproduktes (anstelle des Standard–Skalarproduktes) sind. Damit ist plausibel, dass das Verfahren (in exakter Arithmetik) nach maximal n Schritten beendet ist.

Beispiel A.22 *Setze Beispiel A.20 fort. Starte wieder mit* $x_0 = \begin{bmatrix} -1 \\ 0 \end{bmatrix}$ *und wähle als* $p_0 = b - A x_0$ *(wie oben), als* p_1 *nehme jetzt jedoch* $p_1 = \begin{bmatrix} 5 \\ 7 \end{bmatrix}$. *Man kann leicht nachrechnen, dass* $p_0^\top A p_1 = 0$ *ist, d.h. beide Richtungen A–konjugiert sind. Abbildung A.20 zeigt, dass man nach 2 Schritten fertig ist.*

Wir können also wie folgt vorgehen:

1. Wir konstruieren Suchrichtungen $p_1, p_2, \ldots$, die A–konjugiert sind.

2. In jede dieser Richtungen minimieren wir Φ.

3. Dabei wird x jeweils aufdatiert durch $x := x + \alpha p$.

Wie bekommen wir die konjugierten Richtungen $p_1, p_2, \ldots$ und wie können wir diese effizient berechnen ?

Wir starten mit $p_1 = b - A x$, berechnen das neue $x := x + \alpha p$ und orthogonalisieren das neue Residuum $r = b - A x$ gegen p_1 (im Sinne von A–konjugierten Richtungen). Wenn man dies fortsetzt, ergibt sich der folgende Algorithmus.

Abbildung A.20: Exakte Lösung nach 2 Schritten bei A–konjugierten Richtungen

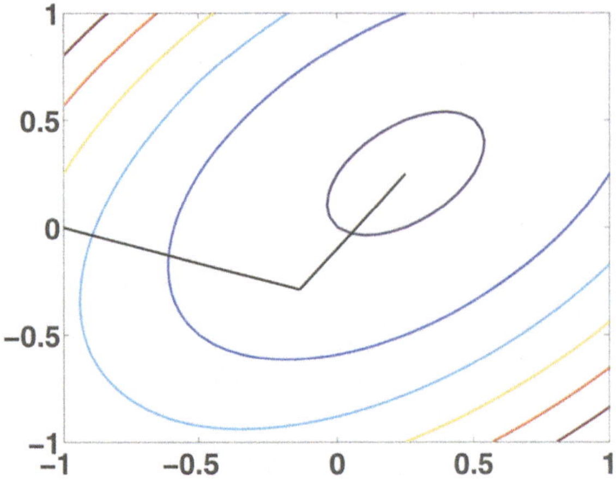

Algorithmus A.23 (Konjugierte Gradienten–Verfahren (CG))

Berechnet für $A \in \mathbb{R}^{n,n}$, symmetrisch, positiv definit, $b \in \mathbb{R}^n$, eine Abbruchschranke $\varepsilon > 0$ und einen Startwert für $x \in \mathbb{R}^n$, z.B. $x = 0$, eine Näherungslösung von $Ax = b$.

$r = b - Ax,\ \rho = \infty,\ \beta = 0,\ k = 0.$
while $\rho > \varepsilon \|b\|$;
     $k = k + 1;$
     $z = r;$
     $\rho_{old} = \rho,\ \rho = r^\top z;$
     if $k=1$
         $p = z;$
     else
         $\beta = \frac{\rho}{\rho_{old}};\ p = z + \beta p;$
     end
     $z = Ap;$
     $\sigma = p^\top z,\ \alpha = \frac{\rho}{\sigma};$
     $x = x + \alpha p;\ r = r - \alpha z;$
end

Die Kosten für diese Methode sind eine Matrix–Vektor–Multiplikation + 2 Skalarprodukte + 3 AXPY (d.h. $\alpha x + y$) pro Iterationsschritt.

Die Fehleranalyse liefert, dass die Rundungsfehler die Konvergenzgeschwindigkeit erniedrigen und die Orthogonalität der Residuen zerstören. Allerdings kann man zeigen, dass man das gestörte CG–Verfahren interpretieren kann als exaktes CG–Verfahren einer passenden größeren Matrix.

Wie schnell konvergiert das CG–Verfahren ?

Satz A.24 *Sei $A \in \mathbb{R}^{n,n}$ symmetrisch, positiv definit, $b \in \mathbb{R}^n$ und $x \in \mathbb{R}^n$ die Lösung von $Ax = b$. Mit der durch A induzierten Norm (Energienorm)*

$$\|v\|_A = \sqrt{v^\top A v}.$$

gilt für die Iterierten $x^{(k)}$ in Schritt k von Algorithmus A.23:

$$\|x - x^{(k)}\|_A \ \leqslant\ 2\|x - x^{(0)}\|_A \left[\frac{\sqrt{\kappa_2(A)} - 1}{\sqrt{\kappa_2(A)} + 1} \right]^k, \tag{A.18}$$

wobei $\kappa_2(A)$ die in (9.4) definierte Konditionszahl ist.

Beweis. $\rightarrow$ Abschnitt A.2.7.

Die Genauigkeit der Methode ist oft besser als (A.18) vorhersagt. Je näher $\kappa_2(A)$ an 1, desto schneller ist die Konvergenz. Daher verwendet man heute in der Praxis noch Methoden zur Konvergenzbeschleunigung durch sogenannte *Vorkonditionierung*.

Anstatt des ursprünglichen Systems $Ax = b$ löst man

$$(C^{-1}AC^{-\top})\, y = C^{-1}b, \text{ wobei } y = C^\top x \tag{A.19}$$

wobei C die folgenden Anforderungen erfullen sollte:

1. C muss invertierbar sein;

2. Gleichungssysteme mit C sollten einfach zu lösen sein;

3. $\kappa_2(C^{-1}AC^{-\top})$ sollte möglichst nahe an 1 liegen.

Setze $M = CC^\top$, d.h. C ist so etwas wie ein Cholesky–Zerlegung von M. Das vorkonditionierte System benötigt dann nur das Lösen des Gleichungssystems

$$Mz = r, \tag{A.20}$$

wobei M selbst symmetrisch positiv definit ist und natürlich die Eigenschaften hat, die wir für C gerade erwähnt haben. Damit bekommen wir das vorkonditionierte CG–Verfahren.

Algorithmus A.25 (Vorkonditioniertes CG–Verfahren)
Ersetze in Algorithmus A.23 die Anweisung $z = r$ in Zeile 3 durch die Anweisung $Mz = r$ aus (A.20). Dabei muss M selbst symmetrisch, positiv definit sein und ein Gleichungssystem mit M muss leicht lösbar sein.

Beispiel A.26 *Als Beispiel verwenden wir wieder das zweidimensionale stationäre Wärmeleitungsproblem. Wir hatten schon gesehen, dass die Jacobi– und Gauß–Seidel–Verfahren extrem langsam konvergieren. Auch das CG–Verfahren ist hier nicht wirklich gut, aber viel besser als diese beiden Verfahren. Da die Matrix A symmetrisch ist, haben wir $A = D - E - F = D - E - E^\top$. Als Vorkonditionierer nehmen wir beispielsweise*

Tabelle A.2: Vorkonditioniertes CG–Verfahren für Modellprojekt 2

h	Problemgröße	Iterationsschritte
1/2	60	19
1/5	300	41
1/10	1100	76
1/20	4200	147

$$M = (D - E)D^{-1}(D - E^{\mathsf{T}}).$$

Dieses M wird als symmetrischer Gauß–Seidel–Vorkonditionierer *bezeichnet.*

Wir sehen anhand von Tabelle A.2, dass das CG–Verfahren sehr viel besser ist als die Standard-Iterationsverfahren. Idealerweise hätten wir jedoch gerne, dass die Anzahl Iterationsschritte mit der Problemgröße nicht ansteigt. Dass dies nicht so ist, liegt an dem verwendeten Vorkonditionierer, der immer noch nicht gut genug ist.

Bemerkung: Es ist eine wichtige Forschungsaufgabe Vorkonditionierer zu konstruieren, die garantieren, dass die Anzahl der Iterationen (z.B. beim CG–Verfahren) unabhängig von der Problemgrösse ist, d.h. bei Verfeinerung des Gitters nicht ansteigt. Für einige Klassen von Problemen, z.B. bei vielen elliptischen Randwertaufgaben gibt es solche Techniken, wie *Mehrgitterverfahren* oder *Multilevel–Verfahren*.

Ein gut vorkonditioniertes CG–Verfahren ist für symmetrisch, positiv definite Systeme im Allgemeinen das beste Verfahren.

A.2.4   Anmerkungen und Beweise

Umfangreiche Darstellungen zum Thema der numerischen Lösung von großen Gleichungssystemen findet man in [3, 11, 14, 16, 18, 24, 41, 55, 57, 59]. Die hier nicht behandelten Mehrgitterverfahren werden z.B. in [24, 23] im Detail beschrieben.

A.2.5   Beweis von Satz A.10

Mit vollständiger Induktion:

$$A = \begin{bmatrix} \alpha & w^* \\ v & B \end{bmatrix} = \begin{bmatrix} 1 & 0 \\ v/\alpha & I_{n-1} \end{bmatrix} \begin{bmatrix} 1 & 0 \\ 0 & B - vw^*/\alpha \end{bmatrix} \begin{bmatrix} \alpha & w^* \\ 0 & I_{n-1} \end{bmatrix}.$$

Die Matrix $B - vw^*/\alpha$ ist eine $p - q$ Bandmatrix, da nur die ersten q Komponenten von w und die ersten p Komponenten von v ungleich 0 sind. Sei $L_1 R_1$ die *LR*–Zerlegung von $B - vw^*/\alpha$. Nach Induktionsvoraussetzung und unter Ausnutzung der Nullen in v,w folgt dass

$$L = \begin{bmatrix} 1 & 0 \\ v/\alpha & L_1 \end{bmatrix} \quad \text{und} \quad R = \begin{bmatrix} \alpha & w^* \\ 0 & R_1 \end{bmatrix}$$

die gewünschten Brandbreiten haben und es gilt $A = LR$. $\qquad\qquad\qquad\square$

A.2.6 Beweis zu Satz A.18

Sei x_0 ein beliebiger Startwert sowie $e^{(k)} = x^{(k)} - x$. Dann ist wegen $b = Ax$,

$$e^{(k+1)} = x^{(k)} - x + M^{-1}(b - Ax^{(k)}) = (I - M^{-1}A)e^{(k)}.$$

Sei $T = I - M^{-1}A$. Aus $e^{(k+1)} = Te^{(k)}$ folgt $e^{(k)} = T^k e^{(0)}$ für alle Startfehler $e^{(0)}$. Damit konvergiert das Verfahren genau dann, wenn

$$\lim_{k\to\infty} T^k = 0.$$

Mit Hilfe der Jordanschen Normalform $T = VJV^{-1}$ sehen wir, dass dies der Fall ist, genau dann wenn $\lim_{k\to\infty} J^k = 0$. Die Matrix J ist blockdiagonal in der Form

$$J = \begin{bmatrix} J_1 & & \\ & \ddots & \\ & & J_r \end{bmatrix},$$

wobei jeder Diagonalblock J_i die Form $\lambda I + N$, $N = \begin{bmatrix} 0 & 1 & & \\ & \ddots & \ddots & \\ & & & 1 \\ & & & 0 \end{bmatrix}$ für ein $\lambda \in \mathbb{C}$ hat.

Nun ist

$$(\lambda I + N)^k = \sum_{l=0}^{k} \binom{k}{l} N^l \lambda^{k-l}.$$

Damit haben die Einträge im oberen Dreieck die Form $\binom{k}{l}\lambda^{k-l}$ und diese konvergieren für $k \to \infty$ gegen Null, genau dann wenn $|\lambda| < 1$ ist. Beachte hierbei, dass λ^{k-l} exponentiell in k fällt, während $\binom{k}{l}$ nur polynomiell in k wächst. $\qquad\square$

A.2.7 Beweis zu Satz A.24

Der Beweis beruht im Wesentlichen darauf, dass man das CG–Verfahren mit einem anderen Verfahren vergleicht. Da das CG–Verfahren per Konstruktion den Fehler $\|e^{(k)}\|_A = \|x - x^{(k)}\|_A$ nach k Schritten über dem Raum der Suchrichtungen Spann $\{p_1, \ldots, p_k\}$ minimiert und man andererseits zeigen kann, dass der Fehler sich als Polynom $p(A)$ vom Grade k bezüglich des Ausgangsfehlers $e^{(0)}$ darstellen lässt, so bekommt man

$$\|e^{(k)}\|_A = \|p(A)e^{(0)}\|_A \leqslant \min_{\substack{\mathrm{Grad}(p)=k,\\ p(0)=1}} \|p(A)\| \cdot \|e^{(0)}\|_A$$

Bei der Abschätzung von $\|p(A)\|$ reicht es, $\max |p(\lambda)|$, $\lambda \in [\lambda_{\min}(A), \lambda_{\max}(A)]$ zu bestimmen. Dies wird mit Hilfe von Tschebyscheff–Polynomen gemacht.

Einen detaillierten Beweis findet man z.B. in [3, 18]. $\qquad\qquad\qquad\qquad\square$

B   Frei erhältliche Software

Die meisten der hier besprochenen Algorithmen sind in kommerziellen Unterprogramm-
bibliotheken vorhanden und können von dort angelinkt werden. Kommerzielle Stan-
dardpakete sind NAG und IMSL, oder MATLAB, sowie herstellerspezifische Unterpro-
grammbibliotheken typischerweise als Scientific oder Engineering Subroutine Libraries
bezeichnet. Wenn man solche Algorithmen verwendet hat man typischerweise einigermaßen optimierte und gut ausgetestete Verfahren, die auf sogenannten Basisroutinen
zur Skalar- Vektor und Matrixverarbeitung aufbauen (BLAS), welche vom Hersteller
geliefert werden und damit oft gut optimiert sind.

Dies ist der gängige Weg, heutzutage Software zu erstellen.

Man kann sich auch viele der Algorithmen, die in dieser Vorlesung besprochen wurden,
frei (allerdings ohne Garantie) über das Internet holen.

Eine gute Adresse hierfür ist Netlib.

$$\texttt{http://www.netlib.org/}$$

Üblicher Weise kann man auf dieser Webseite entweder direkt nach einem bestimmten Softwarepaket wie z.B. LAPACK suchen. Alternativ kann man auch Stichwörter
angeben und bekommt dann Hinweise auf möglicher Weise geeignete Software.

> **Man sollte bei der Programmierung von Algorithmen so-
> weit als möglich auf von Experten gemachte, fertige Soft-
> ware zugreifen !**

Einige frei erhältliche Bibliotheken sind z.B.

BLAS	Routinen zur vektororientierten Programmierung
LAPACK	Paket mit Algorithmen zur Lösung von Gleichungssys-temen und Eigenwertproblemen
ode, odepack	Software zur Berechnung von gewöhnlichen Differenzi-algleichungen
DASSL, DASPK, DGENDA	Software zur numerischen Berechnung von differenzi-ell–algebraischen Gleichungen

Diese Pakete sind in zum großen Teil in FORTRAN geschrieben. Von einigen existieren
auch Versionen in C, C++. Die BLAS-Routinen sind teilweise sogar von Rechner–
Herstellern in Maschinensprache vorhanden.

C Übungsaufgaben

C.1 Übungen zu Kapitel 2

1. Betrachten Sie das zentrale Modellprojekt der Fahrerkabine.

$$0 = -m_1(g + \ddot{x}_1) - c_1(x_1 - x_2) - d_1(\dot{x}_1 - \dot{x}_2)$$
$$0 = -m_2(g + \ddot{x}_2) - c_2(x_2 - x_3) + c_1(x_1 - x_2) - d_2(\dot{x}_2 - \dot{x}_3) + d_1(\dot{x}_1 - \dot{x}_2)$$
$$0 = -m_3(g + \ddot{x}_3) - c_3(x_3 - s(t)) + c_2(x_2 - x_3) - d_3(\dot{x}_3 - \dot{s}(t)) + d_2(\dot{x}_2 - \dot{x}_3)$$

mit Anfangswerten

$$x_1(0) = -\Delta x_1 - \Delta x_2 - \Delta x_3, \; x_2(0) = -\Delta x_2 - \Delta x_3, \; x_3(0) = -\Delta x_3$$
$$\dot{x}_1(0) = \dot{x}_2(0) = \dot{x}_3(0) = 0$$

Reduzieren Sie dieses System zweiter Ordnung auf ein System erster Ordnung und stellen Sie die zugehörigen Gleichungen auf.

C.2 Übungen zu Kapitel 3

1. Gegeben sei das sogenannte modifizierte Euler–Verfahren

$$u_{i+1} = u_i + h_i \, f(t_i + \frac{h_i}{2}, \; u_i + \frac{h_i}{2} f(t_i, u_i))$$

zur Lösung der Differenzialgleichung $y' = f(t,y), y(t_0) = y_0$.

(a) Bestimmen Sie die Konsistenzordnung.

(b) Konvergiert das Verfahren? Wenn ja, mit welcher Ordnung?

(c) Ist das Verfahren damit genauer als das Euler–Verfahren bei fester Schrittweite h?

2. Gegeben sei das numerische Verfahren, welches durch die Diskretisierung

$$\frac{y(t + h) - y(t - h)}{2h} \approx y'(t) = f(t,y)$$

entsteht.

(a) Bestimmen Sie den Diskretisierungsfehler $\tau(t,h) = \frac{y(t+h)-y(t-h)}{2h} - f(t,y)$ und seine Konsistenzordnung.

(b) Würden Sie dies Verfahren dem expliziten Euler–Verfahren vorziehen?

(c) Welche Schwierigkeit tritt bei dem Start des Verfahrens auf? Wie kann man diese Schwierigkeit beheben?

3. Lösen Sie folgende Differenzialgleichungen

(a) $\ddot{z} + 4\dot{z} + 5z = 0$, $z(0) = 1, \dot{z}(0) = 0$

(b) $u''' - 2u'' + u' - 2u = 2e^x$, $u(0) = u'(0) = u''(0) = -1$

(c) $\vec{y}\,' = \begin{bmatrix} 3 & 0 \\ 1 & 2 \end{bmatrix} \vec{y} + \begin{bmatrix} e^{3t} \\ -2 \end{bmatrix}$

4. Lösen Sie die folgenden Differenzialgleichungen

(a) $2y''' - 3y'' + 2y' - 3y = 0$.

(b) $y''' - y' = (1 - 6x)e^{2x}$, $y(0) = -5, y'(0) = -2, y''(0) = 5$

(c) $\vec{y}\,' = \begin{bmatrix} 4 & 0 \\ 0 & -2 \end{bmatrix} \vec{y} + \begin{bmatrix} e^{4t} \\ -2 \end{bmatrix}$

5. Implementieren Sie das explizite Euler–Verfahren.

6. Gegeben sei das sogenannte implizite Euler–Verfahren

$$u_{i+1} = u_i + h_i\, f(t_{i+1}, u_{i+1})$$

zur Lösung der Differenzialgleichung $y' = f(t,y), y(t_0) = y_0$.

(a) Welches praktische Problem tritt hier auf?

(b) Bestimmen Sie die Konsistenzordnung.

(c) Konvergiert das Verfahren? Wenn ja, mit welcher Ordnung?

7. Die Modellierung eines Schwingkreises führt auf die Differenzialgleichung der Form

$$L\ddot{q} + R\dot{q} + \frac{q}{C} = u(t),$$

wobei L, R, C bekannte Konstanten von Spule, Widerstand und Kondensator sind. $u(t)$ ist die Versorgungsspannung.
Betrachten Sie der Einfachheit halber nur den homogenen Fall $u(t) = 0$.

(a) Bestimmen Sie die Nullstellen $\lambda_{1,2}$ der charakteristischen Gleichung.

(b) Wie lautet die allgemeine Lösung des homogenen Systems?

(c) In Abhängigkeit von $d = R^2 - \frac{4L}{C}$ untersuchen Sie das qualitative Verhalten der Lösung für $t \to \infty$.

(d) Welche Rolle spielen die Vorzeichen der Realteile von $\lambda_{1,2}$? Wie kann man das Auftreten von komplexen Werten für $\lambda_{1,2}$ interpretieren?

8. Betrachten Sie das Anfangswertproblem $y'(t) = y(t), y(0) = y_0$.

   (a) Untersuchen Sie die zugehörige Iterationsvorschrift des Euler–Verfahrens mit konstanter Schrittweite $h = \frac{1}{N}$ und geben Sie eine explizite Formel für $u_N \equiv u_h(t_N)$ in Abhängigkeit von y_0 an.

   (b) Gilt aus dem Wissen über Konsistenz und Konvergenz des Verfahrens bereits $\lim_{h \to 0} u_h(1) = y(1) = e$?

   (c) Sei nun $y_0 = 1$ und $N = 100$. Berechnen Sie den lokalen Diskretisierungsfehler und den globalen Fehler an der Stelle $t = 1$.

9. Zu einer gewöhnlichen Differenzialgleichung $y' = f(t,y)$ betrachten Sie das folgende Verfahren.
$$y(t + h) \approx y(t) + \mathbf{2}h \cdot f(t,y(t)).$$

   Überprüfen ob das Verfahren konsistent ist.
   Hinweis. Für eine allgemeine Inkrementfunktion $\Phi(t,y(t),h)$ ist der Konsistenzfehler $\tau(t,h) = \frac{y(t+h)-y(t)}{h} - \Phi(t,y(t),h)$.

10. Gegeben sei das Anfangswertproblem
$$y'(t) = 2\sqrt{y(t)}, t > 0, y(0) = 0.$$

   (a) Bestimmen Sie *alle* Lösungen.

   (b) Welche Näherung ergibt sich bei Anwendung des expliziten Eulerverfahrens im Intervall $[0,1]$ bei beliebiger, konstanter Schrittweite h?

   (c) Sind die Ergebnisse aus (b) ein Widerspruch zum Satz über die globale Konvergenz des expliziten Euler–Verfahrens? Wenn nein, wo liegt das Problem?

11. Prüfen Sie, ob folgende Differenzialgleichungen sich für $t \in [0,1]$ durch eine Lipschitzbedingung
$$|f(t,y_1) - f(t,y_2)| \leqslant L|y_1 - y_2|$$
    abschätzen lassen.

   (a) $y' = \lambda y$, wobei $\lambda \in \mathbb{R}$ fest gewählt,

   (b) $y' = t \arctan y$,

   (c) $y' = \ln y$.

   Hinweis: Ist f nach y differenzierbar, dann gilt
$$f(t,y_1) - f(t,y_2) = \frac{\partial f(t,\theta)}{\partial y} \cdot (y_1 - y_2) \text{ für ein } \theta \in (y_1,y_2).$$

C.3   Übungen zu Kapitel 4

1. Betrachten Sie die Berechnung von $f(a_1, \ldots, a_n) = \sum_{i=1}^{n} a_i$ auf einem Computer mit Maschinengenauigkeit eps, d.h. $\tilde{f}(a_1, \ldots, a_n) = (\ldots ((a_1 \oplus a_2) \oplus a_3) \oplus \ldots) \oplus a_n$.

- Machen Sie eine Rückwärtsanalyse, d.h. $\tilde{f}(a_1,\ldots,a_n) = f(a_1(1+\delta_1),\ldots,a_n(1+\delta_n))$.

- Machen Sie eine Vorwärtsanalyse, d.h. $\tilde{f}(a_1,\ldots,a_n) = f(a_1,\ldots,a_n) + \varepsilon$.

- Schätzen Sie $|\delta_1|,\ldots,|\delta_n|$ und $|\varepsilon|$ ab unter Vernachlässigung von Terme in der Größenordnung $\mathrm{eps}^2, \mathrm{eps}^3,\ldots$.

2. Betrachten Sie folgende Rechnungen auf einem Rechner mit Maschinengenauigkeit eps.

   (a) $((a \oplus b) \oplus c) \oplus d$,

   (b) $((a \odot b) \odot c) \odot d$,

   (c) $(\cdots(a_1 \odot a_2) \odot a_3) \odot \cdots) \odot a_n$.

Machen Sie jeweils eine Rückwärts– und Vorwärtsanalyse unter Vernachlässigung der Terme höherer Ordnung in eps und schätzen Sie die Fehler ab.

3. Bestimmen Sie auf auf Ihrem Rechner die Größen macheps, $x_{\min}$ und $x_{\max}$.

4. Betrachten Sie die Summen

$$s_n = \sum_{k=1}^{n} (-1)^{k+1}\frac{1}{k},\; s_{g,n} = \sum_{\substack{k=1 \\ k\ \text{gerade}}}^{n} \frac{1}{k} \text{ und } s_{u,n} = \sum_{\substack{k=1 \\ k\ \text{ungerade}}}^{n} \frac{1}{k}.$$

Man weiss, dass s_n gegen $\ln 2$ konvergiert. Berechnen Sie s_n für $n = 10^4, 10^5, 10^6$:

   (a) Durch Summation der Glieder von $1,\ldots,n$.

   (b) Durch Summation der Glieder von $n, n-1,\ldots,1$.

   (c) Zunächst $s_{g,n}$ und $s_{u,n}$ bilden. Anschließend $s_n = s_{u,n} - s_{g,n}$. Dabei sollen $s_{g,n}$ und $s_{u,n}$ wie in (a) aufsteigend summiert werden.

   (d) Aufgabenstellung wie (c), aber $s_{g,n}$ und $s_{u,n}$ sollen absteigend summiert werden (wie (b)).

Welche dieser Implementationen ist am genauesten? Warum? Begründung!

5. Betrachten Sie die Maschinenzahlen $\mathbb{M}(2,4,2)$. Wie lauten hier eps, $x_{\min}$, $x_{\max}$?

6. Berechnen Sie für die folgende Operation $y = f(a,b) = a^2 - b^2$ den relativen Fehler, sofern die Daten a und b bereits mit relativen Fehlern Δa und Δb behaftet sind. Terme der Größenordnung $\Delta a\Delta b$, Δa^2, Δb^2, etc. dürfen dabei vernachlässigt werden.

7. Betrachten Sie das Anfangswertproblem $y'(t) = y(t), y(0) = y_0$.

   (a) Untersuchen Sie das explizite Euler–Verfahrens mit konstanter Schrittweite $h = \frac{1}{n}$ auf einem Rechner mit Maschinengenauigkeit eps. Geben Sie eine explizite Formel für $\tilde{u}_n \equiv \tilde{u}_h(t_n)$ in Abhängigkeit von y_0 an, wobei wir davon ausgehen, dass jede Addition/Multiplikation einen relativen Fehler in der Größenordnung eps liefern.

   Terme der Größenordnung $\mathrm{eps}^2, \mathrm{eps}^3,\ldots$ dürfen vernachlässigt werden.

(b) Gilt immer noch für kleine $1 \gg h \gg$ eps, dass $\tilde{u}_h(1) \approx y(1) = e$?

Hinweis: Es gilt die Formel $(1 + \frac{x}{n})^n = e^x(1 + \mathcal{O}(h))$.

8. Betrachten Sie folgende Rechnung auf einem Rechner mit Maschinengenauigkeit eps.

$$((a \oplus b) \odot c).$$

Machen Sie eine Rückwärtsanalyse unter Vernachlässigung der Terme höherer Ordnung in eps und schätzen Sie die Fehler ab.

9. Gegeben ist folgendes MATLAB–Programm, das eigentlich die Maschinengenauigkeit **eps** berechnen soll.

```
function x=myeps()
x=1;
y=x;
while 1+y>1
        y=y/2;
        x=y;
end
```

Ist das Programm korrekt? Falls nein, korrigieren Sie es!

C.4   Übungen zu Kapitel 5

1. (a) Sei $T_{ij} = T(x+ih,y+jh)$. Konstruieren Sie eine 9–Punkt–Differenzenformel

$$\begin{aligned}
& a_2 T_{2,0} + a_1 T_{1,0} + a_0 T_{0,0} + a_{-1} T_{-1,0} + a_{-2} T_{-2,0} \\
+\ & b_2 T_{0,2} + b_1 T_{0,1} + b_0 T_{0,0} + b_{-1} T_{0,-1} + a_{-2} T_{0,-2} \\
\approx\ & \frac{\partial^2 T(x,y)}{\partial x^2} + \frac{\partial^2 T(x,y)}{\partial y^2},
\end{aligned}$$

so dass der Diskretisierungsfehler in der Größenordnung $\mathcal{O}(h^4)$ ist.

(b) Nehmen Sie an, das Problem $-\Delta T(x,y) = 0$, mit $(x,y) \in [0,1]^2$ mit Randbedingungen $T(x,y) = g_D(x,y)$ auf dem ganzen Rand sei gegeben. Welches Problem tritt auf, wenn diese Gleichung mit der Diskretisierung aus Teil (a) behandelt werden soll?

2. Schreiben Sie ein MATLAB-Programm zur Lösung der stationären eindimensionalen Wärmeleitungsgleichung

$$T''(y) = 0, T(0) = g, T'(l) = -\alpha(T(l) - T_U)$$

mit Hilfe finiter Differenzen und diskretisierten Gleichungen

$$\frac{2u_1 - u_2}{h^2} = \frac{g}{h^2},$$

$$\frac{-u_{i-1} + 2u_i - u_{i+1}}{h^2} = 0, \, i = 2, \ldots, N-1,$$

$$\frac{-2u_{N-1} + 2(1 + h\alpha)u_N}{h^2} = \frac{2\alpha}{h}T_U.$$

Dabei ist $h = \frac{l}{N}$, $u_i \approx T(ih)$. Verwenden Sie die Parameter $l = 10, g = 700, \alpha = \frac{1}{6}, T_U = 20$ und nehmen Sie $N = 10, 100$.

3. Konstruieren Sie eine 5–Punkt–Differenzenformel

$$a_2 y(x + 2h) + a_1 y(x + h) + a_0 y(x) + a_{-1} y(x - h) + a_{-2} y(x - 2h) \approx y''(x),$$

so dass der Diskretisierungsfehler in der Größenordnung $\mathcal{O}(h^4)$ ist.

Tipp: Taylorentwicklung für $y(x \pm h)$ und $y(x \pm 2h)$.

4. Betrachten Sie das eindimensionale Randwertproblem

$$-y''(x) + xy'(x) = \sin(\pi x), \text{ wobei } x \in [0,1]$$

mit Randbedingung

$$y(0) = 0, \, y'(1) = -(y(1) - 10).$$

(a) Diskretisieren Sie dieses Problem mit Hilfe zentraler Differenzen.

(b) Schreiben Sie das Problem in Matrix–Vektor–Schreibweise in der Form $T\vec{u} = \vec{b}$.

5. Betrachten Sie das folgende zweidimensionale Randwertproblem.

$$-\frac{\partial^2 T(x,y)}{\partial x^2} - \frac{\partial^2 T(x,y)}{\partial y^2} = 0, \text{ wobei } (x,y) \in [0,2] \times [0,3]$$

mit den Randbedingungen

$$T(x,0) = s(x), \quad \frac{\partial T(x,3)}{\partial x} = 0, \quad 0 \leqslant x \leqslant 2,$$

$$\frac{\partial T(0,y)}{\partial x} = 0, \quad \frac{\partial T(2,y)}{\partial x} = 0, \quad 0 \leqslant y \leqslant 3.$$

Diskretisieren Sie die Gleichung mittels zentraler Differenzen für $h = 1$, d.h. $(x_i, y_j) = (i,j)$, $i = 0,1,2$, $j = 0,1,2,3$. Dabei ist $s(x)$ eine gegebene Funktion.

6. Betrachten Sie die Anfangsrandwertaufgabe $\frac{\partial y(x,t)}{\partial t} = \frac{\partial y(x,t)}{\partial x}$, wobei $x \in [0,1]$, $t \in [0,a]$. Dazu seien Randwerte $y(0,t) = 0$, $y(1,t) = 1$ sowie ein Anfangswert $y(x,0) = x$ gegeben.

(a) Diskretisieren Sie das Problem *nur* in x–Richtung mit Hilfe finiter Differenzen und einem Gitter mit festem Abstand $h = \frac{1}{n}$.

(b) Sei $u_i(t) \approx y(ih,t)$ diskrete Näherung aus (a). Zeigen Sie, dass die Diskretisierung in Ortsrichtung auf eine gewöhnliche Differenzialgleichung der Form

$$\vec{u}'(t) = -A\vec{u}(t) + \vec{b}, \; \vec{u}(0) = \vec{u}_0$$

führt, wobei $\vec{u}(t) = (u_1(t),\dots,u_N(t))^\top$, A eine $n \times n$–Matrix und $\vec{b},\vec{u}_0 \in \mathbb{R}^n$ sind. Geben Sie $A,\vec{b}$ und $\vec{u}_0$ an.

7. Betrachten Sie das folgende zweidimensionale Randwertproblem.

$$-\frac{\partial^2 T(x,y)}{\partial x^2} - \frac{\partial^2 T(x,y)}{\partial y^2} = 0, \text{ wobei } (x,y) \in [0,2] \times [0,3]$$

mit den Randbedingungen

$$T(x,0) \;=\; s(x), \quad T(x,3) \;=\; 0, \quad 0 \leqslant x \leqslant 2$$

$$T(0,y) \;=\; 0, \quad \frac{\partial T(2,y)}{\partial x} \;\doteq\; 0, \quad 0 \leqslant y \leqslant 3$$

Diskretisieren Sie die Gleichung mittels zentraler Differenzen für $(x_i,y_j) = (i,j)$, $i = 0,1,2$, $j = 0,1,2,3$. Dabei ist $s(x)$ eine gegebene Funktion.

8. Gegeben sei das 2–Punkt–Randwertproblem

$$-y''(x) = 1, \; x \in [0,1], \text{ wobei } y(0) = 0 \text{ und } y(1) = 0.$$

Zu gegebener Maschenweite $h = \frac{1}{n}$ und $x_i = ih$, $i = 0,\dots,n$ diskretisieren Sie das Problem mit Hilfe Finiter Differenzen (3–Punkt–Diskretisierung). Schreiben Sie die diskreten Gleichungen in Matrix–Vektor–Schreibweise $A\vec{u} = \vec{b}$.

C.5   Übungen zu Kapitel 6

1. Gegeben seien folgende Werte $(x_0,f_0),\dots,(x_3,f_3)$

k	0	1	2	3
x_k	-2	-1	0	1
f_k	6	-8	-28	-18

(a) Bestimmen Sie mit Hilfe des Schemas von Neville–Aitken den Wert des Interpolationspolynoms an der Stelle $x = -5$.

(b) Nehmen Sie den Wert $(x_4,f_4) = (-5,12)$ noch mit hinzu. Welchen Wert liefert das Schema jetzt für $x = -5$?

(c) Erklären Sie die großen Unterschiede bei der Auswertung an der Stelle $x = -5$.

2. Gegeben seien die Wertepaare

k	0	1	2
x_k	-2	0	1
f_k	10	-12	-2

(a) Bestimmen Sie die Newton–Darstellung des Interpolationspolynoms.

(b) Bestimmen Sie den linear interpolierenden Spline.

(c) Werten Sie beide Interpolationsarten an der Stelle $x = -1$ aus und vergleichen Sie.

3. Betrachten Sie das Problem der Interpolation von Messwerten einer Teststrecke. Bestimmen Sie zur Newton–Darstellung des Interpolationspolynoms die dividierten Differenzen und stellen Sie die Ergebnisse graphisch dar. Was beobachten Sie?

4. Gegeben seien folgende Werte $(x_0,f_0),\ldots,(x_3,f_3)$

k	0	1	2
x_k	0	1	2
f_k	0	1	0

(a) Bestimmen Sie das Interpolationspolynom in der Lagrange–Darstellung

(b) Bestimmen Sie mit Hilfe des Neville–Schemas den Wert des Interpolationspolynoms an der Stelle $x = -1$.

(c) Bestimmen Sie die Newton–Darstellung des Interpolationspolynoms.

(d) Nehmen Sie den Wert $(x_3,f_3) = (-1,3)$ mit hinzu und berechnen Sie die Newton–Darstellung erneut. Was stellen Sie fest?

5. Gegeben sei die Funktion $f(x) = 1 - (x-1)^4$.

(a) Bestimmen Sie den Fehler zwischen $f(x)$ und dem Interpolationspolynom p vom Grade 2 zu den Stützstellen

k	0	1	2
x_k	0	1	2
f_k	0	1	0

mit Hilfe der Fehlerabschätzung der Vorlesung.

(b) Vergleichen Sie die Werte der Fehlerabschätzung mit den tatsächlichen Werten für $x = \frac{1}{2}$ und $x = 3$. Hinweis: Das Interpolationspoynom ist $p(x) = -x^2 + 2x$.

6. Gegeben sei die Funktion

$$s(x) = \begin{cases} (x+1)^4 + \alpha(x-1)^4 + 1, & x \in [-1,0], \\ -x^3 - 8\alpha x + 1, & x \in (0,1], \\ \beta x^3 + 8x^2 + \frac{11}{3}, & x \in (1,2], \end{cases}$$

mit zwei Parametern α und β. Bestimmen Sie α,β so, dass $s(x)$ ein kubischer Spline bezüglich der Knotenverteilung $\Delta = \{-1,0,1,2\}$ ist.

7. Seien $h = \frac{1}{n}$ fest und $x_i = ih$. Für $i = -1,0,1,2,\ldots,n+1$ definieren wir die Funktion

$$
B_i(x) = \begin{cases}
\frac{(x-x_{i-2})^3}{h^3}, & x \in [x_{i-2},x_{i-1}), \\[2mm]
1 + 3\frac{x-x_{i-1}}{h} + 3\frac{(x-x_{i-1})^2}{h^2} - 3\frac{(x-x_{i-1})^3}{h^3}, & x \in [x_{i-1},x_i), \\[2mm]
1 + 3\frac{x_{i+1}-x}{h} + 3\frac{(x_{i+1}-x)^2}{h^2} - 3\frac{(x_{i+1}-x)^3}{h^3}, & x \in [x_i,x_{i+1}), \\[2mm]
\frac{(x_{i+2}-x)^3}{h^3}, & x \in [x_{i+1},x_{i+2}), \\[2mm]
0, & \text{sonst.}
\end{cases}
$$

(a) Überprüfen Sie, wie häufig $B_i(x)$ stetig differenzierbar ist.

(b) Skizzieren Sie $B_{i-1}(x),B_i(x),B_{i+1}(x)$.

(c) Skizzieren Sie die Funktion $f(x) = \frac{1}{6}\sum_{i=-1}^{n+1} B_i(x)$. Welche Funktion wird damit im Intervall $[0,1]$ interpoliert?

8. Gegeben sei die Funktion $f(x) = \sin \pi x$. Betrachten Sie die Stützstellen $(0,0)$, $(1,0)$, $(2,0)$.

(a) Geben Sie den interpolierenden kubischen Spline auf den beiden Teilintervallen in Abhängigkeit der Werte s_0,s_1,s_2 an.

(b) Stellen Sie das Gleichungssystem für die vollständige Spline–Interpolation (d.h. $S'(0) = \pi$, $S'(2) = \pi$) auf und geben Sie s_0,s_1,s_2 an.

(c) Stellen Sie das Gleichungssystem für die natürliche Spline–Interpolation (d.h. $S''(0) = 0$, $S''(2) = 0$) auf und geben Sie s_0,s_1,s_2 an.

(d) Stellen Sie das Gleichungssystem für die periodische Spline–Interpolation (d.h. $S'(0) = S'(2)$, $S''(0) = S''(2)$) auf und geben Sie s_0,s_1,s_2 an.

9. Die Funktion $f(x) = \frac{1}{4}\left(-6x^3 + 19x^2 - 4x\right)$ soll mit Hilfe der vollständigen Spline–Interpolation (d.h. man gibt die Ableitungen von f an den Rändern vor) auf dem Intervall $[-1,3]$ zu den untenstehenden Stützstellen interpoliert werden.

k	0	1	2	3	4
x_k	-1	0	1	2	3

Geben Sie den interpolierenden kubischen Spline auf dem Intervall $[2,3]$ an.

10. Gegeben seien folgende Werte $(x_0,f_0),\ldots,(x_3,f_3)$

k	0	1	2
x_k	0	1	2
f_k	0	1	0

(a) Stellen Sie das Gleichungssystem für die natürliche Spline–Interpolation auf.

(b) Mit Hilfe der Koeffizienten s_0,s_1,s_2 geben Sie die Spline-Funktion in den Intervall $[0,1]$ und $[1,2]$ an.

(c) Nehmen Sie als zusätzliche Randbedingungen $f_0' = s_0 = 4$ und $f_2' = s_2 = -4$ mit hinzu und stellen Sie das analoge Gleichungssystem für die vollständige Spline-Interpolation auf. Wie lauten s_0,s_1,s_2?

C.6   Übungen zu Kapitel 7

1. Gegeben sei das Integral

$$I = \int_0^\pi \sin^2 x \, dx.$$

Approximieren Sie I mit der summierten Trapezregel

$$T(h) = \frac{h}{2}\left(f(a) + 2f(a+h) + 2f(a+2h) + \cdots + 2f(b-h) + f(b)\right).$$

Dabei ist $h = \frac{b-a}{n}$. Wählen Sie der Reihe nach $n = 1,2,4$ und vergleichen Sie mit I.

2. Gegeben sei das Integral

$$I = \int_0^\pi \sin x \, dx.$$

  (a) Berechnen Sie das Integral

  (b) Approximieren Sie I mit der Trapezregel $\int_a^b f(x) \, dx = \frac{b-a}{2}(f(a) + f(b))$.

  (c) Approximieren Sie I mit der Simpsonregel $\int_a^b f(x) \, dx = \frac{b-a}{6}(f(a)+4f(\frac{a+b}{2})+ f(b))$.

3. Das folgende Integral soll numerisch berechnet werden

$$I = \int_1^5 \frac{dx}{x}$$

Die summierte Trapezregel liefert für das Integral bei $h_0 = 2$ sowie $h_1 = 1$ die Werte $T(h_0) = \frac{28}{15}$ und $T(h_1) = \frac{101}{60}$. Extrapolieren Sie diese berechneten Werte $(h_k^2, T(h_k))$, $k = 0,1$, indem Sie auf diese Werte das Schema von Neville/Aitken an der Stelle $x = h = 0$ anwenden.

Hinweis. Für das Schema von Neville/Aitken gilt die Rekursionsformel:

$$P_{k,\ldots,l}(x) = \frac{(x - x_k)P_{k+1,\ldots,l} - (x - x_l)P_{k,\ldots,l-1}}{x_l - x_k}, \quad k < l.$$

C.7   Übungen zu Kapitel 8

1. Gegeben sei die Funktion $f : \mathbb{R} \mapsto \mathbb{R}$ durch

$$f|_{[0,2\pi]}(x) := \begin{cases} 1 & \text{für } 0 < x < \pi, \\ 0 & \text{für } x = 0,\pi,2\pi, \\ -1 & \text{für } \pi < x < 2\pi. \end{cases}$$

(a) Sei $2s \leqslant n - 1$ und $n = 2,4,8$. Bestimmen Sie die zu f gehörige diskrete Fouriertransformation

$$\hat{f}_{s,s}(x) = \frac{1}{2}\tilde{a}_0 + \sum_{k=1}^{s}(\tilde{a}_k \cos kx + \tilde{b}_k \sin kx),$$

$$\tilde{a}_k = \frac{2}{n}\sum_{l=0}^{n-1} f(x_l) \cos kx_l, \quad \tilde{b}_k = \frac{2}{n}\sum_{l=0}^{n-1} f(x_l) \sin kx_l.$$

Dabei ist $x_l = l\frac{2\pi}{n}$. Hinweis: $\sin\frac{\pi}{4} = \cos\frac{\pi}{4} = \frac{1}{\sqrt{2}}$.

(b) Sei $2s = n - 2$. Skizzieren Sie $\hat{f}_{s,s}(x)$ für $n = 2,4,8$ und vergleichen Sie mit f.

2. Gegeben sei die Funktion $f : \mathbb{R} \mapsto \mathbb{R}$ durch

$$f|_{[0,2\pi]}(x) := \begin{cases} 1 & \text{für } 0 < x < \pi, \\ 0 & \text{für } x = 0,\pi,2\pi, \\ -1 & \text{für } \pi < x < 2\pi. \end{cases}$$

(a) Bestimmen Sie die zu f gehörige Fourierreihe

$$\hat{f}(x) = \frac{1}{2}a_0 + \sum_{k=1}^{\infty}(a_k \cos kx + b_k \sin kx),$$

$$a_k = \frac{1}{\pi}\int_0^{2\pi} f(x) \cos kx \, dx, \quad b_k = \frac{1}{\pi}\int_0^{2\pi} f(x) \sin kx \, dx.$$

(reicht a_k,b_k für $k \leqslant 3$).

(b) Skizzieren Sie die ersten vier Partialsummen von $\hat{f}$ (d.h. $k \leqslant 0,1,2,3$ statt ∞) und vergleichen Sie mit f.

C.8   Übungen zu Kapitel 9

1. Gegeben sei die Matrix $A = \begin{bmatrix} -1 & 2 & 3 \\ -2 & 7 & 4 \\ 1 & 4 & -2 \end{bmatrix}$.

(a) Berechnen Sie mit Hilfe des Gauß–Algorithmus eine LR–Zerlegung von A und geben Sie die Matrizen L und R explizit an.

(b) Lösen Sie mit Hilfe dieser LR–Zerlegung das Gleichungssystem $Ax = \begin{bmatrix} 12 & 24 & 3 \end{bmatrix}^\mathsf{T}$.

2. Gegeben sei die Matrix A aus dem zentralen Modellprojekt zur Wärmeleitung in einer Kühlrippe. Verwenden Sie die eingebaute MATLAB–Funktion "[L,R]=lu(A)" zur Berechnnung einer LR–Zerlegung. Ermitteln Sie Zeitbedarf ("etime") und Speicherbedarf ("nnz") und stellen Sie diese Werte jeweils graphisch in Abhängigkeit vom Diskretisierungsparameter n dar. Was beobachten Sie?

3. Gegeben sei die Matrix
$$A = \begin{bmatrix} 51 & 49 \\ 49 & 51 \end{bmatrix}.$$

Berechnen Sie die Kondition von A bzgl. der Normen $\|\ \|_1$ und $\|\ \|_\infty$.

4. Die exakte Lösung des Gleichungssystems
$$\begin{bmatrix} 1 & 0.99 \\ 0.99 & 0.98 \end{bmatrix} x = \begin{bmatrix} 1.99 \\ 1.97 \end{bmatrix}$$

ist $x = \begin{bmatrix} 1 \\ 1 \end{bmatrix}$. Mit $x_\varepsilon = \begin{bmatrix} 1.94 \\ 0.050459 \end{bmatrix}$ gilt aber auch

$$\begin{bmatrix} 1 & 0.99 \\ 0.99 & 0.98 \end{bmatrix} x_\varepsilon = \begin{bmatrix} 1.98995441 \\ 1.97004982 \end{bmatrix}.$$

(a) Bestimmen Sie den relativen Fehler $\frac{\|x - x_\varepsilon\|_\infty}{\|x\|_\infty}$.

(b) Wie lautet die Konditionszahl $\kappa_\infty(A)$?

(c) Begründen Sie die relativ großen Fehler zwischen x und x_ε!

5. Gegeben sei die Matrix
$$A = \begin{bmatrix} 2 & -1 & 0 \\ -1 & 2 & -1 \\ 0 & -1 & 2 \end{bmatrix}.$$

(a) Berechnen Sie die LR Zerlegung der Matrix A.

(b) Geben Sie die Cholesky-Zerlegung der Matrix A an.

(c) Welche Beziehung besteht zwischen den Dreiecksfaktoren der LR–Zerlegung und denen der Cholesky–Zerlegung?

6. Gegeben sei die Matrix $A = \begin{bmatrix} -1 & 2 & 3 \\ -2 & 7 & 4 \\ 1 & 4 & -2 \end{bmatrix}.$

(a) Berechnen Sie mit Hilfe des Gauß–Algorithmus eine LR–Zerlegung von A mit partieller Pivotisierung und geben Sie die Matrizen L und R explizit an.

(b) Bestimmen Sie den Wachstumsfaktor $\rho = \max_{i,j,k} \frac{|a_{ij}^{(k)}|}{\|A\|_\infty}$.

(c) Lösen Sie mit Hilfe dieser LR–Zerlegung das Gleichungssystem $Ax = \begin{bmatrix} 12 & 24 & 3 \end{bmatrix}^\top$

7. Gegeben ist die Matrix
$$A = \begin{bmatrix} 1 & 2 \\ -2000 & 1000 \end{bmatrix}.$$

(a) Berechnen Sie $\kappa_\infty(A)$.

(b) Skalieren Sie die Matrix durch Linksmultiplikation mit einer Diagonalmatrix D, so dass beide Zeilen ungefähr gleiche ∞–Norm haben.

(c) Berechnen Sie $\kappa_\infty(DA)$ und vergleichen Sie mit $\kappa_\infty(A)$. Was stellen Sie fest?

8. Gegeben sei das Gleichungssystem $Ax = b$ mit folgender Matrix

$$
A = \begin{bmatrix}
* & * & \cdots & * \\
* & * & & 0 \\
\vdots & & \ddots & \\
* & 0 & & *
\end{bmatrix}.
$$

(a) Was passiert, wenn man auf diese Matrix die LR-Zerlegung anwendet?

(b) Ordnen Sie die Spalten und Zeilen der Matrix so um, dass die Faktoren L und R der LR-Zerlegung das gleiche Belegungsmuster wie A haben (keine neuen Nicht–Null–Einträge).

9. Betrachten Sie das lineare Gleichungssystem $Ax = b$

$$
\begin{bmatrix}
1 & 0 \\
100 & 1
\end{bmatrix} \vec{x} = \vec{b}.
$$

(a) Bestimmen Sie die Konditionszahl $\kappa_\infty(A)$ in der ∞–Norm.

(b) Wie groß darf der relative Fehler in $\vec{b}$ maximal sein, damit der relative Fehler in der gestörten Lösung weniger als 0.01 (d.h. 1%) ist?

Hinweis. Es gilt $\frac{\|x-\tilde{x}\|}{\|x\|} \leqslant \kappa(A)\frac{\|b-\tilde{b}\|}{\|b\|} + \kappa(A)\frac{\|A-\tilde{A}\|}{\|A\|}$.

10. Gegeben Sei das lineare Gleichungssystem $A\vec{x} = \vec{b}$

$$
\begin{bmatrix}
4 & 1 & 0 \\
1 & 4 & 1 \\
0 & 1 & 4
\end{bmatrix} \vec{x} = \begin{bmatrix}
0 \\
15 \\
4
\end{bmatrix}.
$$

(a) Bestimmen Sie die LR–Zerlegung (ohne Pivotisierung) von A und geben Sie L und R an.

(b) Verwenden Sie nun partielle Pivotisierung. Wie lautet dann die LR Zerlegung von PA? Gegeben Sie L, R und P an.

(c) Lösen Sie das Gleichungssystem mit Hilfe der LR-Zerlegung und zeigen Sie, dass $\vec{x} = (-1{,}4{,}0)^\top$ ist.

11. Gegeben sei eine Matrix mit $\det A > 0$. Ist folgende Aussage war oder falsch? Begründung oder Gegenbeispiel!

"Ist die Matrix schlecht konditioniert, dann ist die Determinante nahezu Null".

C.9 Übungen zu Kapitel 10

1. Sei $F(x) = e^x - \sin x$. Zur Bestimmung von $F(x) = 0$ betrachten Sie folgende Fixpunktgleichungen $\Phi(x) = x$, wobei

$$\begin{aligned}
\Phi_a(x) &= e^x - \sin x + x, \\
\Phi_b(x) &= \sin x - e^x + x, \\
\Phi_c(x) &= \arcsin(e^x), \quad \text{für } x < 0, \\
\Phi_d(x) &= \ln(\sin x), \quad \text{für } x \in (-2\pi, -\pi).
\end{aligned}$$

(a) Bestimmen Sie die Ableitungen von Φ.

(b) Skizzieren Sie die Ableitungen (z.B. mit MATLAB).

(c) Kennzeichnen Sie die Bereiche, wo die Fixpunktiteration mit Sicherheit konvergiert!

2. Sei $F(x,y) = \left[\begin{array}{c} x^2+y^2-2 \\ y-\frac{1}{x} \end{array} \right].$

(a) Bestimmen Sie die Ableitung $\mathcal{D}F(x,y)$.

(b) Formulieren Sie das Newton-Verfahren für $F(x,y) = 0$.

(c) Beginnend mit $x^{(0)} = \frac{5}{4}, y^{(0)} = \frac{5}{4}$, bestimmen Sie $x^{(1)}, y^{(1)}$.

3. Betrachten Sie die Gleichungen $F(x) = (x-2)^2 = 0$ und $G(x) = (x-2)(x-3) = 0$.

(a) Formulieren Sie für beide Gleichungen das Newton-Verfahren.

(b) Sei $x^{(0)} = 1$ Startwert. Bestimmen Sie die ersten Iterierten $x^{(k)}$, $k = 1,2,3,4$.

(c) Ist es ein Widerspruch zum Satz über die quadratische Konvergenz des Newton-Verfahrens, dass die Iterierten $x^{(k)}$ beim Newton-Verfahren zu F soviel langsamer konvergieren als bei G?

4. Gegeben sei eine positive Zahl $a > 0$ und die Gleichung $F(x) = x^2 - a$.

(a) Formulieren Sie das Newtonverfahren für diese Gleichung.

(b) Zu $a = 2$ und $x^{(0)} = 1$, bestimmen Sie $x^{(1)}$ und $x^{(2)}$ und vergleichen Sie mit $\sqrt{2} \approx 1.41421356$.

(c) Hinweis. Es ist $x^{(3)} = \frac{577}{408} \approx 1.41421569$. Wieviel Stellen hat man bei $x^{(3)}$ gegenüber $x^{(2)}$ hinzugewonnen?

5. Gegeben sei die Gleichung $F(x) = x + \ln x = 0$.

(a) Sei $\Phi(x) = -\ln x$. Die Fixpunktiteration $x^{(k+1)} = \Phi(x^{(k)})$, $k = 0,1,2$ liefert für $x^{(0)} = \frac{1}{2}$ die Werte $x^{(1)} \approx 0.6931$, $x^{(2)} \approx 0.3665$, $x^{(3)} \approx 1.0037$. Warum konvergiert die Fixpunktiteration nicht?

(b) Machen Sie Vorschläge für eine Funktion Φ, so dass die Fixpunktiteration gegen eine Nullstelle von F konvergiert.

6. Gegeben sei eine reelle $n \times n$ Matrix A. Betrachten Sie das Eigenwertproblem $Ax = \lambda x$, wobei $\lambda \in \mathbb{R}$, $x \in \mathbb{R}^n$ mit $\|x\|_2 = 1$.

(a) Schreiben Sie das Eigenwertproblem als Nullstellenproblem einer nichtlinearen Funktion $F(x,\lambda)$. Beachten Sie dabei, dass Sie $n+1$ Gleichungen mit $n+1$ Unbekannten x,λ erhalten.

(b) Betrachten Sie konkret $A = \begin{bmatrix} 1 & 0 \\ 0 & 1 \end{bmatrix}$. Bestimmen Sie die Ableitung $\mathcal{D}F(x,\lambda)$. Was passiert mit $\mathcal{D}F(x,\lambda)$ in dem Moment, wo x ein Eigenvektor und λ ein Eigenwert ist?

7. Gegeben sei die folgende nichtlineare Gleichung

$$F(x,y,z) = \begin{bmatrix} 4(x + x^2) + y \\ x + 4(y + y^2) + 15 \\ y + 4(z + z^2) + 4 \end{bmatrix}.$$

(a) Bestimmen Sie die Ableitung von F.

(b) Sei $\vec{x} = \begin{bmatrix} x & y & z \end{bmatrix}^{\top}$. Berechnen Sie einen Schritt des Newton–Verfahrens mit Startwert $\vec{x}^{(0)} = \vec{0}$.

C.10 Übungen zu Kapitel 11

1. Betrachten Sie die Differenzialgleichung $y' = f(t,y)$.

(a) Drücken Sie $y''''(t)$ durch f und seine partiellen Ableitungen aus.

(b) Sei $\Phi(t,y,h) = a_1 f(t,y) + a_2 f(t + p_1 h, y + p_2 h f(t,y))$. Zeigen Sie, dass mit $a_1 + a_2 = 1$, $a_2 p_1 = a_2 p_2 = \frac{1}{2}$ ein Einschrittverfahren der Ordnung $\geqslant 2$ gegeben ist.

(c) Sei Φ wie in (b). Zeigen Sie, dass im Allgemeinen für keine Wahl von a_1, a_2, p_1, p_2, Φ zu einem Einschrittverfahren der Ordnung > 2 werden kann.

(d) Sei Φ wie in (b). Bestimmen Sie a_1, a_2, p_1, p_2 so, dass der Fehlerterm in h^2 der Taylor–Entwicklung kleinstmögliche Konstanten besitzt.

(e) Zeigen Sie, dass für lineare Differenzialgleichungen mit konstanten Koeffizienten alle Einschrittverfahren Φ aus 1(b) der Konsistenzordnung 2 übereinstimmen.

2. Betrachten Sie die gewöhnliche Differenzialgleichung $y' = f(t,y)$, $y(t_0) = y_0$ und sei $A(t,y) = \frac{\partial f(t,y)}{\partial y}$ die Ableitung nach y. Das folgende exponentiell angepasste Euler–Verfahren ist definiert als

$$u_{k+1} = u_k + h\, \phi(hA_k)\, f(t_k, u_k), \quad k = 0,1,\ldots$$

wobei $u_0 = y_0$, $t_k = t_0 + kh$, $A_k = A(t_k, u_k)$ sowie $\phi(z) = (e^z - 1)/z$. Dabei sei h fest gewählt.

(a) Bestimmen Sie die Konsistenzordnung des Verfahrens.

(b) Was passiert, falls die Differenzialgleichung $f(t,y)$ *nicht* von t abhängt?

(c) Ist dieses Verfahren exakt für lineare Differenzialgleichungen mit konstanten Koeffizienten?

3. Überprüfen Sie mit Hilfe der Taylor–Entwicklung: die Bedingungen

$$\gamma_1 + \ldots + \gamma_m = 1, \quad \gamma_1\alpha_1 + \ldots + \gamma_m\alpha_m = \frac{1}{2}, \quad \alpha_r = \beta_{r1} + \ldots + \beta_{r,m}, \, r = 1,\ldots,m$$

sind hinreichend, damit ein Runge–Kutta–Verfahren mindestens die Konsistenzordnung 2 hat.

4. Betrachten Sie das verallgemeinerte Einschrittverfahren

$$u_{j+1} + \alpha_0 u_j = h(\beta_0 f_j + \beta_1 f_{j+1}), \, f_j = f(t_j, u_j), f_{j+1} = f(t_j + h, u_{j+1}), \, j = 0,1,\ldots$$

Bestimmen Sie $\alpha_0, \beta_0, \beta_1$ so, dass der lokale Diskretisierungsfehler $\tau(t,h)$ minimal wird.

C.11 Übungen zu Kapitel 12

1. Gegeben sei eine lineare Differenzialgleichung im $\mathbb{R}^n$ der Form

$$y' = A(t)y + b(t), \, y(t_0) = y_0.$$

   (a) Formulieren Sie das implizite Eulerverfahren für diese Gleichung.

   (b) Zeigen Sie, dass für das implizite Euler–Verfahren in jedem Schritt ein lineares Gleichungssystem gelöst werden muss. Wie lautet die zugehörige Matrix?

2. Gegeben sei m–stufiges Runge–Kutta–Verfahren mit Tabelle

$$\begin{array}{c|ccc} \alpha_1 & \beta_{11} & \cdots & \beta_{1m} \\ \vdots & \vdots & & \vdots \\ \alpha_1 & \beta_{11} & \cdots & \beta_{1m} \\ \hline & \gamma_1 & \cdots & \gamma_m \end{array} = \begin{array}{c|c} a & B \\ \hline & c^{\top} \end{array}.$$

Sei $B = \big[\, \beta_{rl} \,\big]_{r,l}$, $c = \big[\, \gamma_r \,\big]_r$ sowie

$$R(z) = \frac{\det(I - zB + zec^{\top})}{\det(I - zB)}, \text{ wobei } e = \begin{bmatrix} 1 \\ \vdots \\ 1 \end{bmatrix}.$$

Zeigen Sie, dass

$$\mathcal{A} = \{z \in \mathbb{C} : \; z = h\lambda, \, |R(z)| < 1\}$$

der Bereich absoluter Stabilität ist.

Hinweis: Nutzen Sie die folgende Formel für zwei Vektoren v,w: $1 + v^{\top}w = \det(I + wv^{\top})$.

3. Bestimmen Sie für das durch $\begin{array}{c|cc} 0 & \frac{1}{12} & \frac{-1}{12} \\ 1 & \frac{7}{12} & \frac{5}{12} \\ \hline & \frac{1}{2} & \frac{1}{2} \end{array}$ gegebene implizite Runge-Kutta-Verfahren den Bereich absoluter Stabilität. Unterscheiden Sie zwischen dem reellen und dem komplexen Fall.

4. Betrachten Sie das explizite bzw. implizite Euler–Verfahren mit variabler Schrittweite h_j für die Differenzialgleichung $y' = \lambda(t)y$ auf dem Intervall $[0,a]$, wobei $\lambda(t) = \lambda t$ für ein festes negatives λ. Wie müssen die h_j gewählt werden, so dass $h_j\lambda(t)$ für alle j und $t \in [t_j, t_{j+1}]$ noch im Bereich absouter Stabilität liegt. Kann man den Endpunkt a des Intervalls beliebig groß wählen?

5. Betrachten Sie die Differenzialgleichung $y' = \lambda y$, $y(0) = 1$, $\lambda \in \mathbb{C}$ sowie das explizite und implizite Euler–Verfahren hierfür.

   (a) Bestimmen Sie für beide Verfahren eine explizite Formel für die Näherung an $y(1)$ bei Schrittweite $h = \frac{1}{n}$.

   (b) Falls $\mathrm{Re}\,\lambda < 0$ ist, untersuchen Sie die Näherungslösungen in Abhängigkeit von h. Für welche h ist die Näherungslösung beschränkt?

   (c) Sei $\mathrm{Re}\,\lambda < 0$. Welche Folgen hat die Beobachtung aus (b) für die Approximation von $y(1)$ durch das explizite bzw. implizite Euler–Verfahren?

6. Bestimmen Sie für folgende Einschrittverfahren die Bereiche absoluter Stabilität

   - $u_{k+1} = u_k + hf\left(t_k + \frac{h}{2}, \frac{1}{2}(u_k + u_{k+1})\right)$.
   - Das klassische Runge-Kutta-Verfahren (Tipp: Formel aus Aufgabe 2).

C.12 Übungen zu Kapitel 13

1. Sei $G(\theta) = \begin{bmatrix} \cos\theta & -\sin\theta \\ \sin\theta & \cos\theta \end{bmatrix} \equiv \begin{bmatrix} c & -s \\ s & c \end{bmatrix}$. Zeigen Sie:

   (a) die Abbildung G beschreibt eine Drehung um den Winkel θ gegen den Uhrzeigersinn in der Ebene.

   (b) Für vorgegebenes $v = \begin{bmatrix} v_1 \\ v_2 \end{bmatrix}$ bewirkt die Wahl

$$c = \frac{v_1}{\sqrt{v_1^2 + v_2^2}}, \quad s = \frac{-v_2}{\sqrt{v_1^2 + v_2^2}},$$

   dass $Gv = \begin{bmatrix} * \\ 0 \end{bmatrix}$ ist (Givens–Rotation). Wie sollten c, s berechnet werden, um ein Höchstmaß an numerischer Stabilität zu sichern? Begründung!

(c) Sei $v \in \mathbb{R}^n$. Dann lässt sich v durch Anwendung von $n-1$ eingebetteten Givensrotationen aus Teil (1b) auf ein Vielfaches von e_1 transformieren.

2. Sei $G = \begin{bmatrix} c & -s \\ s & c \end{bmatrix}$ orthogonal und nehmen Sie an, dass Sie für vorgegebenes $v = \begin{bmatrix} v_1 \\ v_2 \end{bmatrix}$, c,s so bestimmen können, dass $Gv = \begin{bmatrix} * \\ 0 \end{bmatrix}$ ist. Zeigen Sie:
Ist A eine obere Hessenbergmatrix (d.h. $a_{i,j} = 0$ für alle $i > j+1$), dann besitzt A eine QR–Zerlegung, die in $3n^2 + \mathcal{O}(n)$ flops berechnet werden kann (ohne explizite Berechnung von Q).
Welches Belegungsmuster hat Q?

3. Zeigen Sie:

   (a) Ist eine orthogonale Matrix gleichzeitig eine obere Dreiecksmatrix, dann ist sie bereits diagonal. Wie sehen die Diagonaleinträge aus? Gilt ein analoges Ergebnis auch für unitäre Matrizen?

   (b) Jede orthogonale Matrix lässt sich als Produkt von Elementarspiegelungen (Householdertransformationen) schreiben. Gilt das auch, wenn man Elementarspiegelungen durch Rotationen ersetzt?

4. Schreiben Sie ein MATLAB–Programm zur Implementation der QR–Zerlegung mit Hilfe von Householder–Transformationen und vergleichen Sie den Algorithmus mit der eingebauten Funktion 'qr'.

5. Zeigen Sie:

   (a) Für jedes $V \in \mathbb{R}^{n,m}$, Rang $V = m$ ist $S = I - 2V(V^\top V)^{-1}V^\top$ symmetrisch und orthogonal und es ist $S^2 = I$.

   (b) S ist eine Spiegelung am orthogonalen Komplement von Bild V.

   (c) S hat nur Eigenwerte -1, m–fach sowie 1, $n-m$–fach.

C.13   Übungen zu Kapitel 14

1. Berechne die Eigenwerte und Eigenvektoren von $A = \begin{bmatrix} 1 & 2 \\ 3 & 4 \end{bmatrix}$ sowie die Eigenwerte von $M = A^\top A$. Warum sind die Eigenwerte von M reell und nichtnegativ?

2. Nehmen Sie an, dass A diagonalisierbar ist, d.h. A hat n linear unabhängige Eigenvektoren $v_1, \ldots, v_n$ zu Eigenwerten $\lambda_1, \ldots, \lambda_n$. Zeigen Sie, dass die allgemeine Lösung von $\dot{x} = Ax$ die Darstellung $x = \sum_{i=1}^{n} c_i e^{\lambda_i t} v_i$ hat, für geeignete $c_1, \ldots, c_n \in \mathbb{C}$.

3. Betrachten Sie die Differenzialgleichung zweiter Ordnung $\ddot{\theta} + k_1 \dot{\theta} + k_2 \sin \theta = 0$, wobei k_1, k_2 positive Konstanten sind. Diese Differenzialgleichung beschreibt ein gedämpftes Pendel mit Winkel θ.
Zeigen Sie, dass die Gleichgewichtspunkte Vielfache von π sind. (Hinweis. Bestimme Sie die Jacobimatrix).

4. Sei $A \in \mathbb{R}^{n,n}$ eine reelle Matrix und v ein Eigenvektor von A zum nichtreellen Eigenwert λ.

   (a) Sei $x = v + \imath w$. Zeigen Sie, dass v und w linear unabhängig sind

   (b) Sei $\lambda = a + \imath b$. Zeigen Sie, dass

$$A \begin{bmatrix} v & w \end{bmatrix} = \begin{bmatrix} v & w \end{bmatrix} \begin{bmatrix} a & b \\ -b & a \end{bmatrix}$$

5. Betrachten Sie die Inverse Iteration (Algorithmus 14.12). Rechnen Sie die Anzahl Fließkommaoperationen (flops) für einen einzelnen Schritt, falls A

   (a) vollbesetzt ist,

   (b) obere Hessenberg-Matrix ist.

6. Zeigen Sie den zweiten Teil von Satz14.14.

C.14   Übungen zu Kapitel A.2

1. Schreiben Sie einen Algorithmus zur Implementierung des Jacobi–Verfahrens sowie des Gauß-Seidel-Verfahrens und vergleichen Sie diese Verfahren mit den entsprechenden vorkonditionierten CG-Verfahren.

   Wenden Sie die Algorithmen an auf die Matrix A aus dem zentralen Modellprojekt zur Wärmeleitung in einer Kühlrippe. Vergleichen Sie den Zeitbedarf und Anzahl Iterationsschritte? Erklären Sie die Zeitunterschiede!

D   Empfohlener Syllabus

Bei 14 Vorlesungen für Ingenieure (2 Semesterwochenstunden, ohne Beweise)
wird folgender Terminplan empfohlen

Vorlesung   Thema
  1   Kapitel 1, Einführung (halbe Vorlesung, Rest für Organisation der
      Veranstaltung).
  2   Kapitel 2, Zentrale Modellprojekte.
  3   Kapitel 3, Anfangswertaufgaben bis einschließlich Kapitel 3.6.
  4   Kapitel 3, Ab Kapitel 3.7.
      Kapitel 4, Fehleranalyse bis einschließlich Kapitel 4.3, Fehlerfort-
      pflanzung und numerische Verfahrensfehler bis vor Beurteilung
      und Vergleich numerischer Verfahren (Seite 38).
  5   Kapitel 4, ab Kapitel 4.3, Beurteilung und Vergleich numerischer
      Verfahren (Seite 38), bis einschließlich Kapitel 4.4.
  6   Kapitel 4, ab Kapitel 4.5,
      Kapitel 5, Randwertaufgaben bis Kapitel 5.2, Finite Differenzen
      (Seite 48). Gegebenenfalls mit Finiten Differenzen anfangen.
  7   Kapitel 5, ab Kap 5.2, Finite Differenzen (ab Seite 48) bis Kapitel
      5.3 bis vor Finite Differenzen (Seite 54).
  8   Kapitel 5, ab Finite Differenzen (Seite 54).
      Kapitel 6, Interpolation bis einschließlich Kapitel 6.2.1.
  9   Kapitel 5, ab Kapitel 6.2.2, Kapitel 6.3 anfangen.
 10   Kapitel 6.3, Rest.
      Kapitel 7, Integration bis einschließlich Kapitel 7.2.
 11   Kapitel 7.3 (Kapitel 8 weglassen).
      Kapitel 9, Lineare Gleichungssysteme bis einschließlich Kapitel
      9.3.
 12   Kapitel 9, ab Kapitel 9.4 bis einschließlich Kapitel 9.6.
 13   Kapitel 9.7 (Kapitel 9.8, 9.9 und 9.10 weglassen).
      Kapitel 10, Nichtlineare Gleichungssysteme bis einschließlich Ka-
      pitel 10.2.
 14   Kapitel 10, ab Kapitel 10.3.

Bei 15 Vorlesungen kann zwischen Kapitel 9 und Kapitel 10 noch Kapitel 8
integriert werden.

Bei 20 Vorlesungen für Ingenieure (3 Semesterwochenstunden, ohne Beweise)
kann folgender Verlausplan genutzt werden.

Vorlesung   Thema
   1   Kapitel 1, Einführung (halbe Vorlesung, Rest für Organisation der
       Veranstaltung).
   2   Kapitel, 2 Zentrale Modellprojekte.
   3   Kapitel 3, Anfangswertaufgaben bis einschließlich Kapitel 3.6.
   4   Kapitel 3, ab Kapitel 3.7.
       Kapitel 4, Fehleranalyse bis einschließlich Kapitel 4.3, Fehlerfort-
       pflanzung und numerische Verfahrensfehler bis vor Beurteilung
       und Vergleich numerischer Verfahren (Seite 38).
   5   Kapitel 4, ab Kapitel 4.3, Beurteilung und Vergleich numerischer
       Verfahren (Seite 38), bis einschließlich Kapitel 4.4.
   6   Kapitel 4, ab Kapitel 4.5,
       Kapitel 5, Randwertaufgaben bis Kapitel 5.2, Finite Differenzen
       (Seite 48). Gegebenenfalls mit Finiten Differenzen anfangen.
   7   Kapitel 5, ab Kapitel 5.2, Finite Differenzen (ab Seite 48) bis Ka-
       pitel 5.3 bis vor Finite Differenzen (Seite 54).
   8   Kapitel 5, ab Finite Differenzen (Seite 54).
       Kapitel 6, Interpolation bis einschließlich Kapitel 6.2.1.
   9   Kapitel 5, ab Kapitel 6.2.2, Kapitel 6.3 anfangen.
  10   Kapitel 6.3, Rest.
       Kapitel 7, Integration bis einschließlich Kapitel 7.2.
  11   Kapitel 7.3.
       Kapitel 8, Diskrete Fouriertransformation.
  12   Kapitel 9, Lineare Gleichungssysteme bis einschließlich Kapitel
       9.3.
  13   Kapitel 9, ab Kapitel 9.4 bis einschließlich Kapitel 9.6.
  14   Kapitel 9, ab Kapitel 9.7.
  15   Gegebenenfalls noch Kapitel 9.10.
       Kapitel 10, Nichtlineare Gleichungen bis einschließlich Kapitel
       10.2.
  16   Kapitel 10, ab Kapitel 10.3.
  17   Kapitel 11, Verfahren höherer Ordnung für Anfangswertprobleme.
  18   Kapitel 12, Stabilität von Einschrittverfahren.
  19   Kapitel 13, Unter– und überbestimmte Gleichungen.
  20   Kapitel 14, Eigenwertprobleme.

Bei 21 Vorlesungen kann Kapitel A.2.3 im Umfang einer Vorlesung entweder
als 21. Vorlesung oder zwischen Vorlesung 16 und 17 integriert werden.

Die im Anhang aufgeführten Ergänzungen entsprechen dem Umfang von ca. 4
Vorlesungen.

E Notation

$\mathbb{R}$, $\mathbb{C}$	reelle/komplexe Zahlen
$\mathbb{N}$	natürliche Zahlen
$\mathbb{M}(p,m,e)$	Maschinenzahlen zur Basis p mit Mantissenlänge m und Exponentenlänge e.
$\dot{y},\ddot{y}$	Ableitungen nach der Zeit
$y',y'',\dots$	Ableitungen nach einer Ortsvariablen
$\frac{dy}{dt},\frac{d^2y}{dt^2},\dots$	Ableitungen nach einer Variablen
$\frac{\partial y}{\partial x},\frac{\partial^2 y}{\partial x^2},\dots$	partielle Ableitungen nach einer Variablen
$\int f(x)\,dx,$ $\int\int f(x,y)\,dx\,dy$	Einfach–/Mehrfachintegrale
$\vec{v}$	Hervorhebung eines Vektors
$\mathcal{O}(h^p)$	Landau–Kalkül, $f(h) = \mathcal{O}(h^p)$, falls $\lvert f(h)\rvert \leqslant Ch^p$ für eine positive Konstante C.
$\Phi(t,u,h)$	Inkrementfunktion eines Einschrittverfahrens zur Lösung der Differenzialgleichung $\dot{y} = f(t,y)$ im Zeitpunkt t, alter Näherung $u \equiv u(t)$ und Schrittweite h
$\tau(t,h)$	Lokaler Diskretisierungsfehler eines Einschrittverfahrens im Zeitpunkt t und Schrittweite h
$gl(x)$	Wert von x auf einem Rechner mit Maschinenzahlen $\mathbb{M}(p,m,e)$
eps	Maschinengenauigkeit
$\Delta u(x,y)$	Laplaceoperator $\frac{\partial^2 u(x,y)}{\partial x^2} + \frac{\partial^2 u(x,y)}{\partial y^2}$
Π_n	Raum der Polynome vom Grade n
$f[x_1,\dots,x_k]$	Dividierte Differenz zu $x_1,\dots,x_k$
$S_\Delta(x)$	kubischer Spline zum Gitter $\Delta = \{a = x_0 < x_1 < \dots < x_n = b\}$
$T(h)$	Trapezsumme eines Integrales $\int f(x)\,dx$ zur Schrittweite h
$P_{k,\dots,l}(\hat{x})$	Wert der Rekursionsformel von Neville–Aitken in Abhängigkeit der Stützstellen $x_k,\dots,x_l$ an der Stelle $\hat{x}$

$\hat{f}_{r,s}(x), \tilde{f}_{r,s}(x)$ Fouriertransformierte bzw. diskrete Fouriertransformierte

$| \ |, \ \| \ \|$ Betrag und Norm

$\| \ \|_1, \ \| \ \|_2, \ \| \ \|_\infty$ Spaltensummennorm, Spektralnorm und Zeilensummennorm

$\| \ \|_1, \ \| \ \|_2, \ \| \ \|_\infty$ Betragssummennorm, euklidische Norm und Maximumsnorm

$\|A\|_F$ Frobeniusnorm einer Matrix A, $\|A\|_F = \left(\sum_{i,j} a_{i,j} \right)^{1/2}$

$a_{i,j}, \ A(i,j)$ Eintrag einer Matrix an der Position (i,j).

$A(k:l,m:n)$ MATLAB–Notation. Teilmatrix $[a_{i,j}]_{i=k,\dots,l,j=m,\dots,n}$

$\kappa(A), \ \kappa_p(A)$ Konditionszahl $\|A\| \cdot \|A^{-1}\|$ bzw. $\|A\|_p \cdot \|A^{-1}\|_p$ einer nichtsingularären Matrix A

$x^\top, A^\top$ Transponierte eines Vektors x bzw. einer Matrix A

$\mathcal{D}F(x)$ Jacobimatrix einer Funktion $F(x)$

$\mathcal{A}$ Bereich absoluter Stabilität eines Einschrittverfahrens mit Inkrementfunktion Φ

$\vec{u}$ Koordinatenvektor bei Finiten Elementen

$H^k(\Omega), \ H_0^k(\Omega)$ Sobolevraum (gegebenfalls mit Nullrandbedingung) der k mal differenzierbaren Funktionen auf Ω

Literaturverzeichnis

[1] Ascher, U.M. / Petzold, L.M. *Computer Methods for Ordinary Differential and Differential-Algebraic Equations.* SIAM Publications, Philadelphia 1998.

[2] Bjoerck, Å. / Dahlquist, G. *Numerische Methoden.* Oldenbourg Verlag, München 1972.

[3] Bunse, W. / Bunse–Gerstner, A. *Numerische Lineare Algebra.* Teubner Verlag, Stuttgart 1985.

[4] Braess, D. *Finite Elemente.* Springer Verlag, Berlin 1991.

[5] Ciarlet, P.G. *The Finite Element Method for Elliptic Problems.* SIAM Publications, Philadelphia, 2002.

[6] Coddington, E.A. / Levinson, N. *Theory of ordinary differential equations.* McGraw-Hill, New York 1955.

[7] De Boor, C. *A Practical Guide to Splines.* 2. Auflage. Springer Verlag, Berlin 2001.

[8] Deuflhard, P. / Hohmann, A. *Numerische Mathematik.* 3. Auflage. de Gruyter Verlag, Berlin 2002.

[9] Deuflhard, P. / Bornemann, F. *Numerische Mathematik II.* 2. Auflage. de Gruyter Verlag, Berlin 2002.

[10] Deuflhard, P. *Newton Methods for Nonlinear Problems. Affine Invariance and Adaptive Algorithms.* Springer Verlag, Berlin 2004.

[11] Duff, I.S./ Erisman, A.M. /Reid, J.K. *Direct methods for sparse matrices.* 2. Auflage. Oxford University Press, New York 1989.

[12] Eich-Söllner, E. / Führer C. *Numerical Methods in Multibody Systems.* Teubner Verlag, Stuttgart 1998.

[13] Forster, O. *Analysis I.* 5. Auflage, Vieweg Verlag , Braunschweig 1999.

[14] George, A. / Liu, J. *Computer Solution of Large Sparse Positive Definite Systems.* Prentice Hall, 1981.

[15] Goering, H. / Roos, H.-G. / Tobiska, L. *Finite Elemente Methode. Eine Einführung.* 3. Auflage, Akademie-Verlag, Berlin 1993.

[16] Golub, G.H. / Van Loan, C.F. *Matrix Computations.* 3. Auflage, Johns Hopkins University Press, Baltimore, 1996.

[17] Golub, G.H. / Ortega, J.M. *Scientific Computing.* Teubner Verlag, Stuttgart 1996.

[18] Greenbaum, A. *Iterative Methods for Solving Linear Systems.* SIAM Publications, Philadelphia 1997.

[19] Griewank, A. *Evaluating Derivatives, Principles and Techniques of Algorithmic Differentiation.* SIAM Publications, Philadelphia 2000.

[20] Grigorieff, R.D. *Numerik gewöhnlicher Differentialgleichungen, Band 1.* Teubner Verlag, Stuttgart, 1972.

[21] Grigorieff, R.D. *Numerik gewöhnlicher Differentialgleichungen, Band 2.* Teubner Verlag, Stuttgart, 1977.

[22] Großmann, Ch. / Roos, H.-G. *Numerik partieller Differentialgleichungen.* Teubner Verlag, Stuttgart 1994.

[23] Hackbusch, W. *Multigrid Methods and Applications.* 2. Auflage Springer Verlag, Berlin 2003.

[24] Hackbusch, W. *Iterative Lösung großer schwachbesetzter Gleichungssysteme.* 2. Auflage. Teubner Verlag, Stuttgart, 1993.

[25] Hackbusch, W. *Integralgleichungen. Theorie und Numerik.* 2. Auflage. Teubner Verlag, Stuttgart, 1997.

[26] Hairer, E. / Nørsett, S.P. / Wanner, G. *Solving ordinary differential equations. Nonstiff Problems.* 2. Auflage. Springer Verlag, Berlin 1993.

[27] Hairer, E. / Wanner, G. *Solving ordinary differential equations II. Stiff and Differential-Algebraic Problems.* 2. Auflage. Springer Verlag, Berlin 1996.

[28] Hanke-Bourgeois, M. *Grundlagen der Numerischen Mathematik und des Wissenschaftlichen Rechnens.* Teubner Verlag, Wiesbaden, 2002.

[29] Hämmerlin, G. / Hoffmann, K.H.: *Numerische Mathematik.* Springer 1994.

[30] Higham, N.J. *Accuracy and Stability of Numerical Algorithms.* 2. Auflage. SIAM Publications, Philadelphia 2002.

[31] Kiełbasiński, A. / Schwetlick, H. *Numerische lineare Algebra. Eine computerorientierte Einführung.* Deutscher Verlag der Wissenschaften, Berlin, oder Harri Deutsch Verlag, Thun 1988.

[32] Konstantinov, M. / Gu, D. / Mehrmann, V. / Petkov, P. *Perturbation Theory for Matrix Equations.* Elsevier, North Holland 2003.

[33] Anderson, E. / Bai, Z. / Bischof, C. / Demmel, J. / Dongarra, J. / Du Croz, J. / Greenbaum, A. / Hammarling, S. / McKenney, A. / Ostrouchov, S. / Sorensen, D. *LAPACK Users' Guide.* SIAM Publications, Philadelphia 1995.

[34] The MathWorks Inc. MATLAB version 6.5 release 13, 2002.

[35] Scientific Computers GmbH, Maple Version 9.5. 2004

[36] Meyer, Y. *Wavelets*. SIAM Publications, Philadelphia 1993.

[37] Meis, T., Marcowitz, U. *Numerische Behandlung partieller Differentialgleichungen*. Springer, Berlin, 1978.

[38] Opfer, G. *Numerische Mathematik für Anfänger*. Vieweg Verlag, Braunschweig 1993.

[39] Parlett, B.N. *The Symmetric Eigenvalue Problem*. 2. Auflage. SIAM Publications, Philadelphia 1997.

[40] Roos, H.-G. / Schwetlick, H. *Numerische Mathematik*. Teubner Verlag, Stuttgart 1999.

[41] Saad, Y. *Iterative Methods for Sparse Linear Systems*. 2. Auflage. SIAM Publications, Philadelphia 2003.

[42] Schaback, R. / Werner, H. *Numerische Mathematik*. Springer Verlag, Berlin 1992.

[43] Schiehlen, W. *Advanced multibody system dynamics*, Kluwer, Stuttgart 1993.

[44] Schwarz, H.R. *Numerische Mathematik*. Teubner Verlag, Stuttgart, 1988.

[45] Schwarz, H.R. *Methode der Finite Elemente*. 3. Auflage Teubner Verlag , Stuttgart 1991.

[46] Schwetlick, H. *Numerische Lösung nichtlinearer Glcichungen*. Deutscher Verlag der Wissenschaften, Berlin, oder Oldenbourg Verlag, München 1979.

[47] Schwetlick, H. / Kretschmar, H. *Numerische Mathematik für Naturwissenschaftler und Ingenieure*. Fachbuchverlag, Leipzig 1991.

[48] Stewart, G.W. *Matrix Algorithms Vol. I: Basic Decompostions*. SIAM Publications, Philadelphia 1998.

[49] Stewart, G.W. *Matrix Algorithms Volume II: Eigensystems*. SIAM Publications, Philadelphia 2001.

[50] Stoer, J. *Numerische Mathematik I*. 7. Auflage, Springer Verlag, Berlin 1994.

[51] Stoer, J. / Bulirsch, R. *Numerische Mathematik II*. 3. Auflage, Springer Verlag, Berlin 1990.

[52] Strehmel, K. / Weiner, R. *Linear-implizite Runge-Kutta-Methoden und ihre Anwendung*. Teubner Verlag, Stuttgart-Leipzig, 1992.

[53] Thomee, V. *Galerkin Finite Element Methods for Parabolic Problems*. Springer Verlag, 1997.

[54] Van Huffel, S. / Vandewalle, J. *The Total Least Squares Problem: Computational Aspects and Analysis*. SIAM Publications, Philadelphia 1991.

[55] Van der Vorst, H.A. *Iterative Krylov Methods for Large Linear Systems*. Cambridge Univ. Press, Cambrige 2003.

[56] Van Loan, C. *A unified treatment of the FFT from the matrix factorization point of view*. SIAM Publications, Philadelphia, 1992.

[57] Varga, R.S. *Matrix Iterative Analysis*. 2. Auflage. Springer Verlag, Heidelberg, 2000.

[58] Walter, W. *Gewöhnliche Differentialgleichungen*. 3. Auflage Springer Verlag, Heidelberg 1985.

[59] Watkins, D. *Fundamentals of Matrix Computations*, 2. Auflage. John Wiley and Sons, New York 2002.

[60] Wilkinson, J.H. *Rundungsfehler*, Springer Verlag, Berlin, 1969.

Index

3/8–Regel, 159

Abbildung
— kontrahierend, 137
Abstoßender Fixpunkt, 138
Anfangswertaufgabe, 16
Ansatzraum, 218
Anziehender Fixpunkt, 138
Ausgleichsproblem, 182
— lineares, 184
Auslöschung, 37

Banachscher Fixpunktsatz, 137
Band LR–Zerlegung, 238
Bandmatrix, 238
Bereich absoluter Stabilität, 172
Biegelinien, 75
Butcher–Tabelle, 156, 160

CFL–Bedingung, 179
CG–Verfahren, 245, 247
Cholesky–Zerlegung, 132
Coulomb–Reibung, 9
Crank–Nicolson
— Verfahren von, 176

Dämpfungskraft, 6
Datenfehler, 38
Differenzenquotient, 48
— Rückwärts-, 48
— Vorwärts-, 48
— zentraler, 48
Differenzenstern, 54
Differenzialgleichung
— Instabilität, 18
— steife, 179
differenziell–algebraische Gleichung, 141
diskrete Fourier–Transformation, 107
Diskretisierung, 20
Dividierte Differenz, 68
Dividierte Differenzen Schema, 69

Dormand–Prince–Verfahren, 166

Effizienz, 38
Eigenvektoren
— Berechnung von, 207
Eigenwertprobleme, 198
— QR–Algorithmus, 202
— Satz von Schur, 201
Einführung, 1
— Diagramm, 1
— Freier Fall, 1
— Modellbildung, 2
Einschrittverfahren
      Euler–Verfahren, 21
— Allgemeine, 21
— Fehleranalyse, 43
— Gesamtfehler, 44
— höherer Ordnung, 151
— Herleitung über Quadratur, 153
— Inkrementfunktion, 21
— Konsistenz, 23
— Konvergenz, 24
— Konvergenzsatz, 25
— lokaler Diskretisierungsfehler, 22, 163, 170
— Rundungsfehler, 43, 44
— Schrittweitensteuerung, 162, 164
— Stabilität, 170
Energiebilanz, 11
eps, 34
Erstes Kirchhoffsches Gesetz, 140
Euler–Verfahren, 20, 170
— implizites, 113, 136, 141, 176
— Konsistenz, 23
Existenz und Eindeutigkeit der LR–Zerlegung, 121
explizite Runge–Kutta–Verfahren, 156
Extrapolation, 95

Faradaysches Gesetz, 17, 140
Federkraft, 6

Fehler
— analyse, 39
— Daten-, 38
— globaler, 22, 24
— lokaler, 22
— Rückwärtsanalyse, 40
— Rundungs-, 33, 38
— Verfahrens-, 38, 39
— Vorwärtsanalyse, 40
Fehlerabschätzung
— a posteriori, 137
— a priori, 137
Fehleranalyse
— Einschrittverfahren, 43
Fehlerfortpflanzung, 36
Fehlerquadrat–Methode, 184
FFT, 109
FFT Algorithmus, 110
Finite Differenzen
— zweidimensionale, 54
— eindimensionale, 48
— Konsistenz, 59
— Konvergenz, 59
Finite Elemente, 217
— Ansatzfunktionen, 221
— Ansatzfunktionen höherer Ordnung, 232
— Approximationssatz, 232
— Diskretisierung
— — Gleichungssystem, 224
— — nodale Basis, 223
— Existenz und Eindeutigkeit, 231
— Galerkin-Diskretisierung, 221
— Massematrix, 224
— Modellprojekt 2, 233
— nodale Basis, 223
— Randbedingungen, 219, 228, 235
— schwache Formulierung
— — Diskretisierung, 223
— — eindimensional, 220
— — Existenz und Eindeutigkeit, 231
— — Herleitung, 219
— — zweidimensional, 221
— Sobolev-Räume, 230, 231
— Steifigkeitsmatrix, 224, 236
— Theoretische Eigenschaften, 230
— zweidimensional, 228
Fixpunkt, 138
Fixpunktgleichung, 136
Fixpunktverfahren
— Konvergenzordnung, 139
flop, 35
Fourier–Koeffizient, 106
Fourier–Reihe, 106
Fourier–Transformation, 105
— diskrete, 107
— FFT, 109
— FFT Algorithmus, 110
— Interpolation, 107
— Interpolationssatz, 108
— reelle Darstellung, 108
— schnelle, 109
Fouriersches Gesetz, 11

Galerkin–Diskretisierung, 231
Gaußscher Integralsatz, 221
Gauß–Elimination, 118, 120
Gauß–Eliminationsalgorithmus, 121
Gauß–Seidel–Verfahren, 244
Genauigkeit, 38
Gitter, 20, 49, 152, 217
Gitterfunktion, 20, 50
Gleichungssysteme
— überbestimmte, 182
— unterbestimmte, 182
Gleitpunktdarstellung
— Basis, 32
— Exponent, 32
— Mantisse, 32
— normalisierte, 32
Gleitpunktoperation, 35
Gleitpunktzahl, 33
Gram–Schmidt–Verfahren, 187

Hermite–Interpolation, 73
Hessenberg–Form, 202
— Reduktion auf, 202
Hookesches Gesetz, 6

Householder–Transformation, 187, <u>187</u>, 202
— QR–Zerlegung, 190
— Erzeugung, 189
— Multiplikation, 189

implizite Runge–Kutta–Verfahren, 159
Implizites Q-Theorem, 205
implizites Euler–Verfahren, 136, 141, 176
Instablität
— numerische, 42
Interpolation, <u>65</u>
— Dividierte Differenz, 68
— Dividierte Differenzen
— — mehrfache Stützstellen, 72
— Dividierte Differenzen Schema, 69
— Fehler bei der, 73
— Hermite–, 73
 Horner Schema, 70, 71
— Lagrange–, 66
— Neville–Aitken Schema, 67
— Newton, 68
— Newton–Basis, 69
— Polynom–, 65
— Splines, 75
Interpolationsaufgabe, 65
Interpolationsfehler, 73
Inverse Iteration, 208
Iterative Verfahren
— für lineare Gleichungssysteme, 244

Jacobi–Verfahren, 244

klassisches Runge–Kutta–Verfahren, 157
Kondition
— einer Differenzialgleichung, 39
— einer Matrix, 117
— eines linearen Gleichungssystems, 117
— eines Problems, 39
Konditionszahl, 117, 185
Konditionszahl einer Matrix, 117

Konjugierte Gradienten Verfahren, 245, 247
Konvergenz des CG–Verfahrens, 249
Konvergenz des Konjugierte Gradienten Verfahrens, 249
Konvergenz des Newton–Verfahrens, 144

Lagrange–Interpolation, 66
least squares, 184
lineare Ausgleichsprobleme, 213
Lineare Gleichungssysteme
— LR–Zerlegung einer Bandmatrix, 238
— Band LR–Zerlegung, 238
— Bandmatrix, 238
— CG–Verfahren, 245, 247
— Gauß–Seidel–Verfahren, 244
— Iterative Verfahren, 244
— Jacobi–Verfahren, 244
— Konvergenz des CG–Verfahrens, 249
— Konvergenz iterativer Verfahren, 245
— Mehrgitterverfahren, 250
— Minimum Degree, 243
— Reverse Cuthill–McKee, 242
— schwach besetzte, 240
— steilster Abstieg, 246
— Vorkonditioniertes CG–Verfahren, 249
lineare Gleichungssysteme, <u>113</u>
— LR–Zerlegung, 118, 120, 121
— LR–Zerlegung mit Pivotisierung, 126, 127
— Abschätzung der Genauigkeit, 128
— Cholesky–Algorithmus, 133
— Cholesky–Zerlegung, 132, 133
— Diagonalskalierung, 129
— Fehleranalyse, 124, 127
— Gauß–Elimination, 118, 120
— Gauß–Eliminationsalgorithmus, 121
— Kondition, 117
— Konditionszahl, 117, 129, 130
— Lösen von Dreieckssystemen, 122
— Nachiteration, 131
— partielle Pivotisierung, 125
— Pivotisierung, 125

— symmetrisch, positiv definites, 132
— vollständige Pivotisierung, 128
— Zeilenskalierung, 129
lineares Ausgleichsproblem, 184
Lipschitz–Bedingung, 25
Lipschitz–Konstante, 26
Lipschitzkonstante, 39, 43, 139
lokaler Diskretisierungsfehler, 22
LR–Zerlegung, 118, 120, 121
— Existenz und Eindeutigkeit, 121
— für Bandmatrizen, 238
— mit Pivotisierung, 126, 127

Maschinengenauigkeit, 34
Maschinenzahlen, 32
Massematrix, 224
Matrix
— Absolutbetrag, 116
— Konditionszahl, 117
Matrixnorm, 115
Mehrgitterverfahren, 250
Minimum Degree, 243
Modellbildung
— Einführung, 2
Modellierungsfehler
— Einführung, 2
Modellprojekt 1, 5
— Cholesky–Zerlegung, 132
— Einschrittverfahren
— — Schrittweitensteuerung, 166
— Fixpunktiteration, 139
— Fourier–Transformation, 105
— lineares Gleichungssystem, 113
— Modellierung, 6
— Newton–Verfahren, 146
— Nichtlineare Gleichung, 136
— Numerische Integration, 97
— Polynominterpolation, 73
— Resonanz, 198
— Stabilität, 175, 178
Modellprojekt 2, 10
— Band Cholesky–Zerlegung, 239
— CG–Verfahren, 249
— Cholesky–Zerlegung, 239

— Finite Differenzen
— — eindimensionale, 52
— — zweidimensional, 58
— Finite Elemente, 233
— iterative Verfahren, 245
— lineares Gleichungssystem, 114
— Modellierung, 11
— Resonanzfrequenzen, 209
— Stabilität, 179
modifiziertes Euler–Verfahren von Collatz, 154
modifiziertes Newton–Verfahren, 145

Neville–Aitken–Schema, 67
Newton–Interpolation, 68
Newton–Verfahren, 141, 143
Newtonsches Abkühlungsgesetz, 12
Newtonsches Gesetz, 6
Nichtlineare Gleichungen, 136
— Fixpunkt, 138
— Fixpunktverfahren, 137
— — Abstoßender Fixpunkt, 138
— — Anziehender Fixpunkt, 138
— — Fixpunkt, 138
— Konvergenz des Newton–Verfahrens, 144
— modifiziertes Newton–Verfahren, 145
— Newton–Verfahren, 141, 143
Norm, 115
— euklidische, 115
— Frobenius-, 115
— konsistente, 115
— Maximum-, 115
— Spaltensummen-, 116
— Spektral-, 116
— Summen-, 115
— Zeilensummen-, 116
normale Matrix, 201
Normalengleichungen, 185
— Cholesky–Faktor, 185
Numerische Integration, 90
— Approximation durch Newton–Cotes, 91
— Extrapolation, 95

— — Approximationsfehler, 97
— — asymptotische Entwicklung, 96
— — Bulirsch–Folge, 96
— — Romberg–Folge, 96
— Gauß–Quadratur, 95
— Newton–Cotes–Formeln, 90
— Simpson–Regel, 92
— Summierte Regeln, 92
— Summierte Simpson–Regel, 92, 93
— Summierte Trapezregel, 92
— Trapezregel, 92

Ohmsches Gesetz, 17, 140
overflow, 33

p–adische Entwicklung, 31
partielle Differenzialgleichungen
— steife, 178
partielle Pivotisierung, 125
Pivot, 119
Pivotelement, 119
Pivotisierung, 125
— vollständige, 128
Polynominterpolation, 65
Prinzip von d'Alembert, 6

QR–Algorithmus, 202, 207
QR–Zerlegung, 186
— Ausgleichsprobleme, 192
— Householder–Transformation, 190

Rückwärtsanalyse, 40
Rückwärtseinsetzen, 122
Randbedingung, 48
— Cauchy, 48, 51, 53, 56
— Dirichlet, 48, 50, 53, 56
— Neumann, 48, 51, 53, 56
Randwertaufgabe, 47
— eindimensionale, 48
— elliptische, 60
— Finite Differenzen, 48, 54
— Randbedingung, 48
— — eindimensionale, 50
— — zweidimensionale, 56

— zweidimensionale, 53
Rechnerarithmetik, 31, 34
— Maschinenzahlen, 32
Reduktion auf Hessenberg–Form, 202
Reverse Cuthill-McKee, 242
Rundungsfehler, 33, 38
— absoluter, 34
— Einführung, 3
— Pseudoarithmetik, 35
— relativer, 34
Runge–Kutta–Fehlberg–Verfahren, 159,
    165
Runge–Kutta–Verfahren, 154, 156
— eingebettete, 164
— explizite, 156
— Gauß–Form, 160
— implizite, 159
— klassisches, 157
— Lobatto–Form, 160
— Ordnung, 158
— Radau–Form, 160
Runge–Verfahren, 157

Satz von Schur, 201
schnelle Fourier-Transformation, 109
— Algorithmus, 110
Schrittweitensteuerung für Einschritt-
    verfahren, 162
Schur, Satz von, 201
Schur–Form, 201
Schwingkreis, 16
Selbstabbildung, 137
Simpson–Regel, 92
Singulärwertzerlegung, 211
Sobolev–Räume, 230, 231
Spiegelungsmatrix, 187
Spline
— Definition, 76
Splineinterpolation, 75
— Approximationssatz, 81
— Biegelinien, 75
— Definition, 77
— Definition Spline, 76
— Krümmungseigenschaft, 82

— natürliche, 80
— periodische, 80
— Randbedingungen, 77
— vollständige, 80
Störungssatz, 41
Stabilität
— Einschrittverfahren, 170
— Rückwärts-, 42
— Vorwärts-, 42
Stabilität von Einschrittverfahren, 170
steife Differenzialgleichung, 175
steife Differenzialgleichungen, 174
Steifigkeitsmatrix, 224, 236
steilster Abstieg, 246
Summierte Simpson–Regel, 93
Summierte Trapezregel, 92
symmetrisch, positiv definite Matrix,
    132

Taylor–Entwicklung, 23, 38, 41, 142,
    158
Träger, 228
Trägheitskraft, 6
Trapezregel, 92

underflow, 33

Vektornorm, 115
Verfahren
— 2. Ordnung, 93
— 4. Ordnung, 94
— von Collatz, 154
— von Crank–Nicolson, 176
— von Heun, 154
Verfahrensfehler, 38, 39
Verlässlichkeit, 38
Vorkonditioniertes CG–Verfahren, 249
Vorwärtsanalyse, 40
Vorwärtseinsetzen, 122

Zweites Kirchhoffsches Gesetz, 17